分布式控制技术及其应用

程武山　编著

科学出版社
北京

内 容 简 介

本书按照分布式控制技术和应用设计的实际要求，从经典控制理论和现代控制方法入手，详细介绍了DCS的体系结构、现场总线和数据通信、分布式控制系统的常规控制算法和现代控制方法、集中操作和分散控制等。本书结合作者多年的实际工作经验及多项科研项目开发的成果，进行实例分析，论述由浅入深，便于理解和自学，使读者能够较快地熟悉掌握现代工业过程特点和先进的控制模式和操作方式。

本书是高等学校相关专业教师、研究生及本、专科学生的教材，也可以作为机电一体化领域工程师的参考用书。

图书在版编目(CIP)数据

分布式控制技术及其应用/程武山编著.—北京:科学出版社,2008
ISBN 978-7-03-022710-2

Ⅰ.分… Ⅱ.程… Ⅲ.分布控制-控制系统 Ⅳ.TP273

中国版本图书馆CIP数据核字(2008)第119870号

责任编辑:耿建业/责任校对:钟洋
责任印制:徐晓晨/封面设计:耕者设计工作室

科学出版社出版
北京东黄城根北街16号
邮政编码:100717
http://www.sciencep.com

北京建宏印刷有限公司印刷
科学出版社发行 各地新华书店经销

*

2008年8月第 一 版 开本:B5(720×1000)
2019年6月第七次印刷 印张:22 1/4
字数:431 000

定价:120.00元

(如有印装质量问题,我社负责调换)

序

分布式控制系统(DCS)因其具有分散控制调节和集中操作管理的显著特点,成为当今工业过程控制领域的主要控制系统之一。为了紧密结合工业过程范围日益加大、控制功能日益复杂和计算机技术日益提高的状况,目前国内外分布式控制系统拓扑结构、操作模式和控制方式都有了很大的变化。程武山博士在近二十年的分布式控制技术研究和开发方面,积极应用现代控制理论与方法,开发了十多项适应于现代化生产流程控制的分布式控制系统,并连续五年给自动化、机电一体化专业的本科生和研究生开设“分布式控制技术与应用”课程,取得了富有特色的成果。

信息融合与系统集成基本描述了当今 DCS 系统正在发生的变化。第四代 DCS 的体系结构主要分为四层结构:现场仪表层、控制装置单元层、工厂(车间)层和企业管理层。一般 DCS 厂商主要提供除企业管理层之外的三层功能,而企业管理层则通过提供开放的数据库接口,连接第三方的管理软件平台(ERP、CRM、SCM 等)。

分布式控制系统是现代工业过程控制得以实现的主要渠道。程武山博士在对分布式控制系统一般结构和主要特点进行必要阐述的基础上,从 PLC 技术的应用、现场总线技术的应用、控制技术的应用以及标准化四个方面较为详细地论述了分布式控制系统的发展趋势,进而指出:计算机技术与先进控制理论的快速发展与应用,是分布式控制系统不断进步与完善的有力保证。

程武山博士长期从事现代控制理论的研究及分布式控制系统的实际应用,主持过多项重大科研项目的研究和开发,长年工作在教学科研第一线,具有丰富的理论研究和实践工作经验。本书是程武山博士近二十年来在本领域工作的结晶,他将近代控制模式、控制理论和应用有机地联系在一起,提出系统设计、建模、调试的新方法;从系统出发将计算机技术、控制技术、仪表应用结合为一体,进而实现系统的离线、冷调、热调三种调试模式。本书除充分吸收电力、冶金等领域应用实例中一些新方法和新技术外,还有很多延伸和发展。

在网络化技术飞速发展和现场总线技术的蓬勃兴起时代,迫切希望我国学者在吸收世界科学技术知识的同时,在理论、方法和应用上有所创新。本书在此作了可贵的尝试和努力。

2008 年 6 月 6 日

前　言

中国要发展成为世界经济强国就必须发展先进的制造业，而先进的实用的自动化技术则是建立现代制造业的必要手段和工具。“以高新技术为核心，以信息电子化为手段，提高工业产品附加值”已成为现代工业企业自动化发展的重要目标。

在现代工业企业中，应用效益最直接、最明显的系统应当是工业控制系统，特别是分布式控制系统(DCS)。DCS 自从 20 世纪 80 年代引进国内以来，为大型工业生产装置的自动化水平的提高作出了巨大贡献，特别是对我国工业生产过程的操作模式和控制方式的改革起到了积极作用。本书以 DCS 应用设计为目标，从经典控制理论和近代控制方法入手，结合丰富的应用实例，详细介绍了 DCS 的体系结构和技术特点。本书是在总结多年教学工作、企业实际工作经验以及多项科研成果的基础上编成的，其中包含的基本内容有：系统结构、现场总线和数据通信、可编程序逻辑控制方法、常规控制算法、现代控制方法、现场控制站、集散控制系统的操作和显示及工程设计与应用等。为了使理论和实际紧密结合，达到学术性和应用性的一致，在内容的编排上，作者力求在系统阐述理论和方法的同时，注重设计方法、算法的介绍，结合工程实践，提出系统设计、建模、调试的新方法。

全书内容丰富、论述由浅入深，便于理解和自学。通过一些实际开发的工程实例介绍比较，集中讨论分布式控制系统的共性和工程应用方面的问题，使全书充分体现了全面性、准确性、实时性和系统性。将计算机技术、控制技术、仪表应用结合为一体，提出系统控制策略，进而实现系统的离线、冷调、热调三种调试模式。本书旨在使大学高年级学生、工程技术人员能够了解和掌握必备的现场工况和控制方式。

本书作者长期从事分布式控制理论和方法的研究以及系统出发，尤其是近五年分别给机电一体化专业的研究生和本科生开设《分布式控制技术和方法》课程，逐渐形成了本书的结构和体系，同时作者参考和汲取了他人的经验和资料，在此表示衷心的感谢。在编书过程中，特别是得到科学出版社同志们的大力支持和帮助，作者对他们表示诚挚的谢意。

由于本书涉及内容广泛，再加作者水平有限，书中难免有不当之处，恳请读者批评和指正。

作　者

2008 年 6 月 3 日

目　录

第1章　概　　述

由常规模拟仪表组成的控制系统在工业过程控制中曾长期占据统治地位，但随着生产规模和复杂程度的不断增加，其局限性越来越明显。比如难以实现复杂的控制规律；控制仪表的数量的不断增多，使监视与操作费时费力；难以实现各分系统之间的通信以及企业的综合管理等。而最初的计算机控制（直接计算机控制DDC）系统虽然克服了常规模拟仪表的局限性，但由于一台计算机控制着几十甚至几百个回路，同时对几百、上千个变量进行监视、操纵、报警，危险高度集中。一旦计算机的CPU、I/O接口等发生故障，将会影响整个系统的运行，甚至造成严重的生产事故。危险集中成为当时计算机控制的一大难题。

分布式控制系统（DCS，distributed control system）是随着现代大型工业生产自动化的不断兴起和制造过程的日益复杂应运而生的综合控制系统，是集计算机技术、控制技术、网络技术和CRT显示技术为一体的高新技术产品。其实质是利用计算机技术对生产过程进行集中监视、操作、管理和分散控制。它采用分散递阶结构，体现了集中管理、分散控制的思想，实现了系统的功能分散、危险分散，具有控制功能强、操作简便和可靠性高等特点。它既不同于分散的仪表控制系统，又不同于集中式计算机控制系统，而是吸收了两者的优点，在它们的基础上发展起来的一门系统工程技术。

1.1　基本概念

1.1.1　定义

分布式控制系统又称为集散控制系统或分散型控制系统，是以微处理器和网络为基础的集中分散型控制系统。它的完整定义如下：

（1）以回路控制为主要功能的系统。

（2）除变送和执行单元外，各种控制功能及通信、人机界面均采用数字技术。

（3）以计算机的CRT、键盘、鼠标/轨迹球代替仪表盘形成系统人机界面。

（4）回路控制功能由现场控制站完成，系统可有多台现场控制站，每台控制一部分回路。

（5）人机界面由操作员站实现，系统可有多台操作员站。

（6）系统中所有的现场控制站、操作员站均通过数字通信网络实现连接。

上述定义的前三项与DDC系统无异,而后三项则描述了DCS的特点,也是DCS与DDC之间最根本的不同。

1.1.2 组成

一个最基本的DCS应该包括四个大的组成部分:至少一台现场控制站,至少一台操作员站,一台工程师站(也可利用一台操作员站兼做工程师站)和一条通信系统网络。DCS通常采用若干个控制站对一个生产过程中的众多控制点进行控制,各控制站间通过网络连接并可进行数据交换。操作采用计算机操作站,通过网络与控制器连接,收集生产数据,传达操作指令。一个典型的DCS体系结构如图1.1所示,图中表明DCS各主要组成部分和各部分之间的连接关系。

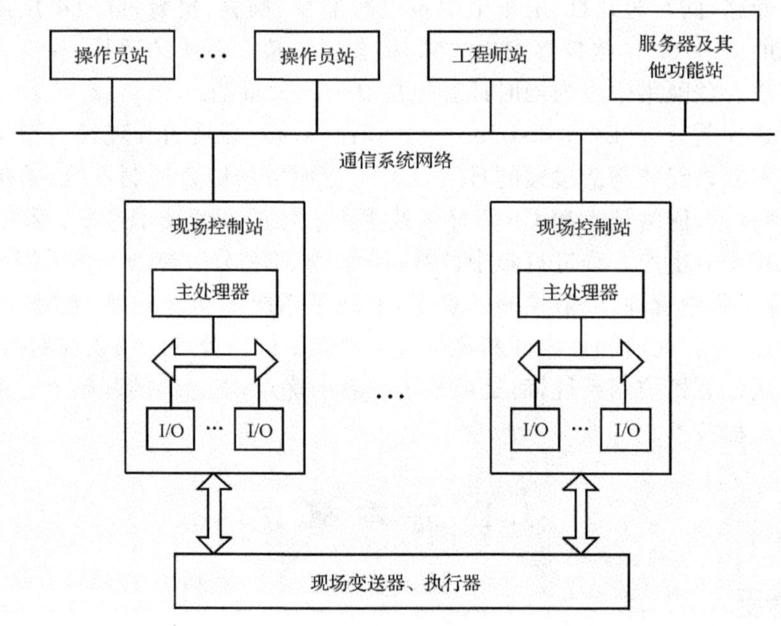

图1.1 典型的DCS体系结构

1.1.2.1 现场控制站

现场控制站完成系统的运算处理控制,是DCS的核心部分,系统主要的控制功能由它来完成。它由两部分组成。

逻辑部分:主CPU和内存等用于数据的处理、计算和存储部分。

现场部分:现场I/O部分、用内部并行总线、Multibus、VME、STD和PCI等。

这两部分是需要严格隔离的,以防止现场的各种信号包括干扰信号对计算机的处理产生不利的影响。逻辑部分和现场部分的连接,一般采用与工业计算机相匹配的内部并行总线，常用的并行总线有 Multibus、VME、STD、ISA、PC104、PCI 和 Compact PCI 等。

由于并行总线结构比较复杂，用其连接逻辑运算部分和现场部分很难实现有效的隔离，成本较高，而且并行总线很难方便地实现扩充，因此很多厂家在逻辑运算部分和现场部分的连接方式上转向了串行总线。串行总线的优点是结构简单，成本低，很容易实现隔离，而且容易扩充，可实现远距离 I/O 模块连接。目前用的较多的现场总线产品有 CAN、PROFIBUS、Devicenet 等。

1.1.2.2 操作员站

操作员站主要完成人机界面功能、供操作员操作监视。一般采用桌面型通用计算机系统，如图形工作站或个人计算机等。其配置与常规的桌面系统相同，但是要求有大尺寸的显示器(CRT 或液晶屏)和高性能的图形处理器。

画面种类：流程图、总貌、控制组、调整趋势、报警归档等。目前大多数操作员站具有 800 多幅流程图画面(操作)、200 多幅报警画面。

1.1.2.3 工程师站

工程师站主要作用是对 DCS 进行应用组态和编程，作为 DCS 中的一个特殊功能站，用于离线组态、在线修改和操作系统开发。

应用组态是 DCS 应用过程当中必不可少的一个环节，因为 DCS 是一个通用的控制系统，在其上可实现各种各样的应用，关键是如何定义一个具体的系统完成什么样的控制，控制的输入、输出量是什么，控制回路的算法如何，在控制计算中选取什么样的参数，在系统中设置哪些人机界面来实现人对系统的管理与监控，还有诸如报警、报表及历史数据记录等各个方面功能的定义，所有这些，都是组态所要完成的工作，只有完成了正确的组态，一个通用的 DCS 才能够成为一个针对具体控制应用的可运行系统。

组态工作一般是离线进行的，一旦组态完成，系统就具备了运行能力。当系统在线运行时，工程师站可起到一个对 DCS 本身的运行状态进行监视和及时发现系统异常的作用，并立即进行处置。在 DCS 在线运行当中，也允许进行组态，并对系统的一些定义进行修改和添加，这种操作被称为在线组态，同样，在线组态也是工程师站的一项重要功能。

1.1.2.4 通信系统

通信系统包括系统网络和现场总线网络两大部分。

系统网络：是 DCS 的另外一个重要的组成部分，它是连接系统各个站的桥梁。由于 DCS 是由各种不同功能的站组成的，这些站之间必须实现有效的数据传输，以实现系统总体的功能。因此系统网络的实时性、可靠性和数据通信能力关系到整个系统的性能，特别是网络的通信规约，关系到网络通信的效率和系统功能的实现。目前以太网逐步成为事实上的工业标准，越来越多的 DCS 厂家直接采用了以太网作为系统网络。

现场总线网络：现场总线是近年来迅速发展起来的一种数据总线。开放性、分散性与数字通信是现场总线系统所具有的最显著的特点。它主要解决工业现场的智能化仪器仪表、控制器、执行器等现场设备间的数字通信以及这些现场设备与高级控制系统间的信息传递问题。现场总线打破了传统 DCS 的 3 层结构模式，把 DCS 系统集中与分散相结合的分布式体系结构变成全分布式结构，把控制功能彻底转移到现场。一般的现场总线有 64 个节点、与 RS232C 等同、能离站互联、可实现点对点（peer to peer）通信。

1.1.2.5　高层管理网络

DCS 已经从单纯的低层控制功能发展到更高层次的数据采集、监督控制、生产管理等全厂范围的控制、管理系统，因此再将 DCS 看作是仪表系统已经不符合实际情况，从当前发展看，DCS 更应该被看成是一个计算机管理控制系统，其包含了全厂自动化的丰富内涵。

目前几乎所有的厂家都在原有的 DCS 的基础上增加了服务器，用来对全系统的数据进行集中的存储和处理。针对一个企业或者工厂常有多套 DCS 的情况，以多服务器、多域为特点的大型综合监控自动化系统也已出现，这样的系统完全可以满足全厂多台生产装置自动化及全面监控管理的系统需求。

这种具有系统服务器的结构，在网络层次上增加了管理网络层，主要是为了完成综合监控和管理功能，在这层网络上传送的主要是管理信息和生产调度指挥信息，图 1.2 所示为这种系统结构。从中可以看出，这样的系统实际上就是一个将控制功能和管理功能结合在一起的大型信息系统。

除了上述几个基本的组成部分之外，DCS 还可包括完成某些专门功能的站、扩充生产管理和信息处理功能的信息网络，以及实现现场仪表、执行机构数字化的现场总线网络。

1.1.3　特点

1.1.3.1　集散控制系统的特性

集散型控制系统的主要特性是它的集中管理操作和分散控制调节：

(1) 生产过程的全部操作、显示集中在同一个操作站进行，这种集中管理级的协调控制可以使得整个生产过程的运行达到最优，从而大大地提高了控制质量。

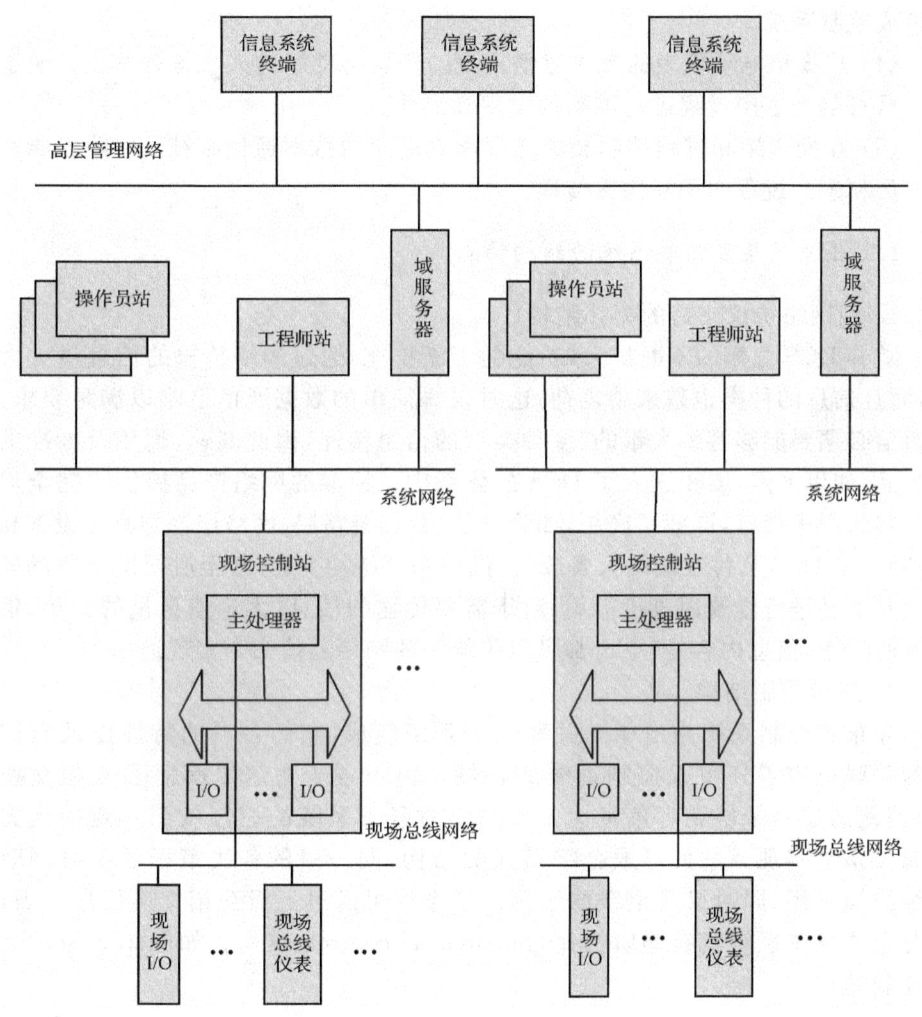

图 1.2 综合监控自动化系统

(2) 用多个微处理器分散承担生产过程的控制，每个微处理器只控制少量回路。这种分散控制使得控制风险极大的分散，当某个环节的控制出现故障时，其影响仅仅是局部的，不会对整个生产过程带来致命的威胁，而这种影响往往又可以通过其他控制装置的干预加以克服，从而提高了控制系统的可靠性，冗余概念的引入更是使控制的风险降到了最低。

(3) 在集散控制系统中，有许多不同功能的模块，如 CPU 模块、AI 和 AO 模块、DI 和 DO 模块、通信模块、CRT 模块、存储器模块等。选择不同数量和不同功能的模块可组成不同规模和不同要求的硬件环境。同样，系统的应用软件也采用模块化结构，用户只需借助于组态软件，即可方便地将所选硬件和软件模块连接起来组成控制系统。

(4) 从模拟电动仪表的操作习惯出发，开发出良好的人机操作界面，便于操作人员对整个生产过程进行准确的监视和操作。

(5) 在操作站和过程控制装置之间建立高速的数据通信系统，使数据能在操作人员和生产过程间相互快速传递。

1.1.3.2 集散控制系统的结构特点

1. 多网络协议支持的拓扑结构

随着DCS规模的不断扩大，功能的不断扩充，通过网络传输的信息量大大增加，而且信息的种类也越来越复杂，这时仅靠简单的数据通信已难以满足要求，网络通信必须要能够容纳大量的、多种类型的信息传递，因此高速、通用及标准的网络产品，如以太网，逐步进入了DCS的体系中。标准的网络产品提供了完全规范并兼容的程序接口，屏蔽了底层，如物理层、数据链路层、网络层等与具体设备相关的特性，使DCS软件在网络设备改变、网络拓扑结构变化，甚至底层网络驱动软件改变时不必进行修改而直接沿用；对于需要传输的信息，无论信息量的大小，信息传递的频率，信息内容是什么，都可以用统一的网络通信命令实现通信。

2. 递阶控制结构

分布式控制系统是由相互关联的子系统组成，它们各自的特性以及它们之间的关联决定了分布式控制系统的特性。由于各子系统之间需要互相交换信息，因此需要一个协调者负责此工作。它对各子系统的控制按照一定的优先和从属关系来实现。它们形成金字塔式的结构，同一级的各决策子系统可同时对下级施加作用，同时又受上级的干预。子系统可通过上级互相交换信息。因此，称分布式控制系统具有递阶控制(hierarchical control)结构。如图1.3所示为递阶控制结构图。

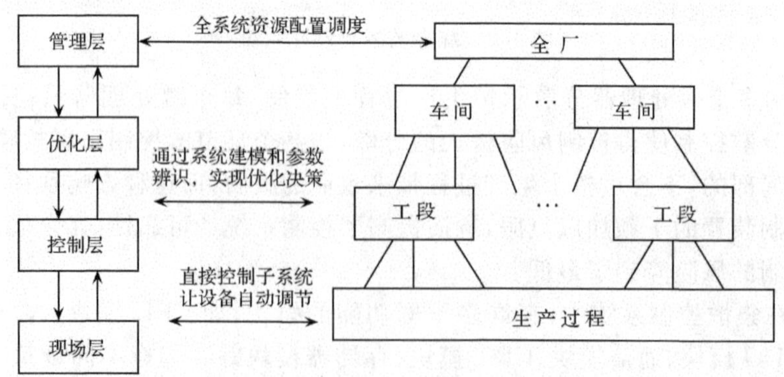

图1.3 递阶控制结构

3. 分散控制结构

分散控制结构是针对集中控制操作可靠性差的缺点而提出的。与递阶控制结构的根本区别是分散控制系统结构是一个自治的闭环结构。它的结构可以是垂直型、水平型以及两者混合的复合型。

垂直型又称阶层型，是以上下关系为基础的结构，下位向左右方向扩大，形成金字塔形。系统的通信发生在上下位间，其主导权由上位掌握，对下位设备的动作有监视和进行调整的权限。水平型是对等的分散子系统以自我管理为基础的系统结构。在通信系统中，这些子系统具有水平的地位。复合型把水平型和垂直型结合起来，各子系统各自管理的同时，形成上下阶层关系。各子系统有较强的独立性，上位系统的故障不影响下位子系统间的数据交换和各自的功能。正常工作时起到上位监视和支持下位的工作。分布式控制系统大多采用复合型分散控制结构。

分散控制结构是以良好的通信系统为基础的。过分的分散，使得系统的通信量增大，响应速度下降；同样，过分的集中，因受微处理器处理速度限制而使信息得不到及时处理，造成响应速度变慢。

1.1.4 发展历史

第一代(初创期)：1975～1980年，以Honeywell 1975年推出的第一批DCS开始。第一代DCS是由过程控制单元、数据采集单元、CRT操作站、上位管理计算机及连接各个单元和计算机的高速数据通道这五个部分组成，这也奠定了DCS的基础体系结构。

第二代(成熟期)：1980～1985年，第二代DCS产品的一个明显变化是数据通信系统的发展，从主从式的星形网络通信转变为对等式的总线网络通信或环形网络通信。这个时期的DCS逐步走向完善，除回路控制外，还增加了顺序控制、逻辑控制等功能，加强了系统管理站的功能，可实现一些优化控制和生产管理功能。并且，随着CRT显示技术的发展，图形用户界面逐步丰富，显示密度大大提高，使操作人员可以通过CRT的显示得到更多的生产现场信息和系统控制信息。第二代DCS的最大特点是引入了局域网(LAN)作为系统骨干，按照网络节点的概念组织过程控制站、中央操作站、系统管理站及网关(用于兼容早期产品)，这使得系统的规模、容量进一步增加，系统的扩充有更大的余地，也更加方便。这个时期的系统开始摆脱仪表控制系统的影响，而逐步靠近计算机系统。

第三代(扩展期)：美国Foxboro公司在1987年推出的I/A S系统标志着集散控制系统进入第三代，它的主要改变是在局域网络方面，采用了符合ISO开放系统互联(OSI)的参考模型的局域网络。因此，在符合OSI的各制造厂产品间可以相互连接、相互通信和进行数据交换，第三方的应用软件也能在系统中应用，从而克服了第二代DCS应用过程中的难于互联的、多种标准不同的“自动化孤岛”，

表 1.1　第三代 DCS 一览表

公司	代表产品	所属国家
Foxboro	I/A Series	美国
Honeywell	TDC-3000/UCN	美国
Leeds & Northrop	MAX1000	美国
Bailey	INFO-90	美国
Westing House（西屋）	WDPF-II/III	美国
Yokogawa（横河）	Centum-XL	日本

使集散控制系统进入了更高的阶段。表 1.1 列出了具有代表性的第三代 DCS。

第三代 DCS 的特点是在功能上实现了进一步扩展，增加了上层网络，将生产的管理功能纳入到系统中。这样就形成了直接控制、监督控制和协调优化、上层管理三层功能结构，这实际上就是现代 DCS 的标准体系结构。

1.1.5　几个概念

1.1.5.1　开放系统

开放系统是第三代集散控制系统的主要特征。根据 X/OPEN 协会的定义。开放系统是以规范化与实际存在的接口标准为依据而建立的计算机系统、网络系统及相关的通信系统，这些标准可为各种应用系统的标准平台提供软件的可移植性(portability)、系统的互操作性(interoperability)、信息资源管理的灵活性(flexibility)和更大的选择性(selectivity)。作为第三代分布式控制系统的标志，开放系统已渐为人知。

开放系统基本特征：

(1) 可移植性(portability)。第三方的应用软件能很方便地在系统所提供的平台上运行，有时可能有小的修改，但从系统的应用来看，各个制造厂集散控制系统的软件有了可相互移植的可能。但是，软件的可移植性也带来了安全性的问题，为此，应有相应的安全措施。可移植性能保护已有的资源，减少应用开发、维护和人员培训的费用。可移植性包括程序可以执行、数据可移植性和人员可移植性。

(2) 互操作性(interoperability)。开放系统的互操作性指不同的计算机系统与通信网络能互相连接起来；通过互连，能正确有效地进行数据的互通，并在数据互通的基础上协同工作，共享资源，完成应用的功能。集散控制系统在现场总线标准化后，将使符合标准的各种检测、变送和执行机构的产品可以互换或替换，而不必考虑该产品是否是原制造厂的产品。

(3) 可适宜性(scalability)。系统对计算机的运行要求变得更为宽松,在某些较低级别的系统中能运行的应用软件也能在高级别的系统中运行,反之,系统软件版本高的能适用于版本低的系统。

(4) 可得到性(availability)。系统的用户可对产品进行选择,而不必考虑所购买的产品能不能用在已购的系统上。由于各制造厂的产品具有统一的通信标准,因此,对用户来说,选择产品的灵活性得到增强。

1.1.5.2 OSI 参考模型

开放式系统互联模型(OSI)是 1984 年由国际标准化组织(ISO)提出的一个参考模型。它为开放式系统环境定义了一种分层模型。作为一个概念性框架,它是不同制造商的设备和应用软件在网络中进行通信的标准。现在此模型已成为计算机间和网络间进行通信的主要结构模型。目前使用的大多数网络通信协议的结构都是基于 OSI 模型的。OSI 将通信过程定义为 7 层,即将联网计算机间传输信息的任务划分为 7 个更小、更易于处理的任务组。每一个任务或任务组则被分配到各个 OSI 层。每一层都是独立存在的,因此分配到各层的任务能够独立地执行。这样使得变更其中某层提供的方案时不影响其他层。

OSI 模型定义的原则如下:

(1) 每一个层都必须有一个完整的功能。

(2) 每层的通信协议都应该以国际标准化的眼光来看。

(3) 所选定的层边界应尽量将通过接口的信息流量减至最低。

(4) 层次的数目不要多得使结构大而不当,也不要少得让不同功能合并在同一阶层中。

OSI 共定义了 7 个阶层,每一层都具有清晰的特征。基本来说,第 7～4 层处理数据源和数据目的地之间的端到端通信,而第 3～1 层处理网络设备间的通信。另外,OSI 模型的 7 层也可以划分为两组:上层(层 7 、层 6 和层 5)和下层(层 4 、层 3 、层 2 和层 1)。OSI 模型的上层处理应用程序问题,并且通常只应用在软件上。最高层,即应用层,是与终端用户最接近的。OSI 模型的下层是处理数据传输的。物理层和数据链路层应用在硬件和软件上。最底层,即物理层,是与物理网络媒介(如电线)最接近的,并且负责在媒介上发送数据。OSI 的 7 个阶层如图 1.4 所示。

各层的具体描述如下。

第 7 层:应用层(application layer)

应用层是开放系统的最高层,是直接为应用进程提供服务的。其作用是在实现多个系统应用进程相互通信的同时,完成一系列业务处理所需要的服务。这一

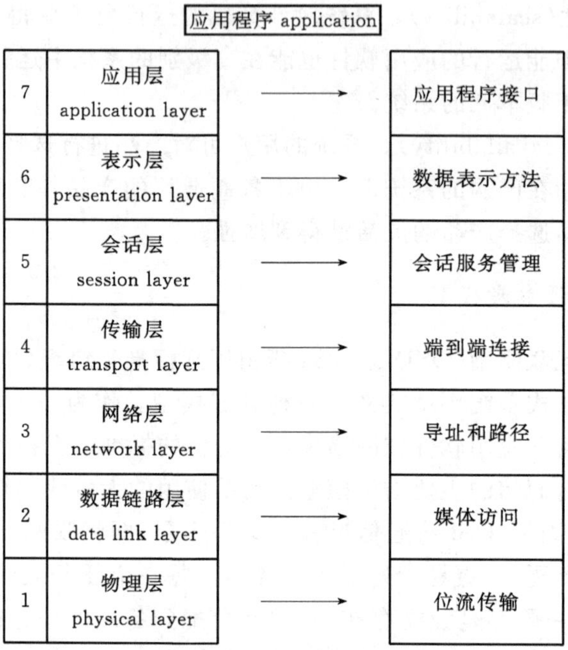

应用程序 application

7	应用层 application layer	→	应用程序接口
6	表示层 presentation layer	→	数据表示方法
5	会话层 session layer	→	会话服务管理
4	传输层 transport layer	→	端到端连接
3	网络层 network layer	→	导址和路径
2	数据链路层 data link layer	→	媒体访问
1	物理层 physical layer	→	位流传输

图 1.4　OSI 的 7 个阶层

层定义了用于在网络中进行通信和数据传输的接口——用户程序；提供标准服务，如虚拟终端、文件以及任务的传输和处理。

第 6 层：表示层（presentation layer）

表示层的作用是为异种机通信提供一种公共语言，以便能进行互操作；掩盖不同系统间数据格式的不同性；指定独立结构的数据传输格式；数据的编码和解码；加密和解密；压缩和解压缩。

第 5 层：会话层（session layer）

会话层提供的服务可建立和维持会话，并能使会话获得同步；控制用户间逻辑连接的建立和挂断；报告上一层发生的错误。

第 4 层：传输层（transport layer）

传输层是两台计算机经过网络进行数据通信时，第一个端到端的层次，具有缓冲作用，负责管理网络中端到端的信息传送；通过错误纠正和流控制机制提供可靠且有序的数据包传送；提供面向无连接的数据包的传送。

第 3 层：网络层（network layer）

网络层的产生也是网络发展的结果，定义网络设备间如何传输数据；根据唯一的网络设备地址路由数据包；提供流控制和拥塞控制以防止网络资源的损耗。

第 2 层：数据链路层（data link layer）

数据链路可以粗略地理解为数据通道。物理层要为终端设备间的数据通信提供传输媒体及其连接。媒体是长期的，连接是有生存期的。在连接生存期内，收发两端可以进行不等的一次或多次数据通信，每次通信都要经过建立通信联络和拆除通信联络两个过程，这种建立起来的数据收发关系就叫做数据链路。数据链路层定义操作通信连接的程序、封装数据包为数据帧、监测和纠正数据包传输错误。

第 1 层：物理层（physical layer）

物理层是 OSI 的第 1 层，它虽然处于最底层，却是整个开放系统的基础。物理层为设备之间的数据通信提供传输媒体及互联设备，为数据传输提供可靠的环境。它定义通过网络设备发送数据的物理方式；作为网络媒介和设备间的接口；定义光学、电气以及机械特性。

通过 OSI 层，信息可以从一台计算机的软件应用程序传输到另一台的应用程序上。图 1.5 说明了这一过程。

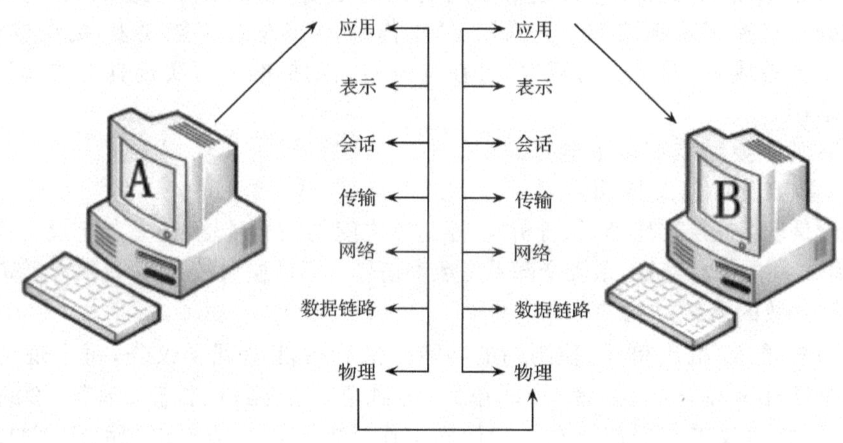

图 1.5　计算机 A 通过 OSI 将信息传送到计算机 B 的通信过程图

1.2　新型 DCS 的技术支撑、体系结构和技术特点

1.2.1　技术支撑

1. 向上发展：计算机集成制造系统（computer intergrate machine system，CIMS）或计算机集成过程系统（computer intergrate process system ，CIPS）

CIMS 是基于 1973 年美国 Joseph Harrington 博士在博士论文 *Computer Integrated Manufacturing* 中首次提出的 CIM（computer integrated manufacturing）概念而构成的一种现代制造系统。

Harrington 博士提出的 CIM 概念包含两个基本观点：① 企业生产的各个环节，即从市场分析、产品设计、加工制造、经营管理到售后服务的全部生产活动，彼此是紧密连接的，是一个不可分割的整体，应该在企业整体框架下统一考虑各个环节的生产活动；② 整个生产过程实质上是一个数据的采集、传递和加工处理的过程，最终形成的产品可以看作是“数据”的物质表现。

我国 863/CIMS 主题对 CIM 和 CIMS 的阐述分别为：“CIM 是一种组织、管理与运行企业生产的理念，它借助于计算机硬件和软件，综合运用现代管理技术、制造技术、信息技术、自动化技术、系统工程技术，将企业生产全过程中有关人/组织、技术、经营管理三要素及其信息流、物流和价值流有机集成并优化运行，实现企业制造活动的计算机化、信息化、智能化、集成优化，以达到产品上市快、高质、低耗、服务好、环境清洁，进而提高企业的柔性、健壮性、敏捷性，使企业赢得市场竞争”；“CIMS 是一种基于 CIM 哲理构成的计算机化、信息化、智能化、集成优化的制造系统”。

2. 向下发展：现场总线控制系统（fieldbus control system，FCS）

FCS 是采用现场总线作为通信系统的控制系统，它是 20 世纪 90 年代兴起的新一代分布式控制系统结构。它采用了“工作站-现场总线智能仪表”的结构模式，降低了系统总成本，提高了可靠性，且在统一的国际标准下可实现真正的开放式互联系统结构。

FCS 的主要特点有以下五点。

(1) 数字化的信息传输。

无论是现场底层传感器、执行机构、控制器之间的信号传输，还是与上层工作站及高速网络之间的信息交换，系统全部采用数字信号。通信质量较 DCS 有很大提高。

(2) 分散的系统结构。

FCS 将输入/输出单元、控制站的功能分散到智能型现场仪表，每个现场仪表作为一个智能节点，他们都带 CPU 单元，可独立完成测量、校正、调节、诊断等功能，由于网络协议把它们连接在一起协同工作。若是某一节点出现故障，它只会影响其本身而不会危及全局。这种结构使系统更加可靠。

(3) 方便的互操作性。

只要是符合同一标准，不同厂商的产品可以异构，组成统一系统后便可以相互操作，统一组态。

(4) 开放的互联网络。

FCS 技术与标准是全开放式的。从总线标准、产品检测到信息发布都是公开的，是面向所有的产品制造商和用户的。通信网络可以和其他系统网络或高速网络相连接，用户可以共享网络资源。

(5) 多种传输媒介和拓扑结构。

由于采用全数字通信方式，因此可采用多种传输介质通信，即根据控制系统节点的空间分布情况，可以采用多种网络拓扑结构。

FCS 的核心是现场总线。从本质上说，它是一种数字通信协议，是连接智能现场设备和自动化系统的数字式、全分散、双向传输、多分支机构的通信网络，是控制技术、仪表工业技术和计算机网络技术三者的结合，具有现场通信网络、现场设备互联、互操作性、分散的功能块、通信线供电、开放式互联网络等技术特点。这些特点使它与 Internet 网互联构成不同层次的复杂网络成为可能，代表了今后工业控制体系结构发展的一种方向。

1.2.2 体系结构

随着计算机系统和网络技术的发展与企业管理科学(扁平化少层次结构)的进展，人们根据功能把整个企业集团的综合自动化与管理功能划分为四层结构：现场仪表和执行机构层、装置控制层、工厂监控与管理层和企业经营管理层，其各部分的组成与功能见图 1.6，图中右侧为各种操作的周期时间。

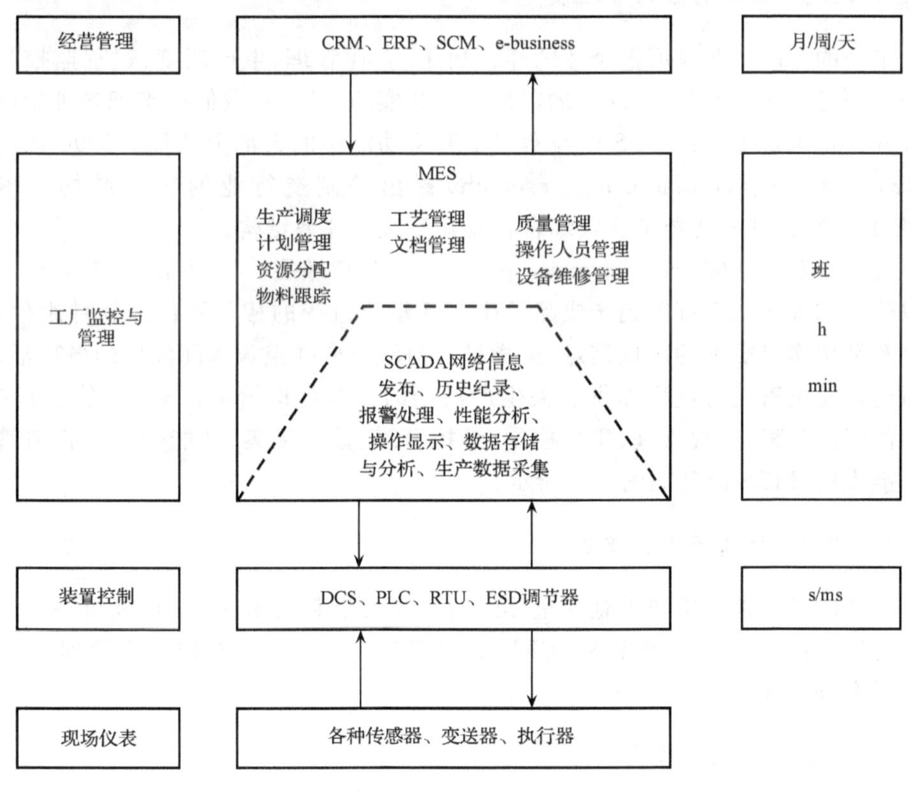

图 1.6 企业综合自动化与管理结构

1.2.2.1 现场仪表层

现场仪表层的主要工作是把现场的各种物理信号(如温度、压力、流量及位移)转变为电信号或数字信号，并进行一些必要的处理(滤波、简单诊断等)；或者把各种控制输出信号转变成物理量(如阀位、位移等)。到目前为止,该层的主要功能没有根本的变化。

1.2.2.2 装置控制层

DCS的发展使控制功能按装置和设备进行分布式设计与安装变得很容易,较为独立地完成该装置或设备的实时控制功能。然后通过网络将不同设备或装置的控制子系统连接起来完成复杂控制功能。装置控制按性质可以分为连续控制(continuous control或process control)、离散控制(discrete control或logic control)和混合控制(hybrid control)或批处理控制(batch control)。

1.2.2.3 工厂监控与管理层

早期的五层企业模型把企业的经营决策、企业管理、生产调度、过程监控与过程控制强行分开。但是,在现实的工厂自动化实施过程中,我们很难把各种功能严格分开。特别是第四代DCS已经实现了五层功能中的大部分功能。1990年美国AMR(advanced manufacturing research)提出的制造行业的三层结构(ERP/MES/PCS),较好地解释了当代综合自动化系统的体系结构。

其中,ERP(enterprise resource plan)为企业管理层。MES则汇集了车间中用以管理和优化从下订单到产成品的生产活动全过程的相关硬件或软件组件,它控制和利用实时准确的制造信息,来指导、传授、响应并报告车间发生的各项活动,同时向企业决策支持过程提供有关生产活动的任务评价信息。MES的功能包括车间的资源分配、过程管理、质量控制、维护管理、数据采集、性能分析及物料管理等功能模块,MES模型如图1.7所示。

1.2.2.4 企业经营管理层

企业的经营管理层注重企业整体经营计划的制订与实施,现在有很多系统支持该功能。例如,企业资源计划(ERP)、供应链管理(SCM)、客户关系管理(CRM)及电子商务管理等。

1.2.3 新型DCS的典型代表

1.2.3.1 美国Honeywell公司的TPS系统

美国Honeywell公司于1975年推出第一套集散控制系统TDC2000,之后又相继推出TDC3000、TDC3000^{X}和TPS系统。TPS是Total Plant Solution的缩写,它是全厂一体化系统。图1.8是该公司集散控制系统的构成图。图中,以高速数据公路为通信系统的部分是该公司的第一代系统,即TDC2000系统。以就地

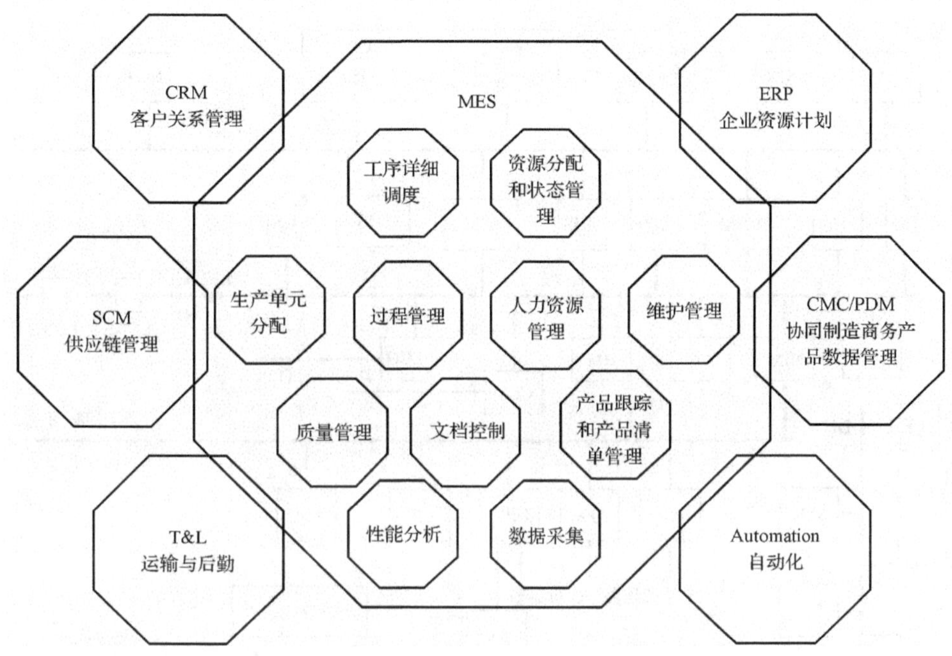

图 1.7 MES 的一般功能模块

控制网(LCN)为通信系统的部分是该公司的第二代系统 TDC3000 系统。以万能控制网(UCN)为过程控制器的通信网络、以 UNIX 为开放式平台的 $TDC3000^X$ 系统是第三代系统。而 TPS 系统是以 Windows NT 为开放式平台的最新一代系统,这几代产品均可共存于同一系统。

1. 底层(DH 和现场总线)

直接接现场设备和仪表,为总线型结构,传输速率为 250Kbps。

2. 万能控制网(UCN)和就地控制网(LCN)

符合 IEEE802.2 和 IEEE802.4 载波带通信网络,令牌总线存取方式,传输率 5Mbps,75 欧姆同轴电缆(300m),光缆(2km)。

3. 工厂信息网络(PIN)

可实现信息管理和过程控制系统的集成,利用工厂网络模件(PLNM)可实现与异种机(DEC VAX)等相连。

4. 支持多种现场总线

Foundation fieldbus、AS-I BUS、PROFIBUS-DP、DeviceNet 等。可以实现多个智能仪表点-点通信和控制。

5. 灵活分散的控制软件

PID 算法;超驰选择控制器(M/A);设备驱动单元(DD);(LM)逻辑管理器:

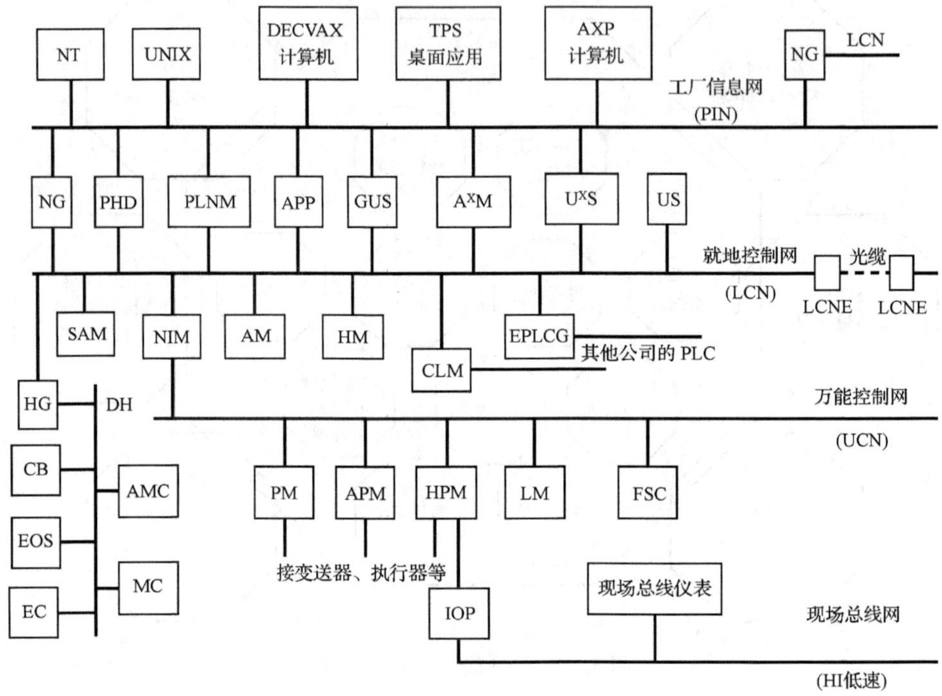

图 1.8　TPS 系统的构成

AM：应用模件（application module）；HPM：高性能过程管理器（high-performance process manager）；AMC：先进多功能控制器（advanced multifunction controller）；IOP：输入输出处理（input output processor）；APM：先进过程管理站（advanced process manager）；LCN：就地控制网（local control network）；A^{X}M：先进应用模件（application module w/UNIX/ X Window）；LM：逻辑管理模件（logic manager）；APP：应用处理平台（application processing platform）；MC：多功能控制器（multifunction controller）；CB：基本控制器（basic controller）；NG：网络连接器（network gateway）；CLM：通信链接模件（communication link module）；NIM：网络接口模件（network interface module）；DH：数据高速公路（data highway）；PIN：工厂信息网（plant information network）；EC：增强型控制器（extended controller）；PHD：过程历史数据库（process history database）；EOS：增强型操作站（extended operator station）；PLNM：工厂信息网模件（plant network module）；EPLCG：增强型可编程控制器连接器（enhanced PLC gateway）；PM：过程管理器（process manager）；FSC：故障安全控制系统（fail safe control safety system）；SAM：扫描架应用模件（scanner application module）；GUS：全局用户操作站（global user station）；UCN：万能控制网（universal control network）；HG：高速公路连接器（highway gateway）；US：万能操作站（universal station）；HM：历史模件（history module）；U^{X}S：高级万能操作站（universal station w/UNIX/X window）

直接联网，部分顺序控制；故障安全控制管理器（fail safe control safety manager）：可实现部分设备的容错安全停车功能，用于保护操作人员的安全，保护生产设备和装置,保持最佳生产状态,保护操作环境。

6. 人机界面操作接口

1280×1024 的分辨率的监视器;keybroad,滚球和触摸球;打印机及趋势记录仪。

7. 趋势归档

可以实现对重要数据作历史记录和归档,连续的过程历史(最多 2400 点,最近一周的 1 分钟瞬时值),事件历史(16 个过程单元,5000 个突发事件,10000 系统状态、出错信息),报表(班、日、周、旬、月、年报),用户画面(20 幅)。

1.2.3.2 横河公司的 CS3000-R3

日本的横河公司在应用 Yawpark,Centum-XL 和 Centum-CS 的基础上,最近推出第四代先进的集成化 DCS 系统 CS3000-R3 系统。CS3000-R3 系统不仅继承了以往系统的高可靠性和方便性,而且采用硬件集成和部分软件集成方式,使得系统的功能大大加强。该系统也可以称覆盖了从现场总线到公司管理全企业自动化与管理功能,如图 1.9 所示。CS3000-R3 系统的体系结构如图 1.10 所示。

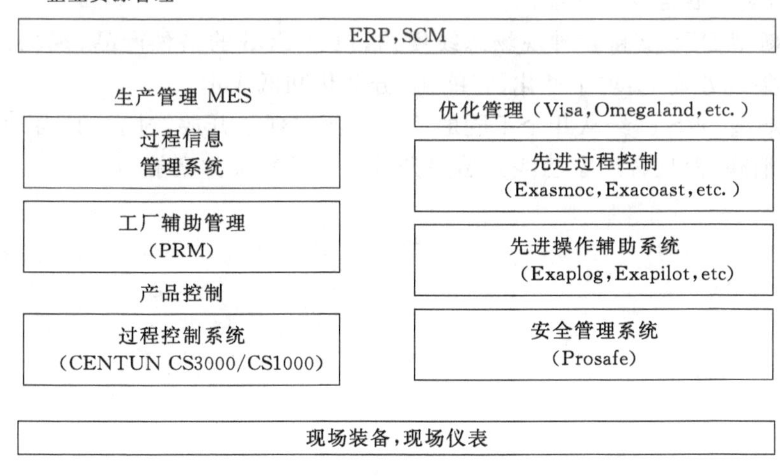

图 1.9 CS3000-R3 系统的功能组成

1.2.4 技术特点

(1) 新型 DCS 不断地加强和丰富其各种控制功能,已经超越了控制工程的范围。在强调系统体系结构和功能设计的基础上,尽可能采用世界先进技术和成熟产品,从而以最快的速度和最经济的集成方式向世界推出综合平台系统。

(2) 新型 DCS 不再局限于过程控制,而是全面提供连续调节、顺序控制和批

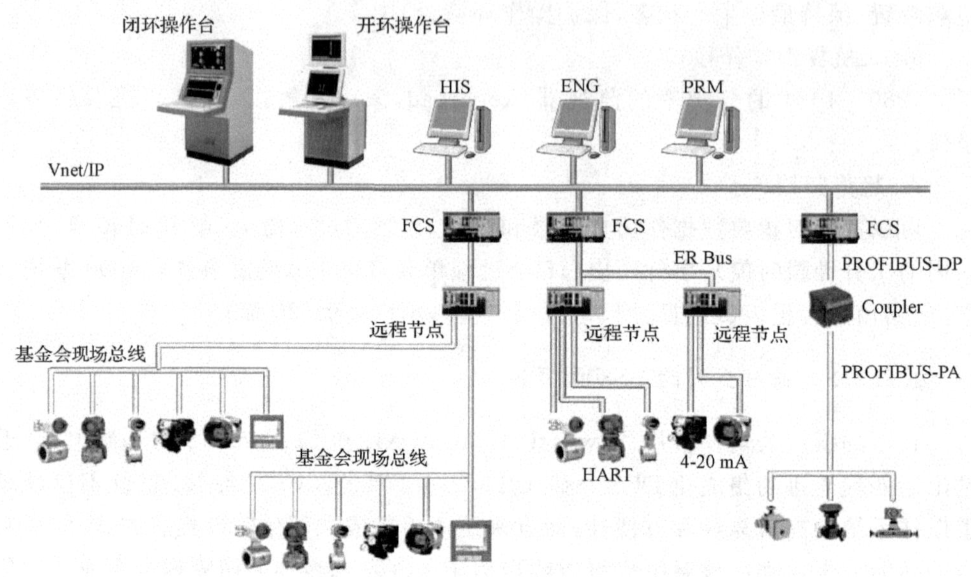

图 1.10　CS3000-R3 的体系结构

处理控制，实现混合控制功能。

（3）新型 DCS 支持各种现场总线规约，包容 FCS 的多种产品；现场信号处理组件采用集成方式，实现小型化、智能化、分散化和低成本。

（4）新型 DCS 已经从几个不同的系统层面实现了开放，过去的“自动化孤岛”现象已经消除，而且各厂家已经开始提升专业化的解决方案能力。

第 2 章　系统结构(指令系统)

2.1　总 线 结 构

2.1.1　概述

现场总线是近年来迅速发展起来的一种数据总线。开放性、分散性与数字通信是现场总线系统最显著的特点。它主要解决工业现场的智能化仪器仪表、控制器、执行器等现场设备间的数字通信以及这些现场设备与高级控制系统间的信息传递问题。现场总线用数字通信代替原来的 4～20mA 模拟传输技术,把通信线一直延伸到现场仪表,使得用于生产现场的设备和控制室自动化设备连接在同一条通信总线上进行数字通信,改变了目前一对信号线只能连接一台模拟仪表的传统模式,大大节省了控制系统的布线费用。同时现场总线打破了传统 DCS 的 3 层结构模式，把 DCS 系统集中与分散相结合的集散体系结构变成为全分布式结构，把控制功能彻底转移到现场。一般的现场总线有 64 个节点、与 RS232C 等同、且能离站互联、可实现点对点(peer to peer)通信、通信速率 500Kbps。

随着 DCS 规模的不断扩大,功能的不断扩充,通过网络传输的信息量大大增加,而且信息的种类也越来越复杂,这时仅靠简单的数据通信就难以满足要求了,网络通信必须要实现容纳大量的、多种类型的信息传递,因此高速、通用及标准的网络产品,如以太网,逐步进入了 DCS 体系中。标准的网络产品提供了完全规范并兼容的程序接口,屏蔽了底层,如物理层、数据链路层、网络层等与具体设备相关的特性,使 DCS 软件在网络设备改变、网络拓扑结构变化,甚至底层网络驱动软件改变时不必进行修改而直接沿用;对于需要传输的信息,无论信息量的大小,信息传递的频率,信息内容是什么,都可以用统一的网络通信命令实现通信。

2.1.2　拓扑结构

网络拓扑结构是指网络中各个节点相互连接的形式,局域网的网络拓扑结构主要有总线结构、星型结构和环路结构。

1. 总线结构

总线结构是利用无源传输介质作为总线,采用电缆抽头将各个节点连入网络(图 2.1)。

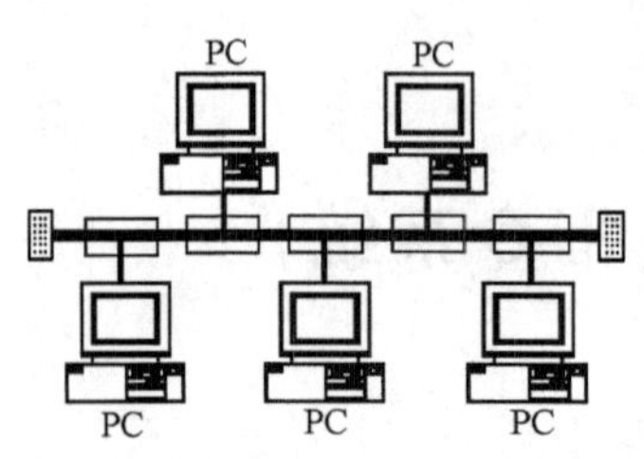

图 2.1　总线结构

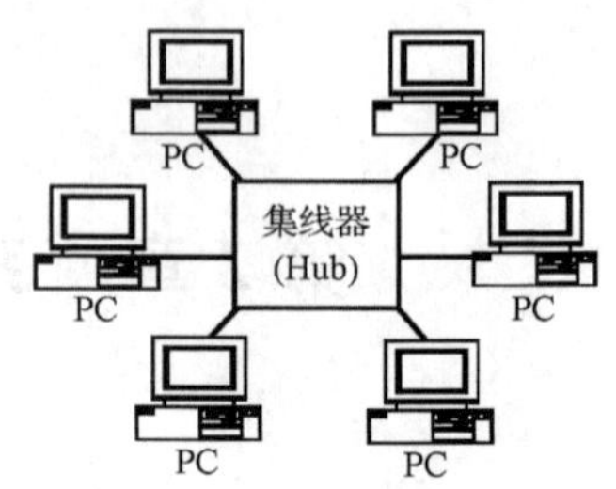

图 2.2　星型结构

2. 星型结构

星型结构是由中央节点和分支节点构成,各个分节点间没有直接的物理连接,各个分节点只与中央节点构成物理连接(图 2.2)。

3. 环型结构

环型结构是利用传输介质将各个节点设备连成一个环,环接口设备之间具有点到点连接。由于网络传输是单方向的,所以环型结构不存在确定信息传输路径问题(图 2.3)。

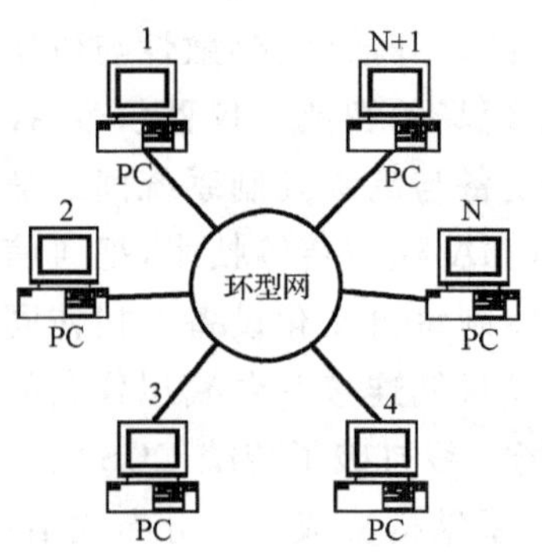

图 2.3　环形结构

2.1.3　基金会现场总线

桥式拓扑结构是基金会现场总线的主要结构形式。桥式网络是由桥把不同速率、不同介质的链路连接成多链路,桥内的路由表要相互协调,组成生成树(spanning tree)。生成树表达了桥的组态,这样就保证了只有两个方向的数据流,或者流向树根,或者离开树根。没有任何回路和并行路径。也就是说,由每一条链路到树根有且仅有一个桥。生成树中的每一个桥只有一个根端口,一个或多个下游端口。每一个桥端口都连接一条链路。根端口向上连接到根,下游端口向下引出根的分支。下游端口又称指定端口(designated ports)。当根端口由远方的链路接收到预定的信息时,桥就会根据内部的路由表来选择信息所要经过的下游端口。而当下游端口接收到信息时,桥就会指出上传到根或下传到其他下游端口的通信路径。

在现场总线网络中,桥完成以下任务:

(1) 转发。

(2) 重发。

(3) 分配数据链路时间。

(4) 分配应用进程时间。

每一条链路都要有一个,且只能有一个链路活动调度器(LAS)。LAS 在数据链路层中的作用是作为链路总线仲裁器,它完成以下功能:

(1) 识别和添加链路中的新设备。

(2) 删除链路中无响应的设备。

(3) 分配数据链路时间和链路调度时间。

(4) 在受调度传输时,轮询现场总线设备,看缓冲区中是否有要发送的数据。

(5) 在两次受调度传输的中间,为现场总线设备分配令牌。

链路上的任何一个设备只要具备成为 LAS 的条件,都可以成为 LAS。能够成为 LAS 的设备被称为链路主设备,其余的设备被称为基本设备。

当链路首次启动或者现有的 LAS 故障时,链路主设备开始竞争 LAS。竞争成功的链路主设备立即作为 LAS 开始工作。LAS 将未成为 LAS 的链路主设备视为基本设备。同时,未成为 LAS 的链路主设备又都成为 LAS 的后备,一旦现行的 LAS 发生故障,它们就会进入新一轮的 LAS 竞争。

有时,我们希望某一特定的链路主设备成为 LAS。在这种情况下,可以将它设置为主链路主设备。如果主链路主设备不能在竞争中取胜,它就会让获胜的链路主设备把 LAS 权限移交给它。链路的 LAS 一建立起来,链路的工作就会立即开始。

2.2 模块结构

分布式控制系统工作在高电磁、强振动和冲击的工业环境中,系统采用模块化结构设计,各种单独模块之间可进行广泛组合和扩展,其结构简单、使用灵活而且易于维护,采用 DIN 标准导轨安装,背板总线集成在模块上,模块通过总线连接器相连,使得更换模块简单,所有模块都具有可靠的连接端子。系统可以自行组态,当用户的控制任务多于信号模块或通信处理模块时,则可以采用扩展结构。

2.2.1 模块类型

2.2.1.1 负载电源模块

通过将外部供电系统的 220V 交流电源转换为 5V 的直流电源,以供给中央处理器和其他系统模块;转化为其他电压等级连接到现场端的 120V/230V 交流电源或 24V/48V/60V/110V 直流电源。

2.2.1.2 通信处理器

不论系统是递阶结构设计还是环路结构设计,也不论用于点对点连接还是网络通信,每个节点都配置有通信处理器,实现该节点与其他节点的通信。

2.2.1.3 接口模块

用于机架配置时连接主机架和扩展机架,使现场的各类模拟输入量/模拟输出量和数字输入量/数字输出量方便地连在系统模块的前连接器上。

2.2.1.4 扩展模块

可根据应用对象的不同,选用不同型号和不同数量的模块,并可以将这些模块安装在同一机架(导轨)或多个机架上,以实现模块化组合结构。

2.2.1.5 CPU 块

CPU 块可分为用户块和系统块。

(1) 用户块又可分为组织块、功能块和数据块。组织块是操作系统和用户程序的接口,它们由操作系统调用,并控制循环和中断程序的执行以及可编程控制器的启动。通过编程组织块,用户可以指定 CPU 的响应。

功能块是由变量声明表和逻辑指令组成。变量声明表声明此块的局部数据;逻辑指令在调用功能块时,需提供块执行时要用到的数据或变量,也就是将外部数据传递给功能块,这被称为参数传递。参数传递的方式使功能块具有通用性,它可被其他的块调用,以完成多个类似的控制任务。

数据块中包含程序所使用的数据。在编制数据块中,你可以决定数据的类型、格式、次序以及存储在什么块中;数据块分为两种类型:全局数据块和背景数据块。全局数据块称之为“自由”数据块,因为它没有被指派给任何代码块。而背景数据块,作为块的局部数据,是与被指定的功能块相关联的。

(2) 系统块包含在操作系统当中,包括系统功能块和系统数据块。操作系统可以调用系统功能块和系统数据块,但你没有修改的权限,其调用关系如图 2.4 所示,图 2.4 中上半部分的调用有一定的嵌套关系。

在系统启动过程中,CPU 动态扫描过程。首先,系统上电,开始运行初始化程序,之后进入可编程的工作周期:进行过程映像输入,运行主程序,之后进行过程映像输出,如图 2.5 所示。

2.2.2 程序结构

分布式控制系统支持线性编程、分步编程和结构化编程。结构化编程由于其结构层次清晰,部分程序通用化、标准化,易于修改、调试方便等优点,在程序设计中得到广泛应用。下面通过以 SETP7 的指令结构及梯形图的编程方法介绍一个简单的实例。

2.2.2.1 创建 STEP7 项目

安装完成后的 STEP7 在桌面上会生成一个图标,这个图标就是启动 STEP7 的快捷图标,可以快速启动 STEP7。

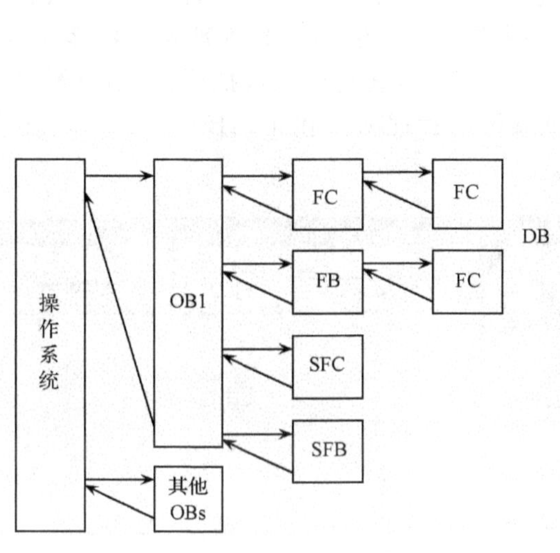

图 2.4　系统块调用结构图

上电
初始化程序 OB100
刷新过程映像输入表
主程序 OB1
刷新过程映像输出表

图 2.5　系统启动程序框图

第一次打开 STEP7 时,将出现一组对话框,如图 2.6 所示。该组对话框通过新建项目导向对项目按步骤进行新建。

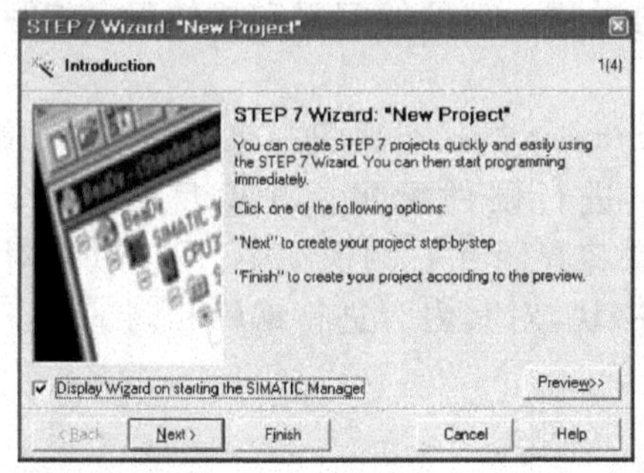

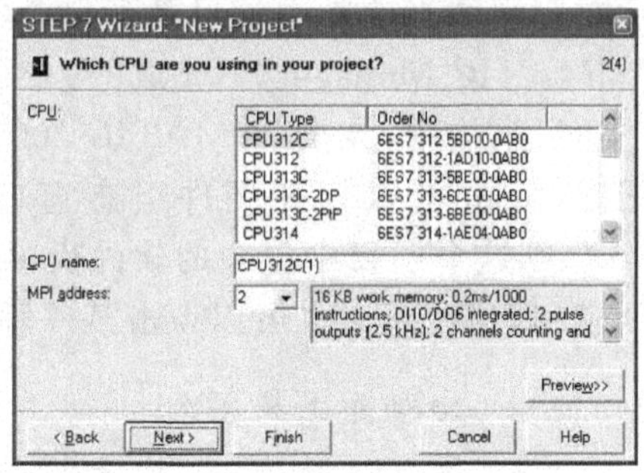

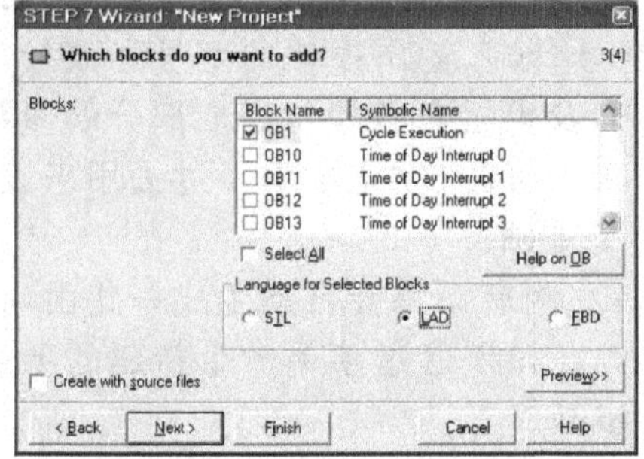

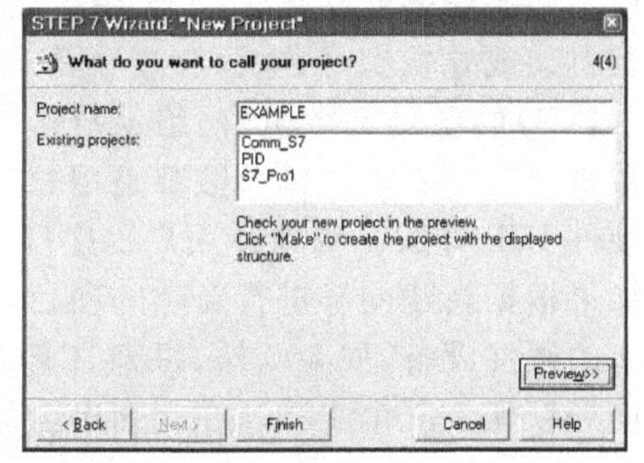

图 2.6　创建管理器窗口

打开 SIMATIC 管理器窗口。SIMATIC 管理器窗口是 STEP7 软件的主要窗口，同 WINDOWS 典型窗口一样，从上到下分别是标题栏、菜单栏、工具栏、工作区间、状态栏和任务栏，如图 2.7 所示。用户可以创建和同时管理自己的多个项目。它能在线/离线编辑 S7 对象的图形化用户界面，这些对象包括项目、用户程序、块、硬件站和工具。利用 SIMATIC 管理器可以管理项目和库、启动 STEP7 的多个工具、在线访问 PLC 和编辑存储卡等。

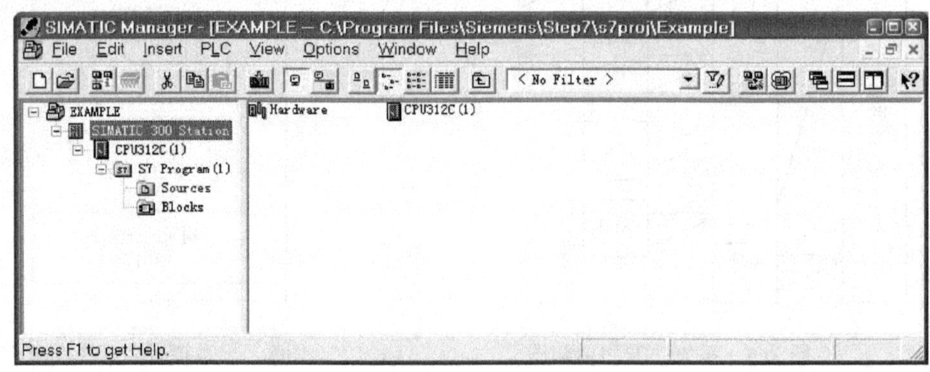

图 2.7 创建项目窗口

每一个项目视图被分成左右两个部分，左侧视图显示项目的层次结构，右侧视图显示左侧视图当前圈中的目录下包含的对象。其硬件配置和软件程序编写就是在该“SIMATIC Manager”下完成的。

在项目结构中，点击“SIMATIC 300 Station”，右侧视图中将显示“Hardware”硬件图标，双击可以打开硬件组态窗口，进行硬件配置。在项目结构中，点击“Blocks”，则这个项目中包含的软件程序块将显示在右侧视图中，用户可以对其块进行创建和删除，同时也可以点击某一程序块，对其内容进行编辑和调试。

2.2.2.2 硬件组态的任务

硬件组态任务就是在 STEP7 中生成一个与实际的硬件系统完全相同的系统，确定其机架或导轨型号、电源容量、CPU 型号、输入输出模块的型号和数量、人机界面(HMI)的型号和数量、网络系统等。以及设置各种硬件组成部分的参数，即给参数赋值。所有模块的参数都是用软件来设置的，完全取消了过去用来设置参数的硬件 DIP 开关。为设计用户程序打下了基础。

如果根据新建向导进行新建的项目，在左侧窗口将会自动生成一些由向导自动组态的硬件设备，如 300 站、机架、CPU 等。如果通过菜单命令新建的项目，则要比向导新建多三个步骤。在此列出全部步骤。

(1) 执行菜单“File”→“New”命令，新建项目名称及存储路径。

(2) 在新建的项目名称上单击鼠标右键选“Insert New Object”插入用户可用

资源，如在此插入“SIMATIC 300 Station”工作站，如图 2.8 所示。

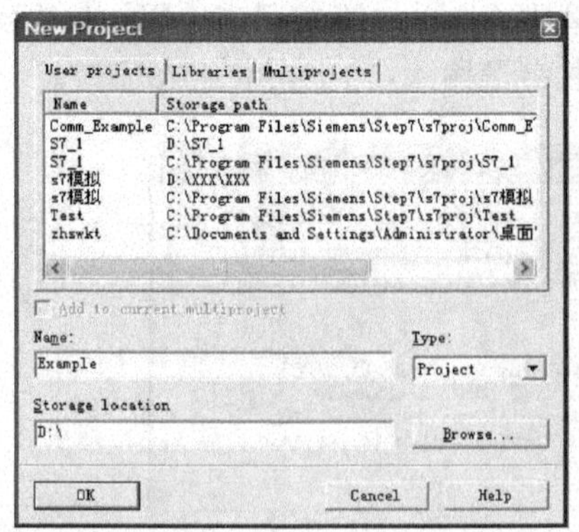

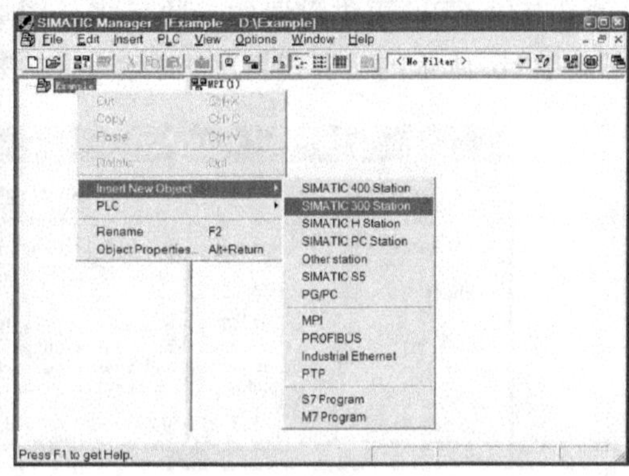

图 2.8　过程控制站组态

(3) 选择“SIMATIC 300 Station”对象，双击右侧窗口中的“Hardware”图标，进入“HW Config”硬件组态窗口。

(4) 单击右侧硬件目录“SIMATIC 300”生成机架，用户可以根据不同需求通过右侧的硬件目录列表配置各种模块，其方法是通过拖拉元器件把元件装到指定的位置。需要注意的是：插槽 1 中只能插入电源 PS，插槽 2 中只能插入 CPU，插槽 3 一般情况是空的 IM，插槽 4 以及之后的插槽可以插入模拟量或数字量模块 SM。值得注意的是，其软件组态的顺序需要与导轨上的硬件顺序一致。硬件组态窗口左上角的(0)UR 表示导轨 RACK(0)。图 2.9 所示为配置完成后的一些具体模块。

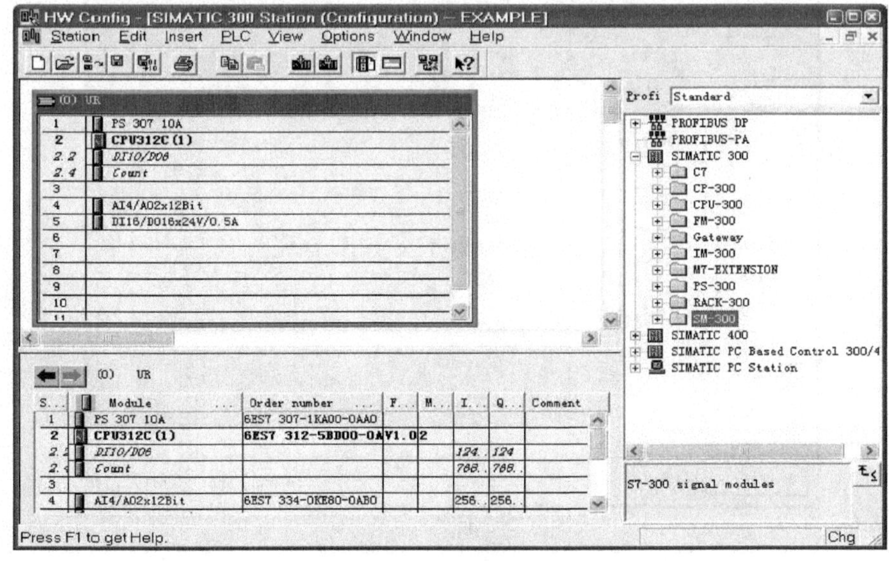

图 2.9　硬件组态窗口

(5) 双击模块,在打开的对话框中设置模块的参数,不同模块可供设置的参数是不同的。其中 CPU 可供设置的参数最多。图 2.10(a)所示的是双击 CPU 的组态窗口,图 2.10(b)所示的是双击“DI10/DO6”后的数字量输入/输出模块组态窗口。

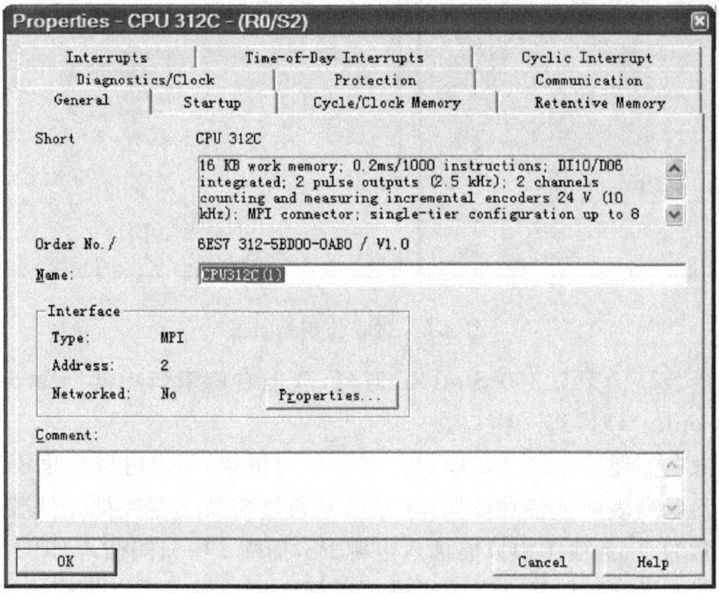

(a)

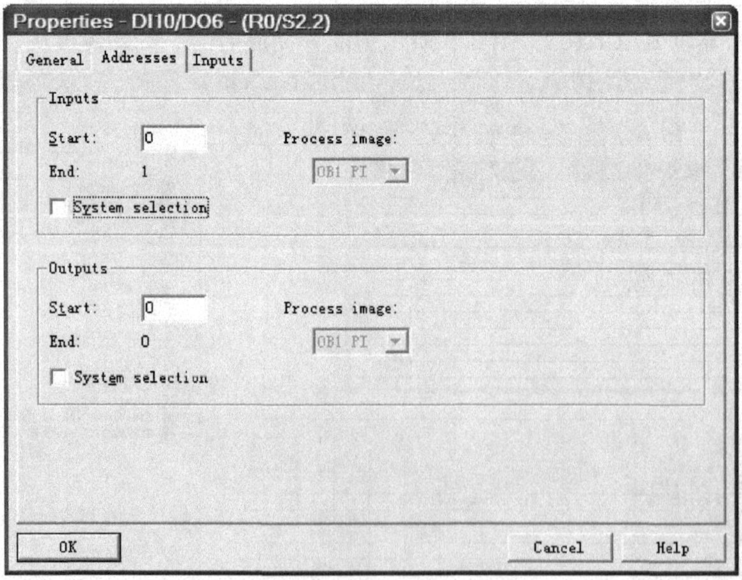

(b)

图 2.10　CPU 参数设定

(6) 保存硬件设置,并将它下载到 PLC 中去。

保存有两种方式,一种在 HW Config 窗口,点击“Save”按钮进行保存;另一种方式是“Save and Compile”按钮保存并编译。这样就可以把设定的组态存盘。两者的区别是后者能产生系统数据块 SDB。

当保存完毕后,通过“Download”按钮,就可以把设定的组态下载到 CPU 中去了。其实,不光在硬件组态窗口有“Download”按钮,SMATIC 管理器,及其相应的“LAD/STL/FBD”窗口的工具栏上,都有相同的下载按钮。用来下载编写完成的程序。

2.2.2.3　PLC 软件编程

点击 Station 300 站点下的 Blocks,可见右侧窗口出现了已经插入的组织块 OB1。双击 OB1 打开编程环境,如图 2.11 所示。窗口的左侧为梯形图编程元件目录,窗口的右侧为编程区。窗口上部提供常用的梯形图编程元件,直接点击即可,方便编程。下侧为编程调试过程各种信息的显示区。

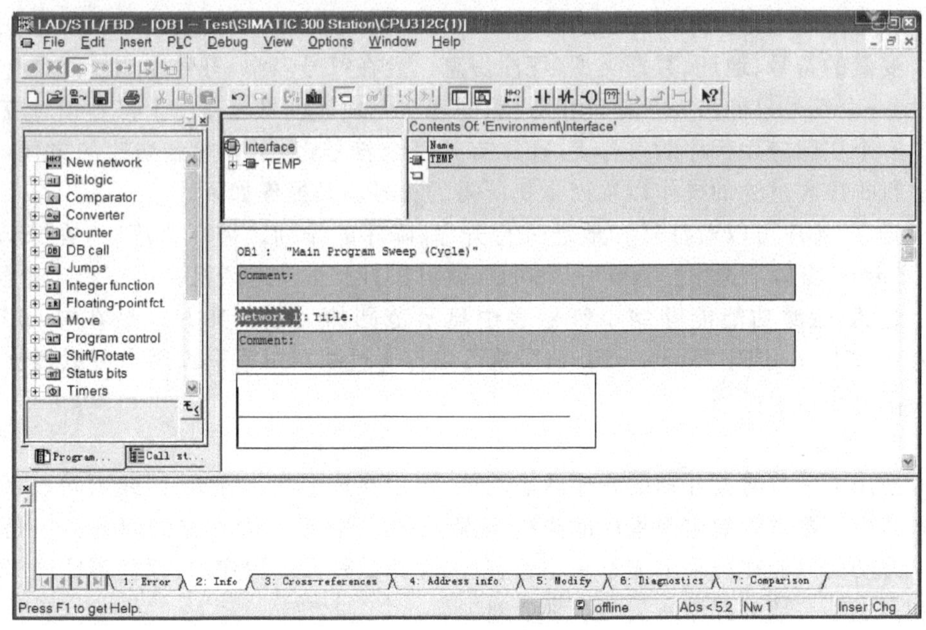

图 2.11　软件组态窗口

1. 符号表

在我们的例程中,很多时候采用的是“实际地址”编程的方法,这种方法称作按地址编程或者绝对寻址方式。但是,在实际工控环境中,很多时候为了便于理解和记忆,一般情况下采用的是“符号”的编程方式。在 SIMATIC Manager 窗口下,选中“Program”,在右边的窗口下就会出现“Symbol”图标,双击该图标 Symbols 就会打开符号表,如图 2.12 所示。

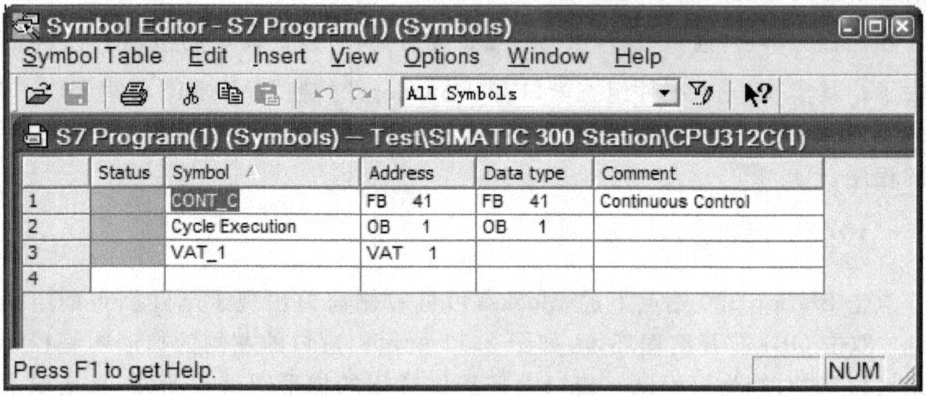

图 2.12　符号设置窗口

在符号表中,符号“Symbol”、“Address”、“Data Type”、“Comment”分别应着每个变量的符号、地址、数据类型、评注信息。且在符号表中,符号和地址都具有唯一性,一个符号只能与一个地址相对应,同理一个地址也只能与一个符号相对应。

一个实际应用程序的符号表,往往有几百个符号,为了寻找和修改的方便,可以进行排序和过滤的操作以快速查找所需的符号。其操作如下。

排序:排序可以对符号和地址进行升序/降序的排列。需要排序时,在“Symbol Editor”窗口下选中“View”→“Sort”,就可以打开排序对话框。

过滤:过滤功能能够缩小符号表中显示范围的大小。其方式是在“Symbol Editor”窗口下,选中“View→Filter”,就可以打开过滤器对话框。用户可以根据实际情况缩小搜索范围。

2. 变量表

使用下一节将要介绍的程序状态功能,可以在梯形图、功能块图或语句表程序编辑器中形象直观地监视程序的执行情况,找出程序设计中存在的问题。但是程序状态功能只能在屏幕上显示一小块程序,在调试较大的程序时,往往不能同时显示和调试某一部分程序所需的全部变量。

变量表可以有效地解决上述问题。使用变量表可以在一个画面中同时监视、修改和强制用户感兴趣的全部变量。一个项目可以生成多个变量表,以满足不同的测试要求。

在变量表中可以赋值或显示的变量包括输入、输出、位存储器、定时器、计数器、数据块内的存储器和外设 I/O。

变量表生成的几种方法如下：

在 SIMATIC 管理器中用菜单命令“Insert”→“S7 Block”→“Variable Table”生成新的变量表。或者用鼠标右键点击 SIMATIC 管理器的块工作区，在弹出的菜单中选择“Insert New Object”→“Variable Table”命令菜单来生成新的变量表。在出现的对话框中，可以给变量表取一个符号名，变量表最多有 1024 行。

在 SIMATIC 管理器中执行菜单命令“View”→“Online”，进入在线状态，选择块文件夹；或用“PLC” →“Monitor/Modify Variables”监视/修改变量生成一个无名的在线变量表。

在变量表编辑器中，用菜单命令“Table”→“New”生成一个新的变量表。可以用菜单命令“Table”→“Open”打开已存在的表，也可以在工具栏中用相应的图标来生成或打开变量表。

像其他文件一样，可以通过剪贴板复制、剪切和粘贴来复制和移动变量表。在复制变量表时，目标程序的符号表中已有的符号将被修改。在移动变量表时，源程序符号表中相应的符号也被移动到目标程序的符号表中。

如果需要监视的变量很多，可以为一个用户程序生成几个变量表。在输入变量时应将逻辑块中有关联的变量放在一起。

可以在“Symbol”(符号栏)输入符号表中定义过的符号，地址栏将会自动出现该符号的地址。也可以在“Address”(地址栏)输入地址，如果该地址已在符号表中定义了符号，将会在符号栏自动出现它的符号。符号名中如果含有特殊的字符，必须用引号括起来，例如“Motor. off”和“Motor. on”等。

在变量表编辑器中使用的菜单命令“Control”→“Symbol Table”，可以打开符号表，定义新的符号。可以从符号表中复制地址，将它粘贴到变量表中。

可以在变量表的“Display format”显示格式栏直接输入格式，也可以执行菜单命令“View”→“Select Display Format”，或用右键点击该列，在弹出的格式菜单中选择需要的格式。

PLC 控制系统由硬件和软件两大部分组成，硬件组态完毕，就剩下编制软件了。

2.3　程序执行方式

2.3.1　存储器的划分

2.3.1.1　存储器的划分

存储器分为程序区域和数据区域，程序区域又分为用户程序区域和系统程序区域，由系统管理；数据区域存放各类数据，由用户人员管理。存储区域分布如

图 2.13所示。数据区域的操作可以进行位、字节、字、双字节操作。

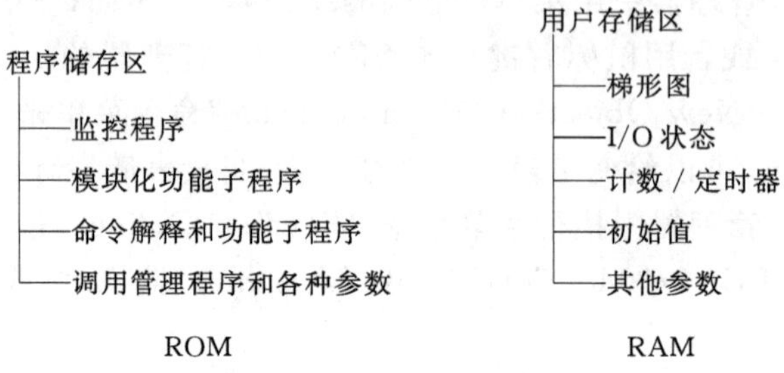

图 2.13　存储区域分布图

2.3.1.2　各功能区域

1. 输入映像寄存器

区域标识符 I，扫描开始，CPU 对物理输入点依次采样，映像寄存器且每一个开关量输入端子唯一对应着输入映像寄存器中的一位，模拟量输入映像寄存器中的字节、字或双字。

2. 输出映像寄存器

区域标识符 Q，在每次扫描周期的结尾，CPU 将输出映像寄存器中的数值复制到物理输出点上，可按位、字节、字或双字操作。

3. 模入

区域标识符 AI（只读），只能从外读入，转换成 1 个字节（16 位）存放该区域，所以偶数位剧字节（为 0、2、4）开始。

4. 模出

区域符 AQ，只能从内向外输出，再经输出电路转换成模拟信号送入外部设备。

2.3.2　寻址方式

2.3.2.1　I/O 地址分配

I/O 采用了映像寄存器机制，当分布式系统建成后，需要将内部映像寄存器和实际的外部物理 I/O 接点对应起来，以便使 CPU 访问其他模块并进行数据交换。通常 PLC 提供的映像寄存器比其外部物理 I/O 总数多（中间接点）。

1. 分配原则

(1) 不能产生地址冲突。

(2) 保证分配后地址一一对应。

(3) 操作简单可靠、灵活方便。

2. 分配方法

(1) 固定编址法。早期是固定编址,简单可靠,但不灵活,配置限制较多。

(2) 槽位确定地址法。I/O 扩展模块的物理地址接点对应映像寄存器位置,当通电时系统自动根据各物理块槽位数分配地址。

(3) 编程工具设定地址。允许用户使用编程工具分配地址,配置灵活,可充分利用 I/O 地址资源。

3. I/O 地址分配

(1) I/O 映像寄存器的标识。I/O 标识是由区域标识符(I:输入 、Q:输出)、字节地址(字节号)、位地址(位号)组成,字节地址与位地址之间用点隔开。如图 2.14所示。

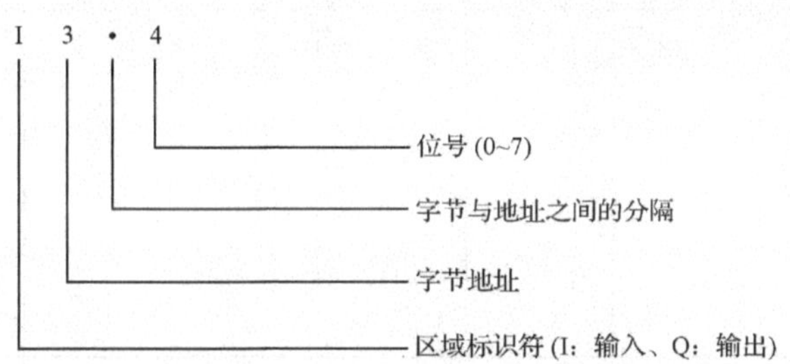

图 2.14 数字量 I/O 映射寄存器标识

(2) 物理接点与映像寄存器的对应关系。模拟量的 I/O 标识区域符为 AI(输入),AQ(输出),采用字 I/O 方式数据长度符号为 W,以整个字为操作单位。如图 2.15所示。

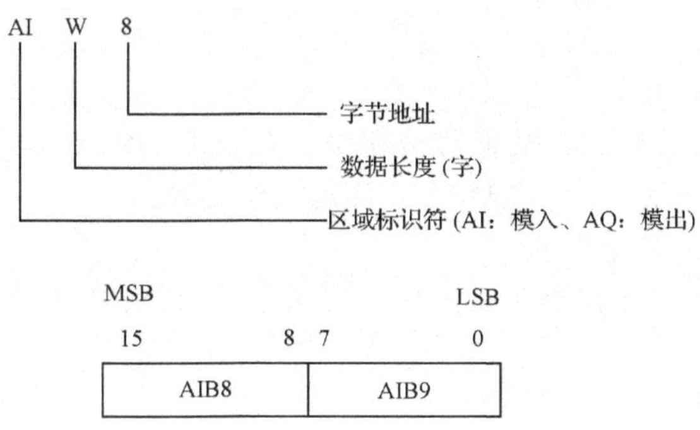

图 2.15 模拟量 I/O 映射寄存器标识

2.3.2.2 寻址方式

分布式系统通常支持存储器直接寻址和存储器间接寻址。

1. 存储器直接寻址

直接寻址方式是指指令中直接使用存储器或寄存器的元件名称和地址编号查

找数据。数据直接寻址指的是在指令中明确指出了存取数据的存储器地址，允许用户程序直接存取信息。

(1) 直接存取存储器中的数据(表 2.1)。

```
I2.4// 按位存数
LD  I2.4
=   Q0.0
```

结果：把 I2.4 位信息送给 Q0.0

表 2.1 存储器端子号与位对应表

端子号 \ 位号	7	6	5	4	3	2	1	0
I0								
I1								
⋮								
I15								

(2) 存取 CPU 中的一个字节、字或双字数据。

S7-200 支持字节、字或双字存取存储区域(V、I、Q、M、S、L、SM)中的数据。CPU 内数据存储格式如图 2.16 所示。

(3) 在其他 CPU 存储区域(T、C、HC 和累加器)中存取数据。

例：
```
TOM    T33,S0
MOVD   AC1,MD7
INCD   AC1
```

(4) 直接使用常数。常数值可分字节、字、双字。CPU 以二进制数方式存储常数，也可以用十进制、十六进制、ASCII 码或浮点数。

2. 存储区域的间接寻址

可使用指针对下述存储区间接寻址(I、Q、V、M、S、T 及 C(仅当前值))，但不可对独立的位进行操作。

(1) 建立指针。

只能在 V、L 或累加器(AC1、AC2、AC3)中存放指针，而且必须用双字节传输指令(MOVD)。使用字符号 & 表示某一单元的地址，而不是所要的值。

例：
```
MOVD   &VB100,  VD204
MOVD   &MB4,    AC2
MOVD   &C4,     LD6
```

(2) 使用指针来存取数据时，在操作数前加“ * ”号表示该操作为一指针。

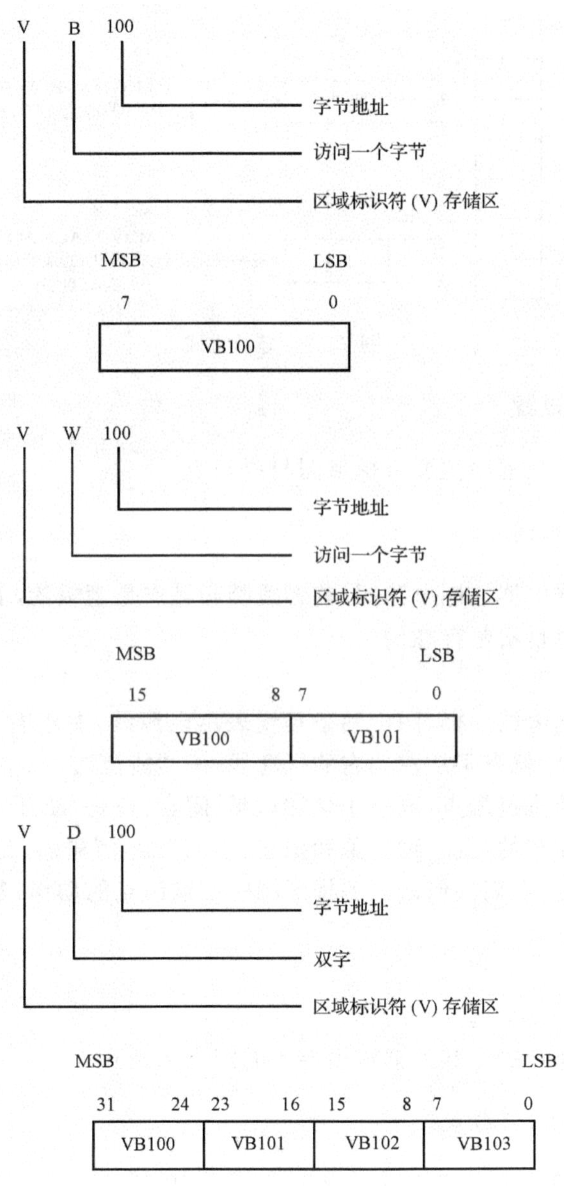

图 2.16　CPU 内数据存储格式

例:使用指针寻址将存于 V200 和 V201 中的值移到累加器中 AC0。如图 2.17所示。

AC(AC0～AC3)可按位、字节、字、双字操作。可以向子程序传递参数,也可以从子程序返回参数以及原来存储计算的中间结果。

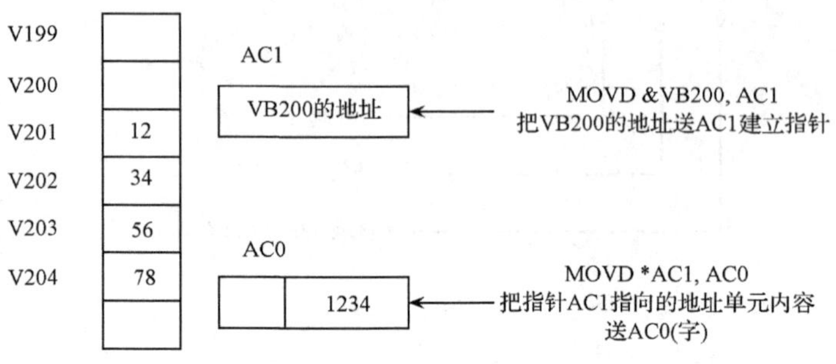

图 2.17 寻址方式

2.3.3 指令执行过程

分布式控制系统程序主要有梯形图与语句表。

2.3.3.1 梯形图

梯形图类同继电器控制电路图，前者线圈和触点是逻辑的，而继电器控制电路中的线圈和触点总是实际存在的。

1. 能流

和继电器控制电路一样，图中两条竖线表示电源线，左正右负（右负不标），所以在一条水平线上，就有了从左到右的概念线——“能流”。

“能流”是否能流过触点，取决于该触点是“闭合”还是“断开”。

“能流”是不存在的，是一种想象和描述，引入“能流”概念，是为了和继电器控制系统相比较，告诉人们如何来理解梯形图中各输出点的动作，实际上并不存在这种“能流”。

2. 扫描

从左到右，从上到下。

右边线圈的通断决定其外部输出端子的闭合和断开。

2.3.3.2 STL（语句表）

STL 编程语言类似于计算机中的汇编语言；CPU 从上到下按程序的次序执行，程序结束后完成一次扫描再回到起始位置；逻辑堆栈相当于普通计算机 CPU 中的 ALU。

例：

```
NETWORK1        //网络标号
LD    I0.0      //将 I0.0 压入栈顶 S0，堆栈下移一层
LD    I0.1      //将 I0.1 压入栈顶 S0，堆栈下移一层
```

```
LD   I2.1      //将 I2.1 压入栈顶 S0,堆栈下移一层
A    I2.2      //将栈顶顶值(I2.1)与 I2.2 进行与运算,堆栈上移一层,结果放在栈
                 顶 S0
OLD            //将栈顶顶值 S0 和第二堆栈 S1 进行或运算,堆栈上移一层,结果放在
                 栈顶 S0
ALD            //将栈顶顶值 S0 和第二堆栈 S1 进行与运算,堆栈上移一层,结果放在
                 栈顶 S0
=Q5.0          //栈顶值复制到 Q5.0
```

上例对应的梯形图。如图 2.18 所示。

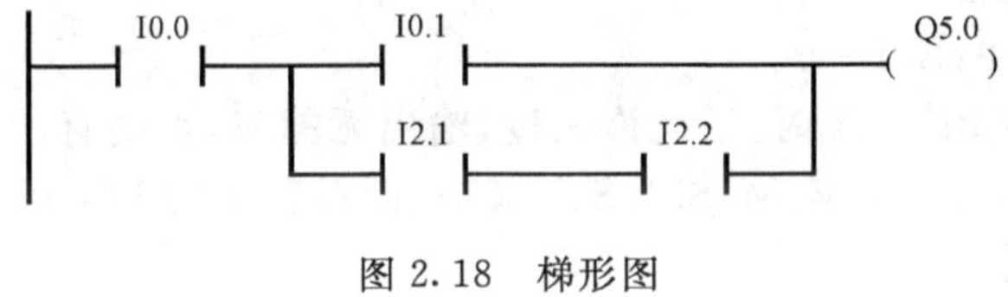

图 2.18　梯形图

2.4　指令系统

不同编程方式比较如图 2.19 所示。

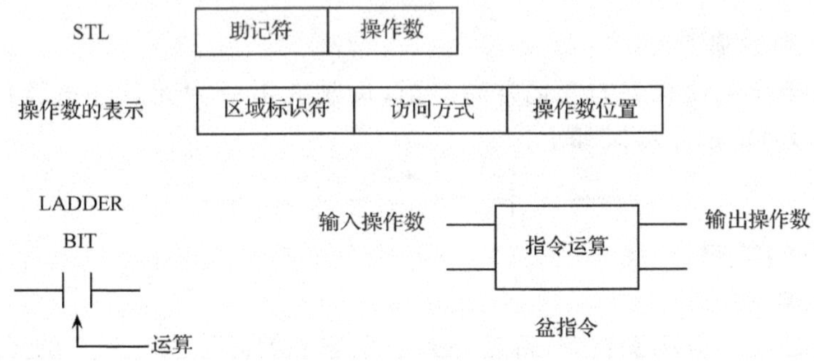

图 2.19　不同编程方式

2.4.1　位逻辑指令

指令功能:从存储器得到逻辑值,参与中间控制运算或从输入映影寄存器中得到被控对象的状态值(I/O 值)和操作台发出的命令等。

1. 指令介绍

(1) 输入指令。

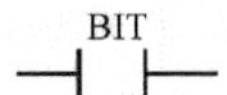

输入形式:能流。

输出形式:能流。

能流通过条件:BIT=1。

执行过程:当 BIT=1 时,能流通过,输出有能流,否则无。

BIT 取值范围:I、Q、V、M、SM、S、T、C、L 储存区中的 BOOL 值。

(2) 输入取反指令。

输入形式:能流。

输出形式:能流。

能流通过条件:BIT=0。

执行过程:当 BIT=1 时,不允许通过,输出无能流,否则有。

BIT 取值范围:I、Q、V、M、SM、S、T、C、L 储存区中的 BOOL 值。

(3) 取反指令。

—| / |—

输入形式:能流。

输出形式:能流。

执行过程:该指令为无条件执行指令。当输入有能流到达时,阻断能流,则输出没有能流。

(4) 正、负跳概念。

用于检测开关量状态的变化方向。正、负跳变指令为无条件执行指令,正、负跳变指令的 LAD 指令形式如下:

—| P |—　　—| N |—

输入形式:能流。

输出形式:能流。

执行过程:正、负跳变指令,每检测到一个输入的能流由 0 到 1 的正跳变时,让能流接通一个扫描周期。

(5) 输出指令:将逻辑的运算结果写入输出映像寄存器中,从而决定下一个扫描周期中的输出端子的状态,其输出端子的状态可等到集中刷新处理后才能表现出来。

BIT
—( )

(6) 立即 I/O 指令:PLC 是对 I/O 集中进行处理,对 I/O 响应进行延时,但立即 I/O 指令可立即对 I/O 进行处理。

BIT —| I |— 立即输入	BIT —| /I |— 立即输入取反	BIT —(I)— 立即输出

(7) 置位/复位指令。

```
    BIT          BIT
 —( S )       —( R )
    N            N
```

可以一次对 1～255 个存储器中的 BOOL 值进行置位/复位，由 BIT 决定起始地址。如果复位指令指定的是定时器或计数器，则指令先清除后复位。

(8) 立即置位/复位指令。

一次性可对 1～128 个连续的位进行立即置位/复位。

```
    BIT          BIT
 —( SI )      —( RI )
    N            N
```

(9) 逻辑堆栈指令。

该指令较好地解决了逻辑位值的与、或运算，即控制电路的串、并联问题。

① 栈装载“与”指令。将栈顶 IV0 和 IV1 值进行逻辑“与”运算，结果放入栈顶(IV0)，并使栈中 IV2 及以后的值依次前移，栈深度减 1。

该指令可以解决并联控制电路的分支问题。

STL：ALD

② 栈装载“或”指令。IV0 和 IV1 进行逻辑“或”运算，结果放入栈顶(IV0)，并使栈中 IV2 及以后的值依次前移，栈深度减 1。

STL：OLD

③ 堆入栈指令。复制栈顶值，并将这个值堆入栈，起栈底值丢失，该栈底值用户要自己管理。

STL：LPS

④ 逻辑读栈指令。将 IV1 复制到 IV0，即栈顶值被更新，其他不变。

STL：LRD

⑤ 逻辑出栈指令。逻辑堆入栈的反操作，IV1 成为栈顶新值，栈底加入一随机值。

指令形式：　LPP

⑥ 装入堆栈。复制堆栈中的第 N 个值，并将其堆入栈中，是逻辑堆入栈指令的加强。

指令形式：　LDS N//　N 为第 0～7 的常数

2. 指令应用举例(图 2.20)

2.4.2　比较指令

在 LAD 中，其比较指令格式 IN1 和 IN2 为输入的两个操作数。并通过操作符将操作数数值、字串符进行比较，如图 2.21 所示。其操作符如下：

＝＝B、＝＝I、＝＝D、＝＝R；

<>B、<>I、<>D、<>R；

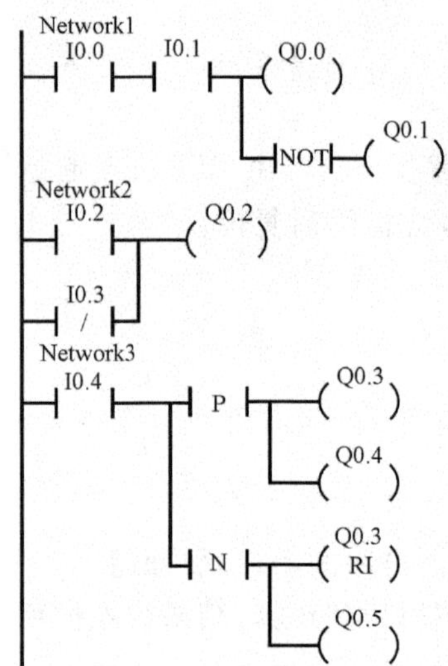

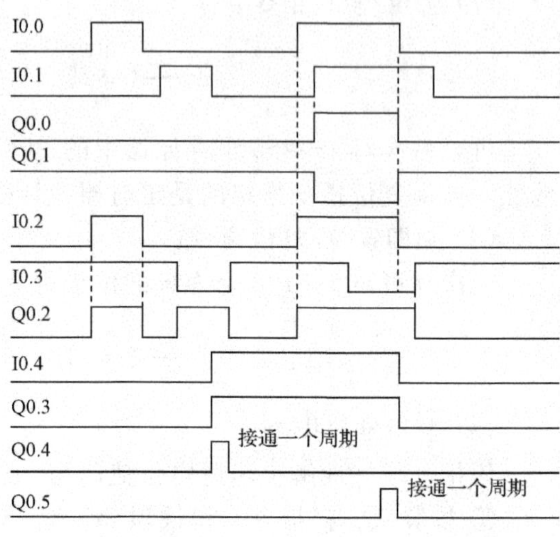

图 2.20　指令应用举例

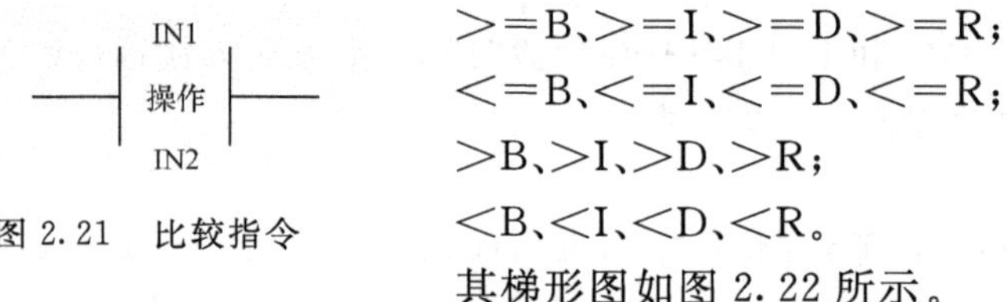

图 2.21　比较指令

＞＝B、＞＝I、＞＝D、＞＝R；

＜＝B、＜＝I、＜＝D、＜＝R；

＞B、＞I、＞D、＞R；

＜B、＜I、＜D、＜R。

其梯形图如图 2.22 所示。

2.4.3 传感指令

LAD 格式：

指令名称可以是 MOV-B、MOV-W、MOV-D、MOV-R，分别表示字节传输、字传输、双字传输、实数传输(图 2.23)。

指令功能：将操作数 IN 中指明的存储区中值传输到 OUT 指明的存储区中。当指令需要使用指针时可以使用双字传输指令创建一个指针。

(1) 字节、字、双字和实数传输指令：MOV-B、MOV-W、MOV-D、MOV-R。

(2) 字节立即传输指令：MOV-BIR、MOV-BIW，分别表示字节立即读、字节立即写。

(3) 块传输指令：字节块(BLKMOV-B)、字块(BLKMOV-W)和双字块传输(BLKMOV-D)。

将 VB20 开始的 4 个字节放到 VB1000 开始的存储区，其 · 字节 1 · 字节 2 · 字节 3 · 字节 4 不变如图 2.24 所示。

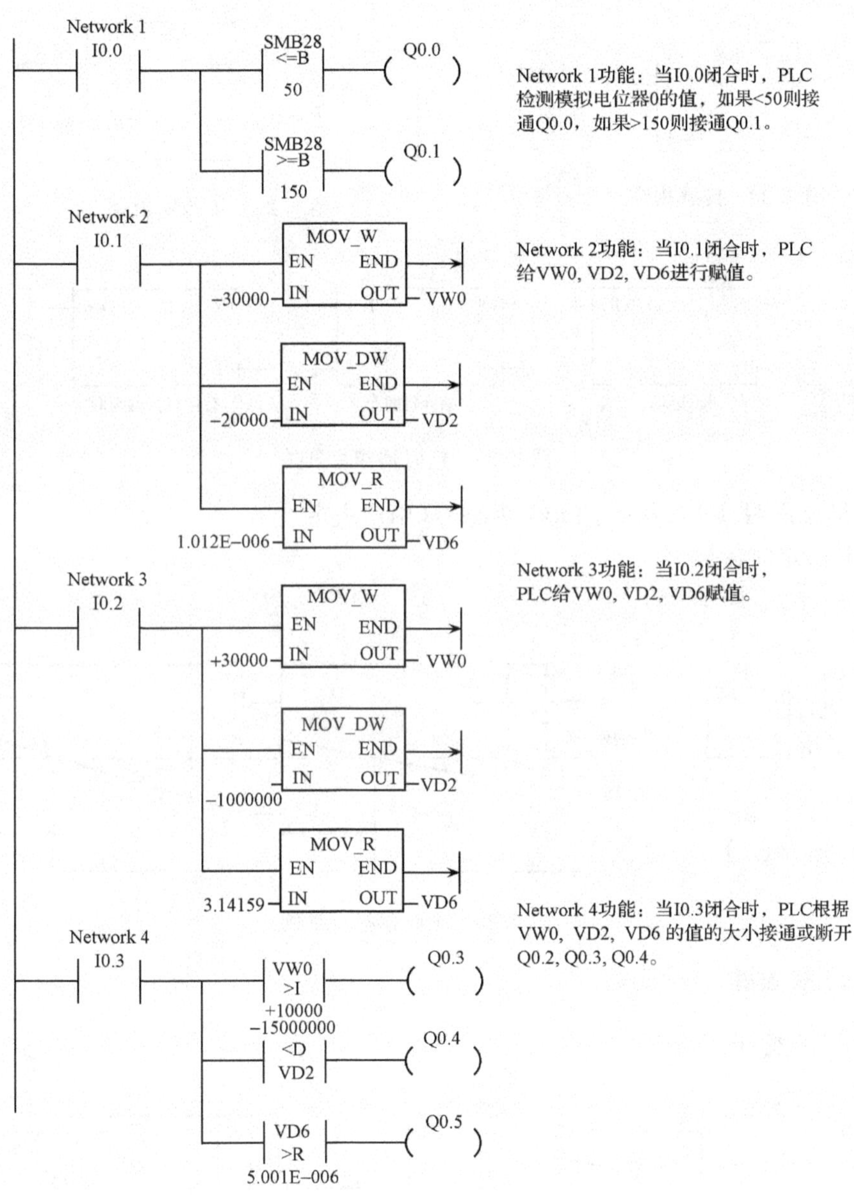

图 2.22　梯形图应用举例

2.4.4　定时器指令

1. 分类(图 2.25)

分辨率:1ms、10ms、100ms。

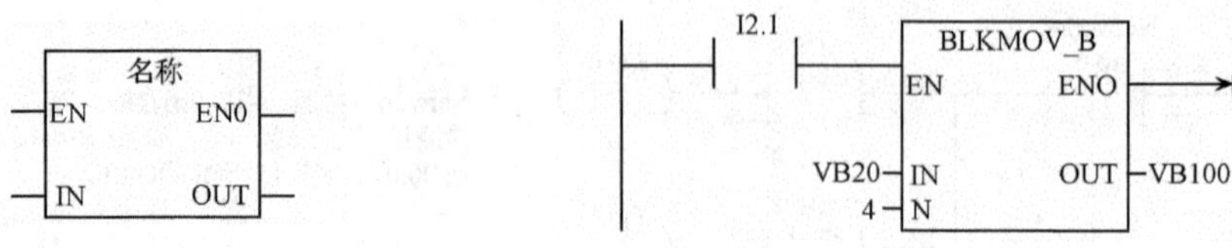

图 2.23　传感指令

图 2.24　块传输指令

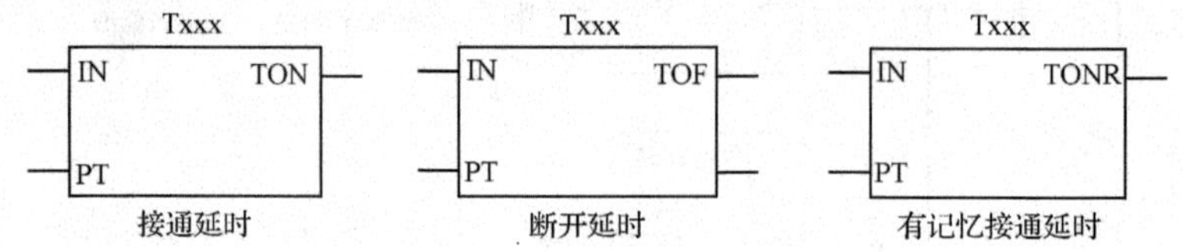

图 2.25　定时器指令分类

指令说明:IN 为输入;Txxx 为编号(用户决定)。

PT:定时器初值。

2. 举例(图 2.26)

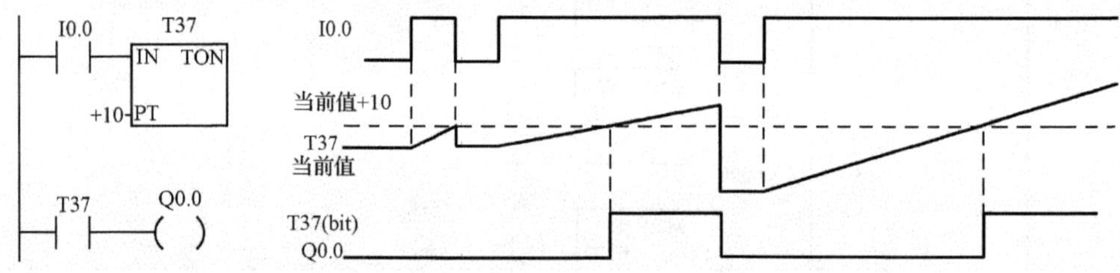

图 2.26　定时器指令举例

2.4.5　计算器

1. 分类(图 2.27)

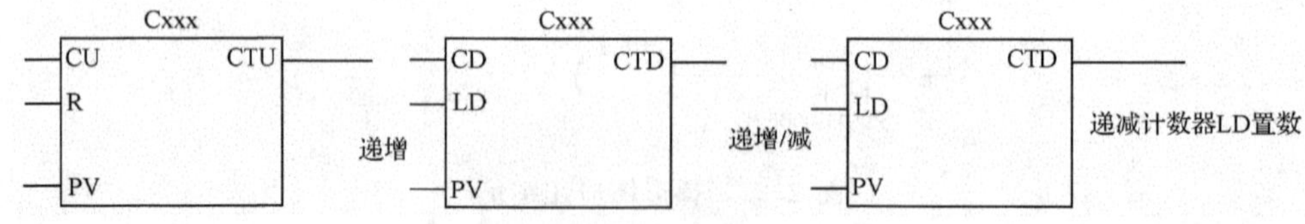

图 2.27　计算器分类

Cxxx:编号。

CU:递增计数脉冲输入端,上升沿有效。

CD:递减计数脉冲输入端。

R:复位输入端。

LD:装载复位输入端,只用于递减。

PV:计数器预置值。

S7-200 有 C0～C255 共 256 个计数器。

2. 举例(图 2.28)

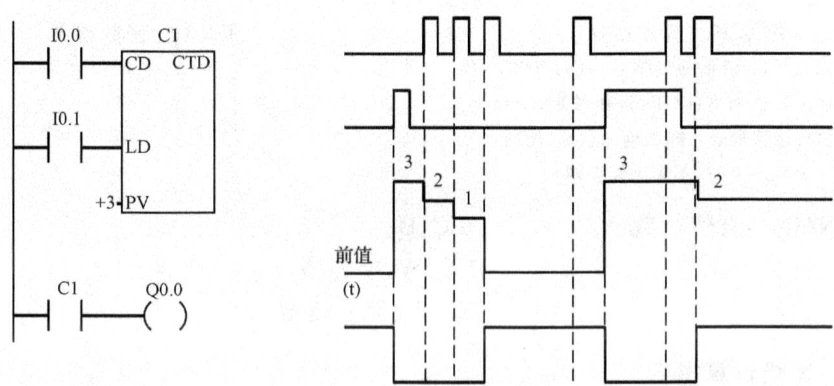

图 2.28　计算器应用举例

2.4.6　时钟指令

时钟指令如图 2.29 所示。

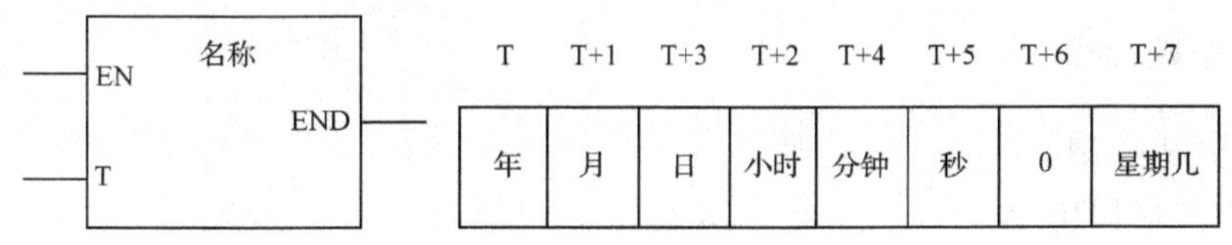

图 2.29　时钟指令

T:缓冲压起始地址

2.4.7　数字运算指令

1. 算术(图 2.30)

指令名称：　ADD-I、SUB-I、MUL-I、DIV-I;
　　　　　　ADD-R、SUB-R、SUB-R、SUB-R。

2. 函数(图 2.31)

函数指令

SIN(IN)　　　　EXP(IN)

COS(IN)　　　　SQRI(IN);

TAN(IN)　　　　INC_B:字节递增,IN+1=OUT;

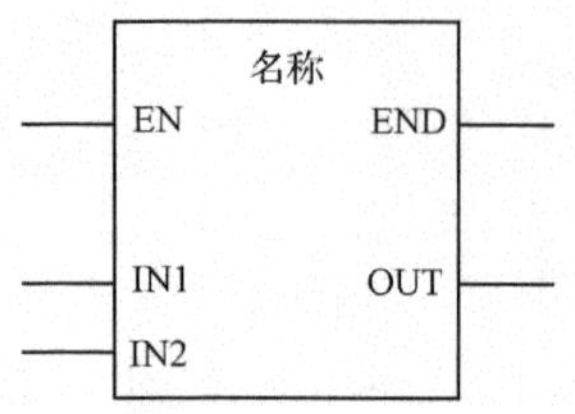

图 2.30 算术指令

EN:输入端(运算的触发信号);IN1/IN2:操作数;OUT:输出;END:只有当 END=1 时,执行运算指令才能影响标志端,而当 END=0 时,不影响标志端

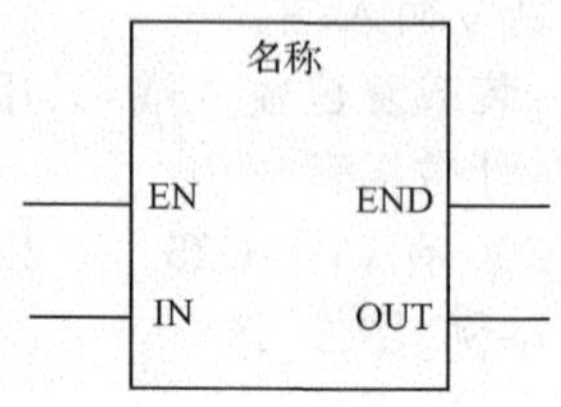

图 2.31 函数指令

LN(IN):自然对数

DEC_B

INC_W:字递增

INC_D:双字递增

2.4.8 逻辑运算指令

AND B (字节与)、ANB W (字与)OR B (字节或)、AND D (双字与)XOR B (字节异或)。

逻辑取反指令

INV B(字节取反指令)、INV(字取反指令)、IND W(双字取反指令)。

2.4.9 中断指令

1. 中断类型

(1) 通信口中断。

(2) I/O 中断。

(3) 时基中断。指定的时间内产生中断,用 SM34/SM35 来设置。

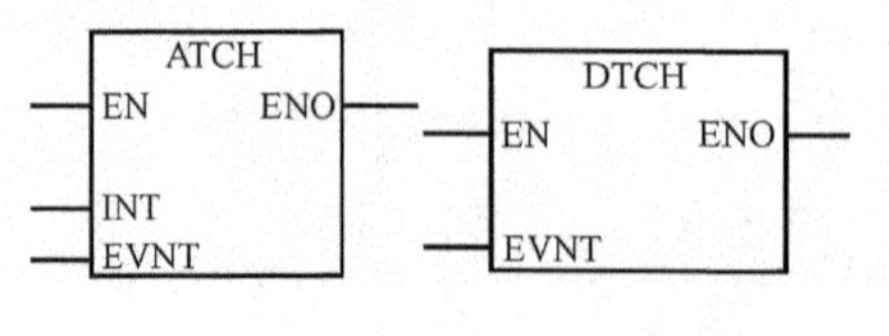

图 2.32 中断管理

2. 中断管理(图 2.32)

(1) 用三个队列对上述三个类型进行管理,优先级决定响应次序表。

(2) DISI(中断禁止指令),全局禁止所有被连接地的中断事件。

(3) CRETI(中断条件返回指令),根据逻辑操作的条件,从中断服务程序中返回。RET1 为无条件返回指令。

(4) ATCH(中断连接指令),为中断事件指定中断服务号。

(5)DTCH(中断分离指令),将中断事件与中断服务程序之间的指定关系断开,同时禁止中断。

3. 中断指令举例(图 2.33)

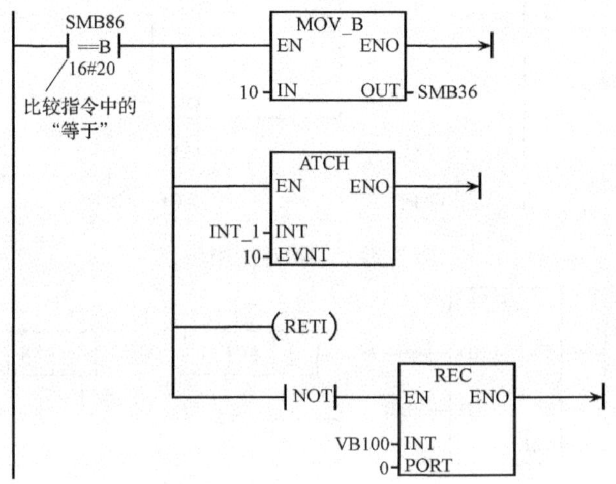

图 2.33　中断指令举例

2.4.10　转换指令

按不同的格式转换不同的信息。

1. 数值转换指令：

B－I,I－B,I－DI,BCD－I,ROUND(四舍五入),TRUNC(取整),SEG(段码),ENCO(编码),DECO(译码)。

2. ASCⅡ与数值转换(图 2.34)

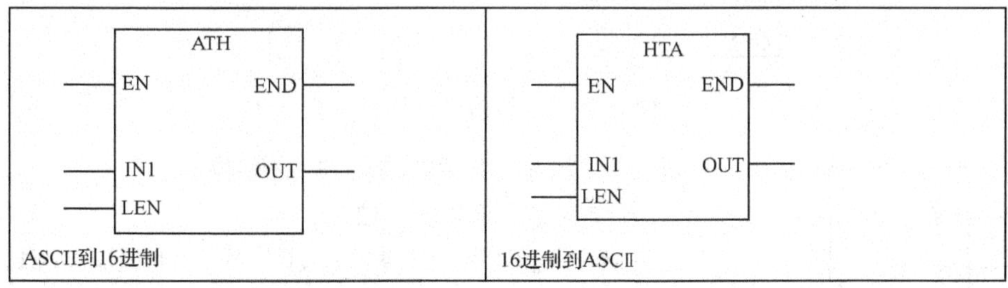

图 2.34　ASCⅡ与数值转换

3. 举例(图 2.35)

变量存储器(VB)48 号单元(字节)内容为 0.5,将后四位按 LED 的七段码表示在 AC1 中(图 2.36)。

2.4.11　移位和循环指令

1. 移位循环指令(图 2.37)

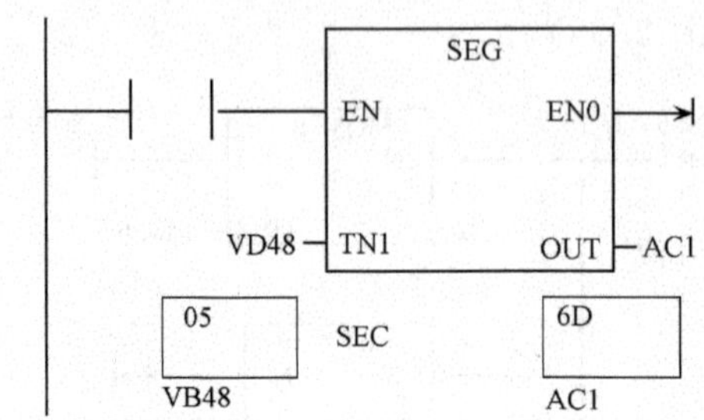

图 2.35 转换指令举例

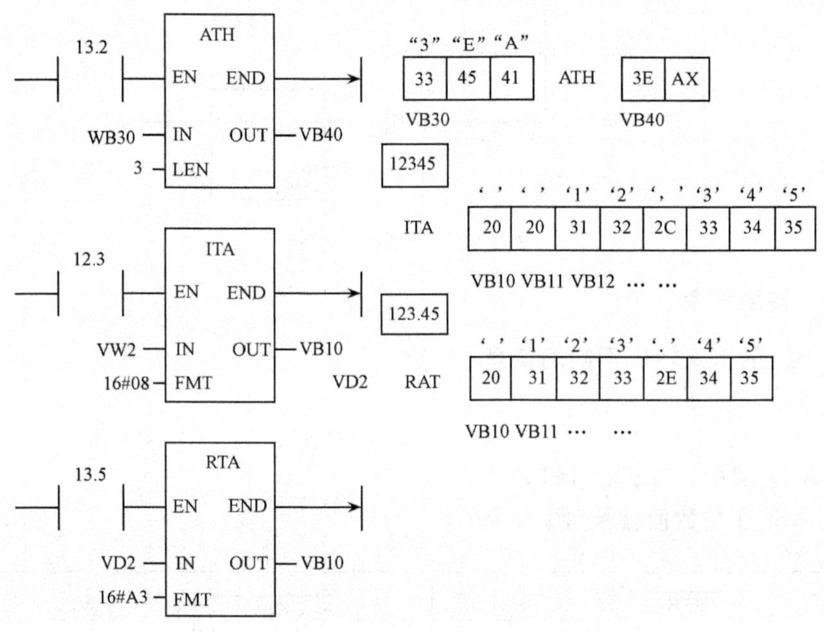

图 2.36 转换指令梯形图

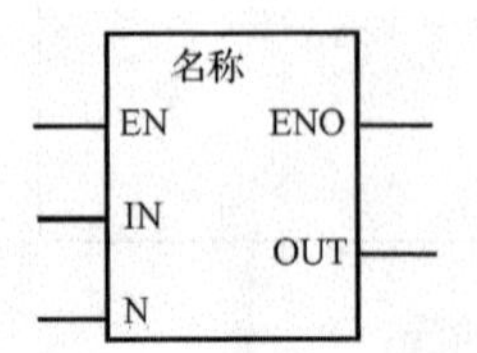

图 2.37 移位循环指令

进行字节、字、双字类型的左、右移位。

N:移位次数(每次移一位)。

名称:SHR_B(字节右移)、SHR_W、SHR_DW;SHL_B(字节左移)、SHL_W、SHL_DW。

移位和循环指令梯形图如图 2.38 所示。

2. 交换指令(图 2.39)

交换输入 IN 中的字。

2.4.12 PID 回路控制指令

PID 回路控制指令如图 2.40 所示。

TBL:回路表的起始地址。

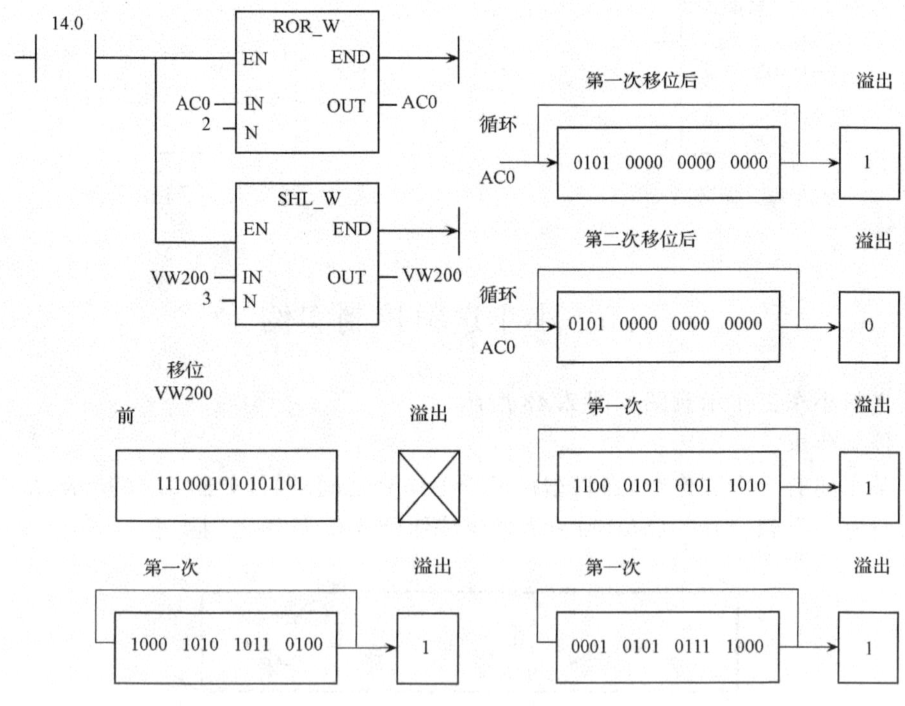

图 2.38　移位和循环指令梯形图

图 2.39　交换指令

图 2.40　PID 回路控制指令

LOOP:回路号。

PID 参数表包含 9 个参数,用来监视 PID 运算,PID 参数都可转为浮点值。

控制方式:当使能位为“1”时,“手动”切换到“自动”。

无扰动切换:在无扰动切换前,先将手动方式运行的当前值填入回路表的 Mn(即 PV 值)中。这样当使能位由“0”跳变为“1”时,无扰动切换到自动状态。

2.4.13　程序控制指令

(1) 一般控制指令。END,STOP,WDR(看门狗),JMP,LBL(标号指令)。

(2) 循环指令(图 2.41)。

(3) 子程序指令(图 2.42)。

图 2.41　循环指令　　　　图 2.42　子程序指令

2.5　小车送料控制实例

送料小车工作示意图如图 2.43 所示。

控制要求：

某车间有 5 个工作台，送料车往返于工作台之间送料，如图 2.43 所示，每个工作台设有一个到位开关(SQ)和一个呼叫按钮(SB)。具体控制要求：

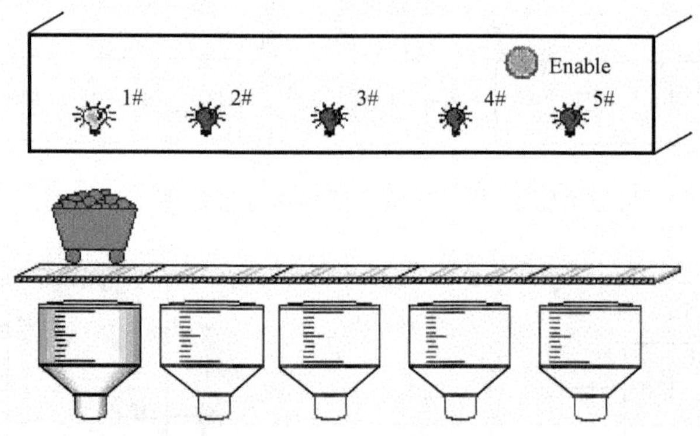

图 2.43　送料小车工艺流程

(1) 送料车开始应能停留在 5 个工作台中任意一个到位开关的位置上。

(2) 设送料车现暂停于 m 号工作台处，这时 n 号工作台呼叫。若：

① $m>n$，送料车左行，直至 SQ 动作，到位停车。即送料车所停位置 SQ 的编号大于呼叫按钮 SB 的编号时，送料车往左运行至呼叫位置后停止。

② $m<n$，送料车右行，直至 SQ 动作，到位停车。即送料车所停位置 SQ 的编号小于呼叫按钮 SB 的编号时，送料车往右运行至呼叫位置后停止。

③ $m=n$，送料车原位不动。即送料车所停位置 SQ 的编号与呼叫按钮 SB 的编号相同时，送料车原位不动。

STEP7 编程的控制指令如图 2.44 所示。

动作顺序简述：

Network 1:Title:

小车停在位置"1"，将1送到MW10

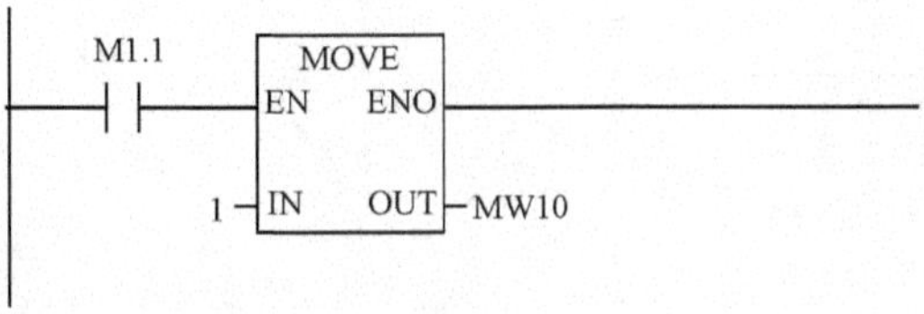

M1.1 —| |— MOVE (EN ENO; 1 — IN OUT — MW10)

Network 2:Title:

小车停在位置"2"，将2送到MW10

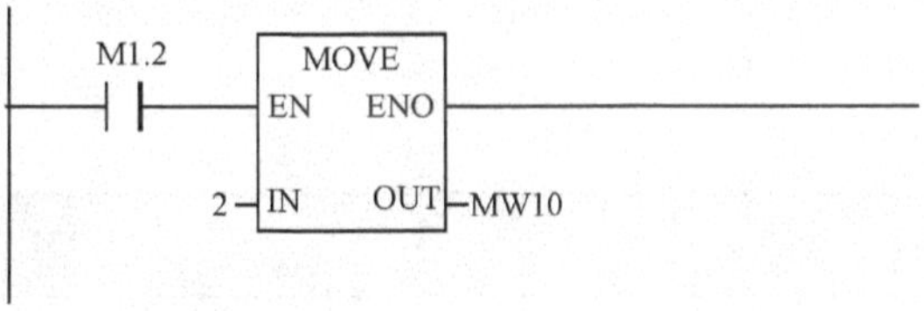

M1.2 —| |— MOVE (EN ENO; 2 — IN OUT — MW10)

Network 3:Title:

小车停在位置"3"，将3送到MW10

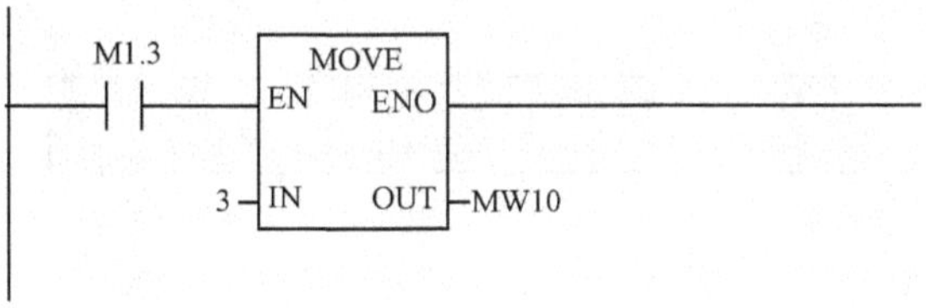

M1.3 —| |— MOVE (EN ENO; 3 — IN OUT — MW10)

Network 4:Title:

小车停在位置"4"，将4送到MW10

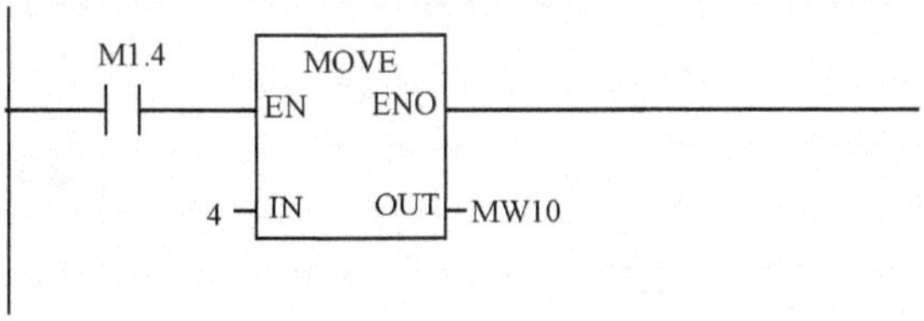

M1.4 —| |— MOVE (EN ENO; 4 — IN OUT — MW10)

Network 5:Title:

小车停在位置“5”，将5送到MW10

M1.5 MOVE EN ENO
5 — IN OUT — MW10

Network 6:Title:

位置“1”有呼叫，将1送MW12

M0.1 MOVE EN ENO
1 — IN OUT — MW12

Network 7:Title:

位置“2”有呼叫，将2送MW12

M0.2 MOVE EN ENO
2 — IN OUT — MW12

Network 8:Title:

位置“3”有呼叫，将3送MW12

M0.3 MOVE EN ENO
3 — IN OUT — MW12

Network 9:Title:

位置“4”有呼叫，将4送MW12

M0.4 MOVE EN ENO
4 — IN OUT — MW12

Network 10:Title:

位置"5"有呼叫，将5送MW12

M0.5　MOVE　EN　ENO　5 — IN　OUT — MW12

Network 11:Title:

将MW12(呼叫位n)与MW10(位置位m)相比较：
1) m<n Q0.2接通，右行
2) m=n 停止
3) m>n Q0.1接通，左行

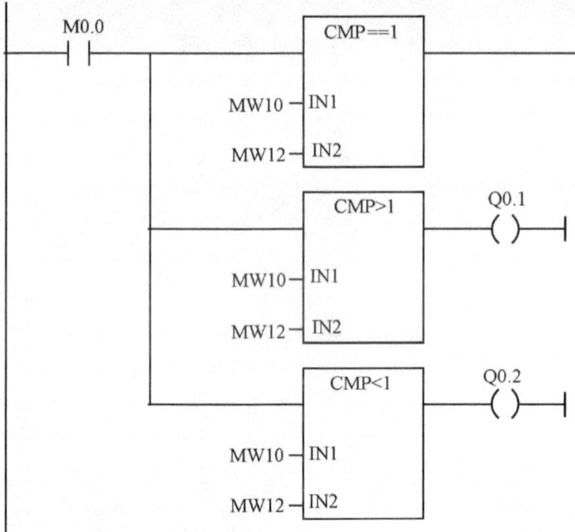

Network 12:Title:

m<n Q0.1接通，Q0.6接通，左行

Q0.1　Q0.2　Q0.6

Network 13:Title:

m<n Q0.2接通，Q0.7接通，右行

Q0.2　Q0.1　Q0.7

图 2.44　控制指令梯形图

假设小车停在位置“2”，Network2：M1.2 得电闭合，将 2 送入 MW10，即 MW10=2。4 号位有人呼叫，Network4：M0.4 得电闭合，将 4 送入 MW12，即 MW12=4。

启动按钮按下，Network11：M0.0 得电闭合，启动比较器比较功能，因 (MW10=2)＜(MW12=4)，Q0.2 接通。Network13：Q0.2 闭合，Q0.7 接通，小车右行。同时，Network12：Q0.2 断开，互锁。

小车右行到达位置 4，Network4：M1.4 得电闭合，将 4 送入 MW10，即MW10=4。因(MW10=4)=(MW12=4)，Q0.2 断开。Network13：Q0.2 断开，Q0.7 断开，小车停止运行。

第 3 章　现场总线和数据通信

通信和网络技术的出现是分布式控制系统诞生的重要特征。随着信息技术的高速发展和应用推广，以数据通信为核心、现场总线(fieldbus)为手段的工业通信网络正推动着工业控制系统向综合自动化和系统集成信息化方向迈进。

现场总线是工厂底层设备之间的通信网络，连接现场控制单元和监视操作单元之间以及各现场控制单元之间的数据进行直接交换，实现对工厂底层设备信息及生产过程信息的集成，完成对制造过程的控制。将工业以太网引入现场总线，可实现对现场控制层、过程控制/监控层和管理信息层控制网络的无缝连接和工厂综合自动化，是现场总线今后的发展方向。数据通信技术是现场总线控制系统中的核心技术，各种现场总线数据通信系统都有自己的通信协议。本章介绍了数据通信技术和现场总线的基础知识，并着重阐述了基金会现场总线 FF、PROFIBUS 和工业以太网等几种典型的工业数据通信系统。

3.1　工业数据通信技术基础

信息的传输过程称为通信。数据通信是指在两点或多点之间借助某种媒介以二进制形式进行信息交换的过程。在工业生产过程中，设备内部各功能单元之间、设备与设备之间以及这些设备和计算机之间按照通信协议，利用数据传输技术交换数据信息的过程，称为工业数据通信，它是现代自动化控制网络的基础和支撑条件。

数据通信的基本任务是在一定时间内准确地将需要的数据从发送端送达目的端。数据通信技术主要包括数据传输设备、传输介质、传输方式、通信协议、数据编码、网络拓扑结构等，是软件和硬件技术的结合。

3.1.1　数据传输设备

数据传输设备和传输介质是构成数据通信系统的最基本的硬件基础。数据传输设备包括发送设备和接收设备。

1. 发送设备

发送设备用于匹配信息源和传输介质，即将信息源产生的报文经过编码变换为便于传输的信号形式，送往传输介质，是数据的发送端。例如，广播电台、电视发射塔、计算机等。

2. 接收设备

接收设备完成发送设备的反交换，即进行解调、译码、解密等。它的任务是从带有干扰的信号中正确恢复出原始信息，对于多路复用信号，其任务还包括解除多路复用，实现正确分路等。例如，收音机、电视机、计算机。

在工业网络通信系统中，发送设备与接收设备往往都与数据源紧密连接为一个整体。许多测量控制装置既可以作为发送设备，又可以作为接收设备，一方面将本设备相关的数据发送到通信系统，另一方面也接收系统内其他设备传输的信号。

典型的发送与接收设备如下：

(1) 各种传感器、变送器、执行机构。

(2) 各种数据采集和控制装置。

(3) 智能仪表，如分布式 I/O、显示仪表、多功能控制仪。

(4) 可编程逻辑控制器(PLC)、PID 控制器。

(5) 图像识别系统、机器人、电机控制器等。

(6) 作为监视操作设备的计算机、数据服务器或工作站。

(7) 网络连接设备，如中继器、网桥、网关等。

3.1.2 传输介质

传输介质是指连接发送设备和接收设备之间用来传递信号的媒介，是网络中连接收发设备的物理通路，是通信网络中实际传输信息的载体。工业数据通信的传输形态有无线传输和有线传输两类。无线传输介质主要有电磁波、激光、红外线等，有线传输介质主要有双绞线、同轴电缆、光纤等。考虑到数据传递可靠性和安全性，工业现场控制网络的数据通信一般都采用有线传输介质连接。

1. 双绞线

双绞线是由两根具有绝缘保护的导线以螺旋形对绞形成，可以增强导线的抗电磁干扰能力，是一种接线简单、性价比高的传输介质，但与其他传输介质相比，其数据传输速率、传输距离和信道宽度等方面都受到一定限制。

依据组成方式，双绞线又分为屏蔽双绞线和非屏蔽双绞线。前者在双绞线上增加了金属屏蔽层和接地铜线，再用坚韧的塑料套装，屏蔽层可采用铝箔套管或金属网；后者直接套装塑料护套。屏蔽双绞线可以有效防止信号辐射和噪声电磁波干扰，抗干扰能力强，但价格较贵；非屏蔽双绞线由于无屏蔽层，抗干扰能力弱，一般用于信号要求不高的场合。

双绞线是最通用的模拟信号和数字信号传输介质，可以一对或多对组合在一起，用于点-点连接或多点连接，最高传输速率可达 100Mbps，传输距离为 100m；若连接中继站，其最大传输距离可达 15km。

2. 同轴电缆

同轴电缆是工业数据通信中应用较多的传输介质。同轴电缆的结构如图 3.1 所示,由内芯、绝缘材料、屏蔽层和外部保护层组成。内芯一般为单根铜导线,外部保护层为软皮塑料,屏蔽层一般为金属网套。

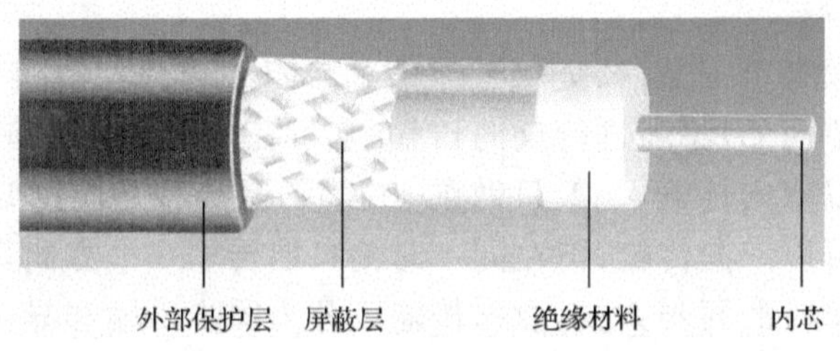

图 3.1　同轴电缆结构示意图

根据同轴电缆的带宽,同轴电缆主要可分为基带同轴电缆和宽带同轴电缆。基带同轴电缆的特征阻抗为 50Ω,传输速率为 10Mbps,传输距离可达数千米,常用于以太网场合;宽带同轴电缆的特征阻抗为 75Ω,可用于模拟信号和数字信号的传输,一般用于电视工业。

同轴电缆也支持点-点连接和多点连接。与双绞线相比,同轴电缆具有更高的宽带和噪声抑制特性,抗干扰能力强,但价格相对昂贵。

3. 光纤

光纤是近年来迅速发展起来的一种传输介质,相对于其他传输介质,其性能最好,在数据通信中的地位越来越重要。光纤的结构与同轴电缆类似,只是少了屏蔽层,且内芯是由直径为 10～100μm 柔软介质,常采用高纯度石英玻璃纤维制作,也有用塑料材质的。芯外面包裹一层折射率比内芯高的材质作封套,再在封套外面套一层薄的塑料外套,以保护封套。

光纤的基本工作原理是利用内部全反射原理来传导表征数据特征信息的光束,从而实现数据的传递。当光线从高折射率的内芯射向低折射率的封套层时,光线会反射回高折射率的内芯,如此循环,从而保证光线沿着内芯传递。

根据使用的光源和传输模式,光纤可分为单模和多模两类。单模光纤直径很小,采用注入型激光二极管产生激光作为光源,定向性强,光信号与光纤轴成单个可分辨角度,在给定波长上以单一模式进行传输,传输距离可达 100km。多模光纤采用发光二极管产生荧光作为光源,定向性较差,光信号与光纤轴成多个可分辨角度的多个模式同时传输,传输距离一般在 2km 以上。单模光纤的性能要优于多模光纤。

光纤的连接一般采用点-点方式,仅在某些系统采用多点连接方式,数据信号携带采用调制光形式,传输速率在 100Mbps 以上,抗干扰性能突出,能在长距离、高速传输中保持信号几乎不失真,信号传输具有极高的安全性和保密性。光纤传输需要专门的光电耦合器件将电信号和光信号相互转换，接口处较为复杂，价格也高于同轴电缆。

3.1.3 数据传输方式

通信线路一般有单工通信、全双工通信和半双工通信三种工作方式。单工通信时信息传输是单向的，不能进行反向传输，实际工业控制中一般较少采用；全双工通信时数据可以双向传输，一般只做点-点连接，其典型是应用RS232和RS422；半双工通信数据可以双向传输，但在同一时刻只能传输一个方向，如RS485。

根据数据传输时的同步方式，数据传输可分为同步传输和异步传输；根据数据代码的传输顺序，又可分为并行传输和串行传输。

1. 同步传输和异步传输

在数据通信网络中，实现信息传输的关键是数据收发端工作的协调一致性，即数据传输的同步问题。根据通信时使用时钟信号的不同方式，可以采用同步传输和异步传输来处理数据传输的同步。

(1) 同步传输。

同步传输(synchronous transmission)是指所有设备都使用同一时钟，这个时钟源可以是通信设备内部的，也可以是外部的。时钟频率可以是固定的，也可根据需要进行调制。所有传输的数据位必须和这个时钟信号同步，即传输的每个数据位只在时钟信号跳板(上升或下降沿)之后的一个规定的时间内有效。同步传输传输速率较高，但对于长距离传输需要额外的通道来传输时钟信号，且容易受到噪声干扰，一般用于设备内部单元器件间的数据传输或连接不超过40cm距离的电缆数据通信。

(2) 异步传输。

由于在高速远距离传输同步传输比较困难，传输成本也比较高，所以在大多数的工业数据通信中均采用异步传输方式(asynchronous transmission)。在异步传输中，每个通信节点都有自己的时钟信号，且必须保证所有的时钟信号频率在允许的偏差范围内。

异步传输并不要求在传送信号的每一位数据时收发两端采用同步时钟，其实现同步的方式是在需要传输的数据添加一个起始位和结束位，来表征有效数据的传输开始和结束。其中起始位起到对传送数据的同步作用。异步传输的实质是利用接收端检测发送端起始位的变化来启动定时机制，实现收发的同步。当接收端检测到结束位时，定时机制复位，为下一次数据接收做好准备。

异步传输实现方式简单容易，不会产生大的漂移积累，但由于增加了数据传输的起始位和结束位，网络开销增加，通信效率受到一定影响。

另外，按照数据传输的基本组织单元，还可以将同步分为位同步、字符同步和帧同步。位同步是指每个数据位在收发两端保持同步，即收发两端时钟同步，是最基本的同步方式；字符同步是用特殊的字符来表征每组发送数据起始和结束；帧同步则是指发送数据帧时以帧头和帧尾来表征数据帧的起始和结束。

2. 并行传输和串行传输

并行传输(parallel transmission)是将数据以成组的方式在两条以上的并行通道上同时传输。串行传输(serial transmission)是数据流以串行方式逐位地在一条信道上传输。串行传输和并行传输的区别在于组成一个字符或字节的各数据位是依顺序逐位传输还是同时并行传输，如图 3.2 所示。

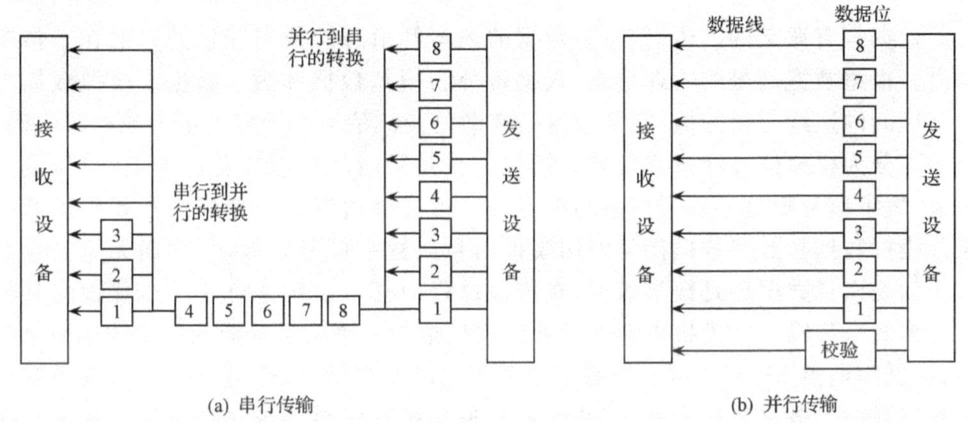

图 3.2　并行传输与串行传输

(1) 并行传输。

并行可以同时传输一组数据，每个数据位使用单独的一条导线，例如，采用 8 条导线并行传输一个字节的 8 个数据位，另外用一条“选通”线通知接收者接收该字节，接收方可对并行通道上各条导线的数据位信号进行取样。若采用并行传输进行字符通信时，不需要采取特别措施就可实现收发双方的字符同步。

并行传输所需要的传输通道多，一般在近距离的设备之间进行数据传输时使用。最常见的应用是计算机和外围设备之间的通信，如 CPU 与接口电路、外部存储单元等设备之间的通信。

(2) 串行传输。

串行传输每次只能发送一个数据位，发送方必须确定是先发送数据字节的高位还是低位。同样，接收方也必须知道所接收的字节的第一个数据位应该处于什么位置。串行传输具有易于实现、在长距离连接中可靠性高等特点，适合远距离的数据通信，但需要收发双方采取同步措施。

工业数据通信一般采用异步串行通信方式，最常用的通用串行端口为 RS232 和 RS485。表 3.1 是串行传输与并行传输的比对情况。

表 3.1 串行与并行传输对照表

名 称	串行传输	并行传输
数据传输方式	串行顺序逐位发送	成组并行同时发送
传输通道	一条通道	多条导线传输
特 点	传送距离远、可靠性高,但传送效率	传送速率高,但传输距离较近
应用例子	RS485、RS232	打印机口(计算机)

3.1.4 数据信息及编码

数据是有意义的实体,信息是数据的内容和解释。数据通信的目的在于传递信息。根据数据信号的物理形态,数据可分为模拟数据和数字数据。模拟数据是在某区间内连续变化的值;数字数据是离散的值。信号是数据的电子或电磁编码,信号可分为模拟信号和数字信号。模拟信号是随时间连续变化的电流、电压或电磁波;数字信号则是一系列离散的电脉冲。可选择适当的参量来表示要传输的数据。模拟数据和数字数据都可以用模拟信号或数字信号来表示,因而无论信号源产生的是模拟数据还是数字数据,在传输过程中都可以用适合于信道传输的某种信号形式来传输。如模拟电话通信就是用模拟信号来表示对应的模拟数据一个应用;调制解调器 Modem 可以把数字数据调制成模拟信号,也可以把模拟信号解调成数字数据。数字数据专线网 DDN 网络通信则是将数字数据直接用二进制数据经编码来表示。

数据编码是将数据编制成某种特殊的信号形式以便于数据的可靠传输,根据信号形态可分为数字数据编码和模拟数据编码。

1. 数字数据编码

数字数据编码是指用高低电平矩形脉冲信号来表达数据的 0、1 状态。数据通信中常用的数字数据编码有单极性编码、双极性编码。根据其每一位二进制信息传输以后是否返回零电平,又分为归零码和非归零码。

单极性不归零码,无电压表示“0”,恒定正电压表示“1”,每个码元时间的中间点是采样时间,判决门限为半幅电平,如图 3.3(a)所示。

双极性不归零码,“1”码和“0”码都有电流,“1”为正电流,“0”为负电流,正和负的幅度相等,判决门限为零电平,如图 3.3(b)所示。

单极性归零码,当发“1”码时,发出正电流,但持续时间短于一个码元的时间宽度,即发出一个窄脉冲;当发“0”码时,仍然不发送电流,如图 3.3(c)所示。

双极性归零码,其中“1”码发正的窄脉冲,“0”码发负的窄脉冲,两个码元的时间间隔可以大于每一个窄脉冲的宽度,取样时间是对准脉冲的中心,如图 3.3(d)所示。

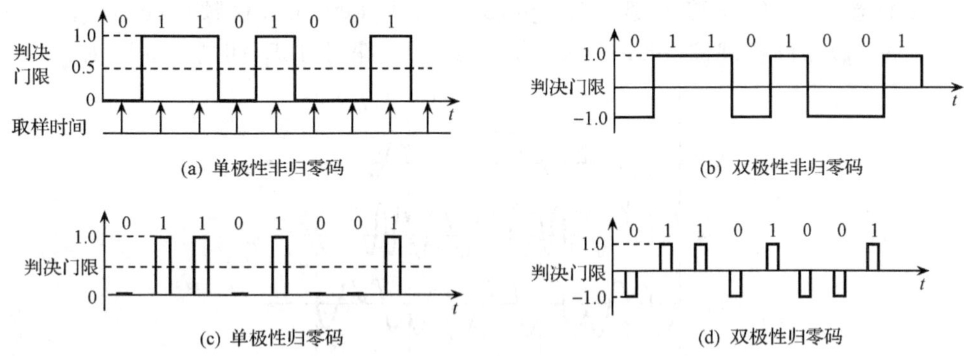

图 3.3　基本数字数据编码方式

归零码和不归零码、单极性码和双极性码的特点是不归零码在传输中难以确定一位的结束和另一位的开始，需要用某种方法使发送器和接收器之间进行定时或同步；归零码的脉冲较窄，根据脉冲宽度与传输频带宽度成反比的关系，因而归零码在信道上占用的频带较宽。单极性码会积累直流分量，这样就不能使变压器在数据通信设备和所处环境之间提供良好绝缘的交流耦合，直流分量还会损坏连接点的表面电镀层；双极性码的直流分量大大减少，这对数据传输是很有利的。

工业数据通信中最常用的是曼彻斯特编码，是由上述几种编码形成。在曼彻斯特编码中，每一位的中间有一跳变，位中间的跳变既作时钟信号，又作数据信号；从高到低跳变表示“0”，从低到高跳变表示“1”。还有一种是差分曼彻斯特编码，每位中间的跳变仅提供时钟定时，而用每位开始时有无跳变表示“0”或“1”，有跳变为“0”，无跳变为“1”，如图 3.4 所示。

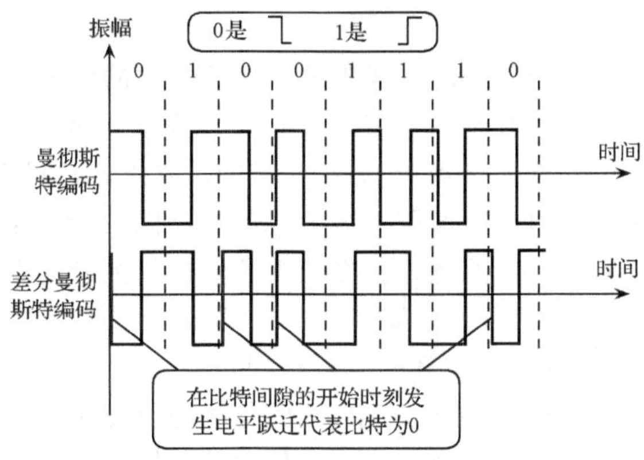

图 3.4　曼彻斯特编码和差分曼彻斯特编码

2. 模拟数据编码

模拟数据编码是指用模拟信号的不同幅度、不同频率和不同相位来表示数据的 0、1 状态，常用的有移幅键控(amplitude -shift keying)、移频键控(frequency-shift keying)和移相键控(phase-shift keying)三种编码方式，如同 3.5 所示。

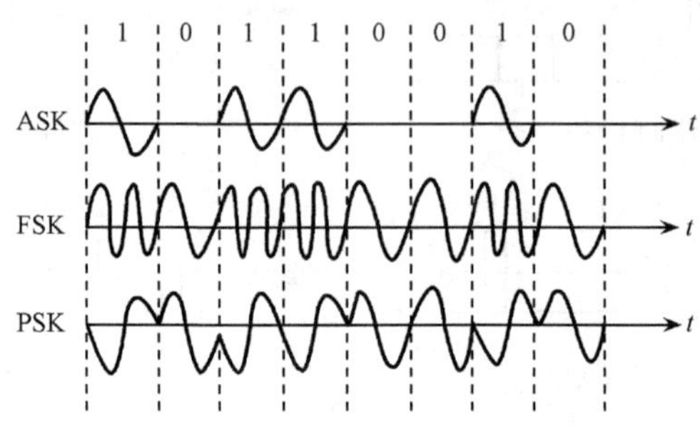

图 3.5 三种模拟数据编码方式

在移幅键控法 ASK 方式下，用载波的两种不同幅度来表示二进制值的两种状态。例如，用幅度恒定的载波的存在表示"1"，而用载波不存在来表示"0"。ASK 方式容易受增益变化的影响，是一种效率相当低的调制技术。

在移频键控法 FSK 方式下，用载波频率附近的两种不同频率表示二进制的"0"和"1"。在电话线路上使用 FSK 可以实现全双工操作。

在移相键控法 PSK 方式下，利用载波信号相位移动来表示数据。图 2.7 中是一个二相系统的例子，在这个系统中，用相移为旷的频率表示"0"，用相移为 180°(即反相)的频率表示"1"。实际应用中，PSK 也可以使用多于二相的相移，例如四相、八相，甚至更多相。采用多相 PSK 可以有效地提高数据传输速率，但受实际传输网的限制。

3.1.5 差错控制

由于通信线路上总有噪声存在，噪声和有用信息中的结果，就会出现差错。所谓差错，就是在通信接收端收到的数据与发送端实际发出的数据出现不一致的现象。噪声可分为两类，一类是热噪声，另一类是冲击噪声。热噪声引起的差错是一种随机差错；冲击噪声是由短暂原因造成的，例如电机的启动、停止，电器设备的放弧等，是一种突发差错。差错控制是指在数据通信过程中能发现或纠正差错，将差错限制在尽可能小的允许范围内。差错检测是通过差错控制编码来实现的；而差错纠正是通过差错控制方法来实现的。差错纠正在功能上由于差错检测，但实现麻烦、价格高昂；差错检测实现方便简单、编码与解码速度快，得到广泛应用。

差错控制编码的原理是：发送方对准备传输的数据进行抗干扰编码，即按某种算法附加上一定的冗余位，构成一个码字后再发送。接收方收到数据后进行校验，即检查信息位和附加的冗余位之间的关系，以检查传输过程中是否有差错发生。差错控制编码分检错码和纠错码两种，检错码是能自动发现差错的编码，纠错码是不仅能发现差错而且能自动纠正差错的编码。

常用的差错控制方法有奇偶校验、循环冗余码、反馈检测、自动请求重发(ARQ)和前向纠错(FEC)。

1. 奇偶校验

奇偶校验码是一种最简单的检错码。其作用原理是通过增加冗余位来使得码字中“1”的个数保持为奇数(奇校验)或偶数(偶校验)。奇偶校验应用非常简单,但可能会漏失大量错误信息。

2. 循环冗余码

循环冗余码又称 CRC 码(cyclic redundancy code),简称循环码。CRC 码检错能力强,且容易实现,是目前最广泛的检错码编码方法之一,但计算较大。

3. 反馈检测

反馈检测方法又称回送校验法。双方在进行数据传输时,接收方将接收到的数据重新发回发送方,由发送方检查是否与原始数据完全相符。如不相符,则发送方发送一个控制信息通知接收方删去出错的数据。并重新发送该数据;如相符,则发送下一个数据。其特点是原理简单、实现容易、可靠性强,但开销大,信道利用率低。

4. 自动请求重发(automatic repeat request)

自动请求重发简称 ARQ,其作用原理是发送方将要发送的数据附加上一定的冗余检错码一并发送,接收方则根据检错码对数据进行差错检测,如发现差错,则接收方返回请求重发的信息,发送方在收到请求重发的信息后,重新传送数据;如没有发现差错,则发送下一个数据。ARQ 技术简单,但因确认和重发易造成通信故障。

5. 前向纠错(forward error correction)

前向纠错简称 FEC,其原意是发信端采用某种在解码时能纠正一定程度传输差错的较复杂的编码方法,使接收端在收到信码中不仅能发现错码,还能够纠正错码。采用前向纠错方式时,不需要反馈信道,也无需反复重发而延误传输时间,对实时传输有利,但是纠错设备比较复杂。

3.1.6　数据通信网络拓扑结构

网络的拓扑结构是指抛开网络物理连接形式,网络中各站点相互连接的方法和形式。工业局域数据通信网络的拓扑结构的主要有星型结构、总线结构、树型结构、环行结构。实际应用中,常将上述几种拓扑结构结合,形成混合拓扑网络。

1. 星型结构

星型结构是指由中心节点和从节点以星型方式连接成网,从节点(工作站、服务器)都与中央节点采用点-点方式直接相连,如图 3.6 所示,是目前局域网最常见的方式。

星型结构以中央节点为中心,因此又称为集中式网络,其特点是结构简单,网络延迟时间较小,传输误差较低,便于集中控制,但网络可靠性较低、成本高,资源共享能力也较差。

2. 总线结构

总线结构是指采用一条公共总线的传输介质,各网络节点均挂在这条总线上,地位平等,无中心节点控制,如图 3.7 所示。公共总线上的每次只能有一个节点发送包含地址信息的数据,其传递方向总是从发送数据的节点开始向两端扩散。各节点都进行地址检查,若数据中的地址信息相符则接收网上的数据信息。

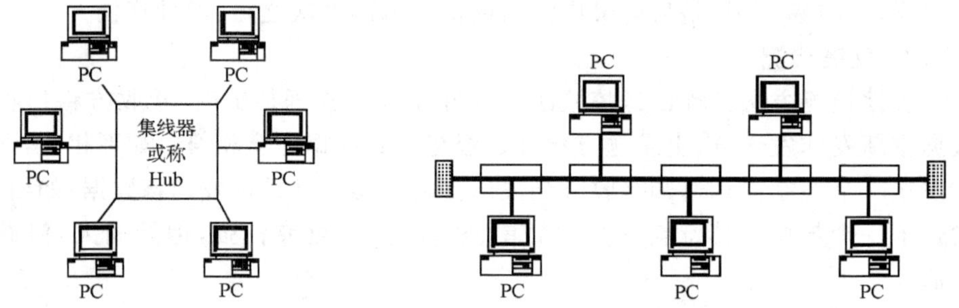

图 3.6 以 Hub 为中心的星型结构　　图 3.7 总线机构

总线结构是网络技术中使用最普遍的一种,其特点是结构简单,可靠性高,可扩充性好且费用低,但维护难,分支节点故障查找难。当需要增加节点时,只需要在总线上增加一个分支接口便可与分支节点相连,但对总线长度有一定限制,通信距离不能过长。

3. 环型结构

环型结构由传输介质将各节点串接,节点通过点到点的链路首尾相连形成一个闭合的环,如图 3.8所示。数据在环路中沿着一个方向在各个节点间传输,信息从一个节点传到另一个节点。

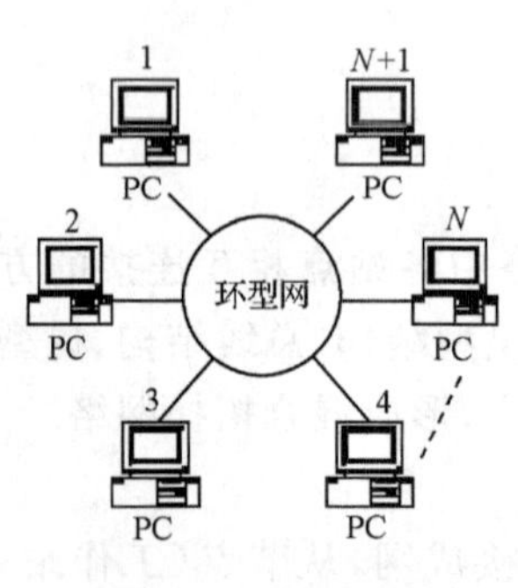

图 3.8 环型结构

环型结构特点是信息流沿环网单向流动,两个节点仅有一条通路,简化了路径选择的控制;但当环中节点过多时,影响信息传输速率,使网络的响应时间延长。同时,环路是封闭的,也不便于扩充。

4. 树型结构

树型结构实质上是星型结构的变异扩充形态,是分级的集中控制式网络,与星型相比,它的通信线路总长度短,成本较低,节点易于扩充,寻找路径比较方便,但除了叶节点及其相连的线路外,任一节点或其相连的线路故障都会使系统受到影响。

3.2　现场总线技术概述

现场总线，是 20 世纪 80 年代中期在国际上发展起来的工业现场通信技术。按照 IEC61158 的定义，是连接智能现场设备和自动化系统的全数字、双向、多站的通信系统。早期的现场总线主要解决工业现场的智能化仪器仪表、控制器、执行机构等现场设备间的数字通信以及这些现场控制设备和高级控制系统之间的信息传递问题。随着微处理器功能的增强和价格的降低，通信及网络互联技术的不断发展和工业以太网技术的引入，现场总线除能完成现场自动化设备之间的多点数字通信，实现底层现场设备之间数据交换外，还可以完成生产现场与外界的信息交换，实现整个企业的信息集成和综合自动化。

现场总线，支持双绞线、同轴电缆、光缆、射频、红外线、电力线等，具有较强的抗干扰能力，能采用两线制实现供电和通信，并可以满足安全防爆的要求。其通信协议遵从开放互连的标准，不同设备之间可以实现信息交换，用户可按自己的需要，把不同供应商的产品组成开放互连的系统。

3.2.1　技术特点

1. 实时响应能力好

工业现场对数据传输的一般信息量不大，但实时响应要求较高，一般应小于 500ms。现场总线数据传输的速率较高，最高可达 10Mbps 以上，加上合理的总线资源分配，使其具有极好的实时响应性能。

2. 分散功能块

现场总线可以实现结构上的分散布置，废弃了 DCS 的输入/输出单元和控制站，把 DCS 控制站的功能块分散地分配给现场仪表并集中管理，彻底地实现了分散控制，是 DCS 的发展方向。

3. 开放式互联网络

现场总线按 OSI 模型结构遵循标准的通信协议，为开放式互联网络，既可以与同层网络互联，也可与不同层网络互联，还可以实现网络数据库的共享。

4. 互操作性

用户可以根据自身的需求选择不同厂家或不同型号的产品构成所需的控制回路，实现互联设备间、系统间的数据正确识别和交换。

5. 可靠性高

现场总线具有高度的分散控制功能，单个控制点故障不会影响其他点的控制功能。采用现场总线的控制系统对环境具有极高适应能力。同时，可采用冗余、容错技术增大系统的安全性,可以确保现场总线系统的高可靠性。

由于现场总线的上述特点,目前已经被工业控制领域广泛应用。

3.2.2　现场总线技术标准

1984 年 IEC 提出现场总线国际标准的草案。1993 年才通过了物理层的标准 IEC1158-2,并且在数据链路层的投票过程中几经反复。由于现场总线的国际标准迟迟不能建立,出于市场争夺需要,各种现场总线纷纷出现,企图造成既成事实,使自己成为国际标准。目前已有一定市场影响的总线技术已达几十种。由于开放性是现场总线的主要特点之一,因此现场总线的标准化的问题日益迫切。但由于各方利益的博弈,制定总线统一标准的进展十分缓慢。经过有关各方的共同努力和协商妥协,在 1999 年制定了由 8 个类型组成的 IEC61158 现场总线国际标准,形成了事实上多总线并存的局面。

IEC61158 现场总线国际标准 8 个组成部分分别是:

类型 1 原 IEC61158 技术报告(即 FF -H1);

类型 2 Control Net 现场总线,美国 Rockwell 公司支持;

类型 3 PROFIBUS 现场总线,德国 SIEMENS 公司支持;

类型 4 P-Net 现场总线,丹麦 Process Data 公司支持;

类型 5 FF HSE 现场总线,即原 FF H2, 美国 Fisher Rosemount 公司支持;

类型 6 Swift Net 现场总线,美国波音公司支持;

类型 7 WorldFip 现场总线,法国 Alstom 公司支持;

类型 8 Interbus 现场总线,德国 Phoenix Contact 公司支持。

IEC61158 的基本原则是不改变原来 IEC 技术报告的内容,作为类型 1 不改变各组织的行规;作为类型 2～8,需要对类型 1 提供接口。

目前比较有影响的现场总线,包括基金会现场总线 FF、PROFIBUS 总线、Lonworks 总线、CAN 总线、Devicnet 总线等。其中,FF 在过程自动化领域得到广泛支持和具有良好发展前景的技术,PROFIBUS 是唯一全集成 H1(过程)和 H2(工厂自动化)的现场总线解决方案。

3.2.3　现场总线通信模型

1. OSI 通信参考模型

多数计算机网络都采用层次式结构,即将一个计算机网络分为若干层次,层次间的每个模块可以用一个新的模块取代,只要新的模块与旧的模块具有相同的功能和接口,即使它们使用的算法和协议都不一样。

为使不同计算机厂家的计算机能够互相通信,需要建立一个国际范围的网络体系结构标准。国际标准化组织 ISO 于 1981 年正式推荐了一个网络系统结构——七层参考模型，称开放系统互联模型(open system interconnection，OSI)，大大推动了网络通信的发展。

OSI参考模型将整个网络通信的功能划分为七个层次，它们由低到高分别是物理层、数据链路层、网络层、传输层、会话层、表达层、应用层，如图3.9(a)所示。第1层的物理层完成传递信息和协议附加信息转换为光信号或电信号在网络上传输的功能。第2层的数据链路层的功能是提供点对点通信，该层协议与用户数据或高层数据无关，只关心网络中任意两个设备之间的数据传输。第3层的网络层完成分组传送和路由选择功能，实现网络上的交换。第4层传输层完成控制源端到目的端的数据传输的功能。第5层会话层在面向连接协议中完成维持与目的端应用程序的对话功能。第6层表达层，将应用层提供信息变换为规定的形式。第7层应用层，支持分布式应用软件提供管理功能，也是网络通信所必需的用户应用程序接口。每层都直接为其上层提供服务，并且所有层次都互相支持。

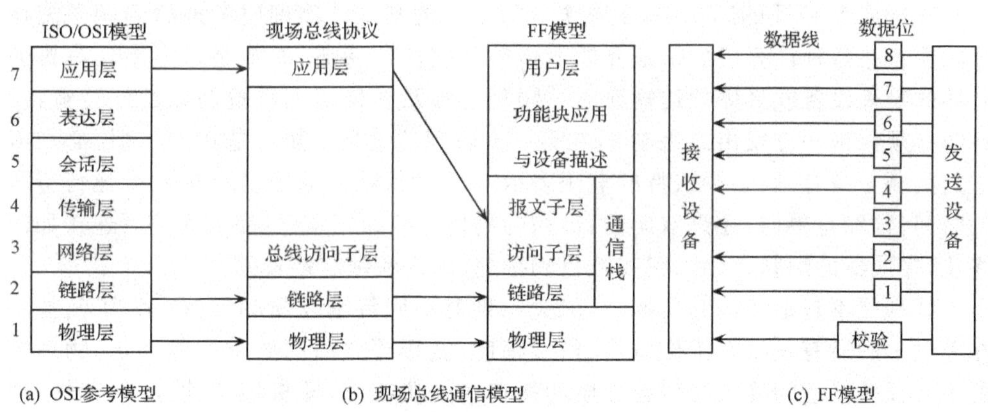

图3.9　现场总线模型与ISO/OSI模型之间的关系

2. 现场总线通信模型

OSI参考模型只是提供了网络通信的一个通用的框架。作为工业数据通信的控制网络，现场总线系统根据现场环境的要求，对模型进行了优化，除去了实时性不强的中间层，并增加了用户层，这样构成现场总线通信系统模型，图3.9显示了总线模型与OSI模型的关系。

图3.9(b)所示的是典型的现场总线协议模型，它采用OSI参考模型中的三个对应层，即物理层、链路层和应用层。考虑到现场总线通信的特点，采用了ISO/OSI参考模型的三层：物理层、链路层和应用层，将OSI参考模型中的3～6层简化为一个现场总线访问子层。其中物理层、链路层采用了IEC/ISA标准。应用层分为两个子层：现场总线访问子层FAS和现场总线报文子层FMS。链路层、访问子层和报文规范子层的全部功能集成在一起称为通信栈(communication stack)。它

是 OSI 参考模型的简化形式，既考虑到开放性系统的要求，又兼顾了测控系统的特点。

图 3.9(c)是基金会现场总线 FF 模型与 OSI 参考模型的对应关系。

3.2.4 现场总线通信协议组成

通信协议是现代通信系统中必不可少的、非常重要的组成部分，协议称为通信系统的软体，与硬件(各种通信设备)一起完成通信信息的传递。根据现场总线通信模型可知，现场总线协议应由物理层、数据链路层、应用层和用户层组成，主要功能是对工业生产过程的各个参数进行测量、信号变送、控制、显示、计算等，实现对生产过程的自动检测、监视、自动调节、顺序控制和自我保护，保障工业生产处于安全、稳定、经济的运行状态。

1. 物理层

物理层是 OSI 的第一层，是整个开放系统的基础。物理层考虑的问题是怎样才能在连接各种计算机的传输介质上传输数据的比特流，而不是指连接计算机的具体的物理设备或具体的传输介质。物理层涉及在信道上传输的原始比特流，设计时必须保证一方发出二进制 1，在另一方收到的也是 1 而不是 0。物理层必须考虑的问题至少有：用多少伏特的电压表示 1，多少伏特的电压表示 0；一个比特持续的时间；传输是单向，还是双向的；最初的物理连接如何建立，完成通信后连接如何终止；接线器的形状、尺寸、引线数目和排列、固定和锁定装置等。

物理层不包括传输介质本身，但关系到对不同传输介质的支持。为了使挂接在总线上的所有设备在工作电流、信号幅度、波形等方面的要求均能满足，物理层的主要任务描述为确定与传输介质的接口的一些特性，即机械特性、电气特性、功能特性以及规程特性。

物理层的主要功能是为数据终端设备提供传输数据的通路，形成适合数据传输需要的实体，为数据传输服务，同时完成物理层的一些管理工作。

2. 数据链路层

帧(data frame)是数据数据链路层传输数据的单位，包括的信息有：地址信息部分、控制信息部分、数据部分、校验信息部分。数据链路层的主要作用是通过数据链路层协议，在不太可靠的物理链路上实现可靠的数据传输。

数据链路层的主要功能(或者说主要设计问题)包括以下三个方面：

(1) 为网络层提供良定义的服务接口，链路层通过在帧的前面和后面附加特殊的二进制编码来达到识别帧边界的目的。

(2) 处理传输错误，传输线路上突发的噪声干扰可能把帧完全破坏掉。在这种情况下，发送方机器上的数据链路软件必须重传该帧。

(3) 流量控制，控制发送方的发送速率必须使接收方来得及接收。

考虑到现场设备故障较多,更换频繁,所以数据链路层媒体访问制多采用受控访问(包括轮询和令牌)协议,通常各 CPU、PLC 作为主站,智能传感器、变送器等作为从站。

3. 应用层

应用层最接近终端用户的 OSI 层,这就意味着 OSI 应用层与用户之间是通过应用软件直接相互作用的。应用层的功能一般包括标识通信伙伴、定义资源的可用性和同步通信。因为可能丢失通信伙伴,应用层必须为传输数据的应用子程序定义通信伙伴的标识和可用性。定义资源可用性时,应用层为了请求通信而必须判定是否有足够的网络资源。应用层向应用程序提供服务,这些服务按其向应用程序提供的特性分成组,并称为服务元素。有些可为多种应用程序共同使用,有些则为较少的一类应用程序使用。应用层是开放系统的最高层,是直接为应用进程提供服务的。现场总线应用层一般直接为用户层服务。

OSI 的应用层协议包括文件的传输、访问及管理协议(FTAM),以及文件虚拟终端协议(VIP)和公用管理系统信息(CMIP)等。

4. 用户层

现场总线协议在 OSI 模型基础上增加的用户层规定了标准的功能模块、对象字典和设备描述,供用户组成所需要的应用程序,并实现网络和系统管理。在网络管理中,设置了网络管理代理和网络管理信息库,提供组态管理、性能管理和差错管理的功能。在系统管理中,设置了系统管理内核、系统管理内核协议和系统管理信息库,实行设备管理、功能管理、时钟管理和安全管理功能。

3.3　基金会现场总线

基金会现场总线(foundation fieldbus,FF)标准是现场总线基金会(fieldbus foundation,FF)组织开发的。目前,现场基金会组织用户 100 多个成员单位,FF 技术得到了世界上主要自控设备供应商的广泛支持,影响较强。

3.3.1　现场总线通信系统的主要组成部分

FF 以 OSI 开放系统互联模型为基础,取其物理层、数据链路层、应用层为 FF 通信模型的相应层次,并在应用层上增加了用户层。基金会现场总线分 H1 和 H2 两种通信速率。H1 的传输速率为 31.25Kbps,可支持总线供电和本质安全防爆环境,支持双绞线、光缆和无线发射,协议符号 IEC1158-2 标准。传输信号采用曼切斯特编码。

FF 的结构是简单的、开放的。“简单的”是指系统设计成简单的并且能够满足功能、环境和技术的要求。“开放的”是说分散的控制系统可以由不同的供应商提供测量、控制设备。

FF 的通信模型作为现场总线设备的物理实体，分为物理层、数据链路层、应用层和用户层四个层次，按功能分为三大组成部分，即通信实体、系统管理内核和功能块应用进程，如图 3.10 所示。

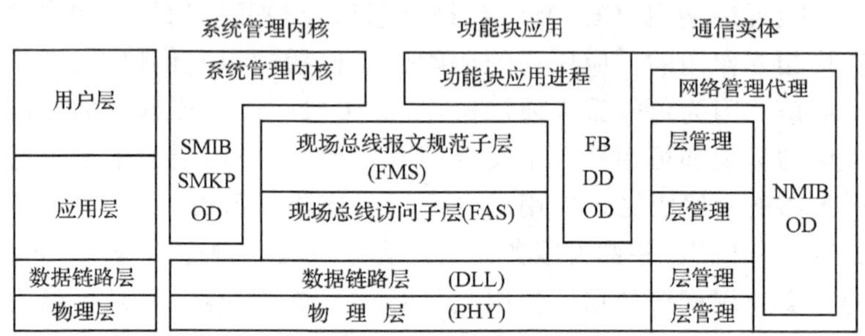

图 3.10 基金会现场总线通信系统的结构

各部分之间通过虚拟通信关系即所谓的“虚拟通信关系(virtual communication relationship,VCR)”在设备之间传输信息。VCR 表示了两个或多个应用进程之间的关系，是各应用进程之间的逻辑通信信道。基金会网络结构使用预定通信信道，共有 3 种类型的 VCR，即出版商/订阅者 VCR、报告分发 VCR 及客户机/服务器型 VCR。

通信实体涵盖从物理层到用户层的所有各层，由各层协议和网络管理代理(network management agent)共同组成。通信实体的任务是生成报文和提供报文传送服务，它是现场总线设备通信的核心部分。层协议的基本目标是构成虚拟通信关系。网络管理代理支持系统组态管理、运行管理和差错管理的功能，这些信息保存在网络管理信息库(network management information,NMIB)中，并由对象字典(object dictionary,OD)来描述。OD 中保存有数据类型、长度等描述信息，为总线设备的网络可视对象提供定义和描述。

系统管理内核(system management kernel,SMK)在通信模型分层中位于应用层和用户层，维护系统信息的同步与协调，为设备应用进程的执行和互操作提供一个分散的平台。SMK 是总线设备的管理实体，负责与网络系统相关的任务管理，物理标签和地址、定位设备和对象、系统应用时钟同步、功能块调度等。

功能块应用进程(function block application process,FBAP)在通信模型中位于应用层和用户层。功能块(function block,FB)实现某种应用功能或算法，每一个功能模型都代表着不同的需要。用户可使用这些功能块构建用户程序，实现所需要的控制策略。FBAP 还包括对象字典(OD)和设备描述(device description,DD)设备，它们是支持功能块的标准化工具，对网络可视对象进行定义和描述，促进设备的定义和理解的一致性。其中 DD 是 OD 的扩展，它可以描述很多对象，可以驱动人机接口的显示及同其他设备相互作用。FF 通信系统的各部分的主要功能如下。

3.3.2　FF 总线拓扑结构

FF 的网络拓扑结构分为单链路拓扑和桥式拓扑两种结构。其中单链路拓扑是典型的离线组态网络，包含一个组态设备和一个被组态设备。而桥式网络是由桥把不同速率、不同介质的链路连接成多链路。在所有的基金会式网络中，两个设备间只有一个数据链路，所以桥内的路由表要相互协调，组成生成树（spanning tree）。生成树表达了桥的组态，这样就保证了只有两个方向的数据流，或者流向树根，或者离开树根。没有任何回路和并行路径。也就是说，由每一条链路到树根有一个、且仅有一个桥。生成树中的每一个桥只有一个根端口，一个或多个下游端口。每一个桥端口都连接一条链路。根端口向上连接到根，下游端口向下引出根的分支。下游端口又称指定端口（designated ports）。当根端口由远方的链路接收到预定的信息时，桥就会根据内部的路由表来选择信息所要经过的下游端口。而当下游端口接收到信息时，桥就会指出上传到根和/或下传到其他下游端口的通信路径。

在现场总线网络中，桥完成以下任务：

（1）转发。

（2）重发。

（3）分配数据链路时间。

（4）分配应用进程时间。

每一条链路都要有一个，且只能有一个链路活动调度器（LAS）。LAS 在数据链路层中的作用是作为链路总线仲裁器，它完成以下功能：

（1）识别和添加链路中的新设备。

（2）删除链路中无响应的设备。

（3）分配数据链路时间和链路调度时间。

（4）在受调度传输时，轮询现场总线设备，看缓冲区中是否有要发送的数据。

（5）在两次受调度传输的中间，为现场总线设备分配令牌。

链路上的任何一个设备只要具备成为 LAS 的条件，都可以成为 LAS。能够成为 LAS 的设备被称为链路主设备，其余的设备被称为基本设备。

当链路首次启动或者现有的 LAS 故障时，链路主设备开始竞争 LAS。竞争成功的链路主设备立即作为 LAS 开始工作。LAS 将未成为 LAS 的链路主设备视为基本设备。同时，未成为 LAS 的链路主设备又都成为 LAS 的后备，一旦现行的 LAS 发生故障，它们就会进入新一轮的 LAS 竞争。

有时,我们希望某一特定的链路主设备成为LAS。在这种情况下,可以将它设置为主链路主设备。如果主链路主设备不能在竞争中取胜,它就会让获胜的链路主设备把LAS权力移交给它。链路的LAS一建立起来,链路的工作就会立即开始。

上面概述了FF的基本结构,对于用户而言,物理层和用户层比较重要,因为前者关系到系统安装的有关规定,后者是关于组态的有关内容。

3.3.3 FF通信协议

1. 物理层

可以分成物理介质相关子层与物理介质独立子层。物理介质相关子层负责处理不同传输介质、不同传输速率的信号转换问题,有时称其为介质访问单元;物理介质独立子层是物理访问单元与数据链路层之间的接口。FF对总线安装的主要规定如表3.2所示。

表3.2　总线安装主要规定

名　称	规范
传输速率	31.25Kbps
总线长度*	A屏蔽双绞线#1 8AWG 1900m B屏蔽多芯双绞线#22AWG 1200m C无屏蔽双绞线#22AWG 400m D无屏蔽多芯电缆#16AWG 200m
拓扑结构	总线/树型
总线挂设备数	非本安、非总线供电2～32台 本安、总线供电2～6台 非本安、总线供电2～1 2台
电缆阻抗及终端	$Z=100\text{k}\Omega$
信号方式	电压
信号幅值	发送0.75～1 Vp-p($Z=50$Hz) 接收150mVp-p
总线供电	9-32V DC 电源阻抗非本安≥3kQ 本安≥400Q
屏蔽及接地	屏蔽面积>90%,两总线对地电容<2500pF 两总线不接地,但终端器中点可接地

*可使用四次中继器

在一条总线上的所有设备必须使用同一种传输介质，并具有相同的工作速度。但 H1 总线既可以使用总线供电的设备，也可以同时使用非总线供电的设备。

这里主要介绍 H1 型的现场总线，如果不特殊指明，以下的论述仅涉及 H1 的物理层。

H1 型现场总线对于设备供电和传输信号仅使用一对导线，同上所述，它并不排斥将总线供电的设备连接到总线上。为了实现这一点，电源应保持总线的电压和电流不变。当某设备传输信息时，通信信号叠加在这个电压或电流上。

在某一时刻，只能有一个设备占用线路，它可以接收或发送信息。信息是一比特一比特送出的，根据标准，信号是自同步的，采用 Manchester II 型编码。

采用 Manchester II 型编码的数据与一个周期时钟相比较，上升沿代表逻辑"0"，而下降沿代表逻辑"1"，参见图 3.11。

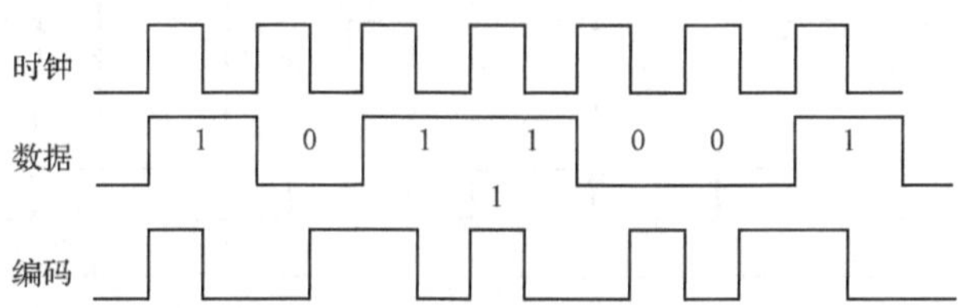

图 3.11　现场总线信号编码

实际的信号波形是梯形波，如图 3.12 所示，其目的是为了避免产生由谐波频率所造成的电磁干扰。当采用多芯电缆时，这种噪声可能会造成交叉干扰。

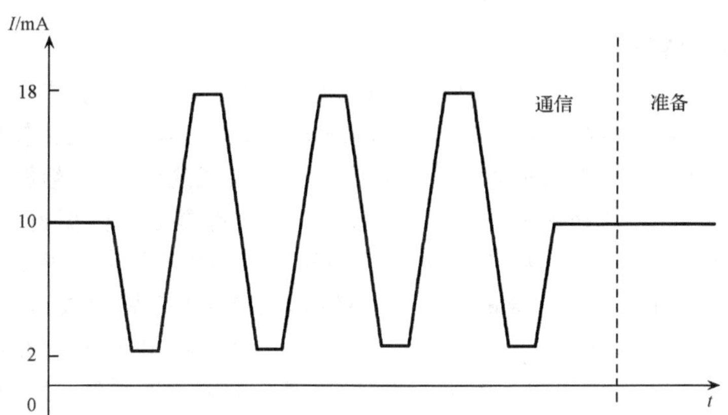

图 3.12　现场总线信号波形

物理介质独立子层：物理介质独立子层是介质访问单元与数据链路层的接口，信号的编码、添加或删除前导码和分界符的工作均在该层完成。

当传输一个信号时，总线上所有可能的接收设备都必须做好准备。前导码将通知所有的设备某些信息即将到来。这个前导码是由一系列的“0”和“1”所组成的，如图 3.13 所示。信息的开始是由一个特定的起始分界符表示的，而信息的结束是由结束分界符表示的。这些特定的信号以及信息的帧格式如图 3.13 所示。

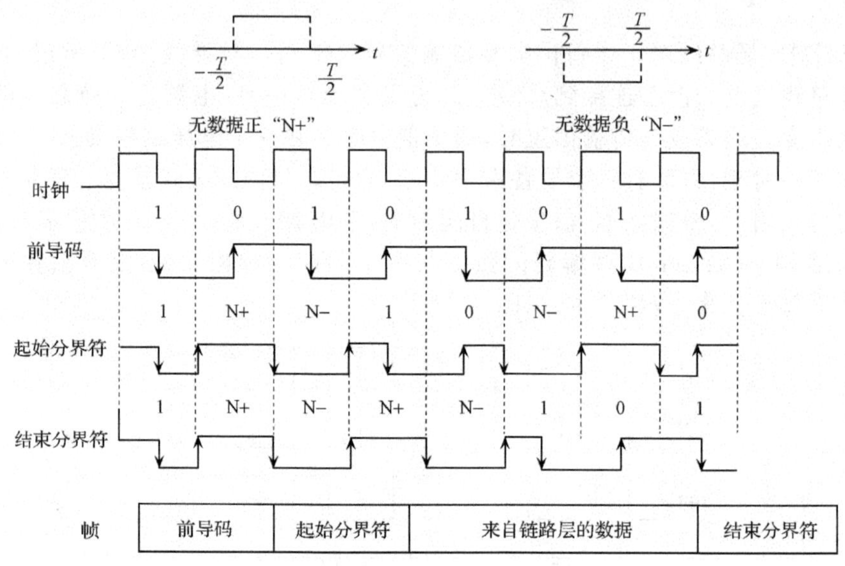

图 3.13　物理层的帧格式

物理层在要传输的信息中加入前导码和分界符，而当收到信息之后再把它们除去。

2. 数据链路层

数据链路层(DLL)位于物理层与总线访问子层之间，它为系统管理内核和总线访问子层访问物理层提供服务。为了对现场总线上的各类链路传输活动进行控制，需要在数据链路层上附加协议控制信息。现场总线通信中的链路活动调度、数据接收与发送、链路活动探测与响应、链路时间同步都是通过数据链路层实现的。通过链路活动调度器(LAS)可以对传输介质进行周期和非周期两种访问。

在功能上，DLL 可以分成两层，访问总线和控制数据链路的数据传输。

数据链路层中的介质访问功能：DLL 充当令牌传递总线桥式网络的中心。每条总线均有一个介质访问控制的中心点，叫做链路活动调度器(LAS)，可持有令牌的设备叫做基本设备，网络上的每一条总线叫做链路。

基本设备是那些能够接收并响应令牌的设备。所有的设备包括 LAS 和桥均具有基本设备的功能，均能接收并响应令牌。

具有令牌的设备可以在总线上发送数据，在某一时刻，只有一个设备持有令牌。LAS 提供给设备两种令牌，第一种叫应答令牌，对所有的设备进行轮询，具有周期性；另一种叫授权令牌，这是在特定的时间段内访问总线，具有非周期性。

链路主设备是那些能够成为 LAS 的设备，其中具有最低节点地址的成为 LAS，其余的作为备份。

LAS 的五项主要功能：

(1) 维护调度，发送令牌给网络设备；

(2) 探查未使用地址，将其分配给新设备，并加到活动表上；

(3) 在链路上周期分配数据链路时间和链路调度时间；

(4) 发送授权令牌给设备，进行无调度数据传输控制；

(5) 监视设备响应授权令牌，从活动表上删掉不能使用或不能返回令牌的设备。

基金会现场总线在数据链路层中提供了 3 种传输数据的机制。一种无连接数据传输，二种面向连接的数据传输，三种面向连接的请求发送/响应交换的数据传输。分别对应于现场总线访问子层 FAS 的三种 VCR 类型。

(1) 无连接数据传输。无连接数据传输是在两个数据链路服务访问点之间的独立数据单元的排队传输。DLL 不需要控制报文和应答信息。

这种无连接数据传输用于 FAS 中的报告分发 VCR。

(2) 面向连接的发布数据传输。这种传输是发布者的数据协议单元在缓冲器之间的传输。数据单元只有发布者地址，索取者知道所要接收的信息来自哪一个发布者。

这种面向连接的数据传输可以是周期性调度的(由索取者应用进程启动)

(3) 面向连接的请求发送/响应交换的数据传输。这种传输是在用户和服务器间的协议数据单元的排队传输。用户的 VCR 端点作为初始端，发送建立连接的请求给服务器，由服务器决定是否建立连接。这种连接提供有序和无序两种连接。

很明显，这种数据传输类型用于 FAS 中的客户/服务器 VCR。

DLL 层很重要的一个作用是组装信息帧。基金会现场总线共定义了 24 种帧，分别用于各种服务。

DLL 的帧结构如下：

帧控制	目的地址	源地址 1	源地址 2	参数	用户数据	帧检验

这里帧控制用来区分各种帧类型及作用。源地址 2 一般不使用，只有在一种建立连接的数据链路协议数据单元才出现。参数进一步说明帧的性质。最后是帧校验。基金会现场总线数据链路层所使用的是循环冗余校验。用户数据是从上层

接收来的协议数据单元。

通过使用这些协议数据单元,DLL 为上层提供了很多服务:

(1) 管理 DLSAP —地址、队列、缓冲器。

① 写数据到缓冲器;

② 从队列/缓冲器读数据。

(2) 面向连接的服务。

① 建立同等的、多对一的连接服务;

② 使用队列或缓冲器的数据传输;

③ 连接终止。

(3) 无连接数据传输服务。使用队列的数据传输。

(4) 时间同步服务。提供时间源同步和对系统管理之间的时间同步。

(5) 为数据发布者缓冲器提供强制发布服务。

数据链路层还支持一些子协议,如链路维护、LAS 传输、调度传输等,它与现场总线访问子层和报文规范共同构成了 FF 的通信栈。

3. 用户层

FF 的用户层定义了标准的基于模块的用户应用,更容易实现系统的集成和互操作。在 FF 规范中,功能块应用进程用于实现用户所需的各种自控功能,在智能仪表等设备开发中占有极其重要的地位。

功能块应用进程是由功能块应用对象、对象字典和设备描述三部分组成。采用分布式的应用程序框架。功能块允许被分散在不同的设备中,通过系统集成技术来实现完整的应用程序。

FF 功能块模型提供了一种通用结构来定义功能块的输入、输出、算法和控制参数,将多个功能块组合成一个进程,可大大简化功能块公共特征的识别和标准化。

3.4 PROFIBUS 现场总线

PROFIBUS 是 1987 年,按 OSI 参考模型制订的现场总线的德国国家标准,其主要支持者是德国西门子公司,并于 1991 年 4 月在 DIN19245 中发表,正式成为德国标准。开始只有 PROFIBUS-DP 和 PROFIBUS-FMS,1994 年又推出了 PROFIBUS-PA,它引用了 IEC 标准的物理层,从而可以在有爆炸危险的区域(EX)内连接本质安全型通过总线馈电的现场仪表,这使 PROFIBUS 更加完善。PROFIBUS 是一种开放的、国际化的现场总线标准,广泛应用于各行各业的基础自动化、过程自动化控制,图 3.14 是 PROFIBUS 的应用范围。

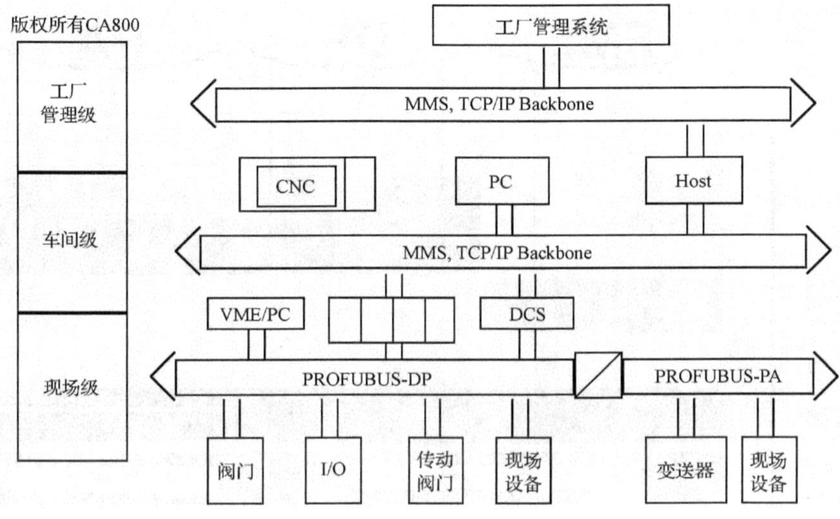

图 3.14　PROFIBUS 的应用场合

3.4.1　PROFIBUS 组成及协议结构

1. PROFIBUS 组成

PROFIBUS 由 PROFIBUS-DP、PROFIBUS-FMS、PROFIBUS-PA 组成，如图 3.15。PROFIBUS-DP 用于分散外设间高速数据传输，适用于加工自动化领域；PROFIBUS-FMS 适用于纺织、楼宇自动化、可编程控制器、低压开关等；PROFIBUS-PA 用于过程自动化的总线类型，服从 IEC1158-2 标准。

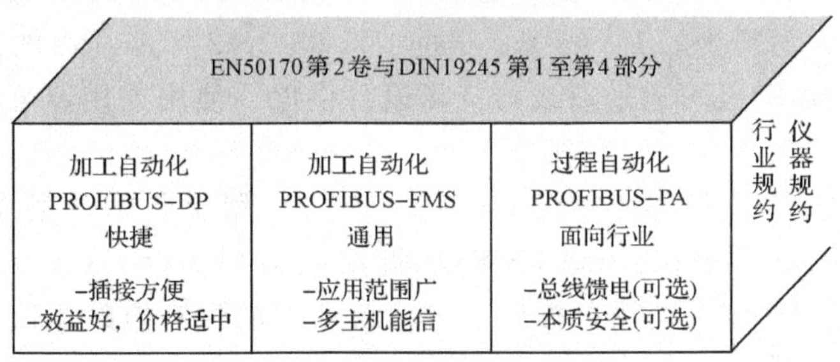

图 3.15　PROFIBUS 的组成及应用

2. PROFIBUS 协议

PROFIBUS 协议结构是根据 ISO 7498 国际标准，以 ISO/OSI 开放系统互联模型作为参考模型的。该模型共有 7 层，如图 3.16 所示，包括 PROFIBUS-DP/PA/FMS 三种类型。PROFIBUS 总线访问协议(第 2 层)对三种 PROFIBUS 均相同，这使通信透明和 FMS/DP/PA 网络区域容易组合。

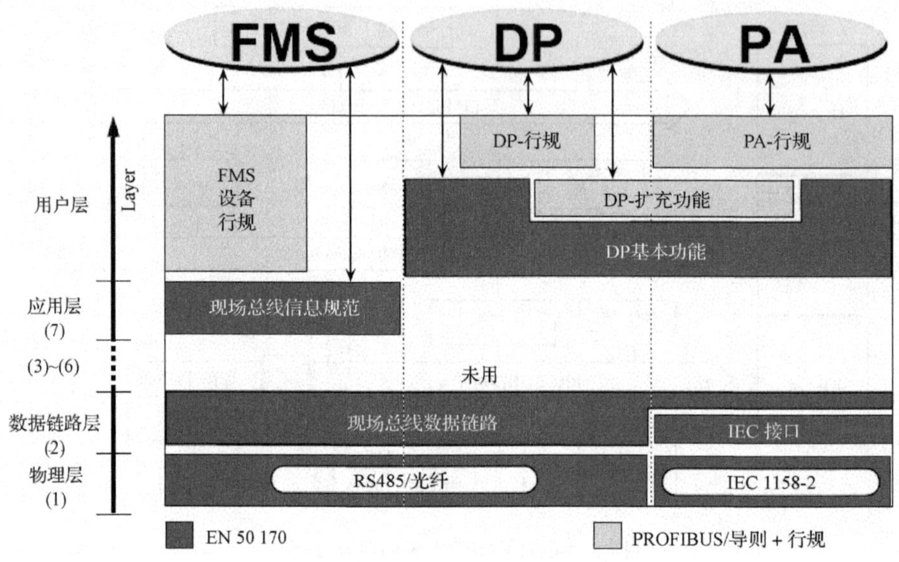

图 3.16 PROFIBUS 协议结构

(1) PROFIBUS-DP:使用了第 1 层(物理层),第 2 层(数据链路层)和用户接口,第 3 层～第 7 层未加以描述。这种结构确保了数据传输的快速和有效进行,直接数据链路映像(DDLM)为用户接口易于进入第 2 层。用户接口规定了用户系统以及不同设备可调用的应用功能,并详细说明了各种不同 PROFIBUS-DP 设备的设备行为,还提供了传输用的 RS485 传输技术或光纤传输技术。

(2) PROFIBUS-PA:的数据传输采用扩展的 PROFIBUS-DP 协议。另外,PA 还描述了现场设备行为的 PA 行规。根据 IEC 61158-2 标准,PA 的传输技术可确保其本征安全性,而且可通过总线给现场设备供电。使用连接器可在 DP 上扩展 PA 网络。

(3) PROFIBUS-FMS:定义了第 1、2、7 层,应用层包括现场总线信息规范(fieldBus message specification-FMS)和低层接口(lower layer intorface-LLI)。FMS 包括了应用协议并向用户提供了可广泛选用的强有力的通信服务。LLI 协调不同的通信关系并提供不依赖设备的第 2 层访问接口。

3.4.2 传输技术

PROFIBUS 提供了三种数据传输类型:如下三种数据传输类型:①用于 PROFIBUS-DP 和 PROFIBUS-FMS 的 RS485 传输;②用于 PROFIBUS-PA 的 IEC-1158-2 传输;③光纤传输可用于 PROFIBUS-DP 和 PROFIBUS-FMS。

1. RS485 传输技术

PROFIBUS-DP/FMS 一般采用 RS485 传输技术。这种技术通常称之为 H2。由于 PROFIBUS-DP 与 PROFIBUS-FMS 系统使用了同样的传输技术和统一的总线访问协议，因而，这两套系统可在同一根电缆上同时操作。线性总线结构允许站点增加或减少，而且系统的分步投入也不会影响到其他站点的操作。

RS485 传输是 PROFIBUS 最常用的一种传输技术，采用的电缆是屏蔽双绞铜线，图 3.17 是典型的 PROFIBUS-FMS 系统应用。RS485 传输技术基本特征如下：

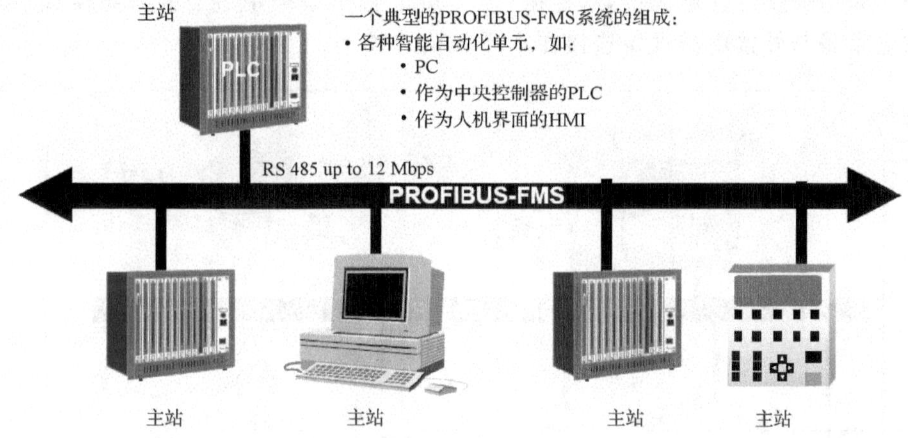

图 3.17　典型的 PROFIBUS-FMS 系统应用

(1) 网络拓扑：线性总线，两端有源的总线终端电阻，依据 RS 485 异步 NRZ 传输。

(2) 传输速率：9.6Kbps～12Mbps。

(3) 介质：双绞屏蔽电缆。

(4) 站点数：每分段 32 个站，带中继可多到 127 个站。

(5) 距离：12Mbps = 100m；1.5Mbps = 400m；187.5Kbps = 1000m。

(6) 连接插头：最好使用 9 针 D 型插头。

2. IEC61158-2 传输技术

数据 IEC61158-2 的传输技术是一种位同步协议，可进行无电流的连续传输，用于 PROFIBUS-PA，能满足石油、化工工业的要求。它可保持其本质安全性，并通过总线对现场设备供电，通常称为 H1。IEC61158-2 传输技术的主要特性有：

(1) 数据传输：位同步、曼彻斯特编码，传输速率 31.25Kbps。

(2) 数据可靠性：前同步信号，采用起始和终止限定符避免误差。

(3) 拓扑结构：线型、树型或两者相结合，总线电缆的两端各有一个无源终端器。

(4) 电缆：屏蔽或非屏蔽的双绞电缆。

(5) 防爆功能：本质安全(可选) 和通过总线对站供电(可选)。

(6) 远程电源供电：可选附件，通过数据线供电。

(7) 站点数:最多 127 个站点，每段 10～32 个设备。

(8) 距离:每段距离达 1900m 用中继器可延长到 10km。

图 3.18 为 PROFIBUS-DP/PA 的典型结构图。基于 IEC61158-2 传输技术总线段与基于 RS485 传输技术总线段可以通过耦合装置相连,耦合器使 RS485 信号和 IEC61158-2 信号相适配。每段通常配一个电源装置,电源装置经耦合器和 PA 总线为现场设备提供电源,这种供电方式可以限制 IEC61158-2 总线段上的电流和电压。如果需要外接电源设备,根据 EN 50020 标准必须用适当的隔离装置,将总线供电设备与外接电源设备连接在本质安全总线上。

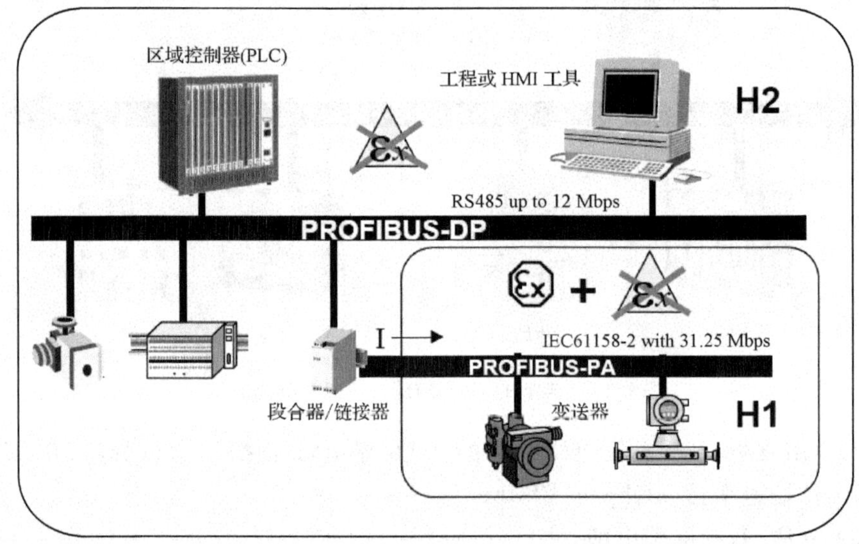

图 3.18 DP/PA 的连接

PROFIBUS-PA 的网络拓扑可以总线形、树形和两种拓扑的混合。线形结构沿着总线电缆连接各个站点,树形结构允许现场设备并联地接在现场配电箱上。混合拓扑结构适合多数实际系统的要求,它可以使总线的结构和长度趋于最优。PROFIBUS-PA 使用的传输介质是双绞线电缆,建议使用表 3.3 中所列的 IEC61158-2 传输技术的参考电缆规格,也可以使用更粗截面导体的其他电缆。

表 3.3 参考电缆规格

电缆设计	双绞线屏蔽电缆
额定导线面积	0.8mm²
回路电阻	44Ω/h
阻抗(31.25kHz)	100Ω±20%
39kHz 衰减	3dB/km
电容不平衡度	2nF/km

连接到一个端的站点数量最多限于 32 个。如果使用本质安全型总线供电方式，总线上的最大供电电压和最大供电电流均具有明确的规定。按防爆等级和总线供电装置，总线上的站点数量也将受到限制。为此，PROFIBUS-PA 总线段的设计应遵循：①根据现场仪表的型号和数量初步计算所需要的电流；②根据现场的防爆要求和电源装置的功率要求选择合适的电源装置；③根据现场对总线长度的要求确定电缆类型。

3. 光纤传输技术

PROFIBUS 系统在电磁干扰很大的环境下应用时，可使用光纤导体，以增加高速传输的距离。

这里可使用两种光纤导体，一是价格低廉的塑料纤维导体，供距离小于 50m 情况下使用，另一种是玻璃纤维导体，供距离大于 1km 情况下使用。

许多厂商提供专用总线插头可将 RS485 信号转换成光纤导体信号或将光纤导体信号转换成 RS485 信号。

3.4.3 PROFIBUS-DP

PROFIBUS-DP 用于现场层的高速数据传输，采用主从站结构。主站周期地读取从站的输入信息并周期地向从站发送输出信息。总线循环时间必须要比主站（如 PLC）程序循环时间短。除周期性用户数据传输外，PROFIBUS-DP 还提供智能化现场设备所需的非周期性通信以进行组态、诊断和报警处理。

1. PROFIBUS-DP 的基本功能

传输技术：RS485 双绞线、双线电缆或光缆。波特率 9.6Kbps～12Mbps。

总线存取：各主站间令牌传递，主站与从站间为主—从传输。支持单主或多主系统。总线上最多站点（主—从设备）数为 126。

通信：点对点（用户数据传输）或广播（控制指令）。循环主—从用户数据传输和非循环主-主数据传输。

运行模式：运行、清除、停止。

同步：控制指令允许输入和输出同步。

同步模式：输出同步。

锁定模式：输入同步。

功能：DP 主站和 DP 从站间的循环用户数据传输，各 DP 从站的动态激活和可激活，DP 从站组态的检查，强大的诊断功能，三级诊断信息，输入或输出的同步。通过总线给 DP 从站赋予地址。通过总线对 DP 主站（DPMl）进行配置。每 DP 从站的输入和输出数据最大为 246 字节。

可靠性和保护机制：所有信息的传输按海明距离 HD＝4 进行。DP 从站带看门狗定时器（watchdog timer）。对 DP 从站的输入/输出进行存取保护。DP 主站上带可变定时器的用户数据传输监视。

设备类型：第二类 DP 主站(DPM2)是可进行编程、组态、诊断的设备。第一类 DP 主站(DPM1)是中央可编程序控制器，如 PLC、PC 等。DP 从站是带二进制值或模拟量输入输出的驱动器、阀门等。

2. PROFIBUS-DP 基本特征

速率：在一个有着 32 个站点的分布系统中，PROFIBUS-DP 对所有站点传输 512bps 输入和 512bps 输出，在 12M bps 时只需 1.4ms。

诊断功能：经过扩展的 PROFIBUS-DP 诊断功能对故障进行快速定位。诊断信息在总线上传输并由主站采集。诊断信息分三级：

(1) 本站诊断操作：本站设备的一般操作状态，如温度过高、压力过低。

(2) 模块诊断操作：一个站点的某具体 I/O 模块故障。

(3) 通道诊断操作：一个单独输入/输出位的故障。

3. PROFIBUS-DP 系统配置和设备类型

PROFIBUS-DP 允许构成单主站或多主站系统。在同一总线上最多可连接 126 个站点。系统配置的描述包括：站数、站地址、输入/输出地址、输入/输出数据格式、诊断信息格式及所使用的总线参数。PROFIBUS-DP 系统可包括以下三种不同类型设备：

(1) 一类 DP 主站(DPM1)：一级 DP 主站是中央控制器，它在预定的信息周期内与分散的站(如 DP 从站)交换信息。典型的 DPM1 如 PLC 或 PC。

(2) 二类 DP 主站(DPM2)：二级 DP 主站是编程器、组态设备或操作面板，在 DP 系统组态操作时使用，完成系统操作和监视目的。

(3) DP 从站：DP 从站是进行输入和输出信息采集和发送的外围设备(I/O 设备、驱动器、HMI、阀门等)。

单主站系统：在总线系统的运行阶段，只有一个活动主站，如图 3.19 所示。

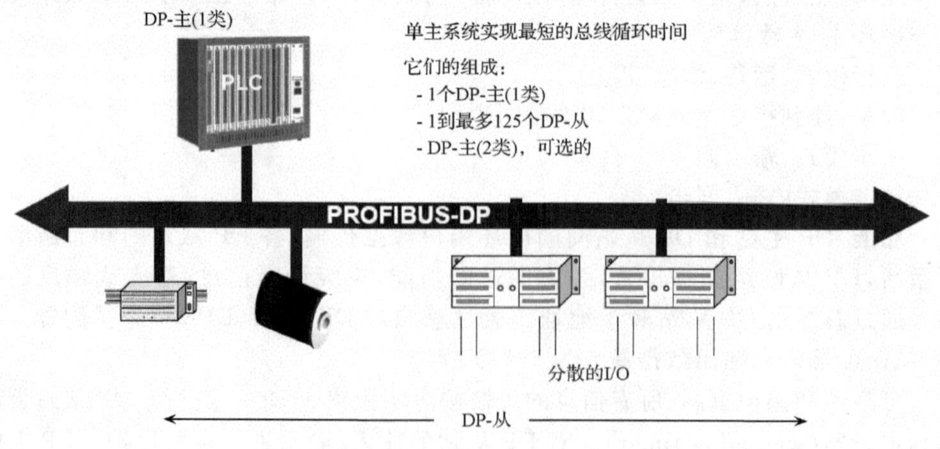

图 3.19 单主站系统

多主站系统:总线上连有多个主站。这些主站与各自从站构成相互独立的子系统。每个子系统包括一个 DPM1、指定的若干从站及可能的 DPM2 设备。任何一个主站均可读取 DP 从站的输入/输出映象,但只有一个 DP 主站允许对 DP 从站写入数据。如图 3.20 所示。

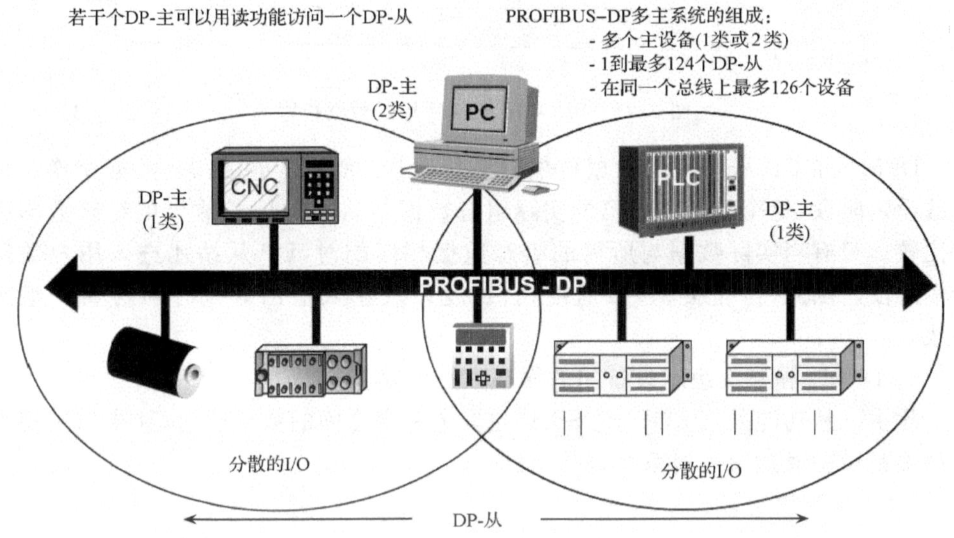

图 3.20 多主站系统

4. PROFIBUS-DP 系统行为

系统行为主要取决于 DPM1 的操作状态,这些状态由本地或总线的配置设备所控制。主要有以下三种状态:

(1) 停止:在这种状态下,DPM1 和 DP 从站之间没有数据传输。

(2) 清除:在这种状态下,DPM1 取 DP 从站的输入信息并使输出信息保持在故障安全状态。

(3) 运行:在这种状态下,DPM1 处于数据传输阶段,循环数据通信时,DPM1 从 DP 从站读取输入信息并向从站写入输出信息。

DPM1 设备在一个预先设定的时间间隔内,以有选择的广播方式将其本地状态周期性地发送到每一个有关的 DP 从站,如图 3.21 所示。如果在 DPM1 的数据传输阶段中发生错误,DPM1 将所有有关的 DP 从站的输出数据立即转入清除状态,而 DP 从站将不再发送用户数据。再次之后,DPM1 转入清除状态。

5. DPM1 和 DP 从站间的循环数据传输

DPM1 和相关 DP 从站之间的用户数据传输是由 DPM1 按照确定的递归顺序自动进行。在对总线系统进行组态时,用户对 DP 从站与 DPM1 的关系作出规定,确定哪些 DP 从站被纳入信息交换的循环周期,哪些被排斥在外。

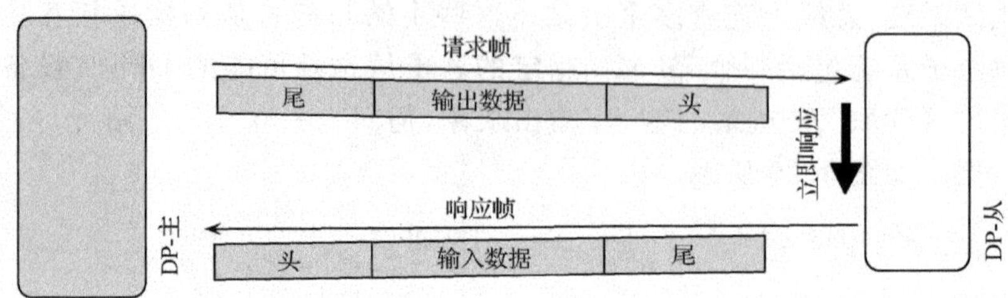

图 3.21　PROFIBUS-DP 用户数据传输

DPM1 和 DP 从站间的数据传输分三个阶段：参数设定、组态、数据交换。在参数设定阶段，每个从站将自己的实际组态数据与从 DPM1 接收到的组态数据进行比较。只有当实际数据与所需的组态数据相匹配时，DP 从站才进入用户数据传输阶段。因此，设备类型、数据格式、长度以及输入输出数量必须与实际组态一致。

6. DPM1 和系统组态设备间的循环数据传输

除主—从功能外，PROFIBUS-DP 允许主—主之间的数据通信，这些功能使组态和诊断设备通过总线对系统进行组态。

7. 同步和锁定模式

除 DPM1 设备自动执行的用户数据循环传输外，DP 主站设备也可向单独的 DP 从站、一组从站或全体从站同时发送控制命令。这些命令通过有选择的广播命令发送。使用这一功能将打开 DP 从站的同步及锁定模式，用于 DP 从站的事件控制同步。

主站发送同步命令后，所选的从站进入同步模式。在这种模式中，所编址的从站输出数据锁定在当前状态下。在这之后的用户数据传输周期中，从站存储接收到输出的数据，但它的输出状态保持不变；当接收到下，一一同步命令时，所存储的输出数据才发送到外围设备上。用户可通过非同步命令退出同步模式。

锁定控制命令使得编址的从站进入锁定模式。锁定模式将从站的输入数据锁定在当前状态下，直到主站发送下一个锁定命令时才可以更新。用户可以通过非锁定命令退出锁定模式。

8. 保护机制

对 DP 主站 DPMl 使用数据控制定时器对从站的数据传输进行监视。每个从站都采用独立的控制定时器。在规定的监视间隔时间中，如数据传输发生差错，定时器就会超时。一旦发生超时，用户就会得到这个信息。如果错误自动反应功能“使能”，DPMl 将脱离操作状态，并将所有关联从站的输出置于故障安全状态，并进入清除状态。

对 DP 从站使用看门狗控制器检测主站和传输线路故障。如果在一定的时间间隔内发现没有主机的数据通信，从站自动将输出进入故障安全状态。

3.4.4 PROFIBUS-PA

PROFIBUS-PA 是专为过程自动化而设计的，它是在保持 PROFIBUS-DP 通信协议的条件下，增加了对现场仪表实现总线供电的 IEC61158-2 的传输技术，使 PROFIBUS 也可以应用于本质安全领域，同时也保证 PROFIBUS-DP 总线系统的通用性。

在常规系统中，现场仪表与主控系统的 I/O 模块之间采用一对一的连接方式，如图 3.22 所示。现场仪表与主控系统的连接。PA 总线可以延伸到控制现场，使用 PA 只需要一根与 IEC61158-2 技术相同的双绞线就可以完成所有现场仪表的信息传输，不仅节省了大量的信号电缆，也减少了常规系统所需要的 I/O 模块。在常规系统中，通常需要对每台现场设备分别供电，有时甚至在有潜在爆炸危险的区域也要有单独的供电电源。PA 总线则可以通过一对双绞线在传输信息的同时向现场设备直接供电，总线上的电源来自单一的供电装置，现场仪表与控制室之间无需附加隔离装置，即使在本质安全地区也如此。由于 PROFIBUS-PA 的开发是专门针对过程控制领域进行的，为此 PA 总线还具有以下几个重要的特征：

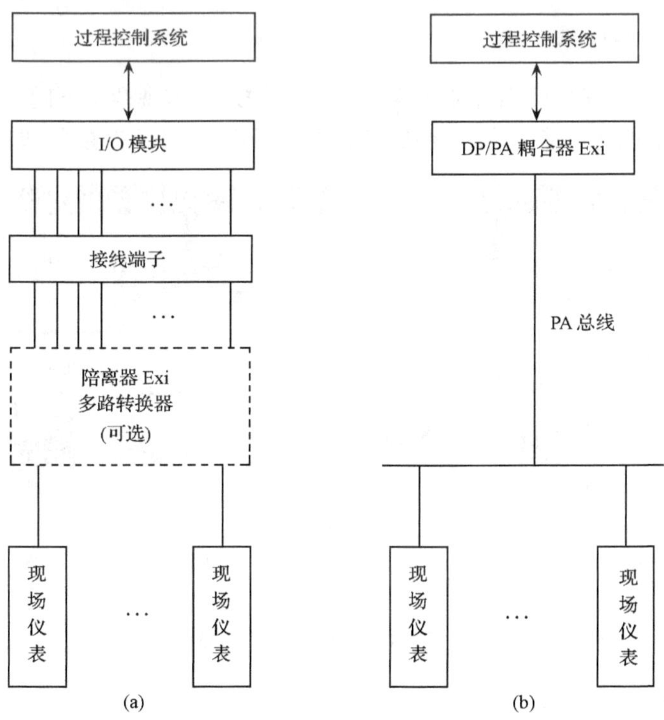

图 3.22 现场仪表与主控系统的连接

(1) PA 描述了适合过程自动化应用的各种行规,这些行规使不同厂家生产的现场设备具有了互换性。

(2) PA 允许设备在操作过程中进行维修,增加或去除总线站点,即使在本质安全地区也不会影响到其他站点。

PROFIBUS-PA 采用数据 IEC61158-2 的传输技术,能满足化工和石油化工业的要求。它可保持其本征安全性,并通过总线对现场设备供电。其传输以下列原理为依据:

(1) 每段只有一个电源作为供电装置。

(2) 当站收发信息时,不向总线供电。

(3) 每站现场设备所消耗的为常量稳态基本电流。

(4) 现场设备其作用如同无源的电流吸收装置。

(5) 主总线两端起无源终端线作用。

(6) 允许使用线形、树形和星形网络。

(7) 为提高可靠性,设计时可采用冗余的总线段。

(8) 为了调制的目的,假设每个总线站至少需用 10mA 基本电流才能使设备启动。通信信号的发生是通过发送设备的调制,从±9mA 到基本电流之间。

3.4.5 PA/DP 的连接

PA 与 DP 总线段之间通过链接器或耦合器连接,以实现两个不同总线段的透明通信。在本质安全地区可使用防爆型 PA/DP 耦合器或 PA/DP 链接器,如图 3.23 所示。

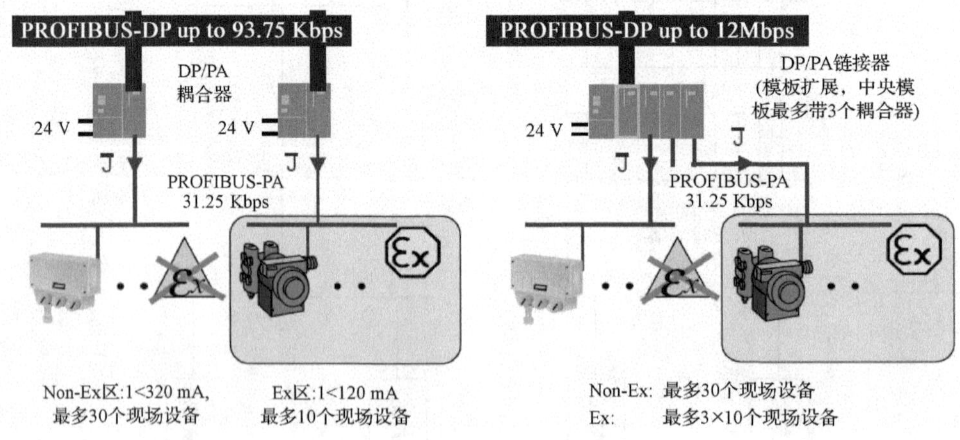

图 3.23 PA/DP 的连接示意图

1. PA/DP 耦合器

PA/DP 耦合器的作用是把传输速率为 31.25Kbps 的 PA 总线段和传输速率

为 45.45Kbps 的 DP 总线段连接起来，PA 总线还可以为现场仪表提供电源。PA/DP 耦合器分为两类：本质安全型(Ex 型)和非本质安全型(非 Ex 型)。通过 Ex 型耦合器连接的 PA 总线最大的输出电流是 100mA，它可以为 10 台现场仪表提供电源；通过非 Ex 型耦合器连接的 PA 总线最大的输出电流是 400mA，最多可为 31 台现场仪表提供电源。

2. PA/DP 链接器

PA/DP 链接器最多由 5 个 Ex 型和非 Ex 型 PA/DP 耦合器组成，它们通过一块主板作为一个工作站连接到 PROFIBUS-DP 总线上。通过一个 PA/DP 链接器允许连接不超过 30 台现场仪表，这个限制与所使用的耦合器类型无关。PA/DP 链接器的上位总线(DP)的最大传输速率是 12Mbps，下位总线(PA)的传输速率是 31.25Kbps，因此 PA/DP 链接器主要应用于对总线循环时间要求高和设备连接数量大的场合。

3.4.6　PROFIBUS 的应用

1. 工程介绍

甬(宁波)台(州)温(州)高速公路是“两纵两横”4 条国道主干线中同江至三亚的组成部分。公路设计等级为高速公路，路基宽度 24.5m，行车道宽度 2m×7.5m，计算行车速度 100km/h。

位于该路段 K39～43 处的大溪岭—湖雾岭公路隧道左右线各长 4116m，为双洞单向行车双车道隧道，是目前国内最长的公路隧道。隧道设计车速为 80km/h；设计交通量为 6612 辆/日(1999 年)、46371 辆/日(2020 年)。

按照国家相关标准设计隧道机电系统，具有十大系统：通风设施，照明设施，火灾检测与报警、紧急呼救设施，交通检测与诱导控制设施，通风及照明控制设施，闭路电视监视设施，中央管理及控制设施，配电设施，消防设施。

根据机电系统要求，本工程为该隧道设计了以 10km 双环光缆冗余 PROFIBUS 现场总线系统为主干；18 台德国 SIEMENS 公司 S7-300、S7-400 可编程控制器分区域控制；6 套法国 ARC 公司 PCVUE32 图形控制软件热冗余客户机/服务器模式构成监控平台的弱电系统集成方案，有力地将各个子系统集成为一个整体。

2. 控制方案及特点

整个控制方案如图 3.24 所示，具有以下特点：

(1) 交通检测与控制系统、通风照明检测与控制系统和中央管理与控制系统各控制器、服务器通过冗余的双环光缆 PROFIBUS 现场总线系统相连接。

(2) 连接各控制器、服务器的冗余双环光缆 PROFIBUS 现场总线系统以高达 1.5Mbps 的速率构成贯穿两条隧道的信息高速公路，高速传递现场控制、检测信息。

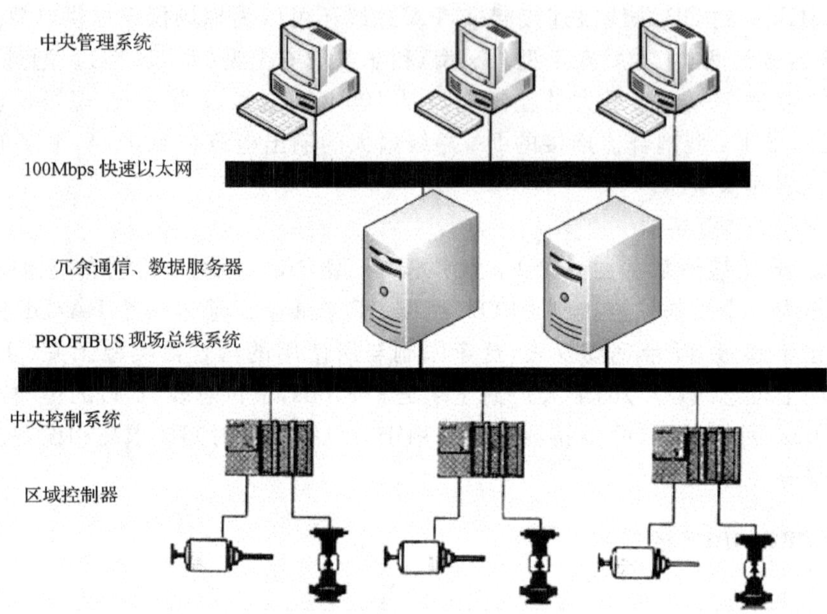

图 3.24 控制方案技术层次图

(3) 冗余的双环光缆 PROFIBUS 现场总线系统,保证在灾难情况下系统的有效性。

(4) 在各个控制点相对集中的地方分别设置区域控制器,进行分散控制。某一控制点或控制器的故障或失效,不会影响系统的安全运行。

(5) 使用先进、可靠的 SIEMENS S7 系列可编程控制器 S7-300、S7-400 作为控制器,完成现场数据的采集、控制、通信。

(6) 用于 SIEMENS S7 系列可编程控制器的所有输入、输出、通信都具有光电隔离措施,保证输入、输出、通信的高可靠性。

(7) 每个控制器都具有自身独立的 CPU、通信卡件和 I/O 卡件,即使现场总线系统或计算机网络系统完全瘫痪,每个控制器也可独立完或自身检测、控制。

(8) 每个控制器之间可以独立的、自由的交换信息,不需中央管理控制系统的协调即可完成控制器间连锁与数据交换。

(9) 在各控制系统和中央管理控制系统计算机网络之间配置冗余的两台通信、数据、数据库服务器,充分保证计算机监控系统的可靠性。

(10) 中央管理系统各服务器、计算机使用 100Mbps 的交换式网络相连接,充分保证计算机监控、操作的实时性和可靠性。中央管理系统采用 PIMS 信息集成和管理软件,实现隧道交通状态的显示、记录、操作、报警、报表输出等功能。

3. 系统构成

交通检测控制与诱导设施主要由管理室内的控制台、交通检测控制计算机、车道指示器、车辆检测器、信号灯、车道指示器、可变限速标志、可变情报板、交通区域控制器、中央控制器、有线广播及其他辅助设备组成。

4. 控制方案总则

交通检测控制系统具有系统检测、执行设备分散，控制功能要求系统连锁性能强，和其他系统的衔接功能多的特点。交通检测设施与诱导设施的控制结合弱电系统总体控制方案采用 10 个 SIEMENS S7-300 控制器进行分区域控制，通过 PROFIBUS 现场总线和中央控制系统相连，达到总体的控制、协调和连锁目的。

考虑到交通检测设施与诱导设施的分散性非常强的特点，该控制方案充分利用了 PROFIBUS 现场总线的优异设计，将整个控制系统合理的分散到各个控制区域，既满足了交通检测设施和诱导设施分散控制的需求，又可以灵活可靠地实现交通控制系统与其他弱电系统的连锁控制。同时，因为 PROFIBUS 现场总线将所有的控制点的接线就地化，大大减少了系统的线材需要量，显著减轻了调试、检修、维护人员的负担。

交通检测控制与诱导设施信息在中央控制器 SIEMENS S7-400 中和其他系统信息汇聚成一个整体，根据系统整体情况，实现交通检测控制系统自身及其他系统的连锁、协调、控制功能。

3.5　工业以太网简介

所谓工业以太网，一般来讲是指技术上与商业以太网（即 IEEE802.3 标准）兼容，但在产品设计时，在材质的选用、产品的强度、适用性以及实用性、可互操作性、可靠性、抗干扰性和本质安全等方面能满足工业现场需要的一种以太网。工业以太网是基于 IEEE802.3 的强大的区域和单元网络，是普通以太网技术在控制网络延伸的产物，实现了以太网从工厂的上管理层网络向现场控制层渗透。

根据工业现场和以太网的实际情况，工业以太网应至少满足以下的要求：

(1) 兼容现有的 IEEE802.3 及 IEEE802.3U 等现有标准和 TCP/IP 协议。

(2) 能适应工业的环境要求；电磁兼容性要求；并符合工业的供电标准。

(3) 能满足通信数据的实时性和安全性要求。

(4) 具有冗余链路提供高可靠性和快速处理故障的能力。

(5) 具有良好的开放性和兼容性。

3.5.1　工业以太网的发展

目前世界上已有一些国际组织从事推动以太网进入控制领域的工作，如 IEEE（美国电气和电子工程师协会）正在着手制订现场总线和以太网通信的新标准。该标准将使网络能看到“对象”。IAONO(工业自动化开放网络联盟)最近与ODVA (Open Device Vendor Association)和 IDA 集团就共同推进 Ethernet 和 TCP/IP 达成共识。ODVA 于 2000 年 3 月 17 日发布了一个为在工厂基层使用以太网服务的工业标准。FF 于 2000 年 3 月 29 日公布了高速以太网(100Mb/s)的最终技术规范(FSI1.0)。

同时,为适应市场趋势全球发展,主要自动化厂商也加强了工业 Ethernet 实现。法国施耐德公司于 1998 年提出“透明工厂”的概念,使用了 ModBuS/TCP (1998)协议,促进了 Ethernet 在传感器和设备级的应用。同年,德国西门子公司发布工业 Ethernet 白皮书,并于 2001 年由 ROFIBUS 国际组织发布其工业 Ethernet 的规范,称为 PROFINET,后被列 IEC61158 (2003)中 Type10 标准。2000 年美国罗克韦尔自动化公司发布工业 Ethernet 规范,称为 Ethernet/IP,与 ControlNet 组成 IEC61158(2002)新的 Type2 标准。

目前,我国自主开发的工业控制网络协议 EPA(ethernet for process automation)成为目前 IEC 正在制定的国际标准 IEC61784-2 的 9 种子集之一,编号为 CPF14,在 2005 年 IEC61784-2 的 CDV 投票之前,可将 EPA 纳入到正国际标准中。同时,《用于工业测量与控制系统的 EPA 系统结构和通信标准》

初步通过国家预审,它将成为中国的工业以太网标准。所有这些工作为 Ethernet 进入工业自动化的现场级打下了基础。

3.5.2 工业以太网的优点

几年前,当现场总线大战硝烟正浓时,传统上用于办公室和商业的以太网却悄悄地进入了控制领域,基于 RS485,CAN 等总线的各种集散控制系统,由于其固有的缺陷,正在被基于 TCP/IP 协议的工业以太网所取代。近来以太网更是走向前台,发展迅速,颇引人注目。究其原因,是由于工业自动化系统正向分布化、智能化的实时控制方面发展,其中,通信已成为关键,用户对统一的通信协议和网络的要求日益迫切。另一方面,Intranet/Internet 等信息技术的飞速发展,要求企业从现场控制层到管理层能实现全面的无缝信息集成,并提供一个开放的基础构架,但目前的现场总线尚不能满足这些要求。应该说,现场总线的出现确实给工业自动化带来一场深层次的革命,但多种现场总线互不兼容,不同公司的控制器之间不能相互实现高速的实时数据传输,信息网络存在协议上的鸿沟导致出现“自动化孤岛”等,促使人们开始寻求新的出路,并关注到以太网。

工业以太网总线和我们现在使用的局域网是一致的,它采用统一的 TCP/IP 协议,避免的不同协议间通讯不了的困扰,它可以直接和局域网的计算机互连而不要额外的硬件设备,它方便数据在局域网的共享,它可以用 IE 浏览器访问终端数据,而不要专门的软件,它可以和现有的基于局域网的 ERP 数据库管理系统实现无缝连接，它特别适合远程控制，配合电话交换网和 GSM，GPRS 无线电话网实现远程数据采集，它采用统一的网线，减少了布线成本和难度，避免多种总线并存。工业以太网总线正因为有诸多的优点，在国内外逐步得到了迅速的普及，现在已经有大量的配套产品在使用中。如工业以太网 HUB，工业以太网防火墙产，工业以太网关，以太网转 RS232/RS485 设备，以太网 A/D 模块，以太网 D/A 模块，以太网 AI 模块，以太网 AO 模块，以太网 DI 模块，以太网 DO 模块及复合功能模块。

至于以太网存在的不确定性和实时性能欠佳的问题，已由于智能集线器的使用、主动切换功能的实现、优先权的引入以及双工的布线等，基本上得到了解决。通过提高数据传输速率，仔细地选择网络的拓扑结构及限制网络负载等，可将发生数据冲突的概率降到最低。此外，如 Hirschmann 公司已开发出一系列加固的、适合用于工业环境的密封和抗振动的以太网器件，如导轨式收发器、集线器、切换器、连接件等；Woodhead Connectivity 公司推出保护等级为 IP67 的 RJ-45 连接器件。凡此种种，给以太网进入实时控制领域创造了条件。

目前 1000Mbps 以太网的发展已进入实用阶段，虽然其价格还比较昂贵。由以上分析可知，以太网进入工业控制领域是一个不可忽视的发展趋势。

3.5.3　基于工业以太网技术的现场设备

目前，工业以太网产品主要分为两类，一类是工业以太网网络产品，如工业以太网集线器、集线器、路由器、网关和网卡等；另一类是工业以太网测量控制设备，如工业以太网 I/O，工业以太网现场设备等。

由于目前市场上大多数以太网设备所用的接插件、集线器、交换机和电缆等网络设备是为办公室应用而设计的，不符合工业现场恶劣环境的要求，在工厂环境中，商用以太网的抗干扰性能较差。若用在危险场合，它不具备本安特性，也不具备通过信号线向现场仪表供电的性能。

随着网络技术的发展，上述问题正在迅速得到解决。

3.5.4　基于工业以太网的分布式网络控制系统

随着工业自动化领域的中上层通信在逐步统一到工业以太网上，工业以太网今天所起的作用主要是解决工业自动化领域管理层和控制层之间的数据通信的任务，用以太网将企业中心和自动化岛屿连接在一起，真正的自动化任务是由下位的单元级与现场级中的现场总线来解决的。具有代表性的是基金会现场总线制定的作为主干网通信的快速以太网标准 HSE，其传输速度为 100Mbps。浙江大学研制的 JX-300X 控制系统采用自主开发了 10Mbps/1000Mbps 冗余工业以太网 SC-net Ⅱ作为过程控制网络，实现控制单元之间高可靠性的过程信息实时传输。作为 PROFIBUS 的主要厂商 Siemens 也有多种 TCP/IP Ethernet 接口设备，允许把

S7PLC、M7PLC、操作面板、IPC 等设备通过以太网连接起来(图 3.25)。

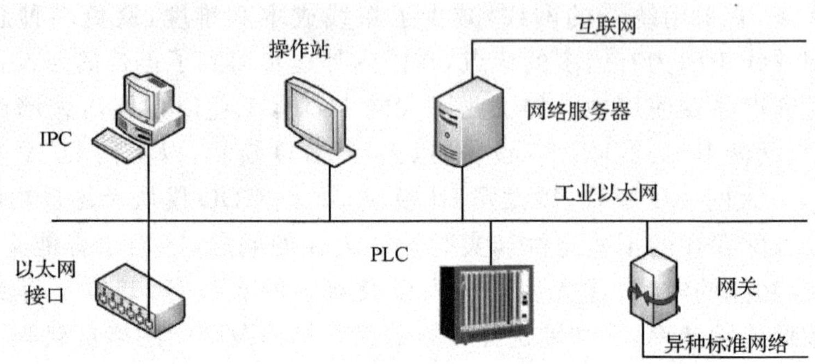

图 3.25　基于工业以太网的典型工业网络示意图

第 4 章 可编程序逻辑控制方法

4.1 PLC 概 述

4.1.1 PLC 发展史

1968 年美国 GE 公开招标寻找一种比继电器更可靠,功能更齐全,响应速度更快的新型的工业控制器,并从用户角度提出了新一代控制器应具备的十大条件,引起了开发热潮。

主要的要求是:① 编程方便,可现场修改程序;② 维修方便,插件式结构;③ 可靠性高于继电器控制装置;④ 体积小于继电器控制盘;⑤ 可直接和管理计算机进行数据通信;⑥ 低成本;⑦ 扩展时原系统改变最少;⑧ 输出>2A,电源为市电;⑨ 存储>4Kb。

1969 年,美国数字设备公司(DEC)制造了第一台可编程序控制器 PDP-14,并在 GE 汽车生产线上成功运用,可编程序控制器由此诞生。所以可编程序控制器是生产力发展的必然产物。

早期的可编程序控制器只具有逻辑运算的功能,人们称之为可编程序逻辑控制器(programmable logic controller),缩写为 PLC。随着微电子技术和集成电路的发展,特别是微处理器和微计算机的迅速发展,可编程序控制器具有了自诊断功能,可靠性有了大幅度提高,国外工艺界在 1980 年正式将其命名为可编程序控制器(programmable controller),缩写为 PC。为了和个人计算机(personal computer)区分,一般仍把可编程序控制器缩写为 PLC。

4.1.2 PLC 的用途与特点

1. PLC 的用途

由于近年来微处理器芯片及有关元件价格大大下降,使 PLC 成本下降,同时又由于 PLC 的功能大大增强,使 PLC 的应用越来越广泛,广泛应用于钢铁、水泥、石油、化工、采矿、电力、机械制造、汽车、造纸、纺织、环保等行业。PLC 的应用通常可分为五种类型:

(1) 顺序控制。这是 PLC 应用最广泛的领域,取代传统的继电器顺序控制。

(2) 运动控制。提供拖动步进电机或伺服电动机的单轴或多轴位置控制模块。

(3)闭环过程控制。PLC 能控制大量的物理参数,如温度、压力、速度和流量等。

(4) 数据处理。在机械加工中,出现了把支持顺序控制的 PLC 和计算机数值控制(CNC)设备紧密结合的趋向。

(5)通信和联网。为了适应近年来兴起的工厂自动化系统、柔性制造系统及集散型控制系统的发展需要,必须发展 PLC 之间,PLC 和上级计算机之间的通信功能。作为实时控制系统,不仅 PLC 数据通信速率要求高,而且要考虑出现停电、故障时的对策等。

2. PLC 的特点

(1) 抗干扰能力强,可靠性高。

(2) 控制系统结构简单、通用性强、应用灵活。

(3) 编程方便,易于使用。

(4) 功能完善,扩展能力强。

(5) PLC 控制系统设计、安装、调试方便。

(6) 维修方便,维修工作量小。

(7) 体积小,重量轻,易于实现机电一体化。

4.1.3 PLC 的分类

1. 按 I/O 点数容量分类

一般来说,处理的 I/O 点数比较多,则控制关系比较复杂,用户要求的程序存储器容量比较大,要求 PLC 指令及其他功能比较多,指令执行的过程也比较快等。见表 4.1。

表 4.1 PLC 性能一览表

类别	I/O 点数	用户程序存储器	功能	特点	典型产品
小型机	256 点以下	4Kb 以下	一般以开关量控制为主,某些还具有一定的通信和模拟量处理能力	价格低廉,体积小,适合于控制单台设备,开发机电一体化产品	SIEMENS 公司 S7-200 系列、OMRON 公司 CPM2A 系列、MITSUBISHI 公司 FX 系列、AB SLC500 系列
中型机	256～2048 点	2～8Kb	开关量和模拟量控制;数字计算;通信功能和模拟量处理	指令比小型机丰富,适用于复杂的逻辑控制系统以及连续生产过程控制场合	SIEMENS 公司 S7-300 系列、OMRON 公司 C200H 系列、AB 公司 SLC500 系列模块式 PLC

续表

类别	I/O 点数	用户程序存储器	功能	特点	典型产品
大型机	2048 点以上	8～16Kb	性能已经与工业控制计算机相当，具有计算、控制和调节的功能，还具有强大的网络结构和通信联网能力	监视系统采用 CRT 显示，能够表示过程的动态流程，记录各种曲线，PID 调节参数选择图；配备多种功能板，构成一个多功能系统；和其他 PLC 或上位机相连，组成过程控制、监控系统	SIEMENS 公司 S7-400 系列、OMRON 公司 CVM1 和 CS1 系列、AB 公司 SLC5/05 系列

2. 按结构形式分类

按 PLC 物理结构形式的不同，可分为整体式（也称单元式）和组合式（也称模块式）两类。

(1) 整体式结构。

整体式结构的 PLC 是将 CPU、存储器、输入单元、输出单元、电源、通信端口、I/O 扩展端口等组装在一个箱体内构成主机。另外还有独立的 I/O 扩展单元等通过扩展电缆与主机上的扩展端口相连，以构成 PLC 不同配置与主机配合使用。整体式结构的 PLC 结构紧凑、体积小、成本低、安装方便。小型机常采用这种结构。整体式 PLC 的组成如图 4.1 所示。

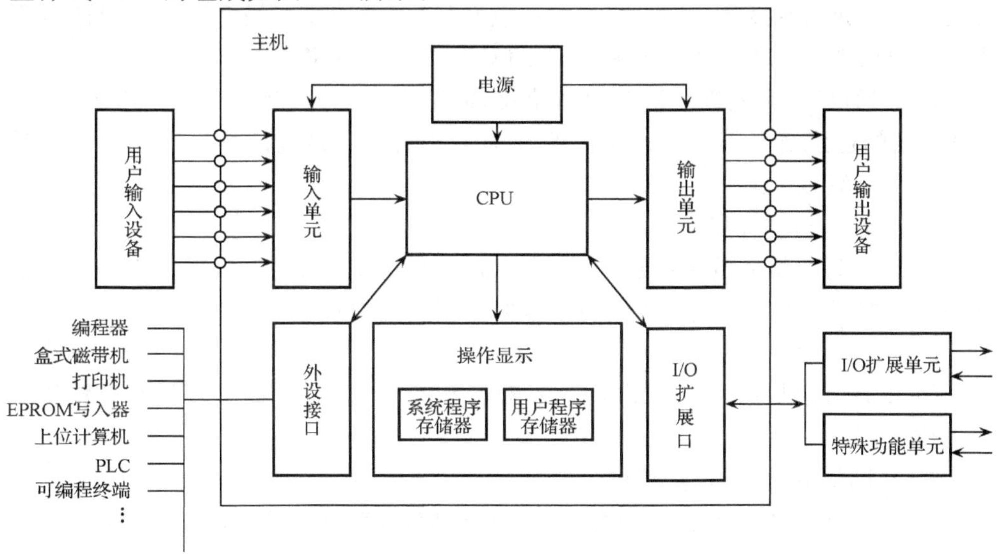

图 4.1　整体式 PLC 组成示意图

(2) 组合式结构。

这种结构的 PLC 是将 CPU、输入单元、输出单元、电源单元、智能 I/O 单元、通信单元等分别做成相应的电路板或模块，各模块可以插在带有总线的底板上。装有 CPU 的模块成为 CPU 模块，其他称为扩展模块。组合式的特点是配置灵活，输入接点、输出接点的数量可以自由选择，各种功能模块可以依需要灵活配置。大、中型 PLC 常用组合式结构。图 4.2 为组合式 PLC 的组成示意图。

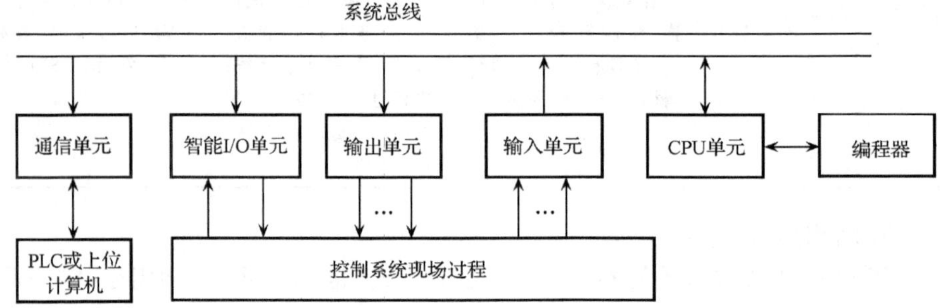

图 4.2 组合式 PLC 组成示意图

4.1.4 工作原理

PLC 工作过程实际上是周而复始地执行读输入、执行程序、处理通信请求、执行 CPU 自诊断和写输出的扫描过程。可以说，PLC 被看做是在系统软件支持下的一种扫描设备，PLC 开机后，一直在周而复始的循环扫描并执行系统软件规定好的任务。我们定义从扫描过程中的一点开始，经过顺序扫描又回到该点的过程为一个扫描周期。图 4.3 所示为 PLC 的 CPU 工作流程图。

PLC 通电后，首先进行系统的初始化，清零 I/O 区，并且复位各定时器、检查 I/O 单元的连接情况等。在初始化的基础上开始进入系统的扫描周期。以下是 PLC 的工作流程。

1. 读输入扫描过程

CPU 对每个输入端子进行扫描，通过输入电路将输入点的状态锁入映像寄存器中。根据信号的类型经输入设备和电路按不同的方式保存。

2. 执行程序

CPU 在每个扫描周期都要执行该程序，即执行用户程序，同时可实现转移或其他控制。

3. 与网络通信的扫描过程

PLC 之间或 PLC 与操作站之间的节点通信，有存储转发式，广播式等。

4. 自诊断扫描过程

为保证设备的可靠性，及时反映设备的故障，PLC 由看门狗定时器(watchdog

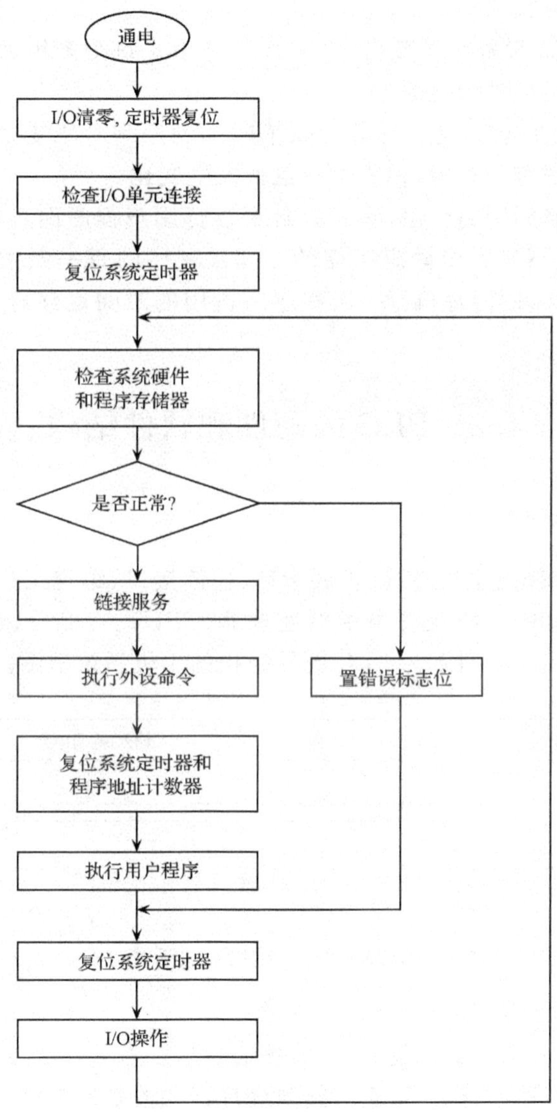

图 4.3　PLC 的 CPU 工作流程

timer)自诊断,硬件诊断 100～200ms 用户可调整,每一个扫描周期开始前都复位。

5. 写输出扫描

CPU 的运算结果不直接送到实际输出点,而在内存中设置了存放运算结果的映像区,CPU 将映像区的内容集中转存到输出锁存器,然后传送到实际输出点。

一般来说,PLC 的一个扫描周期基本由 3 部分组成。

(1) 保证系统正常运行的公共操作:这一部分的扫描时间基本是固定的,随计算机类型而有所不同。

(2) 系统与外部设备信息交换:这一部分并不是每个系统或系统的每次扫描都有的,占用的时间也是变化的。

(3) 用户程序的执行:这一部分的扫描时间随控制对象复杂性决定的用户控制程序而变化,程序有长有短,扫描时间也就发生变化。

所以,系统扫描周期的长短,除了因是否运行用户程序而有较大的差异外,在运行用户程序时也不是完全固定不变的。如果程序的每一条指令执行时间足够快,整个程序并不长,使得每执行一次程序所占用的时间足够短,就能够满足实时控制的要求。

4.2 PLC的硬件和软件结构

4.2.1 PLC硬件结构

PLC的基本结构由主机系统、扩展接口、通信接口、编程工具、智能I/O接口、智能单元等组成,其中主机系统由中央处理器(CPU)、存储器、输入接口、输出接口、电源等组成。图4.4所示为PLC硬件结构的主机系统框图。

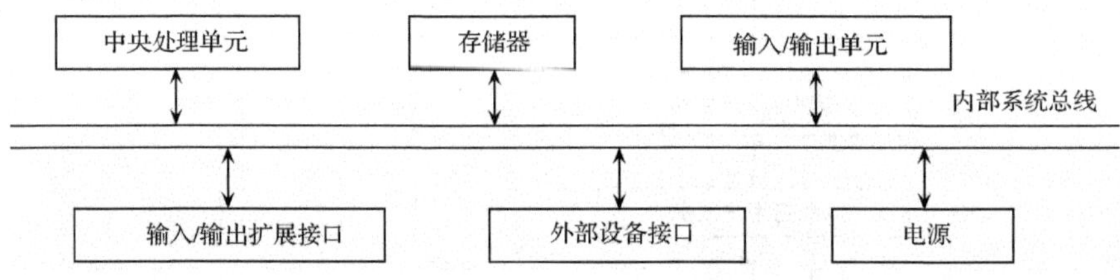

图4.4　PLC硬件结构的主机系统框图

1. 中央处理器(CPU)

与一般计算机一样,CPU是PLC的核心,它按PLC中系统程序赋予的功能指挥PLC有条不紊地进行工作,它包括微处理器和控制接口电路,其主要作用有:

(1) 接收并存储从编程器输入的用户程序和数据。

(2) 诊断PLC内部电路的工作故障和编程中的语法错误。

(3) 用扫描的方式通过I/O部件接收现场的状态或数据,并存入输入映像存储器或数据存储器中。

(4) PLC进入运行状态后,从存储器逐条读取用户指令,解释并按指令规定的任务进行数据传送、逻辑或算术运算等;根据运算结果,更新有关标志位的状态和输出映像存储器的内容,再经输出部件实现输出控制、制表打印或数据通信等功能。

(5) 对外部设备的请求做出响应。

不同型号的 PLC 其 CPU 芯片是不同的，有采用通用 CPU 芯片的，有采用厂家自行设计的专用 CPU 芯片的。常用的微处理器有通用微处理器、单片机或者双极型位片式处理器。CPU 芯片的性能关系到 PLC 处理控制信号的能力与速度，CPU 位数越高，系统处理的信息量越大，运算速度也越快。PLC 的功能随着 CPU 芯片技术的发展而提高。

控制接口电路是微处理器与主机内部其他单元进行联系的控制部件。主要有数据缓冲、单元选择、信号匹配、中断管理等功能。微处理器通过它实现与各个单元之间可靠的信息交换和最佳的时序配合。

2. 存储器(memory)

PLC 的存储器包括系统存储器和用户存储器。

(1) 系统存储器。

系统存储器用来存放 PLC 生产厂家编写的系统程序，并固化在只读存储器 ROM 内，用户不能直接修改。这种初始的基本功能，能够完成 PLC 设计者规定的各项工作。系统程序内容主要包括三部分：

① 系统管理程序。它主要控制 PLC 的运行，使整个 PLC 按部就班地工作。

② 用户指令解释程序。将 PLC 的编程语言变成机器语言指令，再由 CPU 执行这些指令。

③ 标准程序模块与系统调用程序。包括许多不同功能的子程序及其调用管理程序，如完成输入、输出及特殊运算等的子程序。PLC 的具体工作都是由这部分程序来完成的，这部分程序的多少也决定了 PLC 性能的高低。

(2) 用户存储器。

用户存储器包括用户程序存储器(程序区)和功能存储器(数据区)两部分。

① 程序区。用来存放用户针对具体控制任务用规定的 PLC 编程语言编写的各种用户程序，存储器类型可以是 RAM(有掉电保护)、EPROM、EEPROM，其内容可以由用户任意修改或增删。

② 数据区。用来存放用户程序中使用的 ON/OFF 状态、数值数据等，它构成 PLC 的各种内部器件，也称“软元件”。用户存储器容量的大小关系到用户程序容量的大小和内部器件的多少，是反映 PLC 性能的重要指标之一。在 PLC 中，随机读写存储器用作用户程序存储器和数据存储器。用户存储器存放用户编制的应用程序，为了调试和修改的方便，通常，先把用户程序存放在随机读写存储器中，经过运行考核，修改完毕，达到设计要求后，再把它固化到 EPROM 中，替代 ROM 使用。数据存储器存储 PLC 运行过程中产生的各种数据，由于这些数据是不断变化的，所以用随机读写存储器 RAM 来存储。

3. 输入、输出接口(input/output unit)

输入、输出接口是 PLC 与外界连接的接口。输入接口用来接收和采集两种类型的输入信号，一类是由按钮、选择开关、行程开关、继电器触点、接近开关、光电开关、数字拨码开关等的开关量输入信号；另一类是由电位器、测速发电机和各种能量变换器等传来的模拟量输入信号。输出接口用来连接被控对象中各种执行元件，如接触器、电磁阀、指示灯、调节阀（模拟量）、调速装置（模拟量）等。

输入、输出接口的主要功能总结如下：

(1) 通过输入单元，获得生产过程的各种参数。

(2) 通过输出单元，把运算处理的结果送至工业过程现场的执行机构实现控制。

(3) 对输入和输出信号进行处理。通常，在输入/输出单元中，配有电平变换、光电隔离和阻容滤波等电路，以实现外部现场各种信号与系统内部统一信号的匹配和信号的正确传递。

4. 电源

PLC 一般使用 220V 单向交流电源，电源部件将交流电转换成 CPU、存储器等电路工作所需的直流电，保证 PLC 的正常工作。对于小型整体式 PLC，其内部有一个开关稳压电源，此电源一方面可为 CPU、I/O 单元及扩展单元提供直流 5V 工作电源，另一方面可为外部输入元件提供直流 24V 电源。

电源部件的位置有多种，对于整体式结构的 PLC，其通常封装在机箱内部；对于组合式 PLC，有的采用单独电源模块，有的将电源与 CPU 封装到一个模块中。

5. 扩展接口

扩展接口用于将扩展单元与基本单元相连，使 PLC 的配置更加灵活，以满足不同控制系统的需求。

6. 通信接口

为了实现“人-机”或“机-机”之间的对话，PLC 配有多种通信接口，PLC 通过这些通信接口可以与监视器、打印机及其他的 PLC 或计算机相连。

7. 智能 I/O 接口

为了满足更加复杂控制功能的需要，PLC 配有多种智能 I/O 接口，如满足位置调节需要的位置闭环控制模块，对高速脉冲进行技术处理的高速计数模块等。这类智能模块都有其自身的处理器系统。

8. 编程工具

编程工具是供用户进行程序的编制、编辑、调试和监视的设备。最常用的是编程器。编程器有简易型和智能型两类：

(1) 简易型。

智能联机编程，且往往是先将梯形图转化为机器语言助记符（指令表）后才能输入。它一般是由简易键盘和发光二极管或其他显示器件组成。

(2) 智能型。

又称为图形编程器,它可以联机、也可以脱机编程,具有 LCD 或 CRT 图形显示功能,可以直接输入梯形图和通过屏幕对话。

也可以采用微机辅助编程,许多 PLC 厂家为自己的产品设计了计算机辅助编程软件,运用这些软件可以编辑、修改用户程序,监控系统的运行,打印文件,采集和分析数据,在屏幕上显示系统运行状态,对工业现场和系统进行仿真等。若要直接与 PLC 通信,还要配有相应的通信电缆。

9. 智能单元

各型 PLC 都有一些智能单元,他们一般都有自己的 CPU,具有自己的系统软件,能独立完成一项专门的工作。智能单元通过总线与主机相连,通过通信接收主机的管理。常用的智能单元有 A/D 单元、D/A 单元、高速计数单元、定位单元等。

10. 其他部件

PLC 还可配有盒式磁带机、EPROM 写入器、存储器卡等其他外围设备。

图 4.5 所示为 PLC 的硬件结构示意图。

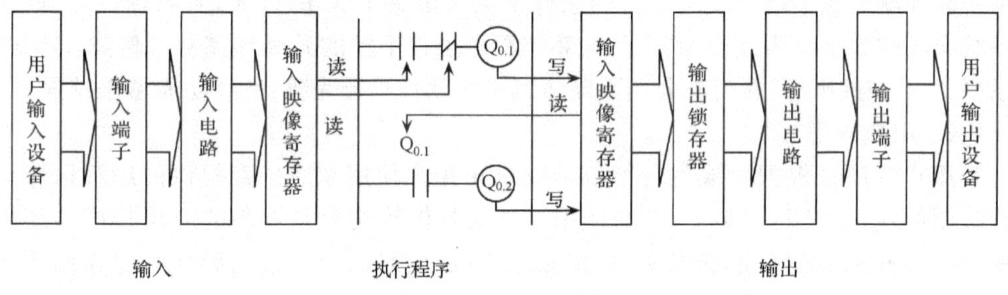

图 4.5　PLC 硬件结构示意图

4.2.2　PLC 软件结构

前面介绍 PLC 存储器时,简单讲了 PLC 的各个硬件结构,本小节将深入介绍 PLC 软件结构。PLC 的软件由系统软件和用户程序两大部分组成。系统软件由 PLC 制造商固化在机内,用以控制 PLC 本身的运作;用户程序则是由使用者编制并输入的,用来控制外部对象的运作。

1. 系统软件

系统软件包括三部分。

(1) 系统管理程序。

它是系统软件中最重要的部分,用以控制 PLC 的运作。作用有以下三点:

① 进行运行管理,控制 PLC 何时输入、何时输出、何时计算、何时自检、何时通信等时间上的分配管理。

② 存储空间管理,即生成用户环境,规定各种参数、程序的存放地址,将用户

使用的数据参数、存储地址转化为实际的数据格式及物理存放地址，将有限的资源变为用户直接使用的元件。

③ 系统自检程序，包括系统出错检验，用户程序语法检验、句法检验、警戒时钟运行等。

(2) 用户指令解释程序。

它是联系高级程序语言和机器码的桥梁。任何计算机最终都是执行机器语言指令的，但用机器语言编程复杂且效率很低，PLC 可用直观易懂的梯形图语言编程，解释程序的任务就是把梯形图语言逐条解释，翻译成相应的机器语言指令，再由 CPU 执行这些指令。

(3)标准程序模块及系统调用程序。

由许多独立的程序块组成，各程序块有不同的功能，有的完成输入、输出处理，有的完成特殊运算等。PLC 的各种具体工作都是由这部分程序来完成的，这部分程序的多少决定了 PLC 性能的强弱。

整个系统软件是一个整体，其质量很大程度上影响 PLC 的性能。往往通过改进系统软件就可在不增加任何设备的条件下大大改善 PLC 的性能，所以，制造厂商对系统程序的编制极为重视，其产品的系统程序也在不断的升级和完善。例如，S7-200 系列 PLC 在推出后，西门子公司不断将其系统软件进行完善，使其功能越来越强。

2. 用户程序

用户程序是根据生成过程控制的要求由用户使用制造厂商提供的编程语言自行编制的应用程序，即是 PLC 的使用者针对具体控制对象编制的应用程序。用户程序包括开关量逻辑控制程序、模拟量运算控制程序、闭环控制程序和操作站系统应用程序等。根据不同控制要求编制不同的程序，相当于改变 PLC 的用途，也相当于继电器控制设备的硬接线线路进行重设计和重接线，这就是所谓的“可编程序”。程序既可由编程器方便地送入 PLC 内部的存储器中，也能通过它方便地读出、检查与修改。

参与 PLC 应用程序编制的是其内部代表编程器件的存储器，俗称“软继电器”，或称编程“软元件”。PLC 中设有大量的编程“软元件”，这些“软元件”依编程功能分为输入继电器、输出继电器、定时器、计数器等。由于“软继电器”实质为存储单元，取用它们的常开、常闭触点实质上为读取存储单元的状态，所以可以认为一个继电器带有无数多个常开、常闭触点。

(1) 开关量逻辑控制程序。它是 PLC 用户程序中最重要的一部分。一般采用梯形图、语句表或功能表图等编程语言编制。不同 PLC 制造厂商提供的编程语言有不同的形式，至今还没有一种能全部兼容的编程语言。

(2) 模拟量运算控制程序和闭环控制程序。通常，它是在大中型 PLC 上实施的程序，由用户根据控制要求按 PLC 供应商提供的软件和硬件功能进行编制。编程语言一般采用高级语言或者采用制造厂商提供的编程语言，有些制造厂商也提供相应编程软件供用户编制模拟量运算控制和闭环控制的有关应用程序。

(3) 操作站系统应用程序。它是大型 PLC 系统通过通信网络联网后，由用户为进行信息交换和管理而编制的程序，包括各类画面显示等，一般采用功能模块或其他高级编程语言编制。一些制造厂商也提供人机界面的有关软件，用户可根据提供的软件进行操作站系统的程序编制，包括操作画面组态、报警组态等程序。

PLC 通常提供三种编程语言：梯形图(LAD)、指令表(STL)、顺序功能流程图(SFC)。

3. PLC 的程序结构

广义上的 PLC 程序由三个部分构成：用户程序、数据块和参数块。

(1) 用户程序。

它是程序中的必备项。在存储器中被称为组织块，处于最高层次，可以管理其他块，它是由各种语音编写的用户程序。不同机型的 CPU，其程序空间容量也不同。

用户程序的结构比较简单，一个完整的用户控制程序应当包含一个主程序、若干子程序和若干终端程序三大部分，不同编程设备对各程序块的安排方法也不同。

(2) 数据块。

为可选部分，主要存放控制程序所需的数据，在数据块中允许以下数据类型：布尔型，表示编程元件的状态；十进制、二进制或十六进制数；字母、数字和字符型。

(3) 参数块。

也是可选部分，存放 CPU 组态数据，如果在编程软件或其他编程工具上为 CPU 组态，则自动配置系统默认值。

4.3　I/O 设备单元

I/O 设备单元保证 CPU 与现场设备相互联系的通道，可实现电平转换、电气隔离、串/并转换、A/D 转换与 D/A 转换。

输入接口用来接收和采集两种类型的输入信号：

(1) 数字量。包括按钮、行程开关、操作开关、继电器触点、接近开关、编码器等，这些信号输入电路进行滤波、光电隔离、电平转换等。

(2) 模拟量。有料位、转速、电流、电压大小等。

输出接口用来连接被控对象中各种执行元件，如继电器、电磁阀、指示灯、调节阀门(模拟量)、调速装置(模拟量)等。

4.3.1　开关量输入单元

它的作用是把现场各种开关信号转换为可编程控制器能内部处理的标准二进

制信号。按照输入端电源的不同类型，开关量输入单元分为直流输入单元和交流输入单元，有时，还可根据电压的高低分为低电压和高电压等类型。

1. 直流输入单元(图 4.6)

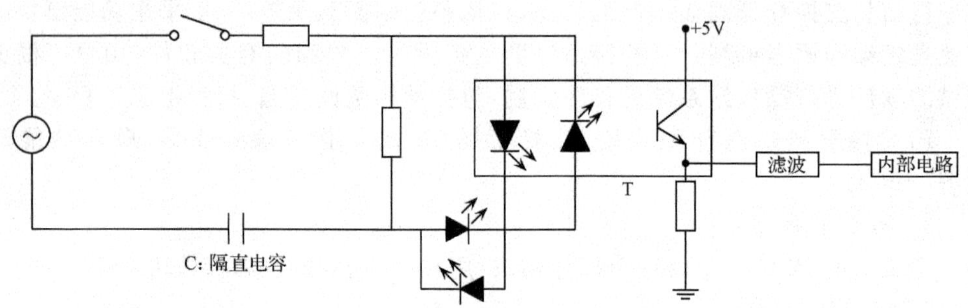

图 4.6 直流输入单元原理示意图

2. 交流输入单元(图 4.7)

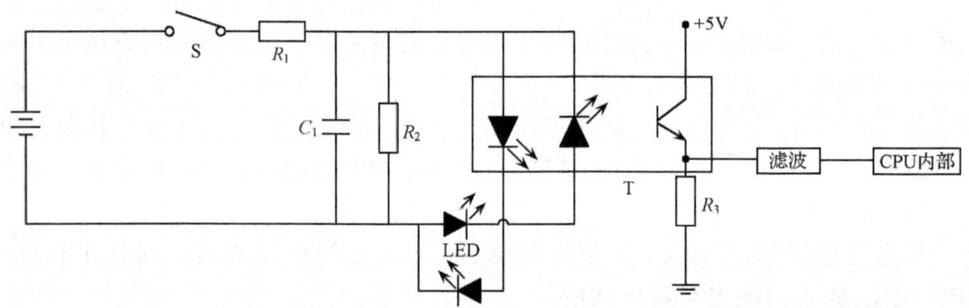

图 4.7 交流输入单元示意图

4.3.2 开关量输出单元

它的作用是把可编程控制器的内部信号转换为现场执行机构的各种开关信号。按照现场执行机构使用的供电单元类型，可分为直流输出单元(晶体管输出方式和继电器输出方式)和交流输出单元(可控硅输出方式和继电器输出方式)。

1. 晶体管输出单元(图 4.8)
2. 继电器输出单元(图 4.9)

4.3.3 I/O 的一般问题

1. 输入问题

(1) 无源触点输入设备(图 4.10)。

指按钮或继电器等物理常开、常闭触点。有交流、直流的输入接点。

只要电源参数选择正确，不会发生任何问题。

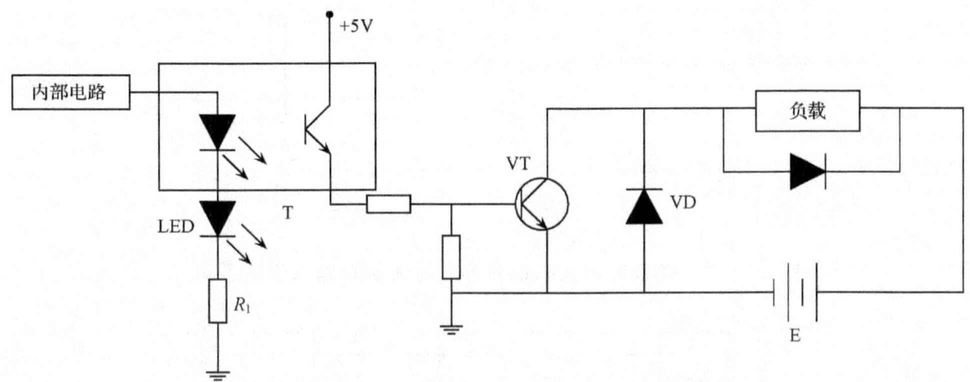

图 4.8　晶体管输出单元原理示意图

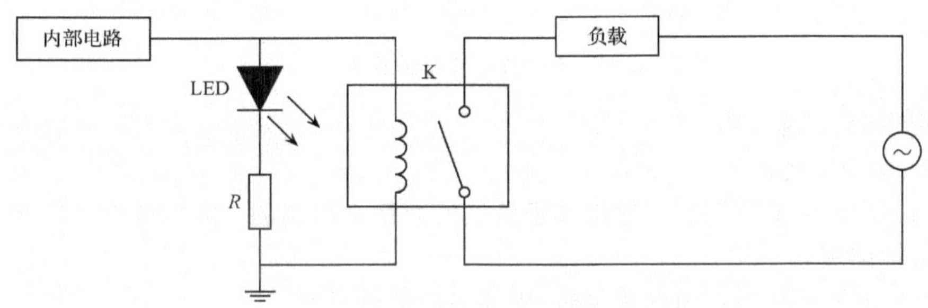

图 4.9　继电器输出单元原理示意图

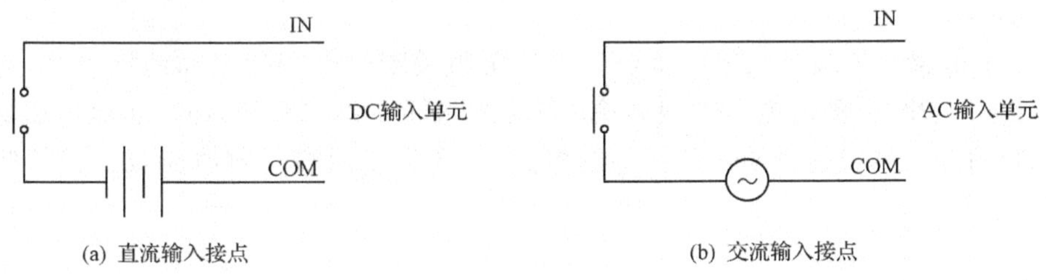

(a) 直流输入接点　　(b) 交流输入接点

图 4.10　无源触点输出设备示意图

(2) 三极管的截止和饱和等有源无触点输入设备(图 4.11)。

(3) 存在问题(图 4.12)。

如图 4.11 三极管等设备有漏电流,三极管不能工作在饱和导通而处于放大状态,只要漏电流大于 1.3mA,就能使 PLC 产生误动作,所以要并联一个电阻 R。旁路电流：$I_i = I_o \cdot R/(R+R_i) < 1.3$ 时可计算出最大 R,其中，I_o 为漏电流，I_i 为 PLC 的输入电流。

总之有源无触点可多次、快速使用,但易有漏电流。无源触点可驱动大负载,

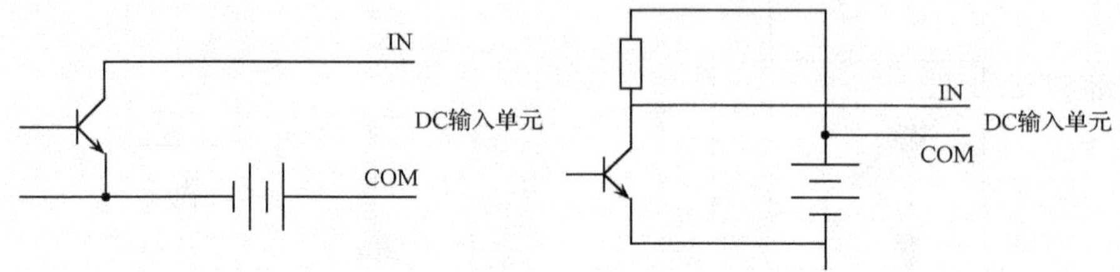

图 4.11 三极管的截止和饱和等有源无触点输入设备示意图

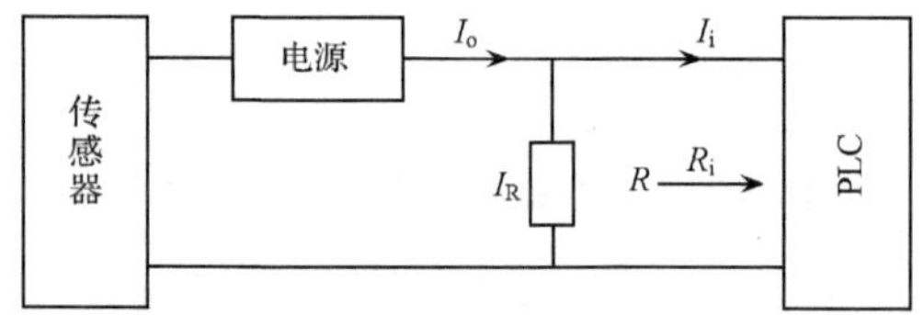

图 4.12 有源无触点输入设备示意图

但使用寿命短、速度慢。

2. 输出问题

(1) 输出端子的保护。输出端子负载能力是有限制的，负载过大会损坏输出元件或电路板。

(2) 根据负载的不同电源等级,需要考虑负载匹配。

(3) 输出开启电流的抑制,对有些大启动电流负载,需要加串联电阻来保护。

(4) 电感性负载反电势的抑制。感性负载关断时会产生很高的反电势,对输出电路产生冲击,虽然晶体管型的输出单元安装了导纳二极管,但对于大电感或频繁关断的感性负载还要使用外部抑制电路,一般采用阻容吸收电路或二极管吸收电路。

4.3.4 模拟量输入模块(AI)

模拟量输入模块的作用是把现场连续变化的模拟量标准信号转换为可编程控制器内部能处理的由若干位表示的数字信号。生产过程的模拟信号多种多样,类型和参数大小也不相同,所以一般先用现场信号变送器将输入的模拟量信号转换成统一的标准信号,然后把标准信号送模拟量输入模块。

一般来说,模拟量输入模块接受的是模拟量变送器传递的(4～20mA,1～5V)信号,其电路(模块形式)如图 4.13 所示。

8 通道输入,共用一个 A/D 转换器,由多路选择开关扫描切换。

模拟量值用 16 位二进制补码定点数表示,最高位(15 位)是符号位。

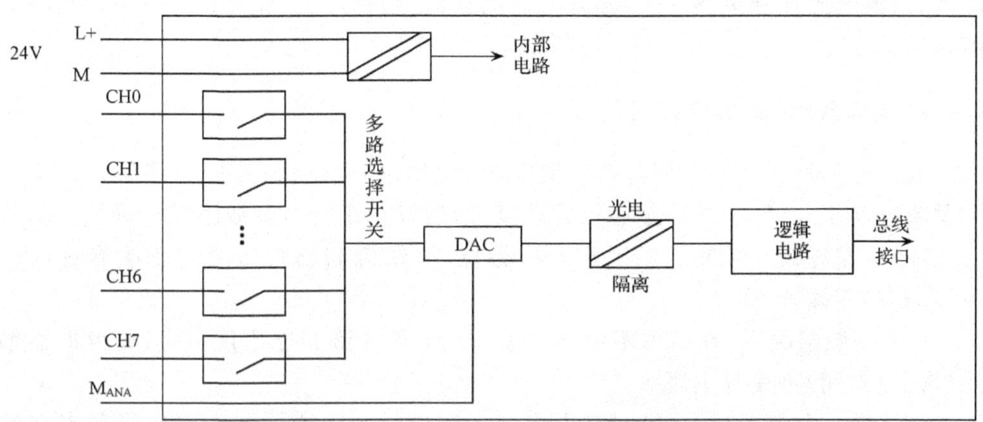

图 4.13　模拟量输入模块原理图

4.3.5　模拟量输出模块(AO)

模拟量输出模块的作用是把可编程控制器运算处理后的若干位数字量信号转换成相应的模拟量信号输出，以满足生产过程现场连续信号的控制要求。

图 4.14 所示为直接输出驱动执行机构。

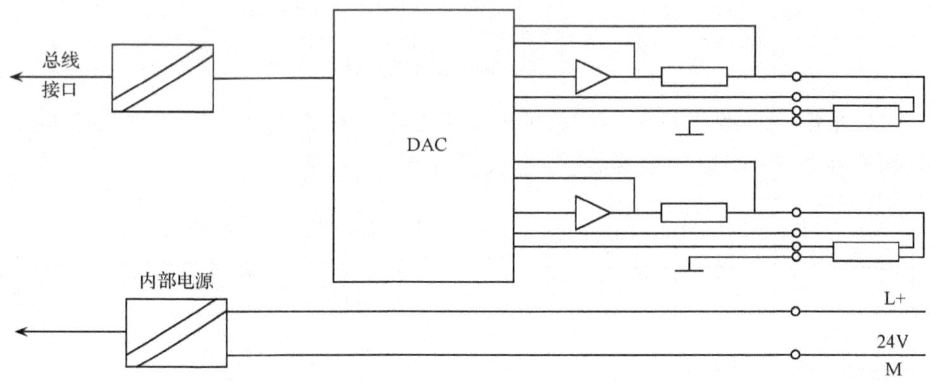

图 4.14　直接输出驱动执行机构示意图

二通道输出，用屏蔽电缆和双绞线电缆传递，电缆线 QV 和 S+，MANA 和 S-分别铰接在一起，这样可减轻干扰的影响，应将电缆两端屏蔽层接地。

4.4　梯形图的特点及绘制原则

梯形图(ladder)直观易懂，是在传统的继电器控制系统电路图的基础上演变而来，与继电器控制电路（主回路及控制回路）在结构形式、元件符号及逻辑功能方面相一致。

4.4.1 Ladder 特点与绘制规则

(1) 自上而下、从左到右，每个继电器线圈为一个逻辑行，即一层阶梯。每一个逻辑行起于左母线，然后是触点的连接，最后终止于继电器线圈或右母线。

注意：左母线与线圈之间一定要有触点，而线圈与右母线之间不能有任何触点，应直接连接。

(2) 一般情况下，在梯形图中某个编号继电器线圈只能出现一次，而继电器触点（常开/常闭）可重复出现。

(3) 在一个逻辑行上，串联触点多的支路应放在上方。如果将串联触点多的支路放在下方，则语句增多，程序变长，如图 4.15 所示。

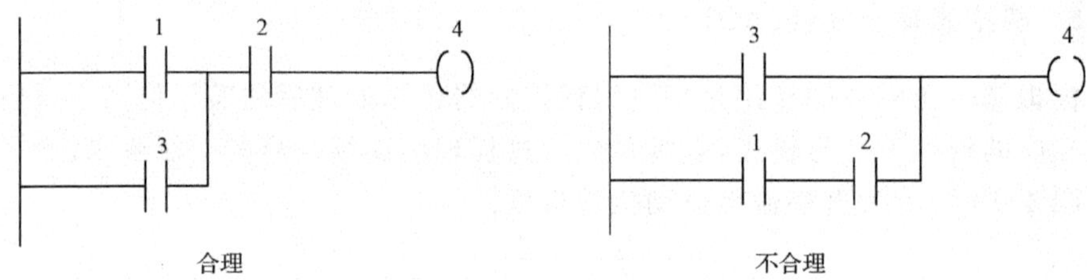

图 4.15　梯形图绘制规则

(4) 在每一个逻辑行上，并联触点多的支路应放在左边。如果将并联触点多的电路放在右边，则语句增多，程序变长。如图 4.16 所示。

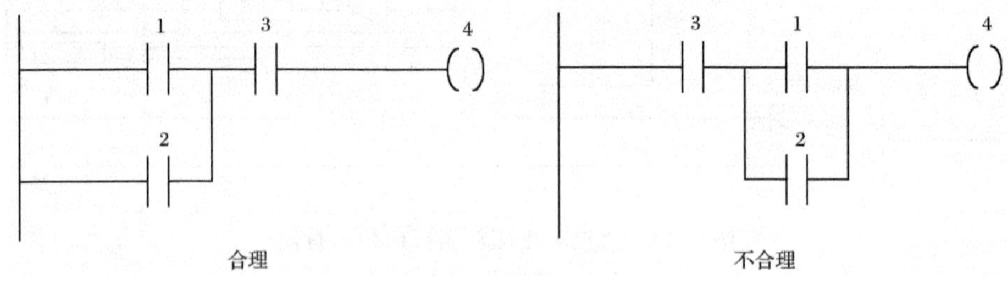

图 4.16　梯形图绘制规则 4

(5) 梯形图中，不允许一个触点上有双向“电流”通过如图 4.17 所示。

(6) 多个逻辑行都具有相同条件时，为了节省语句数量，常将这些逻辑行合并。如图 4.18 所示。

(7) 设计梯形图时，输入继电器的触点状态全部按相应的输入设备为常开状态进行设计更为合适，不易出错。因此，也建议尽可能用输入设备的常开触点与 PLC

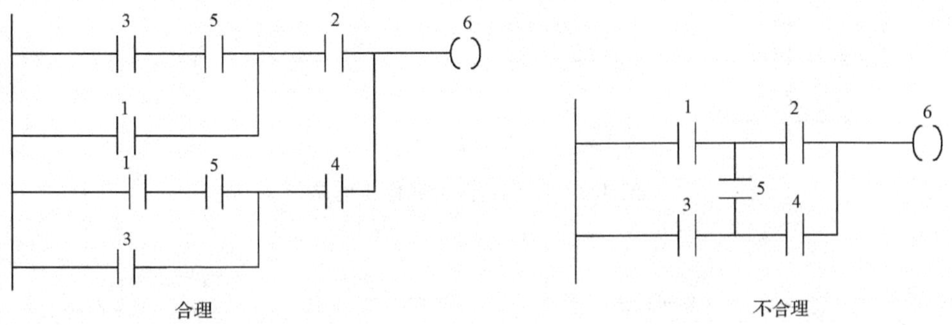

图 4.17　梯形图绘制规则 5

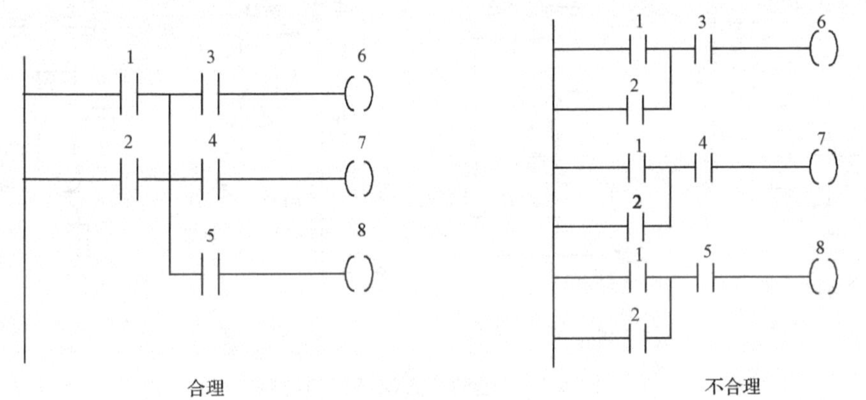

图 4.18　梯形图绘制规则 6

输入端连接。如果某些信号只能用常闭触点输入，可先按输入设备全部为常开来设计，然后将梯形图中对应的输入继电器触点取反(即常开改为常闭，常闭改为常开)。

4.4.2　典型单元梯形图分析

1. 启动、保持和停止电路

启动、保持和停止电路是电动机等电气设备控制中常用的控制回路，常简称为启保停回路。应用 PLC 可以方便地实现对电动机等设备的启动、保持和停止的控制。梯形图如图 4.19 所示。

I0.0 启动按钮，一按即放，I0.1 为停止按钮，Q0.0 为设备的启动线圈，即将 I0.0 放开，由于 Q0.0 常开触点已闭合，通过“旁通”(自保电路)使 Q0.0 一直得电，直至“停止”按钮按下才放开。

2. 电动机正反转控制电路(图 4.20)

(1) 无互锁电路。

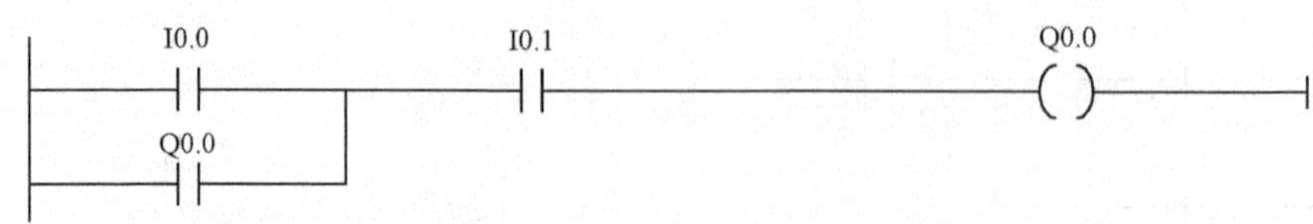

图 4.19 启动、保持和停止电路

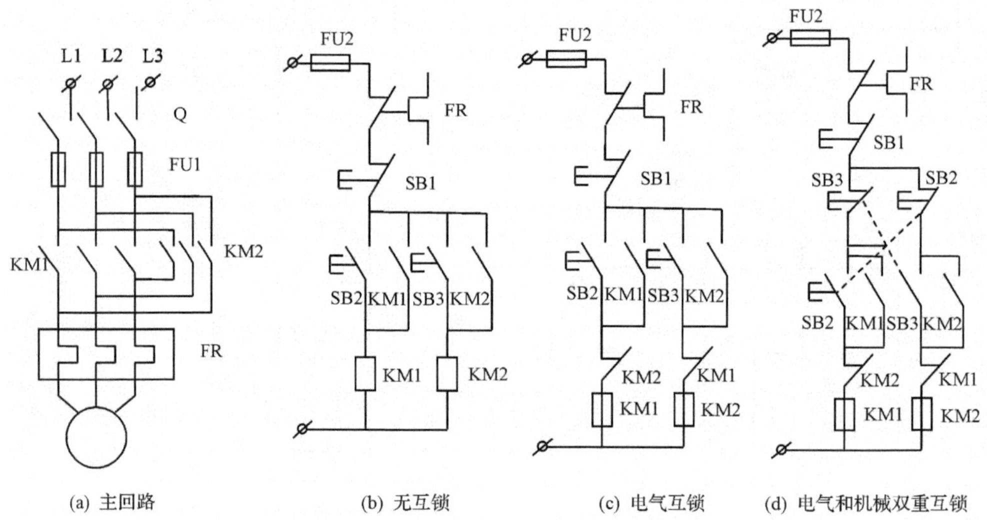

图 4.20 电动机正反转控制电路

如图 4.20(b)所示。在正转前提下，当反转启动按钮(SB3)由按下时，这时正反转接触器 KM1，KM2 线圈均闭合，其主触头均闭合，便电源两相短路，熔断器 FU2 熔断，不能正常工作。

(2) 电气互锁。

如图 4.20(c)所示。将正反转主接触器常闭触点分别串在对方的线圈电路中，起互锁作用(正-停-反)。

(3) 双重互锁。

如图 4.20(d)所示。在电气互锁的基础上，再分别将正、反转启动按钮的辅助常闭触头串在对方的接触器线圈电路中，起机械互锁作用(正-反-停)。

其 PLC 外部接线如图 4.21(a)，PLC 内部梯形图如图 4.21(b)。

SB1：启动(正转)；KM1：正转接触器；

SB2：反转启动；KM2：反转接触器；

SB3：停止按钮。

注意：虽然梯形图中已有了内部软继电器的互锁触点(I0.0 与 I0.1、Q0.0 与 Q0.1)，但外部硬件输出电路中还必须使用 KM1，KM2 的常闭触点互锁。

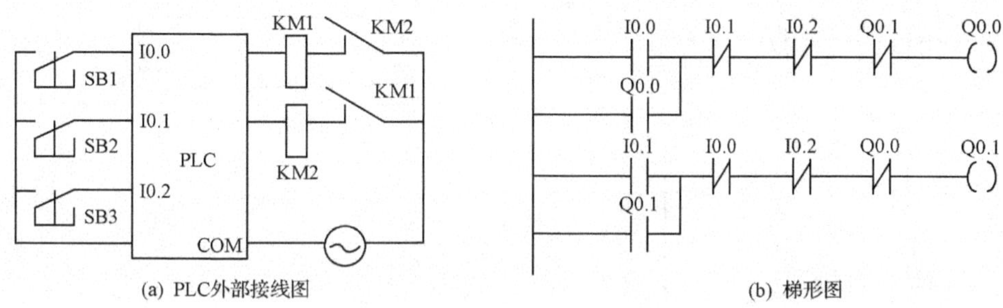

图 4.21　电动机正反转电路 PLC 外部接线图与梯形图

3. 延时接通/断开电路

通常，用一个计时器就可以实现触点的延时接通、瞬时断开的功能。如图 4.22所示。

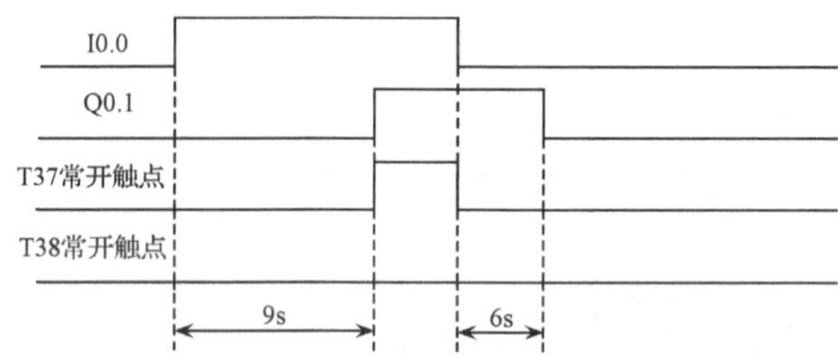

图 4.22　延时接通/断开电路

图中，I0.0 为输入信号；T37、T38 为通电型延时继电器，分辨率为 100ms，PT 为设定值，其延时时间为分辨率×设定值，所以 T37 延时时间＝90×100ms＝9(s)，T38 延时时间＝60×100ms＝6(s)。当输入端为 1 时，开始计数，到延时时间，输出为高电平。

4. 定时范围的扩展

一般 PLC 的计时器设定时间总是有限的，如果需要计时的时间超过了设定值范围就需要扩展计时器的设定范围。

S7-200 最长定时时间为 3276.7s，为了延长定时，可以进行定时扩展。如图 4.23所示。

图中，C4 为计数器。S7-200 有加计数器(CTU)、加/减计数器(CTUD)、减计数器(CTD)三种计数器。

(1) CTU：CU 为输入，当 CU 自动加 1，直至到达预设值 PV 时，输出为高电平，R 为复位端。

(2) CTD：CU 为输入，PV 为设定值，当 CU 为输入脉冲时，PV 值自动减 1，直至 0，CTD 输出为 1，LD 为复位端。

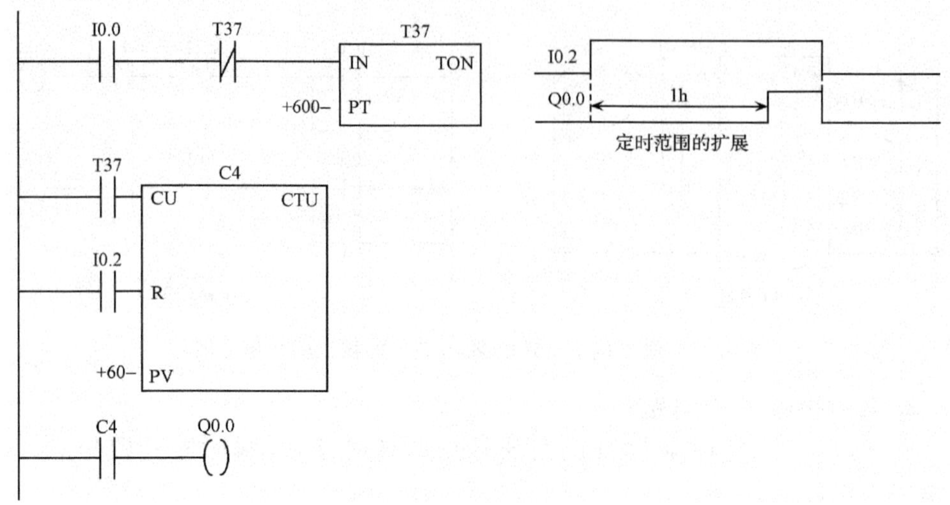

图 4.23 定时扩展图

5. 闪烁电路(图 4.24)

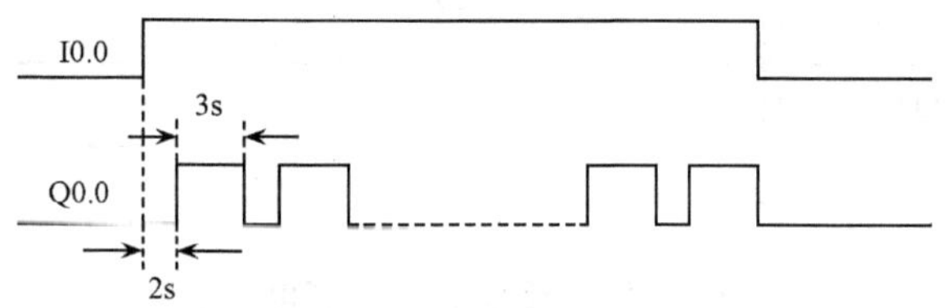

图 4.24 闪烁电路图

6. 报警电路(图 4.25)

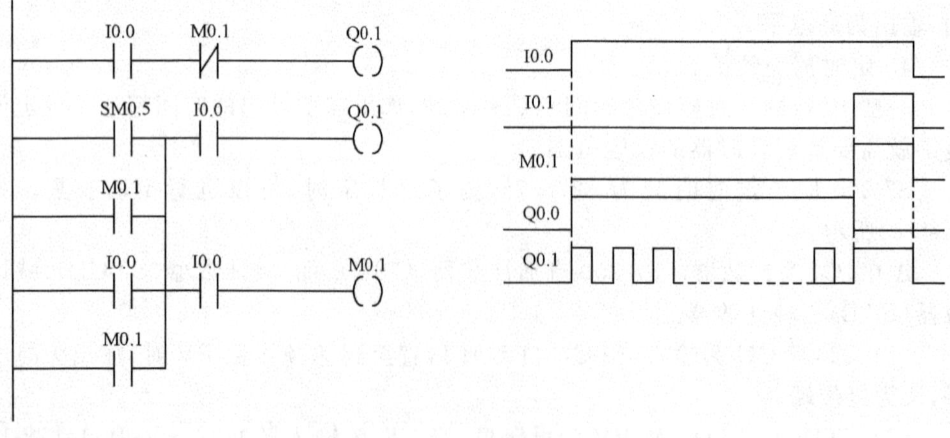

图 4.25 报警电路图

故障信号 I0.0 接通时，Q0.0（蜂鸣器）响；同时特殊存储器 SM0.5（1s 时钟脉冲）周期性通/断，使 Q0.1 也跟着周期性的通/断，使与之相连的报警指示灯发光闪烁。

待工作人员发现后，按下蜂鸣器复位按钮 I0.1，使位存储器 M0.1 接通，其常开触点闭合自锁，另一常开触点闭合，使 Q0.1 持续接通，报警指示灯停止闪烁持续发光。待故障排除后去掉故障信号使 I0.0 断开，报警指示灯熄灭。

7. 典型电路的应用

（1）电机的Y/△换接启动。

上面主要讲述了有关 PLC 的几种基本的控制电路，在实际的应用中结合开发的用途主要是由上述的几种电路组成，在机电控制中常用的是电机的启动，正反转电路，下面主要介绍有关电机的星形/三角形（Y/△）启动电路。

在电机进行正反向的转、换接时，有可能因为电动机容量较大或操作不当等原因使接触器主触头产生较为严重的起弧现象，如果在电弧还未完全熄灭时，反转的接触器就闭合，则会造成电源相间短路。用 PLC 来控制电机起停则可避免这一问题。

电动机的启动电流很大，约为额定电流的 4～7 倍。为了限制启动电流，鼠笼式三相异步电动机采用降压启动方法。常用的降压启动方法有自耦变压器启动和星-三角启动。这样的启动方法，能使启动时电流减少到为△形直接启动时的三分之一。但必须是电动机正常运转时是△形连接的情况下才能采用Y-△启动法。

（2）Y/△换接启动 PLC 控制的原理。

如图 4.26 所示，按下启动按钮 SB1，接触器 KM1 通电吸合，KM1 主动合触头闭合使电动机 M 定子三相绕组接成 Y 形，KM1 辅助动合触头闭合使接触器 KM2 和时间继电器 KT 通电吸合，KM2 主动合触头闭合使电动机 M 接电源启动，KM2

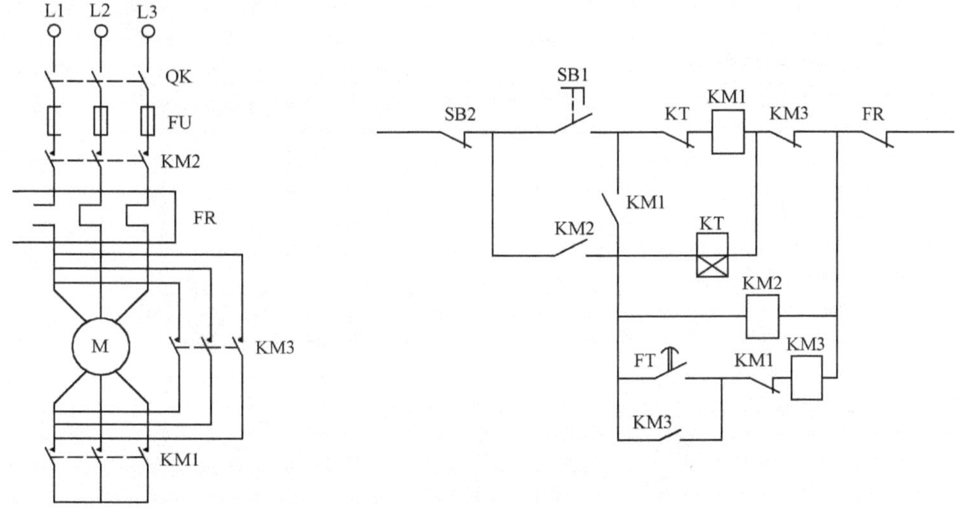

图 4.26　时间继电器延时自动切换的Y-△启动控制电路

辅助动合触头自锁，KT 吸合后经其整定时间的延时，缓吸动断触头断开使 KM1 断电释放，KM1 主动合触头断开使电动机 M 退出 Y 形接法；KT 缓吸动合触头闭合并 KM1 动断触头闭合使接触器 KM3 通电吸合，KM3 主动合触头闭合使电动机 M 接成△形接法运行，KM3 辅助动合触头断开使 KT 退出运行。Y/△按接启动 PLC 控制的 I/O 分配表如表 4.2 所示。其梯形图如图 4.27 所示。

表 4.2　Y/△换接启动 PLC 控制的 I/O 分配表

输入		输出	
现场信号	PLC 地址	现场信号	PLC 地址
总停按钮 SB2	I0.3	Y 形启动接触器 KM1	Q0.2
启动按钮 SB1	I0.4	电源接触器 KM2	Q0.3
		△形启动接触器 KM3	Q0.4
		时间继电器 KT	Q0.5

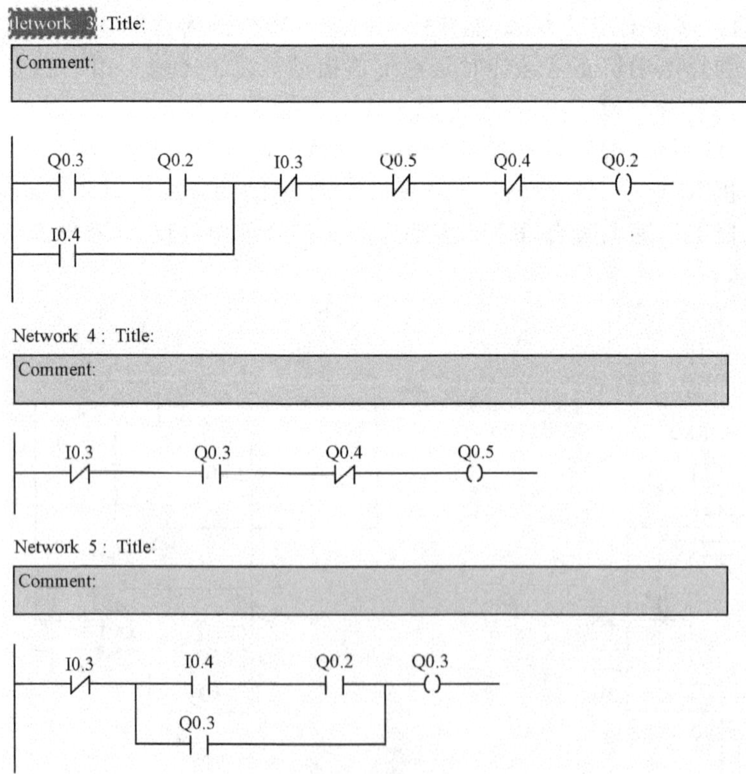

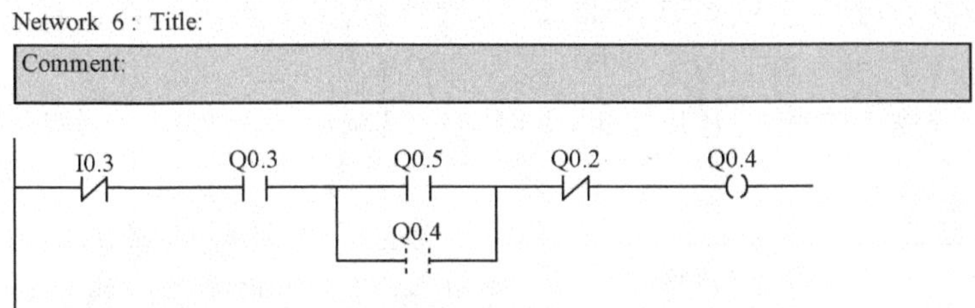

图 4.27　Y/△换接启动 PLC 控制的梯形图

Y/△换接切换时间由时间继电器的整定时间来决定。

4.4.3　电梯控制系统

电梯是一种特殊的起重运输设备，是比较复杂的机电一体化的大型产品，具有复杂的电气控制系统。目前，国产电梯广泛应用可编程序控制器(PLC)实行智能化控制，PLC 的强大逻辑处理能力，使之取代了传统的逻辑控制装置。由于电梯控制中各输入信号之间，输出信号之间，以及输入、输出的信号之间的逻辑关系处理起来十分复杂，这就给 PLC 编程带来很大的难度。然而电梯运行状态的好坏，与 PLC 编程水平的高低有很大的关系，这就使 PLC 的编程技术成为电梯控制的关键技术。

电梯控制系统方框图如图 4.28 所示。

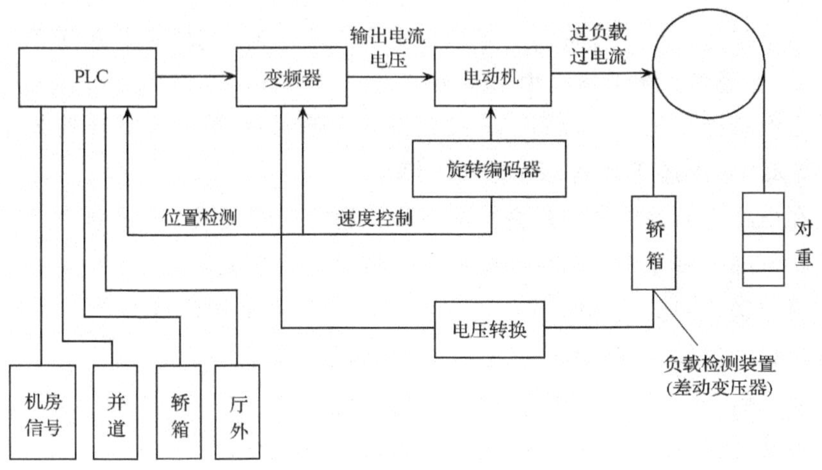

图 4.28　电梯控制系统方框图

1. 设计方案

电梯的控制要求是完成对三层电梯的自动控制。电梯上、下由一台电动机驱动，电机正转则电梯上升；电机反转则电梯下降。

每层楼设有呼叫按钮 SB1、SB2、SB3，呼叫指示灯 HL1、HL2、HL2 和到位行程开关 LS1，LS2 和 LS3。

电梯上升途中只响应上升呼叫，下降途中只响应下降呼叫，任何反方向呼叫均无效。

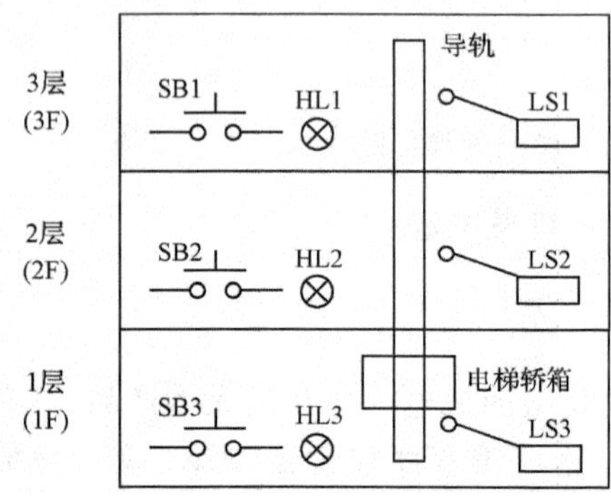

图 4.29　三层楼电梯工作示意图

响应呼叫时呼叫楼层的呼叫指示灯亮，电梯到达呼叫楼层时指示灯熄灭；呼叫无效时，呼叫楼层的指示灯不亮。三层楼电梯工作示意图如图 4.29 所示三层楼电梯的自动控制要求如下：

① 当电梯停止于 1F 或 2F 时，如果按 3F 按钮呼叫，则电梯上升到 3F，由行程开关 LS3 停止；

② 当电梯停止于 3F 或 2F 时，如果按 1F 按钮呼叫，则电梯下降到 1F，由行程开关 LS1 停止；

③ 当电梯停止于 1F 时，如果按 2F 按钮呼叫，则电梯上升到 2F，由行程开关 LS2 停止；

④ 当电梯停止于 3F 时，如果按 2F 按钮呼叫，则电梯下降到 2F，由行程开关 LS2 停止；

⑤ 当电梯停止于 1F，而 2F、3F 按钮都有人呼叫时，电梯先上升到 2F，由 LS2 控暂停 2s 后，继续上升到 3F，由 LS3 停止；

⑥ 当电梯停止于 3F，而 2F、1F 按钮都有人呼叫时，电梯先下降到 2F，由 LS2 控制暂停 2s 后，继续下降到 1F，由 LS1 停止；

⑦ 在电梯上升途中任何反方向的下降按钮呼叫都无效；

⑧ 在电梯下降途中任何反方向的上升按钮呼叫都无效；

⑨ 每层楼之间的到达时间应在 10s 内完成，否则电梯停机；

⑩ 电梯的起始位置和程序的启动、停止运行自行设计；

▮ 故障信号一旦出现，则立即停机并报警。

2. 设计思路

电梯的电气控制系统是一个控制逻辑十分复杂的大型系统，在此主要完成对主机的控制，即完成主机的启动、平层、呼叫、优先响应、信号回收、故障保护控制功能，其中，以呼叫优先响应的控制逻辑最为复杂。还有就是完成开关门电机的平层启动、呼叫响应、限时或信号关闭、故障保护等控制功能。

电梯主机的呼叫优先响应控制要综合考虑外部呼叫信号以及自身的运行位置、状态两方面，而呼叫是随机的。电梯实际上是一个人机交互式的控制系统，单纯用顺序控制或逻辑控制是不能满足控制要求的，因此，电梯应采用随机逻辑方式来进行内部控制，并随时扫描现场的输入信号，由 PLC 进行内部处理，以便及时输出相应的控制信号，控制主机的运行方向和停层位置。

(1) 优先级队列。

根据电梯所处的位置和运行方向，在编程中，采用两个优先级队列，即上行优先级队列和下行优先级队列。上行优先级队列为电梯向上运行时，轿厢内指令信号和所有轿外上行呼叫信号，将信号相对应的数字存入上行队列中相应的位置，在电梯上行时对其上行队列进行优先级比较，然后作出相应的输出判断和输出更新。下行优先级队列为电梯向下运行时，轿厢内指令信号和所有轿外下行呼叫信号，将信号相对应的数字存入下行队列相应的位置，在电梯下行时对其下行队列进行比较，然后作出相应的输出判断和输出更新。

(2) 信号判断控制。

当上行队列和下行队列作出比较判断后都无输出信号或电梯处于初始状态时，判断指令寄存器中是否还有指令来对电梯进行控制。如果有指令，则直接对其进行响应，然后再进行输出更新。

(3) 程序流程图(图 4.30)。

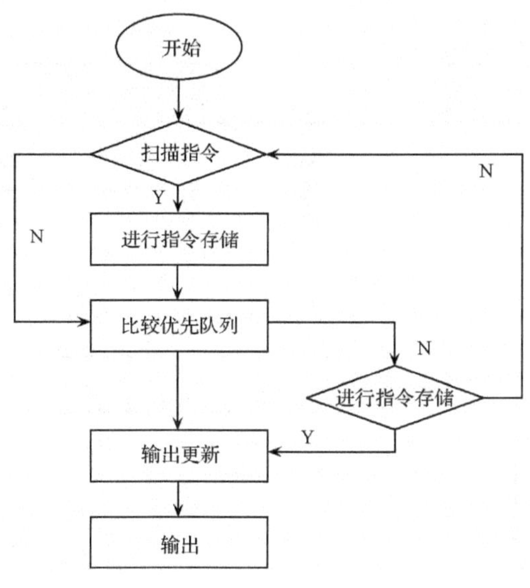

图 4.30　程序流程图

3. 电梯控制中的编程

(1) I/O 口分配(表 4.3)。

表 4-3　I/O 口分配

输　入		输　出	
I0.0	1 层呼叫开关 SB1	Q4.0	1 层呼叫指示灯 HL1
I0.1	2 层呼叫开关 SB2	Q4.1	2 层呼叫指示灯 HL2
I0.2	3 层呼叫开关 SB3	Q4.2	3 层呼叫指示灯 HL3
I0.5	1 层限位开关 LS1	Q4.6	电梯上升(正转)
I0.6	2 层限位开关 LS2	Q4.7	电梯下降(反转)
I0.7	3 层限位开关 LS3		
I1.0	故障信号		

(2) 梯形图(图 4.31)。

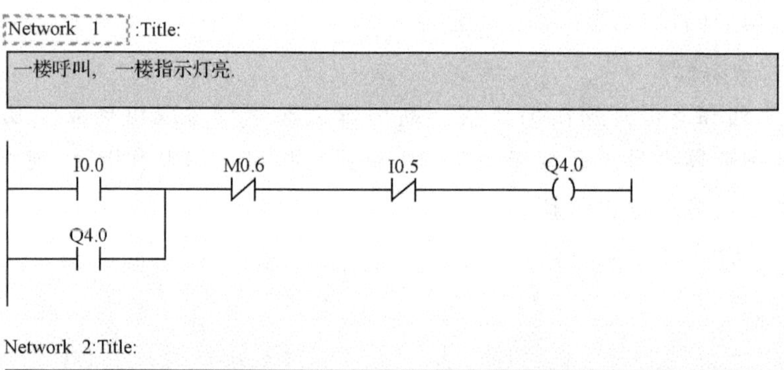

Network 2:Title:

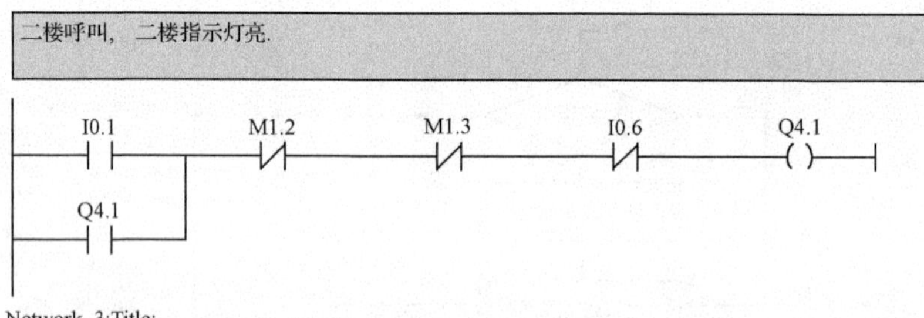

Network 3:Title:

三楼呼叫, 三楼指示灯亮.

I0.2　M0.7　I0.7　Q4.2

Q4.2

Network 4:Title:

当电梯停在三楼时， 而一楼和二楼同时有人呼叫， 电梯先下降到二楼,停 2 s后继续下降到一楼； 当电梯停在一楼时， 而二楼和三楼同时有人呼叫， 电梯现上升到二楼,停2s后继续上升到三楼

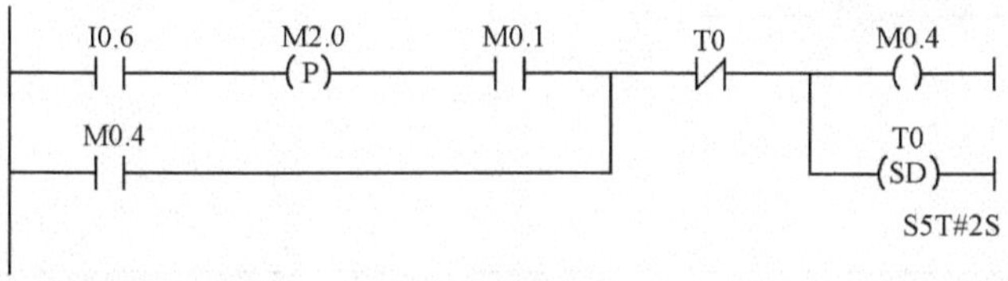

I0.6 M2.0 M0.1 T0 M0.4
(P) ( )
M0.4 T0
(SD)
S5T#2S

Network 5:Title:

电梯在二楼, 三楼呼叫时, 电梯由二楼上升到三楼, 同时禁止一楼呼叫(反方向呼叫).

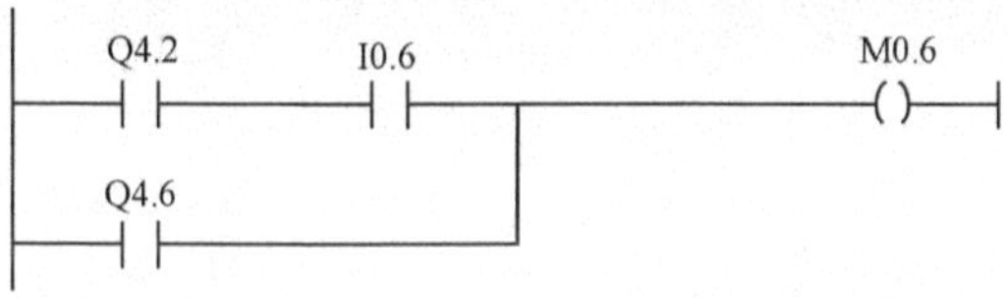

Q4.2 I0.6 M0.6
( )
Q4.6

Network 6:Title:

电梯在二楼， 一楼呼叫时， 电梯由二楼下降到一楼， 同时禁止三楼呼叫(反方向呼叫).

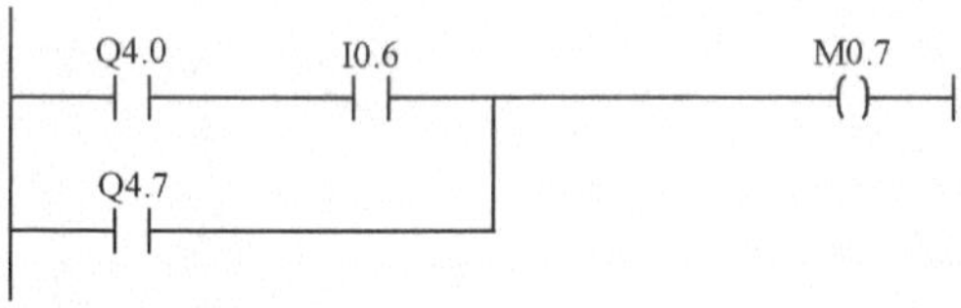

Q4.0 I0.6 M0.7
( )
Q4.7

Network 7:Title:

电梯在三楼， 一楼呼叫时， 电梯由三楼下降到一楼； 电梯在三楼, 二楼呼叫时， 电梯由三楼下降到二楼.

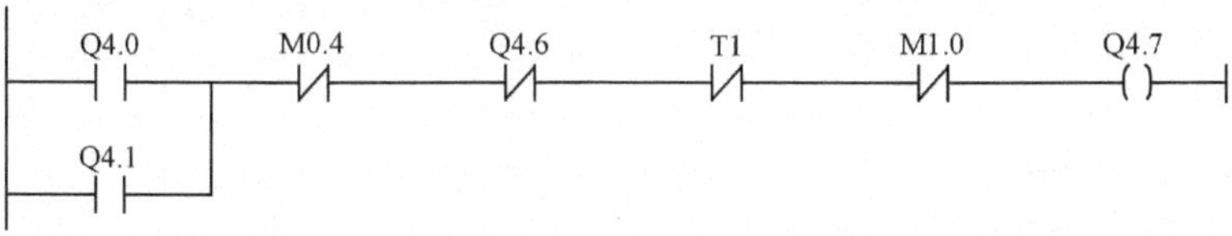

Q4.0 M0.4 Q4.6 T1 M1.0 Q4.7
( )
Q4.1

Network 8:Title:

电梯在一楼， 三楼呼叫时， 电梯由一楼上升到三楼； 电梯在一楼， 二楼呼叫时， 电梯由一楼上升到二楼.

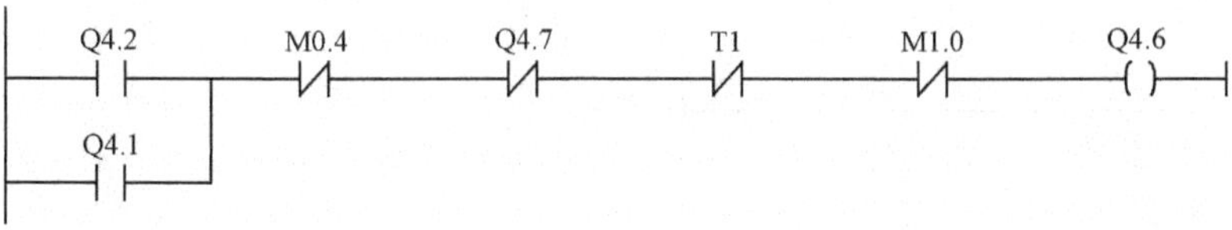

Q4.2 M0.4 Q4.7 T1 M1.0 Q4.6
( )
Q4.1

Network 9:Title:

电梯在每层楼之间运行时间为10s.

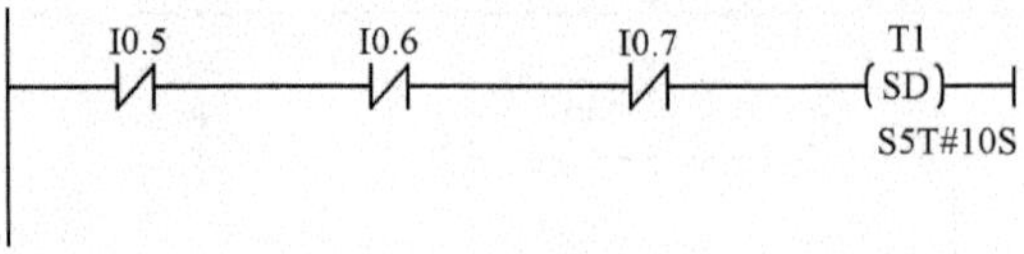

I0.5 I0.6 I0.7 T1
(SD)
S5T#10S

Network 10:Title:

当电梯由三楼下降到二楼时，二楼呼叫指示灯HL2灭.

I0.6 Q4.7 I0.5 M1.2
M1.2

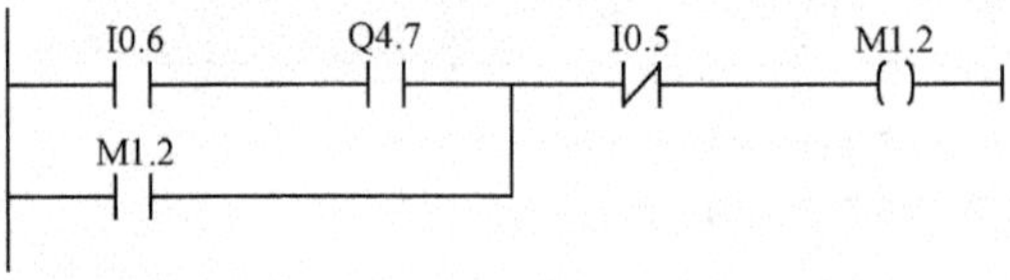

Network 11:Title:

电梯由一楼上升到二楼时，二楼呼叫指示灯HL2灭.

I0.6 Q4.6 I0.7 M1.3
M1.3

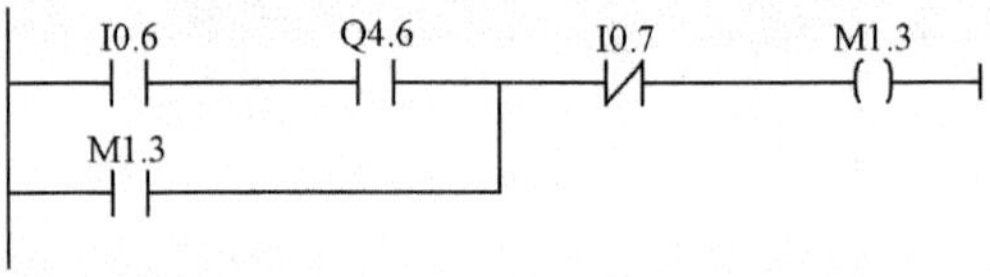

Network 12 : Title:

与Network4同时作用，使电梯在二楼时延时2s.

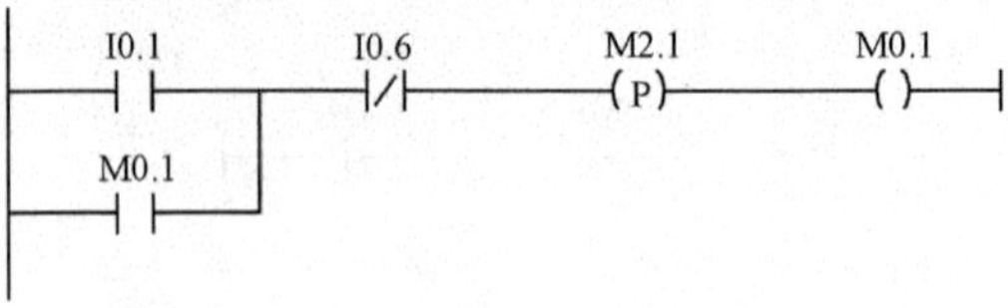

I0.1 I0.6 M2.1 M0.1
(P)
M0.1

Network 13 : Title:

当故障指示灯亮时，电机电源切断，电梯停在运行.

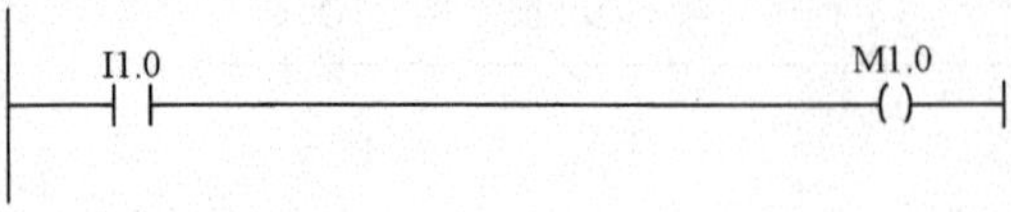

I1.0 M1.0

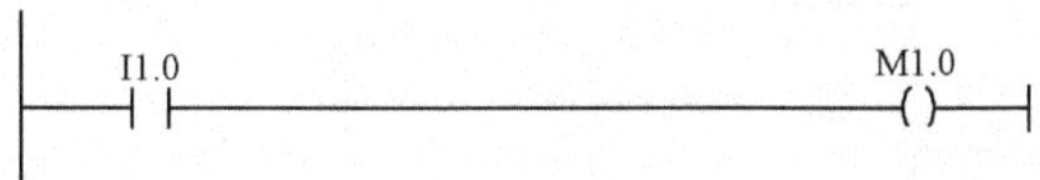

图 4.31　电梯 PLC 控制系统的梯形图

4.4.4　十字路口交通灯控制系统

1. 设计原理

(1) 动作要求。

图 4.32 是十字路口交通灯的安装示意图，东西方向有两组灯，每组有红、黄、绿三只灯；南北方向交通灯的组成和东西方向相同。图 4.33 是交通灯动作时序图。

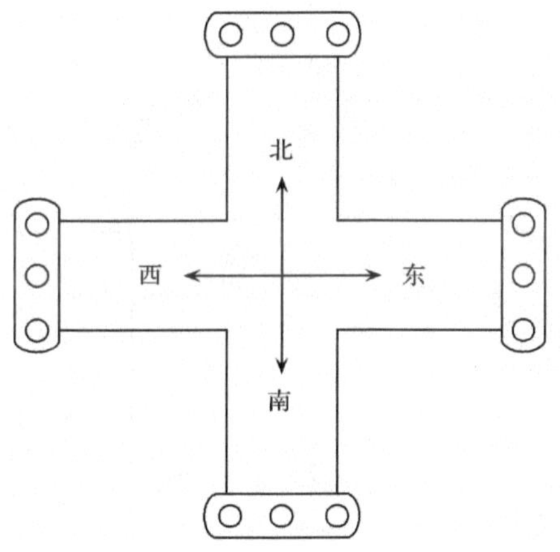

图 4.32　十字路口交通灯安装示意图

(2) I/O 分配。

根据十字路口交通灯的动作要求可见：系统有 2 个输入点，6 个输出点。其输出点的分配如下。

东西方向红灯：Q0.2；南北方向红灯：Q0.5；

东西方向黄灯：Q0.1；南北方向黄灯：Q0.4；

东西方向绿灯：Q0.0；南北方向绿灯：Q0.3。

系统的 I/O 连线图如图 4.34 所示。

(3) 时序控制。

十字路口交通信号灯是一个开关控制，开关 I0.0 接通时，交通信号灯系统工作，且先南北红灯东西绿灯亮，开关 I0.1 断开时所有信号灯均熄灭。

(4) 过程实现。

开关启动，南北红灯亮 14s，与此同时东西绿灯亮 10s，东西黄灯闪烁 4 次；此后东西绿灯亮 14s，南北绿灯亮 10s，南北黄灯闪烁 4 次；一个循环结束，即 28s。

2. PLC 梯形图设计(图 4.35)

3. 程序说明

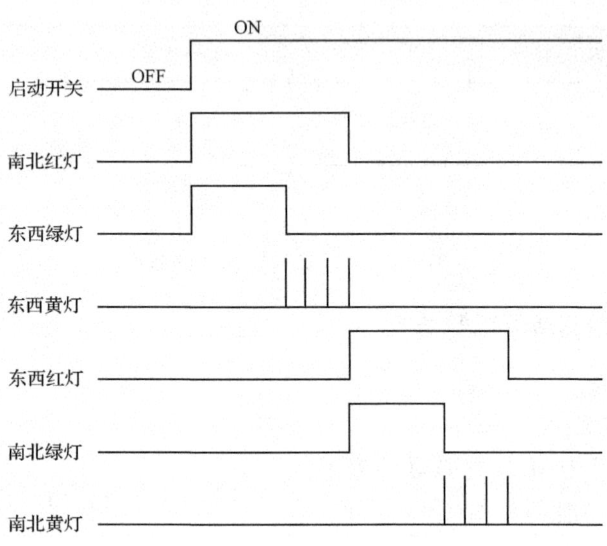

图 4.33　交通灯动作时序图

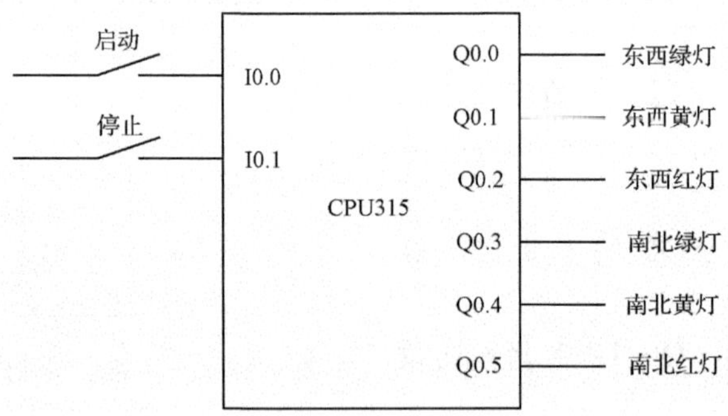

图 4.34　系统的 I/O 接线图

当启动开关 I0.0 接通的情况下，线圈 Q0.0 和 Q0.5 通电，南北红灯亮；与此同时东西绿灯亮。维持到 10s 时间继电器 T0 断开，东西绿灯熄灭，东西黄灯在时间继电器 T1 接通的情况下，闪烁 4s 记 4 次；又过了 4s，即启动累计时间 14s 后线圈 Q0.5 在时间继电器 T8 断开的情况下熄灭；与此同时线圈 Q0.2 在时间继电器 T3 接通的情况下，东西红灯亮。线圈 Q0.3 在时间继电器 T5 接通的情况下，南北绿灯亮；又过了 10s，即启动累计时间 24s 后，线圈 Q0.3 由于时间继电器 T5 断开，南北绿灯熄灭；与此同时线圈 Q0.4 在时间继电器 T4 接通的情况下，南北黄灯闪烁 4s 记 4 次；又过了 4s，即启动累计时间 28s 后一个循环结束。

Network 1 : Title :

Comment:

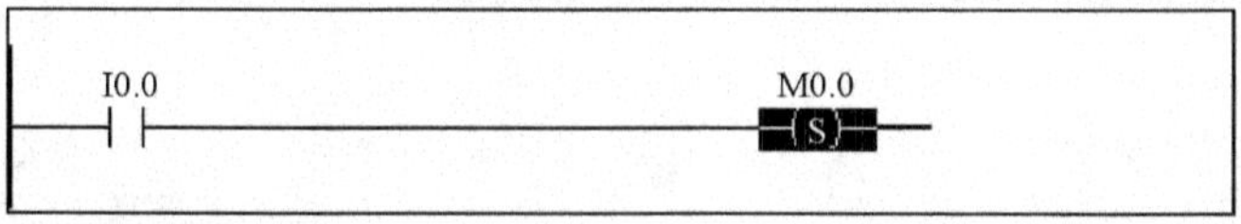

I0.0　M0.0 (S)

Network 2 : Title :

Comment:

I0.1　M0.0 (R)　M0.2 (R)

Network 3 : Title :

Comment:

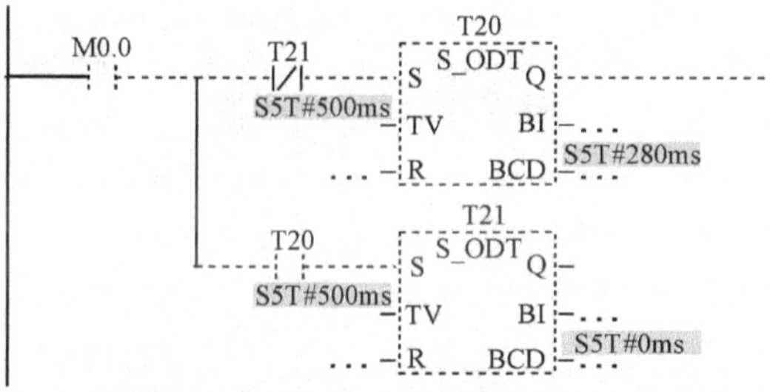

M0.0　T21　T20 S_ODT S Q　S5T#500ms TV BI　R BCD　S5T#280ms

T20　T21 S_ODT S Q　S5T#500ms TV BI　R BCD　S5T#0ms

Network 4 : Title :

Comment:

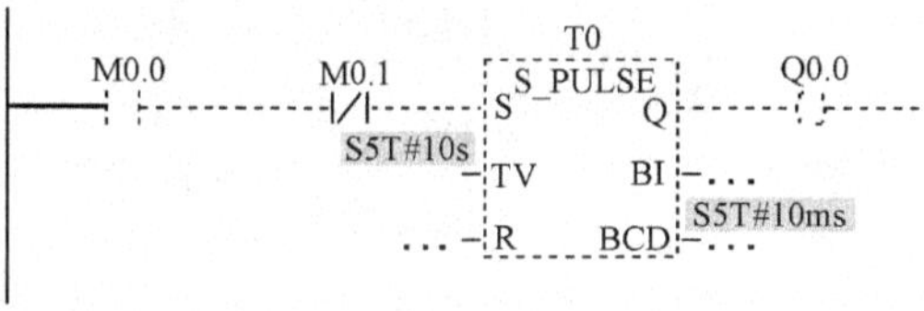

M0.0　M0.1　T0 S_PULSE S Q　Q0.0　S5T#10s TV BI　R BCD　S5T#10ms

Network 5 : Title :

Comment :

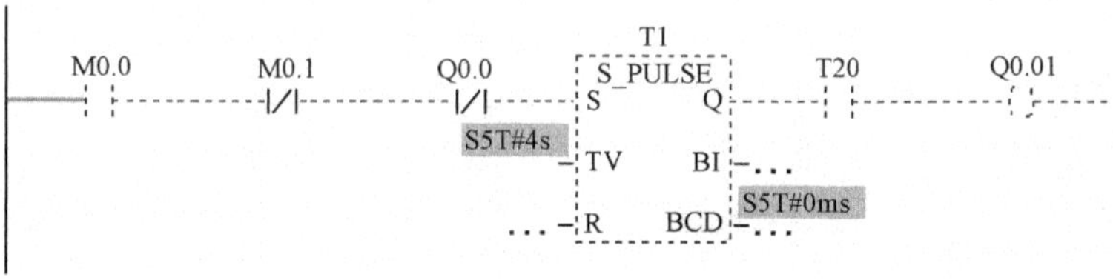

M0.0　M0.1　Q0.0　T1 S_PULSE S Q　T20　Q0.01　S5T#4s TV BI　R BCD　S5T#0ms

Network 6 : Title :

Comment :

M0.0　M0.1
T2　S_ODT　S　Q　S5T#14s　TV　BI　S5T#0ms　R　BCD
T3　S_PULSE　S　Q　S5T#14s　TV　BI　S5T#4s300ms　R　BCD
Q0.2　M0.2　S

Network 7 : Title :

Comment :

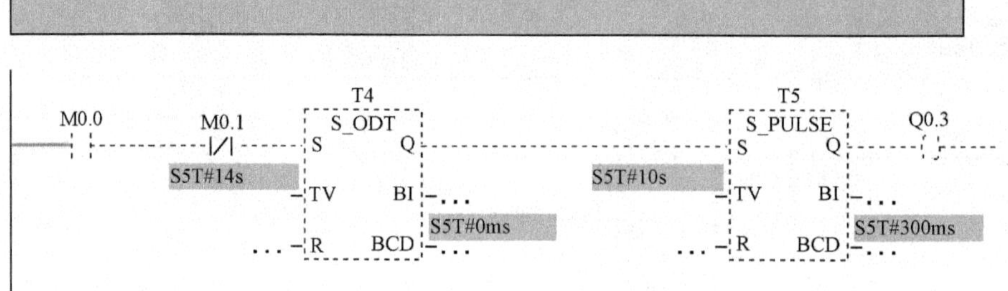

Network 8 : Title :

Comment :

M0.0　M0.1
T6　S_ODT　S　Q　S5T#24s　TV　BI　S5T#300ms　R　BCD
T7　S_PULSE　S　Q　S5T#4s　TV　BI　S5T#0ms　R　BCD
T20

Network 9 : Title :

Comment :

M0.0　M0.1
T8　S_PULSE　S　Q　S5T#14s　TV　BI　S5T#0ms　R　BCD
Q0.5

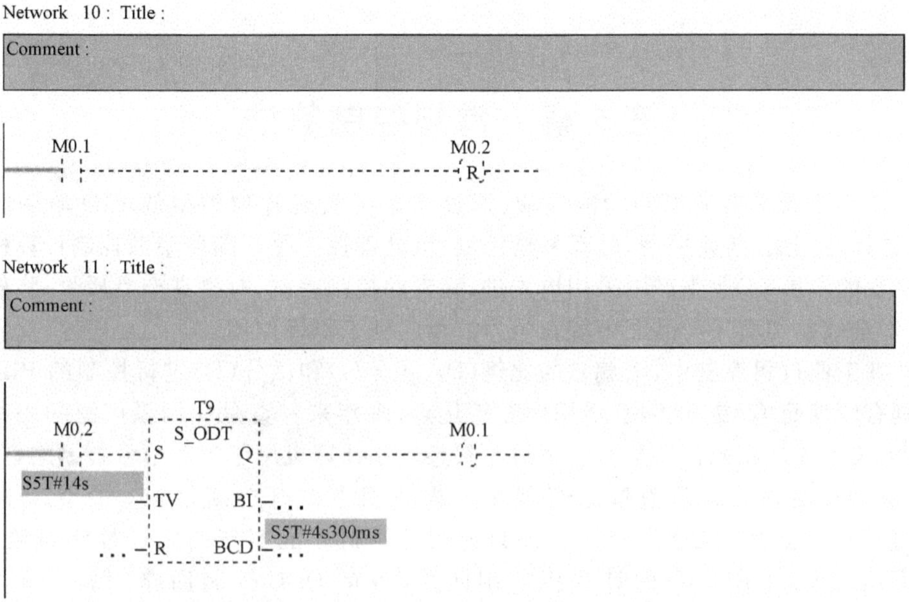

Network 10 : Title :

Comment :

M0.1　　M0.2

(R)

Network 11 : Title :

Comment :

T9

S_ODT

M0.2　　M0.1

S　Q

S5T#14s

TV　BI

S5T#4s300ms

R　BCD

图 4.35　交通信号灯 PLC 控制系统的梯形图

第5章　常规控制算法

DCS系统具有完善的功能模块，通过组态可实现各种类型的PID单回路控制、选择性控制、前馈控制、时滞补偿控制、批处理控制等。随着集散控制计算机控制系统的发展，工业生产中采用更先进、完善的控制手段，对提高产品质量、降低成本、增进效益和增强产品在市场竞争力方面起到了积极作用。

在工业过程控制中，按偏差的比例(P)、积分(I)和微分(D)进行控制的PID控制具有原理简单、易于实现、适用面宽等优点，多年来一直是应用最广泛的一种控制器，技术人员和操作人员对它也最为熟悉。在计算机用于工业过程控制之前，气动、液动和电动的PID模拟调节器在过程控制中占有垄断地位。在计算机用于过程控制之后，虽然出现了许多只能用计算机才能实现的先进控制策略，但有资料表明，采用PID的计算机控制回路(包括DDC控制回路)仍占85%以上。当然，许多计算机控制系统中的PID的控制算法并非只是简单地重现模拟PID控制器的功能，而是已经在算法中结合了计算机控制的特点，根据各种具体情况，增加了许多功能模块，使传统的PID控制更加灵活多样，能更好地满足生产过程的需要。

5.1　模拟PID调节器

PID调节器是一种线性调节器，它是将设定值与实际输出值进行比较构成控制偏差。

$$e = r - y \tag{5-1}$$

式中，e为偏差；r为设定值；y为实际输出值。

并将其比例，积分，微分通过线性组合构成控制量，如图5.1所示。

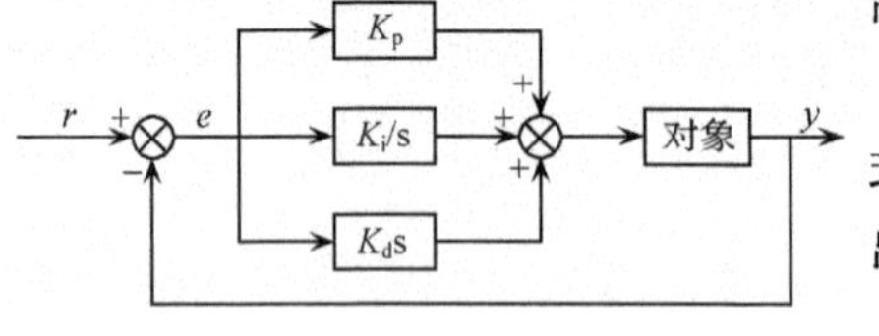

图5.1　PID调节器框图

5.1.1　技术特点

1. 控制律

$$U = Ke + U_0 \tag{5-2}$$

式中，K为比例系数；U_0为控制量的基准，也就是当$e=0$时的控制作用(阀门起始开放、基准电信号等)。

2. 响应特性(图 5.2)

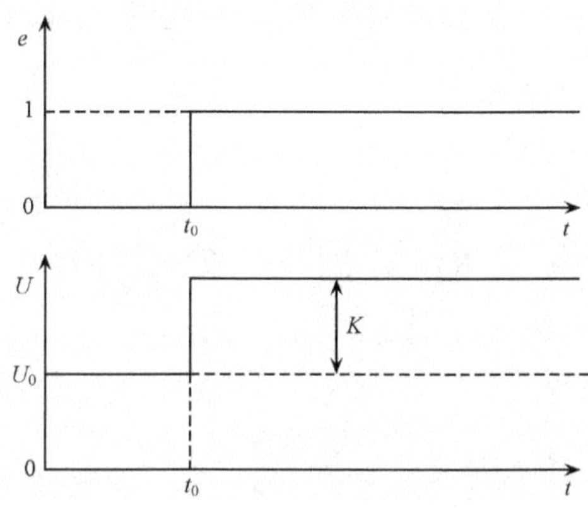

图 5.2　模拟 PID 调节器响应特性图

对偏差 e 是即时响应的，并使被控量偏差朝着减小的方向变化，控制作用的大小取决 K。

3. 品质因素

自衡性系统对阶跃响应有静差(即零型系统)。终值：

$$\lim_{s\to 0}\frac{y(s)}{r(s)}=\lim_{s\to 0}\frac{k}{Ts+1+K}=\frac{K}{1+K}$$

加大 K，可减小静差，$G(s)=\dfrac{K}{Ts+1}$但易造成动态特性变差，甚至不稳定。

5.1.2　比例积分调节器

1. 控制器

$$U=K\left(e+\frac{1}{T_{\mathrm{i}}}\int_0^t e\mathrm{d}t\right)+U_0 \quad (5\text{-}3)$$

式中，T_{i} 为积分时间。

2. 响应特性(图 5.3)

从特性看出，PI 调节器对于偏差的阶跃响应除按比例变化的成分外，还带有累计的成分。只要偏差 e 不为零，它将通过累积作用影响控制量 U，并减小偏差，直到偏差为 0，控制作用不再变化，系统才能达到稳态。因此，积分环节的加入将有助于消除系统静差。

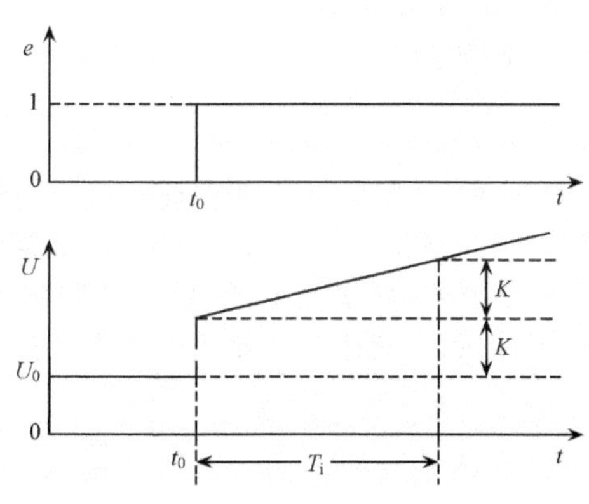

图 5.3　比例积分调节器响应图

3. 品质因素

$T_i\uparrow\rightarrow$ 积分作用弱$\rightarrow$ 消除静差作用$\downarrow$ $\rightarrow$ 超调 $M_p\downarrow\rightarrow$稳定性$\uparrow$

5.1.3 比例积分微分调节器

1. 控制律

$$U = K\left(e + \frac{1}{T_i}\int_0^t e\mathrm{d}t + T_d\frac{\mathrm{d}e}{\mathrm{d}t}\right) + U_0 \tag{5-4}$$

式中,T_d 为微分时间。

2. 响应特性(图 5.4)

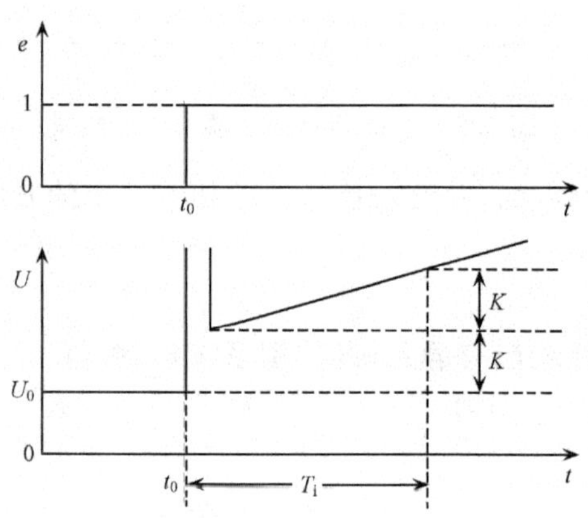

图 5.4 比例积分微分调节器响应图

积分环节可消除静差,但代价是降低了响应速度,为了加快响应速度,有必要在偏差出现的瞬间,不但对偏差量做出即时反应(即比例调节作用),而且对偏差量的变化做出反应,或者说按偏差变化的趋向进行控制,使偏差消灭在萌芽状态。这就是微分环节作用的结果。

3. 品质因素

$$U_d = KT_d\frac{\mathrm{d}e}{\mathrm{d}t}$$

从中可以看出:偏差的任何变化都产生一个控制作用 U_d,以调整系统输出,阻止偏差的变化。偏差变化越快,U_d 越大,反馈校正量则越大。故微分作用的加入将有助于减小超调,克服振荡,使系统趋于稳定。微分作用加快了系统的响应速度,减小调节时间,从而改善了系统的动态性能。

5.2 数字 PID 调节器

在生产过程计算机控制系统中,采用图 5.5 所示的 PID 控制,其算式为

$$u = K_c\left(e + \frac{1}{T_i}\int e\mathrm{d}t + T_d\frac{\mathrm{d}e}{\mathrm{d}t}\right) \tag{5-5}$$

或写成传递函数形式

$$\frac{U(s)}{E(s)} = K_c\left(1 + \frac{1}{T_i s} + T_d s\right) \tag{5-6}$$

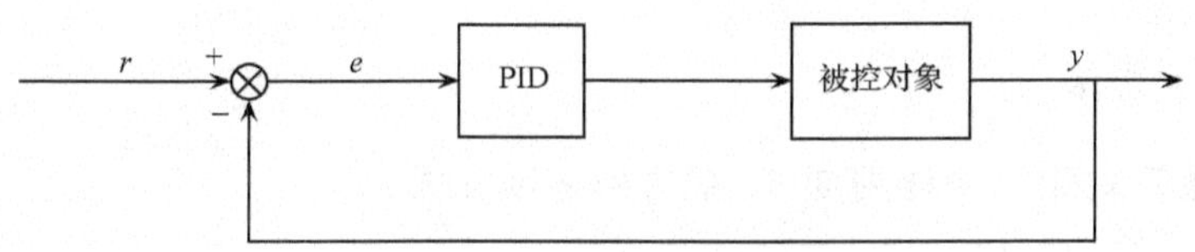

图 5.5　PID 控制系统框图

其中，K_c 为比例增益，K_c 与比例带 δ 成倒数关系，即 $K_c = \frac{1}{\delta}$；T_i 为积分时间；T_d 为微分时间，u 为控制量；e 为被控量 y 与给定值 r 的偏差。

在计算机控制中，因为只能获得 $e(k)=r(k)-y(k)\ (k=1,2,\cdots)$ 信息，故比例作用只能采样进行，积分作用需通过数值积分，微分作用需通过数值微分。

5.2.1　位置算法

模拟仪表调节器的调节动作是连续的，任何瞬间的输出控制量 u 都对应于执行机构(如调节阀)的位置。公式(5-7)表示数字 PID 控制器的输出控制量和阀门位置对应，故称此式为位置型算式

$$U(k) = K_c e(k) + \frac{K_c}{T_i}\sum_{i=0}^{k} e(i)T_s + K_c T_d\frac{e(k) - e(k-1)}{T_s} \tag{5-7}$$

或者

$$U(k) = K_c e(k) + K_I\sum_{i=0}^{k} e(i) + K_D[(e(k) - e(k-1)] \tag{5-8}$$

其中，$U(k)$ 为第 k 时刻的控制量；$K_I = \frac{K_c T_s}{T_i}$ 为积分系数；$K_D = \frac{K_c T_d}{T_s}$ 为微分系数；T_s 为采样周期。

5.2.2　增益算法

根据式(5-8)不难写出第(k−1)时刻控制量 $U(k-1)$，即

$$U(k-1) = K_c e(k-1) + K_I\sum_{i=0}^{k-1} e(i) + K_D[e(k-1) - e(k-2)] \tag{5-9}$$

将式(5-8)减去式(5-9)得到 k 时刻控制量的增量 $\Delta U(k)$ 为

$$\Delta U(k)=U(k)-U(k-1)$$
$$=K_c[e(k)-e(k-1)]+K_I e(k)+K_D[e(k)-2e(k-1)+e(k-2)] \tag{5-10}$$

设 $\Delta e(k)=e(k)-e(k-1)$，则

$$\Delta U(k)=K_c\Delta e(k)+K_I e(k)+K_D[\Delta e(k)-\Delta e(k-1)] \tag{5-11}$$

由于式(5-11)中的 $\Delta U(k)$ 对应于第 k 时刻的阀门位置的增量，所以式(5-11)为增益算法。

5.2.3 速度算法

用增益算式除以采样周期 T_s 就得到速度算式：

$$V(k)=\frac{\Delta U(k)}{T_s}=K_c\frac{\Delta e(k)}{T_s}+\frac{K_c}{T_i}e(k)+\frac{K_c}{T_s^2}T_d[\Delta e(k)-\Delta e(k-1)] \tag{5-12}$$

5.2.4 三种算法的比较

从两方面加以分析(执行器和应用)。

(1) 从执行器形式看。位置算法只能直接用到数字式控制阀，对其他控制阀需用 D/A 转为模拟量，由保持电路，把输出信号保持到下一个采样周期的输出信号。增量算法只能通过步进电机等累积机构化为模拟量。

速度算法需给带有积分机构的执行器。

(2) 从应用方面看。位置算法易产生积分饱和现象，同时难以手/自动切换。增量算法和速度算法可消除积分饱和现象，易实现手/自动切换。

5.2.5 PID 算法的改进

1. 积分算法的改进

(1) 圆整误差问题。

由于计算机采用定点计算，存在字节精度问题，当运算结果超过机器字节时，计算机就作为机器零将此数丢掉。

例：控制某炉出口温度时，设定值 SP＝1600℃ ，测量值 PV＝1605℃ ，机器字节为 10 进制 4 位，定点设在最高位，则偏差用定点可表示为

$$e_{(K)}=SP_{(K)}-PV_{(K)}=0.1600-0.1605=-0.0005 \tag{5-13}$$

若取 $K_I=0.1$，则

$$\Delta U_I(k)=0.1\times(-0.0005)=-0.00005 \tag{5-14}$$

运算结果超过字长而作为零丢失了，即 $\Delta U_I(k)=0$，此时不起积分作用，系统静差 5℃始终存在，无法消除余差。只有当偏差大于或者等于 10℃时，才有积分项的输出，所以余差将达到 10℃。增强积分作用，可以减少余差。但是积分作用的

增强往往会使系统振荡加剧，降低系统稳定裕度。改进常用的办法是增加累加单元。当 $\Delta U_I(k)$ 出现机器零时，开始把 $e(k)$ 保留在累加单元内，到下一次采样输入时，把 $e(k+1)$ 与它相加起来，看 $\Delta U_I(k+1)$ 是否大于机器零，当这些余差都累积起来至 $\Delta U_I(k+i)$ 不为零为止，此时将 $\Delta U_I(k+i)$ 输出，并把累加单元清零，这样就解决了由于定点运算丢掉积分作用的问题。

(2) 积分分离。

如图 5.6 所示：图 5.6(a)是一条典型的响应曲线，图 5.6(b)和图 5.6(c)分别画出采用连续 PI 控制算法时的 U_P 和 U_I。显然，比例控制作用 U_P 和偏差 e 是同步的，而积分作用 U_I 却落后 1/4 个周期。例如在 d 点以后，被控变量已经回升，积分作用仍然维持原来的方向，继续加强控制作用，这种动作方向虽然对消除余差有益，但是相位滞后是加剧振荡的根源。

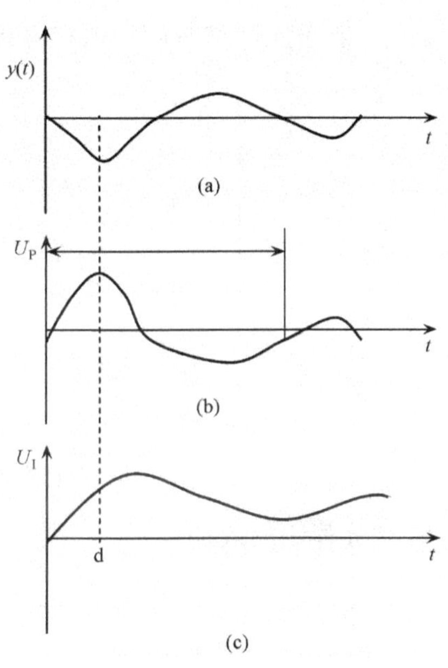

图 5.6　PI 控制过程示例

处理积分分离方法有两种。

一种办法是只在 U_I 与 U_P 同方向时，才把积分环节引入；而在 U_I 与 U_P 反方向时，把 U_I 切除，这在计算机上是很容易办到的。

第二种办法是只在小于某一界限(例如 $|e|<\varepsilon$ 为某一常数)时，即被控变量相当接近设定值时，才把 U_I 引入，而在其余情况下（$|e|\geq\varepsilon$），把 U_I 切除。图 5.7为具有积分分离控制算法的控制效果比较。

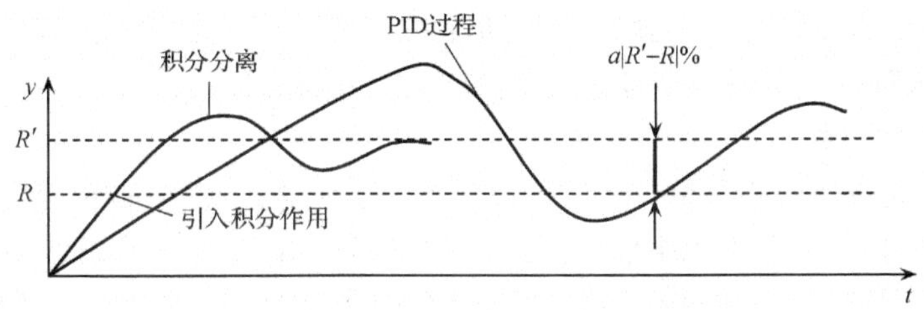

图 5.7　具有积分分离的 PID 控制过程

由图 5.7 可见，采用积分分离算法时，在达到同样的衰减比下，显著降低了被控变量的超调量，大大缩短了过渡过程时间，提高了系统的品质。

(3) 数值积分的改进。

虽然 PID 控制算法中积分项对跳码和噪声的敏感性比微分项要小，但是如果采用梯形求和公式：$\sum\frac{e(k)+e(k-1)}{2}$ 代替 $\sum e(k)$ 进行数值积分，可提高积分计算精度且减少噪声干扰。

图 5.8 所示，$\sum\frac{e_{(k)}+e_{(k-1)}}{2}$ 比 $\sum e_{(k)}$ 更逼近实际曲线。

缺陷：要增加计算时间和内存容量。

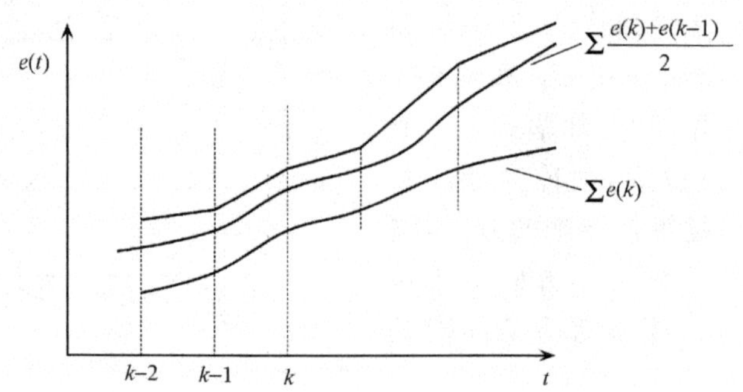

图 5.8　改进数值积分的 PID 控制过程

2. 微分算法的改进

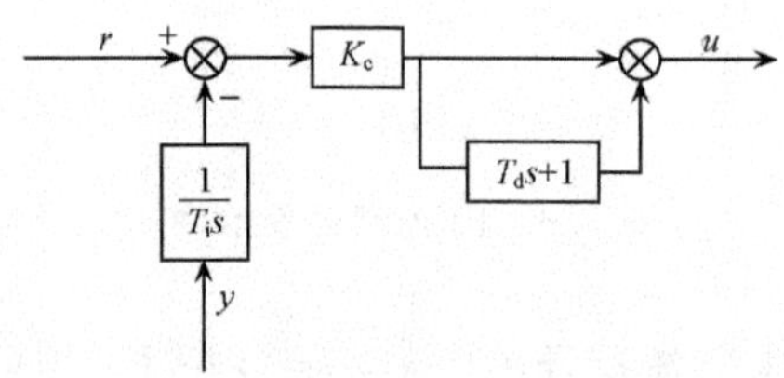

图 5.9　微分先行控制框图

(1) 微分先行(图 5.9)。

微分先行是只对被控变量求导，而不对设定值求导。这样，在改变设定值时，输出不会突变；而被控变量的变化，通常总是比较缓慢的。此时的控制算法为

$$\Delta U_{\mathrm{d}}(k)=-K_{\mathrm{D}}[y(k)-2y(k-1)+y(k-2)] \tag{5-15}$$

微分先行的控制算法明显改善了随动系统的动态特性，而静态特性不会产生影响，所以这种控制算法在模拟式控制器中也在采用。

(2) 不完全微分。

不完全微分是用实际的 PD 代替理想的 PD 环节。这样，在偏差有较快变化以后，微分作用不会一下子太剧烈，可保持一段时间，在模拟式控制器中就是这样做的。在离散 PID 控制算法中，P、I、D 三个作用是独立的，因此可以整体地在被控对象上串接一个 $\frac{1}{\frac{T_{\mathrm{d}}}{K_{\mathrm{D}}}s+1}$ 环节(也就是串接一个低通滤波器)，如图 5.10 所示。

完全微分与不完全微分的阶跃响应如图 5.11 所示。

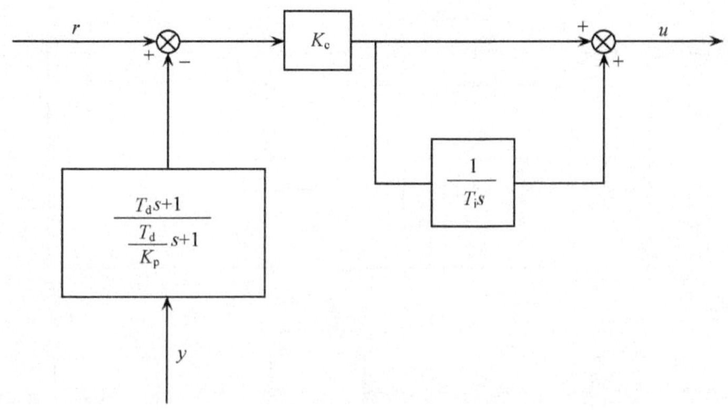

图 5.10　不完全微分控制框图

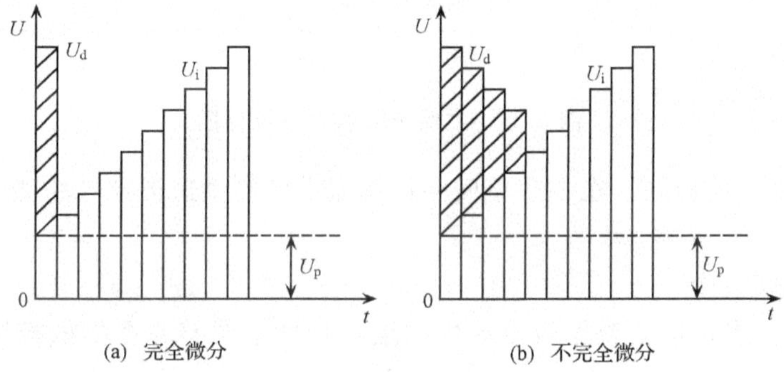

(a) 完全微分　(b) 不完全微分

图 5.11　完全微分与不完全微分的阶跃响应

3. 二维 PID 控制

为了使控制系统对设定值变化和扰动变化都有较好的控制品质，在集散控制系统中采用两种形式的二维 PID 控制。如图 5.12 所示。

图 5.12 (a)将 PID 作用分别对偏差和测量进行。为了消除余差，积分作用的输出应是偏差的函数；为了防止调整设定时输出不发生跳变，微分应先行，因此，微分作用输出应是测量的函数；比例作用是最基本的控制作用，应该是测量和偏差的函数。图中，设置了两个可调参数 α 和 β：

(1) 当 $\alpha=\beta=0$ 时，得到常规的 PID 控制，即 PID 输出是偏差的函数。

(2) 当 $\alpha=\beta=1$ 时，得到 I-PD 控制，即积分输出是偏差函数，比例微分输出是测量的函数。

在图 5.12 (b)中，将设定信号经 $H(s)$ 后再与测量比较，得到偏差信号，$H(s)$ 有多种传递函数的形式，起滤波作用。工作原理是：定值控制时，调整 PID 参数，使系统有较好的控制品质；随动控制时，通过 $H(s)$ 中滤波参数的调整，使设定值

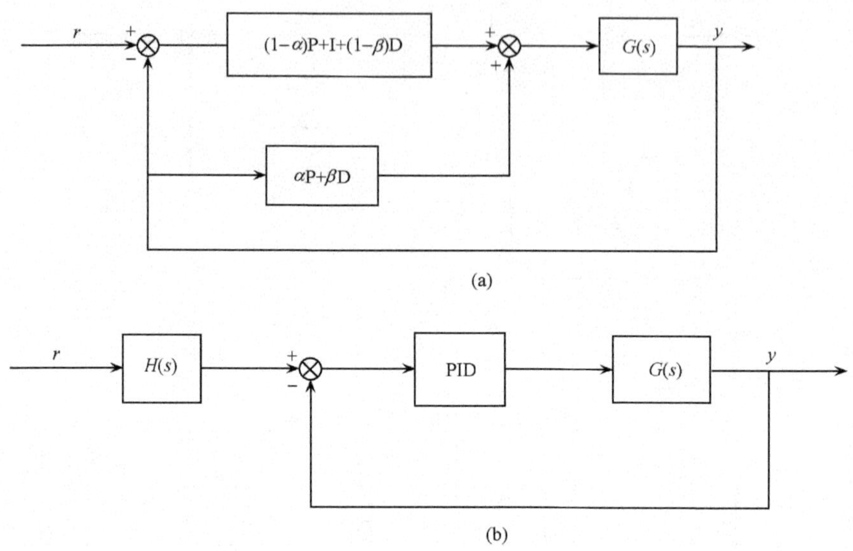

图 5.12　二维 PID 控制系统框图

变化时，控制品质较好。在一些单回路控制器中已提供这类控制功能模块，可直接使用。

4. 自整定控制

控制器的参数需要根据被控对象的运行特性来调整。在集散控制系统中，由于控制回路较多、顺序逻辑较为复杂，加上过程常是时变的，为此，集散控制系统也常提供控制器参数的自动整定。有多种方法进行控制器参数的自整定。

(1) 辨识和控制相结合的方法。

当过程变量超过设定值的目标限值时，自动发出辨识信号，对过程模型进行辨识，并据此调整控制器参数。如 Foxboro 公司的 760、761 和 762 控制器、横河公司的 YS-80 和 YS-100 系列控制器，ABB 公司的 Novatune 控制器等都采用了这种方法。

(2) 采用极限环的方法。

这是一种采用非线性识别方法进行控制器参数整定的方法。通常采用继电反馈方式实现非线性识别。整定时，在控制系统中串接一个无滞环、无死区的继电特性的非线性环节，通过继电反馈形成稳定的极限环，并获得被控对象的模型参数，根据这些参数来设置控制器的参数。如 Honeywell 公司的 KMM211 控制器就采用了这种自整定方式。

(3) 波形识别的方法。

在负荷变化时，根据过渡过程输出的波形，检测其第一、第二峰值及振荡周期等，计算其衰减度和有关参数，从而确定控制器参数。

(4) 反应曲线的方法。

系统开环时加入阶跃输入信号，检测系统的输出反应曲线，自动计算被控对象的 K、T 和 τ，用反应曲线整定方法确定控制其参数。

例：单圆盘闭环控制系统

设有一料位控制系统，如图 5.13，该系统由一台混合机、一个矿仓和一条调速胶带机组成，它通过两台料位计来控制一台胶带机的转速。

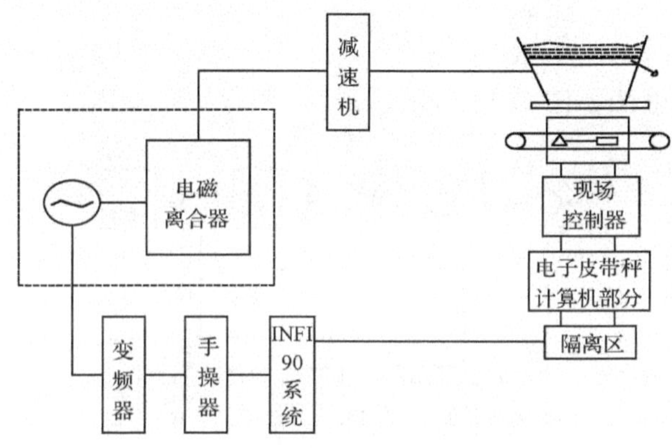

图 5.13　单圆盘闭环控制框图

现在要求设计一个线性数字控制器，当料位偏离平衡位置时，在最短的时间内复位。得到各圆盘的下料量(湿料量)后，系统进行单圆盘闭环控制。

系统首先对配料秤的称量值进行移位平滑处理，因配料秤的 CPU 采样周期为 0.5s，移动平滑处理值是由 6 个采样值等权平均，这样比较好地起到线性滤波作用。系统的调节器采用负反馈的 PID 控制策略，其传递函数为

$$\frac{\mathrm{CO}}{\mathrm{ER}} = K\left(K_{\mathrm{p}} + \frac{K_{\mathrm{I}}/60}{s} + \frac{60K_{\mathrm{D}}s}{\dfrac{60K_{\mathrm{D}}s}{K_{\mathrm{A}}}+1}\right)$$

其中，CO 为控制输出值；ER 为误差值；K 为增益放大倍数；K_{p} 为比例系数；K_{I} 为积分常数；K_{D} 为微分常数；K_{A} 为微分滞后系数。

一般可以忽略设定值变化的微分作用。对该系统离散化处理，令：T 为采样周期；NT 为当前的时间，简称为 N；SP(N)为操作员当前的设定值；PV(N)为配料秤当前的称量值；Int(N)为积分部分当前的采样点值 ；Der(N)为微分部分当前的采样点值。有

$$\mathrm{Der}(N) = \left(\frac{60K_{\mathrm{A}}KK_{\mathrm{D}}s}{60K_{\mathrm{D}}s + K_{\mathrm{A}}}\right)\cdot \mathrm{PV}(N) \tag{5-16}$$

离散化

$$60K_{\mathrm{D}}\left[\frac{\mathrm{Der}(N) - \mathrm{Der}(N-1)}{\Delta t}\right] + K_{\mathrm{A}}\mathrm{Der}(N)$$

$$= 60K_AK_DK\frac{\mathrm{PV}(N)-\mathrm{PV}(N-1)}{\Delta t} \tag{5-17}$$

整理得

$$\begin{aligned}\mathrm{Der}(N) &= \frac{60K_D}{60K_D+K_A\cdot\Delta t}[PV(N)-PV(N-1)]\cdot K_AK+\mathrm{Der}(N-1)\\ &= \left(\frac{60KK_DK_A}{60K_D+K_A\cdot\Delta t}\right)[PV(N)-PV(N-1)]\\ &\quad+\frac{60K_D}{60K_D+K_A\cdot\Delta t}\mathrm{Der}(N-1)\end{aligned} \tag{5-18}$$

离散后系统框图如图 5.14 所示。

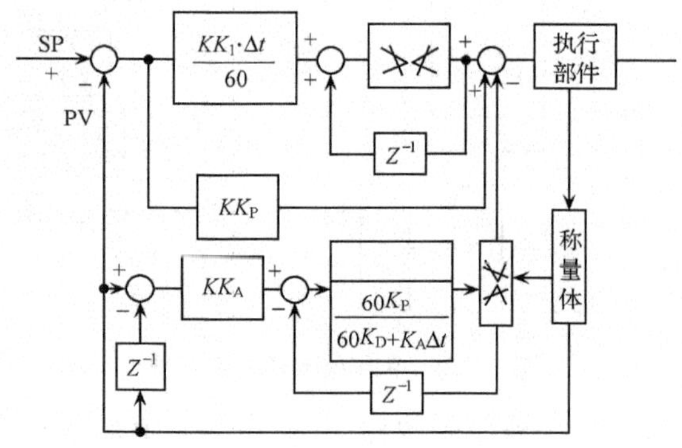

图 5.14　负反馈解耦控制器

参数整定:该控制器是采用解耦的控制策略,消除了比例,积分,微分环节的相互影响,为参数的整定提供了便利的条件。利用微分作用来超前检测和补偿电通道。

调试过程:首先用挂链码(用链码来动态模拟物料在皮带秤上的运行过程)来整定 K 值和 K_P 值,其参数大致为 3∶1 的关系,这样就保证了控制器有足够大的放大倍数,使系统稳态误差小,同时又保证了系统有足够大的稳定裕度。在实物投料后,先对微分通道进行整定,合理的 K_D/K_I 的值,使微分滤波器工作在低通带。在保证超前补偿低频信号的同时,又排除了高频信号的随机影响。

调试结果:K_D/K_A 大致为 1/50。接着调试了 K_P 和 K_I 的比值,其积分部分是常规的一阶积分系统。在保证系统稳定的前提下,K_P 值随着 K_I 值的变化应适当大些。K_I 值允许范围较大,而 K_P 值允许范围较小。

5.3　选择性控制系统

从 20 世纪 60 年代以来,选择性控制系统发展很快,这种系统在结构上的特点

是使用选择器,可以在两个或多个控制器的输出端,或几个变送器输出端对信号进行选择,即

$$U_0 = \min(U_1, U_2, \cdots, U_m) \tag{5-19}$$

或

$$U_0 = \max(U_1, U_2, \cdots, U_m) \tag{5-20}$$

以适应不同的需要。原因可归结为以下几点：

(1) 适应不同工况,即设备在不同状态下,采用不同的控制方式。通常的自动控制系统在遇到不正常工况或特大扰动时,很可能无法适应,只好从自动改为手动。例如大型压缩机、泵、风机等的过载保护,过去常采用报警后由人工处理或采用自动连锁的方法,这样势必造成操作紧张,设备停车,甚至引起不必要的事故。

(2) 基于安全考虑。在手动操作的一段时间里,操作人员为确保安全生产,适应特殊情况,有另一套操作规律,若将这一任务交给另一控制器来实现,那就可扩大自动化应用范围,使生产更加安全。

(3) 基于热备用(backup)考虑,一台控制器在线,另一台控制器热备用。在此我们介绍几类常见的选择性控制系统。

5.3.1　超驰控制系统

这类控制系统通常是从保证生产安全角度来考虑的,其特点是几个控制器共用一台执行器,这几个控制器都是对同一对象的不同状态进行控制的。如锅炉燃烧系统,一般以锅炉的蒸汽压力为被控变量,控制燃料以保证蒸汽压力恒定,但由于控制阀后燃料压力过高会造成脱火现象,燃料压力过低会造成回火现象。所以专门来检测控制阀后的燃料压力建立超驰控制系统。锅炉燃烧系统超驰控制系统如图 5.15 所示。

P_1C 和 PT 构成蒸汽压力控制系统。

P_2C 和 PT 构成燃料压力过高保护系统。

当阀后压力达到最大极限状态(再大会出现脱火现象),但由于蒸汽压力还未达到设定值,即 P_1C 还要增大,这时 P_2C 反作用(压力 $P_2\uparrow \rightarrow C_2\downarrow$),经控制阀的 LS 低选器选取 P_2C 输出,使燃料阀门关小。

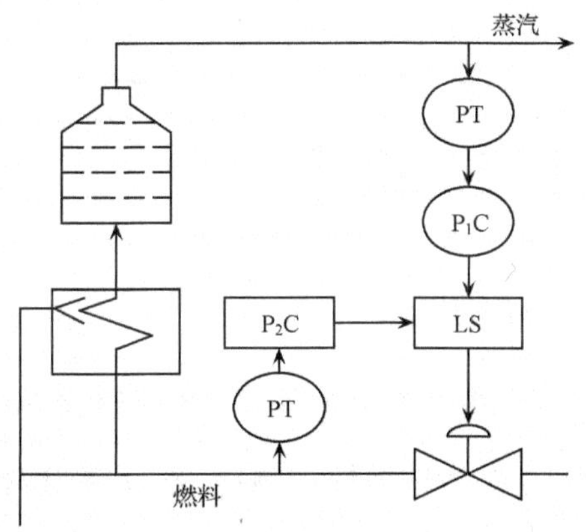

图 5.15　锅炉燃烧系统选择性控制系统

另如图 5.16 所示为裂化器 C_2 分离塔塔顶压力与冷凝器液位超驰控制及 SLOT 组态图。

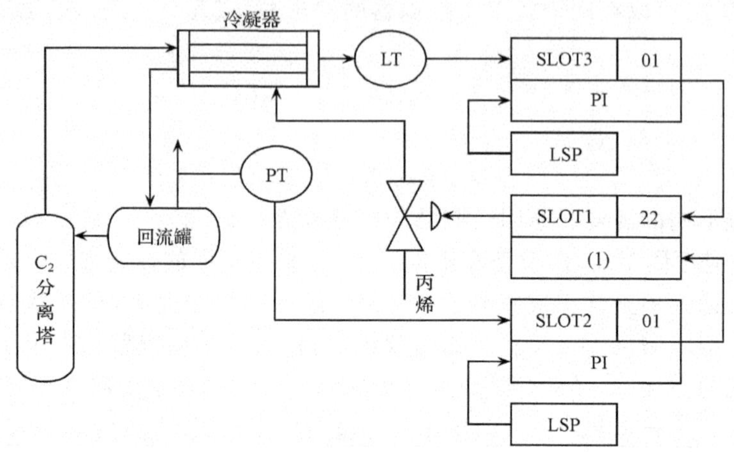

图 5.16　C_2 分离塔塔顶压力与冷凝器液位超驰控制及 SLOT 组态图

正常情况下,压力控制器(SLOT2 通过回流罐测得塔顶压力)控制两端流量,流量大时塔顶压力减小,但若冷凝器液位高(丙烯)则不管塔顶压力大小,都要减小丙烯流量,即 SLOT3 将代替压力控制器,LSP 是最小量。

5.3.2　测量信号的选择性系统

测量信号的选择系统可以选择测量信号中的最高值和最低值。例如在有些内部换热的催化反应器中,有温度最高的热点存在,而且希望热点保持定值。但是热点位置却随着催化剂的活性情况而变化,此时可以多设几个检测点,通过高选器选出热点温度作为被控变量进行控制。

这类选择系统还有个特点是得到可靠的测量信号。在有些化学反应器中,取成分为被控变量。如果成分变送器的可靠性不够,而控制失灵时又有爆炸的危险,这时可以采用冗余技术,设置三个成分变送器,从它们的输出中选取中间值作为被控变量。如果这些变送器不同时失效,中间值一般最可靠。如图 5.17所示。

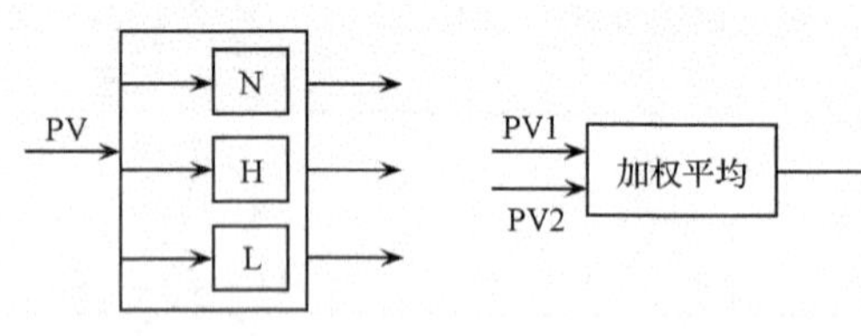

图 5.17　测量系统选择系统示意框图

5.3.3　带有逻辑运算规律的选择性系统

在有些选择性控制中,不仅要求两个物料的流量 F_1 和 F_2 保持一定的比例,而且要求物料流量的变动有一定的先后顺序。

如图 5.18 为锅炉蒸汽系统中蒸汽流量、压力控制器、燃料等的变化情况。其具体实现为:增加燃料时,空气先行;减少燃料时,燃料先行。

带有逻辑规律的锅炉蒸汽系统控制图如图 5.19 所示。

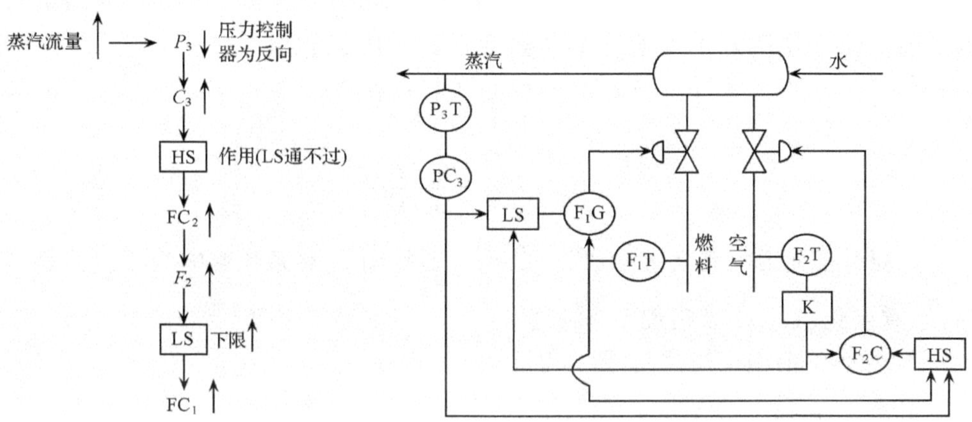

图 5.18　锅炉蒸汽系统物料流量与提降量的变化示意图

图 5.19　带有逻辑规律的锅炉蒸汽系统控制图

5.4　前馈控制

5.4.1　前馈控制

所谓前馈控制,实质上是一种将前馈控制和反馈控制相结合的控制方式,又称为复合控制。这类控制通常分成两大类,即按扰动补偿的前馈控制和按输入补偿的前馈控制。按扰动进行调节的开环控制系统,其特点是当扰动产生后,被控变量还未显示出变化以前,根据扰动作用大小进行调节,以补偿扰动作用对被控变量的影响。这种前馈作用运用恰当,可以使被控变量不会因扰动作用而产生偏差,比反馈控制要及时,并且不受系统滞后的影响。

1. 简单换热器前馈控制

图 5.20 所示是简单换热器前馈控制系统及其方框图。

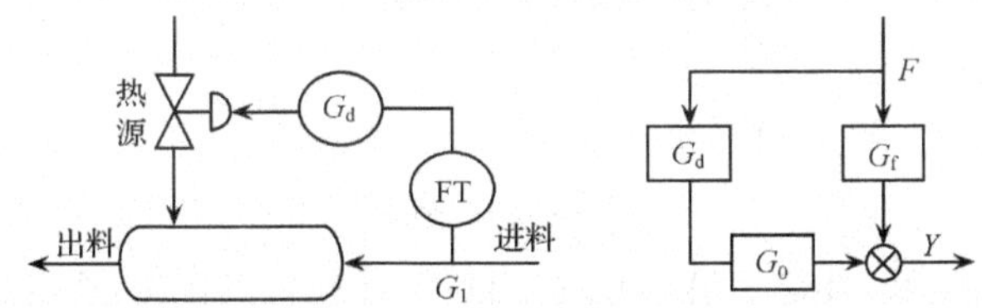

图 5.20　换热器的前馈控制及方框图

进料处有干扰 F,$G_f(s)$ 为扰动通道传函数,$G_d(s)$ 为前馈补偿通道,$G_0(s)$ 为控制通道传递函数。

此时有

$$Y(s)=[G_f(s)+G_d(s)G_0(s)]F(s) \tag{5-21}$$

为了使扰动 F 作用为 0,即输出 Y 的偏差为零。则要满足

$$G_f(s)+G_d(s)G_0(s)=0 \tag{5-22}$$

即

$$G_d(s)=-\frac{G_f(s)}{G_0(s)}$$

只要补偿通道能完全表示成 $-\frac{G_f(s)}{G_0(s)}$,则扰动 F 对系统影响为零。但是,若 $G_f(s)$ 有变化,$G_d(s)$ 就很难完全补偿。

2. 加热炉前馈反馈控制(图 5.21)

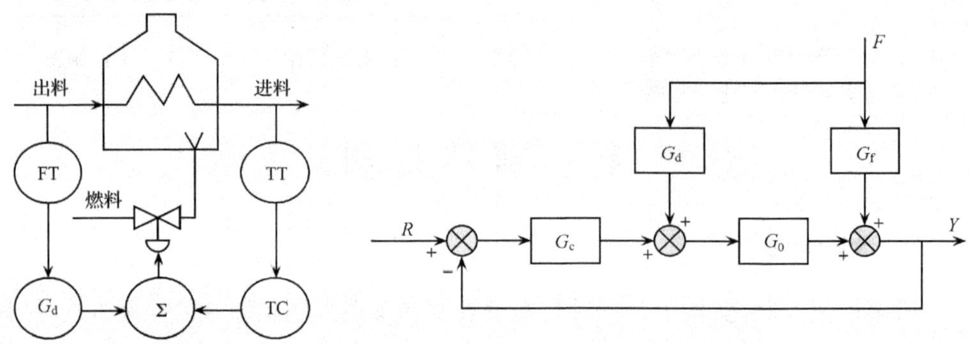

图 5.21 加热炉的前馈反馈控制系统和方框图

进料端有干扰 F,当 $G_d(s)$ 接近 $-\frac{G_f(s)}{G_0(s)}$ 时,那么 F 将被完全去除,但由于 $G_d(s)$ 很难复现 $-\frac{G_f(s)}{G_0(s)}$,所以利用前馈减弱 F 的主要影响,反馈系统克服其余扰动及前馈补偿不完全部分。

但仍存在的问题,如双级调节,难以无扰动切换。

3. 前馈与反馈相乘作用(图 5.22)

当 Q_1 端有干扰,测出扰动量 F。

(1) 从静态系统看:$Q_2\uparrow \to G_d\uparrow \to$加大燃料,可保持前馈补偿;

(2) 从动态系统看:补偿不足,会造成出口温度偏离设定值,所以仍需反馈通道。

5.4.2 前馈补偿装置和控制算法

前馈补偿装置的复杂程度主要取决于前馈通道和扰动通道的传递函数。在工

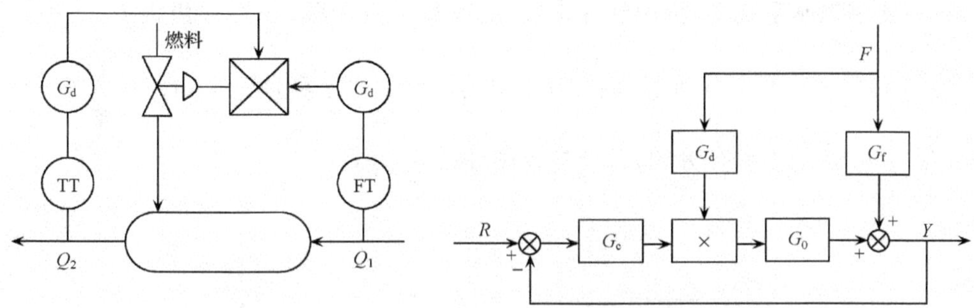

图 5.22　换热器的前馈反馈控制(相乘)系统及方框图

业实际应用中,控制通道和扰动通道的传递函数可以用具有时滞一阶环节来近似,其传递函数分别为

$$G_0(s)=\frac{K_0\mathrm{e}^{-\tau_0 s}}{T_0 s+1}\tag{5-23}$$

$$G_f(s)=\frac{K_f\mathrm{e}^{-\tau_f s}}{T_f s+1}\tag{5-24}$$

这样得到前馈补偿通道的传递函数为

$$-\frac{G_f}{G_0}=G_d(s)=-\frac{K_f}{K_0}\frac{T_0 s+1}{T_f s+1}\mathrm{e}^{-(\tau_f-\tau_0)s}=K_d\frac{T_1 s+1}{T_2 s+1}\mathrm{e}^{-\tau_d s}\tag{5-25}$$

若 $\tau_0=\tau_f$ 时,则可得

$$G_d(s)=K_d\frac{T_1 s+1}{T_2 s+1}\tag{5-26}$$

式中,K_d 是静态增量; T_1 和 T_2 分别是超前和滞后的时间常数。

当 $T_1>T_2$,补偿环节具有超前特性;当 $T_1<T_2$,补偿环节具有滞后特性;当 $T_1=T_2$ 时,动态环节的分子分母项抵消,只进行静态补偿。

前馈补偿曲线如图 5.23 所示。

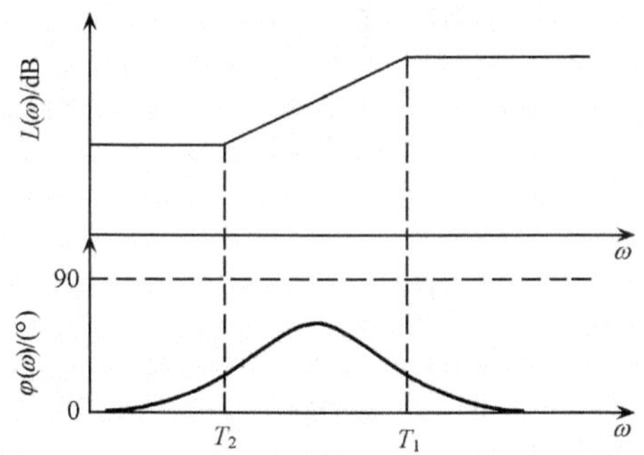

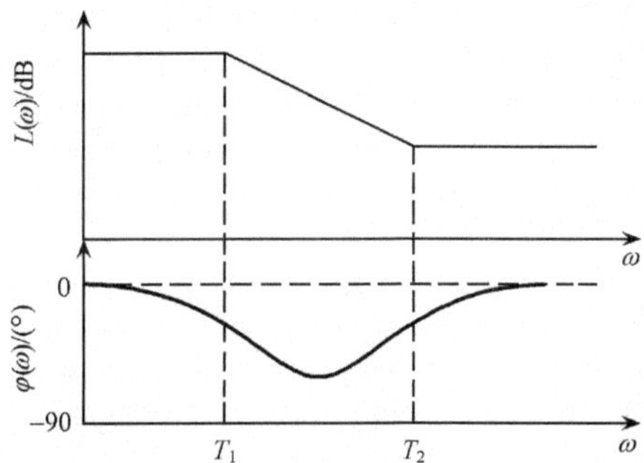

图 5.23　前馈补偿过程曲线

在数字控制系统中，可用软件来实现，其做法有两种：一类直接将 $K_d\frac{T_1s+1}{T_2s+1}$ 作为一种组态；另一类是直接按 U_d 和 f 的关系计算，将 $G_d(s)=\frac{U_d(s)}{F(s)}=K_d\frac{T_1s+1}{T_2s+1}$ 转化为差分方程，其分解框图如图 5.24 所示。

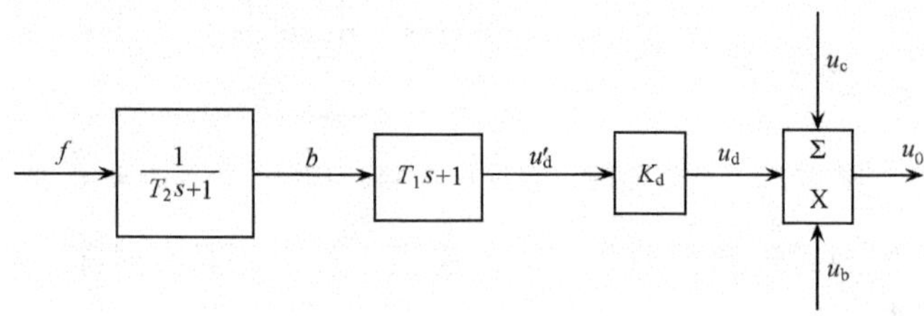

图 5.24　$K_d\frac{T_1s+1}{T_2s+1}$ 的等效方框图

这里，$U_d(s)$ 为控制输出；U_c 为反馈输出；U_b 为偏置(死区)。

通过分解框图计算差分方程如下：

$$\frac{B(s)}{F(s)}=\frac{1}{T_2s+1}\Rightarrow(T_2s+1)B(s)=F(s)$$

先计算 $f\to b$ 得

$$T_2\frac{B(k)-B(k-1)}{T_s}+B(k)=F(k)$$

其差分方程为

$$\frac{T_2+T_s}{T_s}B(k)=F(k)+\frac{T_2}{T_s}B(k-1)$$

故

$$\begin{aligned}B(k)&=\frac{T_s}{T_2+T_s}F(k)+\frac{T_2}{T_2+T_s}B(k-1)\\&=\frac{T_s}{T_2+T_s}F(k)+B(k-1)-\frac{T_s}{T_2+T_s}B(k-1)\\&=\frac{T_s}{T_2+T_s}[F(k)-B(k-1)]+B(k-1)\end{aligned}$$

上式整理为

$$B(k)-B(k-1)=\frac{T_s}{T_2+T_s}[F(k)-B(k-1)] \tag{5-27}$$

令

$$\frac{B(k)-B(k-1)}{T_s}=A$$

得

$$A = \frac{1}{T_2 + T_s}[F(k) - B(k-1)] \tag{5-28}$$

再计算 $b \rightarrow U'_d$，得

$$\frac{U'_d(s)}{B(s)} = T_1 s + 1$$

$$\begin{aligned} U'_d(k) &= T_1 \frac{B(k) - B(k-1)}{T_s} + B(k) \\ &= \frac{T_1 + T_s}{T_s}[B(k) - B(k-1)] + B(k-1) \\ &= (T_1 + T_s)A + B(k-1) \end{aligned}$$

因此超前滞后环节的算法为

$$\begin{aligned} A &= \frac{1}{T_2 + T_s}[F(k) - B(k-1)] \\ B(k) &= AT_s + B(k-1) \\ U'_d(k) &= (T_1 + T_s)A + B(k-1) \end{aligned} \tag{5-29}$$

这类补偿环节的输出有两类：

（1）比值算法（用于相乘方案）

$$U = [K_d U'_d / U_b] U_c$$

（2）位置算法（用于相加方案）

$$U = [K_d U'_d - U_b] + U_c$$

式中，U_b 为偏置；U_c 为反馈输入。

5.4.3　前馈控制系统实施中的若干问题

1．流量副回路的引入

依据扰动得到的前馈信号，与反馈信号复合后，被送到执行器。

（1）当执行器（为控制阀）有回差或干摩擦等非线形特性时，前馈反馈系统的控制品质不能保证。

（2）当存在阀前压力的扰动或操作变量的流量需要与控制作用有一一对应关系时，常引入流量副回路，使这些非线性特性、扰动都包含在串级控制系统的副回路内，从而使前馈反馈控制品质得到改善。

前馈控制方框图如图 5.25 所示。

2．偏置值的设置

$$U = U_c + U_d - U_b \tag{5-30}$$

式中，U_c 是反馈控制信号；U_d 是前馈控制信号；U_b 是施加的偏置；正常情况下，$U_b = U_d$；U 是总控制信号。

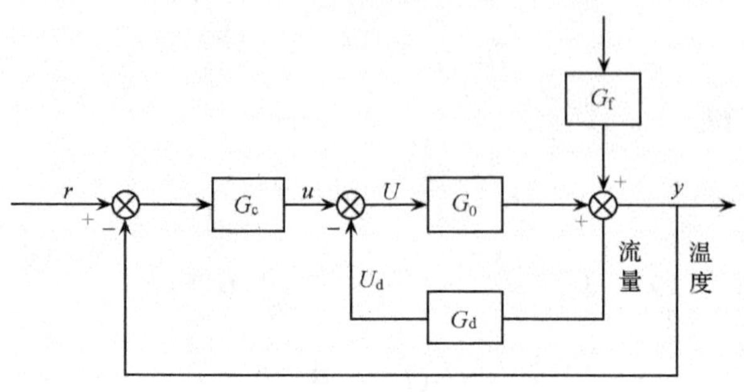

图 5.25 前馈控制方框图

3. 前馈补偿装置的参数选择

静态前馈控制的 K_d 选择，可通过物料平衡和热量平衡而获得，也可根据操作经验而定，一种是把 K_d 从小到大变化，观察其过渡过程曲线，如图 5.26 所示。

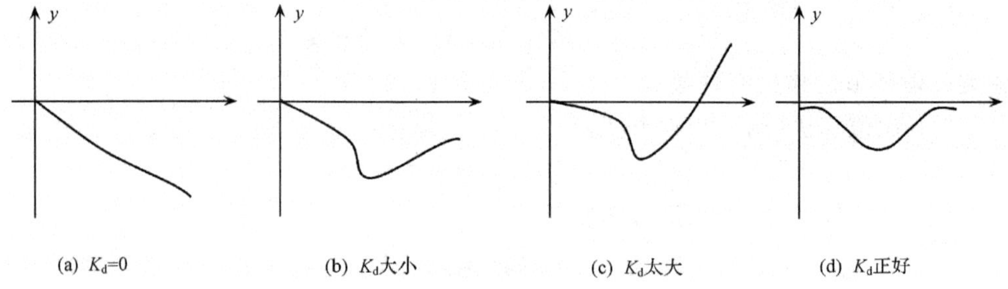

图 5.26 不同 k_d 下的过渡过程曲线

另一种是当扰动量为 f_1 时，输出为 U_1，可使被控变量保持在设定值。当扰动量为 f_2，输出为 U_2，才能使被控变量保持在设定值，则 K_d 应为

$$K_d = \frac{U_2 - U_1}{f_2 - f_1} \tag{5-31}$$

关于 T_1 和 T_2 的选择，一般最好进行测试得到，或者按照经验进行，观测过渡过程曲线，进行选择和判断。

5.5 时滞补偿控制

5.5.1 时滞描述

衡量过程(对象)时滞的大小通常采用过程时滞 τ 和过程等效时间常数 T 之比 τ/T。τ/T 之比越大越不易控制，当 $\tau/T>0.3\sim0.5$ 时，系统称为具有大时滞系统。对于大时滞系统采用 PID 控制规律，如果控制要求不高，则尚可差强人意，如果希望有良好的控制品质,就难于满足。

时滞环节 $e^{-\tau s}$ 具有这样的频率特性:幅值恒等于 1,而相位为 $-\tau j\omega$,幅值随着频率的增加而上升。如图 5.27 所示。

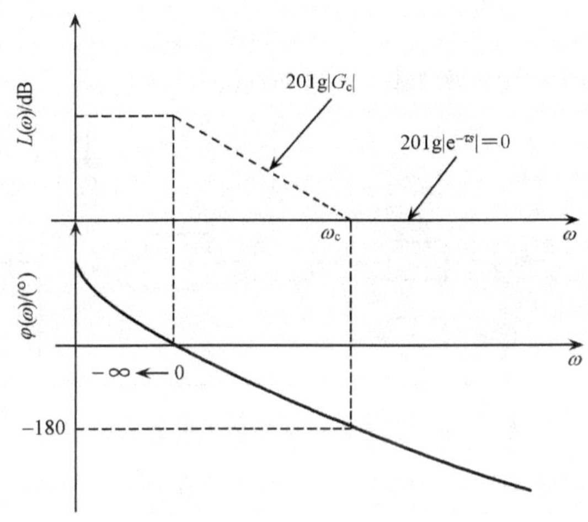

图 5.27　时滞环节特性图

若虚线为调节环节 G_c,其放大倍数 K_c 随着 τ 的增大而减小(否则不能保证 $K_c=1$后,$\angle\Phi$ 才降为$-180°$),保证 $20\lg|G_c|$先达 1,$\angle\Phi$ 后降为$-180°$。

5.5.2　史密斯预估器控制方案

其思想是:为使闭环传函中不含 τ,必须利用反馈环节予以消除。原系统如图 5.28所示。

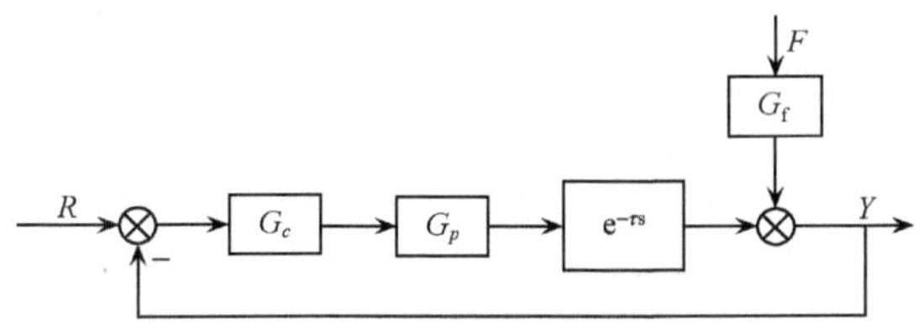

图 5.28　原系统控制原理框图

对于图 5.28 所示的系统,闭环传递函数的要求是

$$\frac{Y(s)}{R(s)}=\frac{G_c(s)G_p(s)e^{-\tau s}}{1+G_c(s)G_p(s)} \tag{5-32}$$

$$\frac{Y(s)}{F(s)}=\frac{G'(s)}{1+G_c(s)G_p(s)} \tag{5-33}$$

引入预估补偿器以后,闭环传递函数是

$$\frac{Y(s)}{R(s)}=\frac{G_c(s)G_p(s)e^{-\tau s}}{1+G_c(s)G_k(s)+G_c(s)G_p(s)e^{-\tau s}} \tag{5-34}$$

根据要求,闭环特征方程不含 $e^{-\tau s}$:

$$1+G_c(s)G_k(s)+G_c(s)G_p(s)e^{-\tau s}=1+G_c(s)G_p(s)$$

所以

$$G_k(s)=G_p(s)(1-e^{-\tau s}) \tag{5-35}$$

这样构成的预估补偿方案如图 5.29 所示。

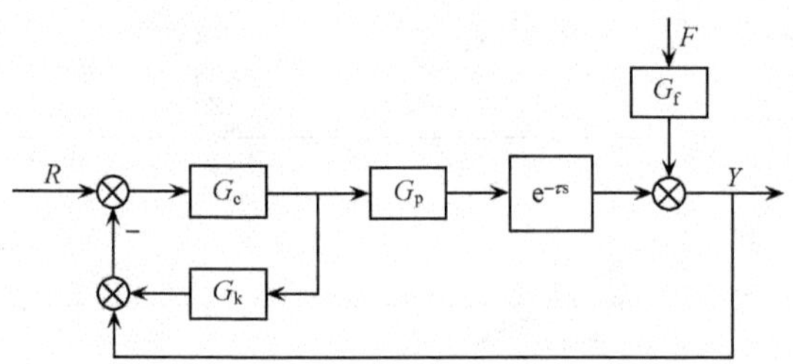

图 5.29　史密斯预估补偿控制原理框图

其闭环传递函数为

$$\frac{Y(s)}{R(s)}=\frac{G_c(s)G_p(s)e^{-\tau s}}{1+G_c(s)G_p(s)}=G_2(s)e^{-\tau s} \tag{5-36}$$

其中,$G_2(s)=\dfrac{G_1(s)G_p(s)}{1+G_c(s)G_p(s)}$,表示没有时滞环节时的随动控制系统的闭环传递函数。

图 5.30 所示为史密斯预估补偿控制框图。

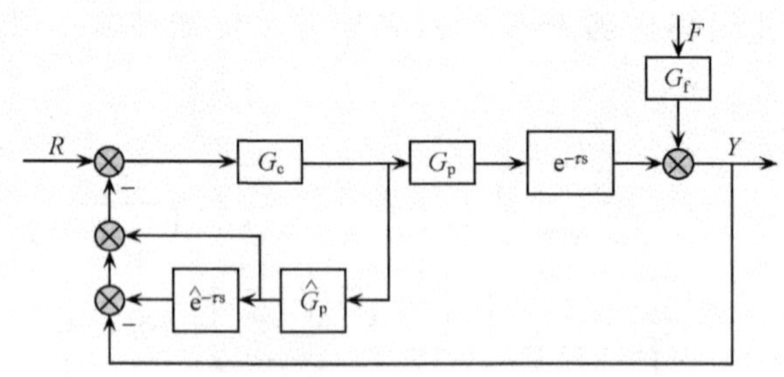

图 5.30　史密斯预估补偿控制框图

由图 5.30 可以得到定值控制系统的闭环传递函数:

$$\begin{aligned}\frac{Y(s)}{F(s)}&=\frac{G_f(s)[(1-e^{-\tau s})G_p(s)G_c(s)+1]}{1+G_c(s)G_p(s)}\\&=G_f(s)[1-G_2(s)e^{-\tau s}]\end{aligned} \tag{5-37}$$

从图 5.30 中可以看出,闭环特征方程中已消去了 $e^{-\tau s}$ 项,即消除了时滞对控制品质不利的影响。对于随动系统,控制过程仅推迟 τ 时间,系统的过渡过程形状与无时滞相同；对于定值系统，控制作用比扰动滞后一个 τ 时间，所以控制效果不及随动控制系统那样明显。

如图 5.31 所示是一种以 PLC 为核心的反应釜温度智能控制系统。当反应釜开始运行的时候，温度值产生了滞后。为了进行时滞控制，史密斯预估器控制是一种良好的选择控制方案。其控制原理如上述的史密斯预估补偿所述。

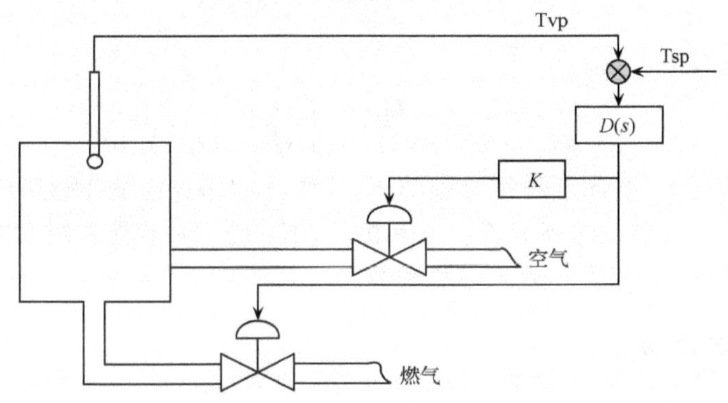

图 5.31　反应釜温度智能控制系统

史密斯预估补偿器的应用近年才日益普遍。主要原因是物理实现问题，但随着电子计算机应用，特别是 DCS 系统中实施更为方便。这种补偿器不仅可用于单输入单输出系统，也可以用于多输入多输出系统。

史密斯预估补偿器对大时滞过程尽管能提供很好的控制品质，但遗憾的是，其控制品质对模型误差十分敏感，特别是时滞时间和增益误差。所以对非线性严重或时变增益的过程，这种线性史密斯预估器是不太合适的。

5.5.3　增益自适应时滞补偿器

1977 年 Giles 和 Bartley 在史密斯预估器的基础上提出了增益自适应补偿方案，其框图如图 5.32 所示。

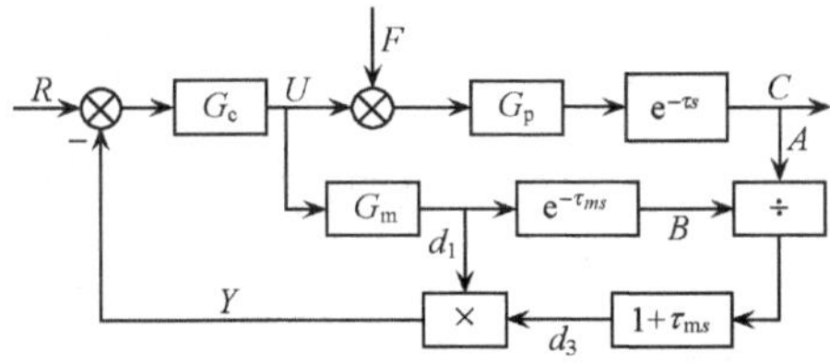

图 5.32　增益自适应时滞补偿控制方案

增加：一个除法器，将过程输出除以模型输出值；

一个乘法器，将预估器的输出乘以导前微分环节的输出；

导前微分环节，$1+\tau_{m}s$ 。

这三个环节的作用是根据模型和过程输出信号之间的比值来提供一个自动校正预估器的增益信号。由图 5.32 可知：

$$\frac{C(s)}{R(s)}=\frac{G_{c}(s)G_{p}(s)e^{-\tau s}}{1+\frac{(1+\tau_{m}s)}{e^{-\tau_{m}s}}G_{c}(s)G_{p}(s)e^{-\tau s}} \tag{5-38}$$

若 $\tau=\tau_{m}$ ，得

$$\frac{C(s)}{R(s)}=\frac{G_{c}(s)G_{p}(s)e^{-\tau s}}{1+(1+\tau_{m}s)G_{c}(s)G_{p}(s)} \tag{5-39}$$

在这种情况下，其闭环特征方程与 K_{m}（增益）无关，若设补偿通道为预估环节 $G_{m}(s)$ 与一个可变增益的环节 K_{V} 相串联，当 K_{m} 与 K_{V} 有误差时，调整 K_{V} ，使之总放大倍数不变，实现了自适应增益调节。

5.5.4 观测补偿器控制方案

观测补偿器控制方案如图 5.33 所示，由图可知：

$$\frac{Y(s)}{R(s)}=\frac{G_{c}(s)G_{0}(s)}{1+G_{c}(s)G_{M}(s)\frac{1+G_{k}(s)G_{0}(s)}{1+G_{k}(s)G_{M}(s)}} \tag{5-40}$$

$$\frac{Y(s)}{F(s)}=\frac{G_{0}(s)\left[1+\frac{G_{c}(s)G_{M}(s)}{1+G_{k}(s)G_{M}(s)}\right]}{1+G_{c}(s)G_{M}(s)\frac{1+G_{k}(s)G_{0}(s)}{1+G_{k}(s)G_{M}(s)}} \tag{5-41}$$

闭环特征方程为

$$1+G_{c}(s)G_{M}(s)\frac{1+G_{k}(s)G_{0}(s)}{1+G_{k}(s)G_{M}(s)}=0 \tag{5-42}$$

不管对象的时滞有多大，只要 $G_{k}(s)$ 的模足够小，就有

$$\frac{1+G_{k}(s)G_{0}(s)}{1+G_{k}(s)G_{M}(s)}=1$$

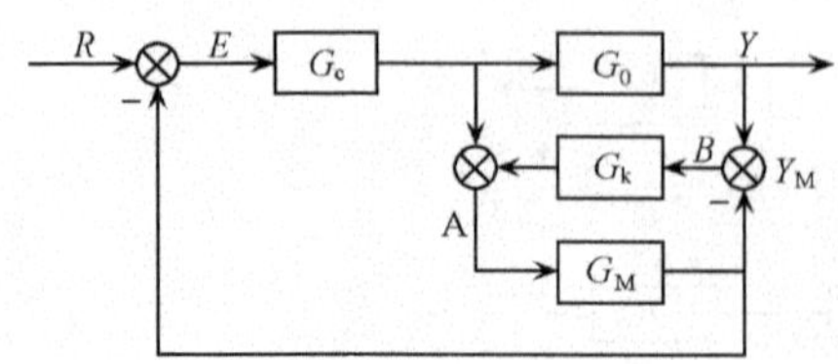

图 5.33 观测补偿器控制方案图

故闭环特征方程为

$$1+G_{c}(s)G_{M}(s)=0 \tag{5-43}$$

说明：① 系统的稳定性只与观察器 $G_{M}(s)$ 有关，而与时滞大小无关；② 若 $G_{M}(s)=G_{p}(s)$ ，则模型同史密斯预估器，但本方案不需要时滞环节。

第6章 现代控制方法

6.1 计算机优化控制

计算机优化控制就是依据生产过程的工艺信息(如各种工艺参数的测量值)和其他信息(如市场供销情况、原料、环境等),按照生产过程的数学模型等,计算出各个控制回路的设定值,并在线自动改变模拟控制器或直接数字控制器的设定值,从而使生产过程处于优化工况。这样的系统通常称为计算机监督控制系统(SCC或SPC)。其系统框图为如图6.1所示。

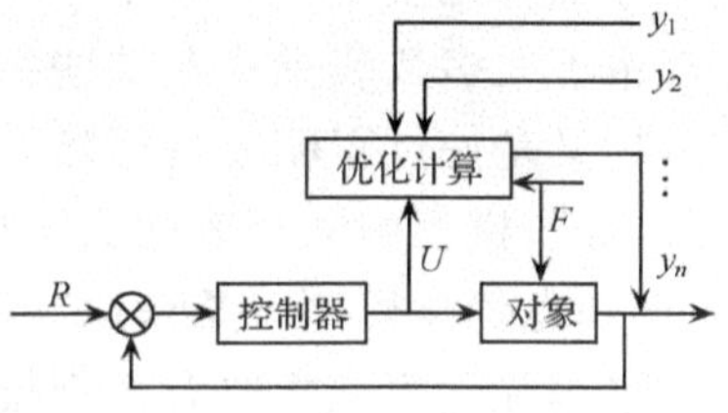

图6.1 计算机监督控制系统框图

计算机监督控制系统可分为两种形式:一是计算机+模拟控制器系统,这种系统是由计算机算出最优设定值并自动去调整控制器的设定值;二是计算机+DDC(direct digital control)计算机两级计算机控制,在这种系统中,计算机负责全过程的优化计算,并将计算得到的优化操作条件传送给DDC计算机,作为它的设定值,由DDC计算机执行过程的动态控制。具有上位机的DCS系统中,上位机完成优化计算,其他微处理器的功能块,如基本控制器等,完成DDC功能。

优化计算由上位机或DCS系统中主控制模块进行,其计算结果交给下位机去进行对象控制或回路控制。

该系统被控对象通常由多个对象组成。

计算机优化控制的目的是求出过程的最优操作变量 x 使生产过程的目标函数 $J=L(x)$ 为最大或最小,并满足一定的约束条件 $g(x)\geqslant 0$,即

$$\begin{cases} J = L(x) = \max \quad \text{或} \quad \min \\ h(x) = 0 \\ g(x) \geqslant 0 \end{cases} \tag{6-1}$$

式中,$x=[x_1,x_2\cdots,x_n]^{\mathrm{T}}$ 为生产过程的操作条件,也就是第一控制级的各个设定值;$h(x)=0$ 为生产过程的静态数字模型;$g(x)\geqslant 0$ 为生产过程的约束条件。

6.1.1 目标函数

目标函数是标志生产过程的一个单值函数。例如利润最大,成本最低,消耗最

小，质量最好等，它属于经济模型。对于大多数工业过程来说，常用利润（收益）函数作为目标函数 J，即要求收益为最大，可表示为

$$J = \sum a_i W_i - \sum U_i - \sum V_i \tag{6-2}$$

式中：W_i 为产品数量；a_i 为产品 i 的出售价格；U_i 为成本；V_i 为设备折旧费。

6.1.2 过程优化模型

在过程的目标函数确定后，为了求取过程函数的最优化，即求利润函数为最大的操作条件，就必须建立与产量、质量及有关的各自变量 X_i 之间的数学关系，即建立过程优化模型。

由于大多数装置是在某些稳态操作点附近尽量窄的界限内运行的，而这些操作目标又是使过程朝着目标最大化方向运行的，所以静态模型已是十分令人满意。另外，静态模型的数学表达式要比相应的动态模型简单得多，静态优化模型容易获得，而动态优化模型较难获取。因此，静态优化控制比动态优化控制要多。

过程优化模型主要有机理模型和实验测试两大类，也可将两者结合起来。

1. 机理模型

从机理出发，也就是根据过程内在的物理和化学变化过程来建立稳态数学模型，最常用的是解析法和增量法。

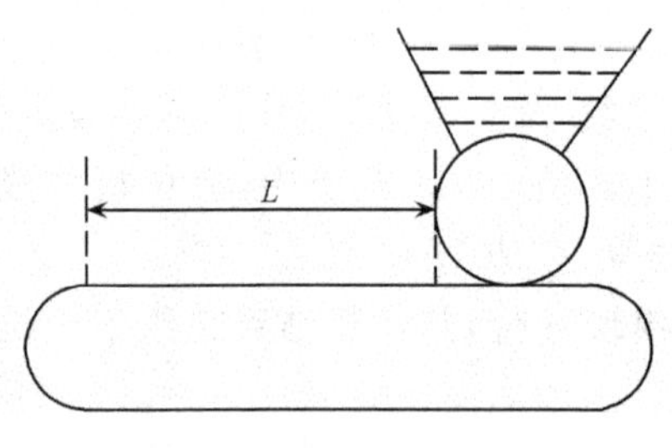

图 6.2 机理模型示意图

解析法适用于原始方程比较简单的情况，对过程描述来建立模型，对图 6.2 的机理方程描述如式(6-3)所示：

$$\frac{K}{s(Ts+1)}e^{-\tau s} \tag{6-3}$$

其中，$\tau=\frac{L}{v}$，为时滞；v 为电机转速。

增量法是对输入变量作小范围变化，求出变量间关系

$$y = f(x + \Delta x) \tag{6-4}$$

对输入变量作大范围变化时，把大范围分段处理，再求取变量间关系

$$y = \sum_{i=1}^{n} f(x + \Delta x_i) \tag{6-5}$$

2. 经验模型

对现有生产装置，若条件许可，可利用测试或积累的经验数据，采用统计回归的方法得出经验模型。其步骤是：

(1) 确定输入/输出变量。根据对象特征，先加以分析，而后确定。

(2) 进行测试。这取决于实际情况,尽量扩大选取测试范围,同时对时滞系统要注意输入/输出状态下系统是否稳定。

(3) 数据回归。对线性系统来说,其系统可描述为通过最小二乘法回归的方式求 a_i,使 $J = \sum(y - a_0 - a_1u_1 - a_2u_2 - \cdots - a_mu_m)$ 最小;也可以用线性规划方法求取最小。

(4) 自身检验。用回归模型的数据来检验回归是否正确;曲线拟合是否好。

(5) 交叉检验。用其他数据来测试,其目的是更符合实际情况。

6.1.3　约束

约束是过程必须在某些范围内进行的限制条件。这些约束通常是由物理上的限制条件或市场的限制引起的。

从物理上来说,约束可由如安全、质量、设备的容量、过程特性(如为使副产品最少,反应温度有限制)以及其他类似的来源得出。

约束一般可取两种形式,一种是等式约束,如

$$g_i(x) = 常数$$

它表示第 i 个产品的生产率是固定的。

另一种是不等式的约束,如

$$g_{\mathrm{L}} \leqslant g_i(x) \leqslant g_{\mathrm{H}}$$

它表示第 i 个产品的生产被限制在一个规定的范围内。g_{H} 和 g_{L} 分别为上限和下限值。由线性规划可知,系统的最优解总是约束方程的边界上。

6.1.4　最优化方程

当目标函数 $J = L(x)$ 是线性的,约束条件为不等式约束 $g(x) \leqslant 0$,且 $g(x)$ 也是线性时,则可由线性规划方法求解;当 $J = L(x)$ 是非线性时则用非线性规划方法求解。

1. 线性规划

线性规划通常采用直观图解法,如图 6.3 所示。

当自变量是三个时,很难用直观图解法。

2. 非线性规划

最常用的是单纯形法,但单纯形法只适用于凸集。

梯度法:如果目标函数 J 与自变量 x 的解析关系很清楚,而且对 x 值没有约束,最优化点必在 $\frac{\partial J}{\partial x} = 0$ 处,至于该点是极大值还是极小值,则需视 $\frac{\partial^2 J}{\partial x^2}$ 是小于还是大于零而定。

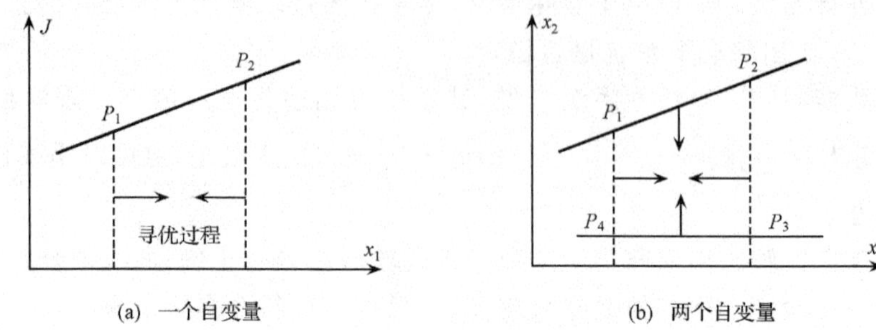

(a) 一个自变量　　(b) 两个自变量

图 6.3　说明线性规划原理图

6.2　最小拍控制

6.2.1　最小拍控制系统

最小拍控制系统主要设计指标是快速性，在典型输入信号的作用下，经过最少个采样周期，使系统输出在采样瞬时的稳态误差为零，故又称为时间最优控制系统或最小调整时间系统或最快响应系统。

要求闭环系统对于某种特定的输入在最少个采样周期内达到无静差的稳态，且其闭环脉冲传递函数式

$$\phi(z) = m_1 z^{-1} + \cdots + m_N z^{-N}$$

其中，N 是可能情况下的最小正整数，即闭环脉冲响应 $\phi(z)$ 在 N 个周期后变为 0。

对最小拍控制系统设计的具体要求如下：

(1) 对特定的参考输入信号，在到达稳态后，系统在采样点的输出值准确地跟随输入信号，不存在静差。

(2) 在各种使系统在有限拍内到达稳态的设计中，系统准确跟踪输入信号所需的采样周期数最少。

(3) 数字控制器必须在物理上可以实现。

(4) 闭环系统必须是稳定的。

6.2.2　最小拍控制系统的设计步骤

(1) 根据控制系统的性能要求和其他约束条件，确定所需要的闭环脉冲传递函数 $\varphi(z)$。

(2) 求广义对象的脉冲传递函数 $G(z)$。

(3) 确定数字控制器的脉冲传递函数 $D(z)$。

(4) 根据 $D(z)$ 求取控制算法的递推计算公式。

6.2.3　最小拍控制系统的设计

数字控制系统框图如图 6.4 所示。

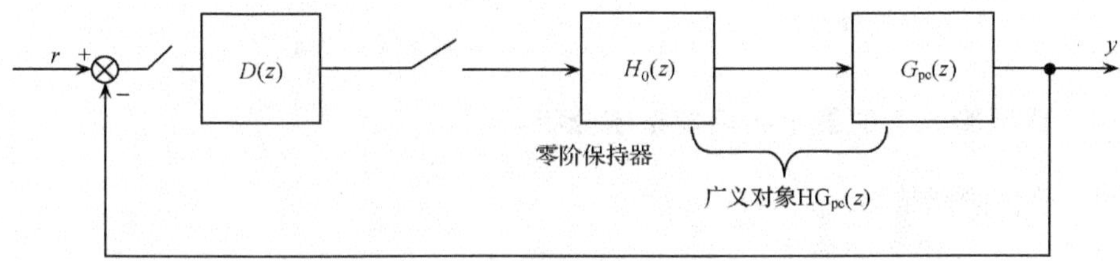

图 6.4　数字控制系统框图

系统的闭环传递函数为

$$\phi(z)=\frac{D(z)G(z)}{1+D(z)G(z)} \tag{6-6}$$

误差脉冲传递函数为

$$\phi_e(z)=\frac{E(z)}{R(z)}=\frac{R(z)-Y(z)}{R(z)}=1-\phi(z)=\frac{1}{1+D(z)G(z)} \tag{6-7}$$

因此最小拍系统的数字控制器为

$$D(z)=\frac{\phi(z)}{G(z)[1-\phi(z)]}=\frac{1-\phi_e(z)}{\phi_e(z)G(z)} \tag{6-8}$$

对典型输入 $r(t)=\frac{1}{(q-1)!}t^{q-1}$ 进行 Z 变换得 $R(z)=\frac{B(z)}{(1-z^{-1})^q}$ 式中，$B(z)$为不含 $1-z^{-1}$因子的 $z-1$ 多项式；$q=1$ 时，为单位阶跃输入函数；$q=2$ 时，为单位速度输入函数；$q=3$ 时，为单位加速度输入函数。

根据 Z 变换的终值定理，求系统的稳态误差，并使其为零(无静差，即准确性约束条件)，即

$$e_\infty=\lim_{z\to1}(z-1)E(z)=\lim_{z\to1}(z-1)R(z)\phi_e(z)=\lim_{z\to1}(z-1)\frac{B(z)}{(1-z^{-1})^q}\cdot\phi_e(z)=0$$

因此，

$$\phi_e(z)=1-\phi(z)=(1-z^{-1})^qF(z)$$

其中，$F(z)=1+f_zz^{-1}+\cdots+f_pz^{-p}$，则有

$$\phi(z)=1-\phi_e(z)=1-(1-z^{-1})^qF(z)$$

(1) 根据最小拍控制，确定最小拍控制的闭环脉冲传递函数 $\phi(z)$(快速性约束条件)

$$\phi(z)=1-\phi_e(z)=1-(1-z^{-1})^qF(z)$$

可知 $\phi(z)$中 z^{-1}的最高次幂为 $N=p+q$，故系统在 N 拍可以达到稳态。

(2) 当 $p=0$ 时，系统可以在最小 q 拍达到稳态。

上述两点可得最小拍控制器选 $\phi(z)$ 为

$$\phi(z) = 1 - (1 - z^{-1})^q$$

最小拍控制器 $D(z)$为

$$D(z) = \frac{\phi(z)}{G(z)[1 - \phi(z)]} = \frac{1 - (1 - z^{-1})^q}{G(z)(1 - z^{-1})^q}$$

6.2.4 典型输入下的最小拍控制系统分析

1. 单位阶跃输入($q = 1$)

$r(t) = 1$，其 Z 变换为

$$R(z) = \frac{1}{1 - z^{-1}}$$

系统闭环传函为

$$\phi(z) = 1 - (1 - z^{-1})^1 = z^{-1}$$

误差函数为

$$E(z) = R(z)\phi_e(z) = R(z)[1 - \phi(z)] = \frac{1}{1 - z^{-1}}(1 - z^{-1}) = 1$$

由 Z 变换定义可知 $e(0)=1$，$e(T)=e(2T)=e(3T)=\cdots=0$，用长除法得

$$Y(z) = R(z)\phi(z) = \frac{1}{1 - z^{-1}}z^{-1} = z^{-1} + z^{-2} + z^{-3} + \cdots \tag{6-9}$$

上式说明只在 1 拍内有误差，可知在单位阶跃输入时，有限拍随动系统的调节时间为 $1T$，其中 T 为采样周期。

2. 单位速度输入($q = 2$)

$r(t) = t$，其 Z 变换为

$$R(z) = \frac{Tz^{-1}}{1 - z^{-1}}$$

系统闭环传函为

$$\phi(z) = 1 - (1 - z^{-1})^2 = 2z^{-1} - z^{-2}$$

误差函数为

$$E(z) = R(z)\phi_e(z) = R(z)[1 - \phi(z)] = \frac{Tz^{-1}}{1 - z^{-1}}(1 - 2z^{-1} + z^{-2}) = Tz^{-1}$$

由 Z 变换定义可知，$e(0)=0$，$e(T)=T$，$e(2T)=e(3T)=\cdots=0$。

用长除法有

$$Y(z) = R(z)\phi(z) = \frac{Tz^{-1}}{1 - z^{-1}}(2z^{-1} - z^{-2}) = 2Tz^{-2} + 3Tz^{-3} + 4Tz^{-4}\cdots \tag{6-10}$$

上式说明只在 2 拍内有误差，因此系统只需 2 拍就可以达到稳态。

3. 单位加速度输入($q=3$)

$r(t)=\frac{1}{2}t^2$，其 Z 变换为

$$R(z)=\frac{T^2z^{-1}(1+z^{-1})}{2(1-z^{-1})^3}$$

系统闭环传函为

$$\phi(z)=1-(1-z^{-1})^3=3z^{-1}-3z^{-2}+z^{-3}$$

误差函数为

$$E(z)=R(z)[1-\phi(z)]=\frac{1}{2}Tz^{-1}+\frac{1}{2}T^2z^{-2}$$

由 Z 变换定义可知

$$e(0)=0, e(T)=e(2T)=T\times T/2, e(3T)=e(4T)=\cdots=0$$

用长除法有

$$Y(z)=R(z)\phi(z)=\frac{3}{2}T^2z^{-2}+\frac{9}{2}T^2z^{-3}+\cdots \tag{6-11}$$

上式说明只在 3 拍内有误差，因此系统只需 3 拍就可以达到稳态。

6.2.5　最小拍控制器

1. 最小拍控制器的可实现性

所谓控制器的可实现性，是指在控制算法中，不允许出现未来时刻的偏差值，即要求数字控制器 $D(z)$ 中不能有 z 的正幂次项，如果广义对象的脉冲传递函数为 $G(z)=\frac{Q(z)}{P(z)}$，则由于广义对象中包含零阶保持器，它是滞后的，因此有 $\deg P(z)>\deg Q(z)$，设数字控制器 $D(z)$ 为 $D(z)=\frac{A(z)}{B(z)}$，则要求：$\deg B(z)\geqslant\deg A(z)$。

其含义是：要产生 k 时刻的控制量 $u(k)$，最多只能利用直到 k 时刻的误差 $e(k)$、$e(k-1)$、…以及过去的控制量 $u(k-1)$，$u(k-2)$ …

系统的闭环脉冲传递函数

$$\phi(z)=\frac{D(z)G(z)}{1+D(z)G(z)}=\frac{A(z)Q(z)}{B(z)P(z)+A(z)Q(z)}=\frac{Q_m(z)}{P_m(z)}$$

则

$$\begin{aligned}&\deg P_m(z)-\deg Q_m(z)\\=&\deg(B(z)P(z)+A(z)Q(z))-\deg(A(z)Q(z))\\=&\deg(B(z)P(z))-\deg(A(z)Q(z))\\=&\deg B(z)-\deg A(z)+\deg P(z)-\deg Q(z)\end{aligned} \tag{6-12}$$

因为有

$$\deg B(z)\geqslant\deg A(z)$$

则

$$\deg P_m(z) - \deg Q_m(z) \geqslant \deg P(z) - \deg Q(z)$$

上式确定了 $D(z)$ 可实现时，$\varphi(z)$应满足的条件：若 $G(z)$的分母比分子高 N 阶，则 $\varphi(z)$的分母比分子至少高 N 阶。

2．最小拍控制器的稳定性

在最小拍控制中，闭环传递函数为 $\phi(z) = 1-(1-z^{-1})^q$，其全部极点都在 $z=0$ 处，因此系统输出值在采样时刻的稳定性可以得到保证。但系统在采样时刻的输出稳定并不能保证连续物理过程的稳定。如果控制器 $D(z)$选择不当，控制量 u 就可能是发散的。系统在采样时刻之间的输出值以振荡形式发散，则实际连续过程是不稳定的。

在最小拍系统设计中，不但要保证输出量在采样点上的稳定，而且要保证控制变量收敛，才能使闭环系统在物理上真实稳定。

最小拍设计 $\phi(z) = 1-(1-z^{-1})^q$ 是针对 $G(z)$稳定无滞后设计的，对一般系统有如下改进办法。

(1) 若 $G(z)$有 u 个零点 $b_1, \cdots, b_u$ 在单位圆上或圆外，为了保证控制变量收敛，必须选择 $\phi(z)$含有相同的零点，即：$\phi(z) = 1-(1-z^{-1})^q F(z)$ 。

这样，根据 $\phi(z) = \prod_{i=1}^{u}(1-b_i z^{-1}) \cdot \phi'(z)$ 选取 $F(z)$时，就不能简单的令 $F(z)=1$，而应该根据 $\phi(z)$ 中的幂次来确定 $F(z)$的次数。

注意：不能采取 $D(z)$和 $G(z)$零极点对消方式，而从理论上得到稳定的闭环系统，原因是当参数漂移时，零极点对消不能准确实现，系统将出现不稳定的极点。因此在控制器中不应出现与对象不稳定极点相消的零点，即在 $\phi_e(z)$的零点中不应包含 $G(z)$的不稳定极点。

(2) 若 $G(z)$中含有纯滞后环节，则可以直接 $\phi(z)$中增加滞后时间大于等于 $G(z)$ 纯滞后时间的纯滞后环节。

一般说来，若被控对象有 l 个采样周期的纯滞后，并有 u 个在单位圆上或圆外的零点 b_i，v 个在单位圆上或圆外的极点 a_j，即

$$G(z) = \frac{z^l \prod_{i=1}^{u}(1-b_i z^{-1})}{\prod_{j=1}^{v}(1-a_j z^{-1})} \cdot G'(z) \tag{6-13}$$

式中，$G'(z)$表示不含单位圆上及圆外零极点部分，则选择系统闭环传函必须满足如下约束条件：

(1) $\phi_e(z)$零点必须包括 $G(z)$的单位圆上或圆外的极点。

(2) $\phi(z)$的零点包括 $G(z)$的单位圆上或圆外的零点。

(3) $\phi(z)$中增加滞后时间大于等于 $G(z)$ 纯滞后环节的滞后时间。

因此

$$\phi(z) = z^l \prod_{i=1}^{u}(1-b_i z^{-1}) \cdot \phi'(z) \tag{6-14}$$

$$\phi_e(z) = 1-\phi(z) = \prod_{j=1}^{v}(1-a_j z^{-1}) \cdot (1-z^{-1})^q F(z) \tag{6-15}$$

其中的项数应按：$\phi'(z) = m_1 z^{-1} + \cdots + m_s z^{-s}$，$F(z) = 1 + f_1 z^{-1} + \cdots + f_p z^{-p}$，$s = v + q$，$p = u + l$ 的原则选取，以保证 $\phi(z)$ 有 z_{-1} 的最低幂次。而且，如果 a_j 中有 k 个在 $z=1$ 处，则 $\phi_e(z)$ 中 $(1\text{-}z^{-1})$ 的总幂次只需取为 $\max(q,k)$。

3. 最小拍控制器的局限性与适应性

按最小拍原则设计数字控制系统，设计方法直观简单，数字控制器便于在计算机上实现，但也存在不少缺点和问题。

(1) 存在纹波。最小拍设计只在采样点上保证稳态误差为零，而在采样点之间输出响应可能是波动的，有时甚至能振荡发散。在这种情况下，系统实际上是不稳定的。存在着输出纹波，尤其是较大的纹波是系统设计不能允许的。

(2) 系统适应性差。最小拍设计原则是根据某类典型输入信号设计的，对其他类型的输入信号不一定是最小拍的，甚至会产生很大的超调和静差。

(3) 对参数变化的灵敏度大。最小拍设计是在结构和参数不变的条件下得到的理想结果（最小拍），当系统的结构和参数发生变化时，系统的性能会有较大的变化。最小拍闭环系统所有的闭环极点都位于 Z 平面原点，理论上是可以证明的，这一多重极点系统的参数灵敏度是较大的。

(4) 控制幅值的约束。按最小拍原则设计的系统是时间最速系统。理论上讲，采样时间越小，调整时间越短，但实际上这是不可能的，因为被控对象一般存在着饱和特性，控制机构所能提供的能量是受约束的。因此在采用最小拍设计方法时，必须合理地选取采样周期的大小。

4. 有限拍无纹波系统设计

最小拍系统采用 Z 变换方法进行设计，采样点上的误差为零，不能保证采样点之间的误差值也为零，最小拍系统输出响应在采样点之间存在纹波。纹波不仅造成误差，也消耗功率，浪费能量，而且造成机械磨损。

最小拍无波纹系统的设计，是在最小拍控制存在波纹时，对期望闭环响应 $\varphi(z)$ 进行修正，以达到消除采样点之间波纹的目的。

系统输出在采样点之间的波纹，是由控制量序列的波动引起的，其根源在于控制量的 Z 变换中含有非零极点。

设计最小拍无波纹控制器时，除了选择 $\phi(z)$ 以保证控制器的可实现性和闭环系统的稳定性之外，还应将被控对象 $G(z)$ 在单位圆内的非零零点包括在 $\phi(z)$ 中，以便在控制量的 Z 变换中消除引起振荡的所有极点。

若被控对象有 l 个采样周期的纯滞后，并有 w 个非零零点 b_i，v 个在单位圆上或圆外的极点 a_j，则设计最小拍无纹波系统时，选取 $\phi(z)=z^{-l}\prod_{i=1}^{w}(1-b_iz^{-1})\cdot\phi'(z)$

$$\phi_e(z)=1-\phi(z)=\prod_{j=1}^{v}(1-a_jz^{-1})\cdot(1-z^{-1})^qF(z) \tag{6-16}$$

其中的项数按有波纹设计类似的原则选取，即 $s=v+q$，$p=w+l$，$\phi'(z)=m_1z^{-1}+\cdots+m_sz^{-s}$，$F(z)=1+f_1z^{-1}+\cdots+f_pz^{-p}$。

例如，对被控对象 $G(z)\dfrac{3.679z^{-1}(1+0.718z^{-1})}{(1-z^{-1})(1-3.679z^{-1})}$，针对单位速度输入设计最小拍无波纹控制器，选择

$$\phi(z)=z^{l}\prod_{i=1}^{w}(1-b_iz^{-1})\cdot\phi'(z)=(1+0.718z^{-1})(m_1z^{-1}+m_2z^{-2}) \tag{6-17}$$

$$\phi_e(z)=1-\phi(z)=\prod_{j=1}^{v}(1-a_jz^{-1})(1-z^{-1})qF(z)=(1-z^{-1})^2(1+f_1z^{-1}) \tag{6-18}$$

因此

$$\phi(z)=(1+0.718z^{-1})(1.408z^{-1}+0.825z^{-2})$$

$$D(z)=\frac{0.272(1-0.3679z^{-1})(1.048-0.825z^{-1})}{(1-z^{-1})(1-0.592z^{-1})} \tag{6-19}$$

$$Y(z)=1.41z^{-2}+3z^{-3}+4z^{-4}+5z^{-5}$$

$$M(z)=0.38z^{-1}+0.02z^{-2}+0.09z^{-3}+0.09z^{-4}+\cdots$$

无纹波系统的调整时间比有纹波系统的调整时间增加若干拍，增加的拍数等于 $G(z)$ 在单位圆内的零点数目。

6.3 模糊控制理论

6.3.1 模糊集合及其运算

1. 模糊集合的基本概念

(1) 支撑集 (support)。论域 U 上模糊集 A 的支撑集是一个清晰集，它包含了 U 中所有在 A 上具有非零隶属度值的元素，如图 6.5 所示。

$$\text{supp}A=\{x\mid x\in U,u_A(x)>0\} \tag{6-20}$$

如果一个模糊集合的支撑集为空，则称该模糊集为空模糊集。

(2) α 截集合。模糊集 A 的截集包含所有在 A 上具有大于某一隶属度 α 的模糊集合。

$$A_\alpha = \{x \mid x \in U, u_A(x) \geqslant \alpha\} \tag{6-21}$$

同理,可以定义模糊集的强截集为

$$A_\alpha^{\cdot} = \{x \mid x \in U, u_A(x) > \alpha\} \tag{6-22}$$

(3) 单点 (singleton) 模糊集合。在论域 U 中,若模糊集合 A 的支撑集 A 仅有一个元素 x_0,且 $A(x_0)=1$,则称 A 为单点模糊集合。如图 6.6 所示。单点模糊集合 A 的 Zadeh 表示法为 $A(x)=\dfrac{A(x_0)}{x_0}$。单点模糊集合不仅给出了元素 x_0,而且给出了元素的隶属度 $A(x_0)$,因此,单点模糊集合在模糊控制中特别有用。

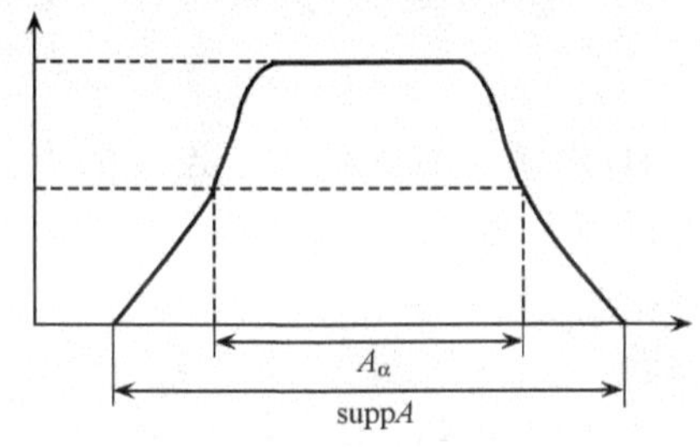

图 6.5　支撑集与 α 截集

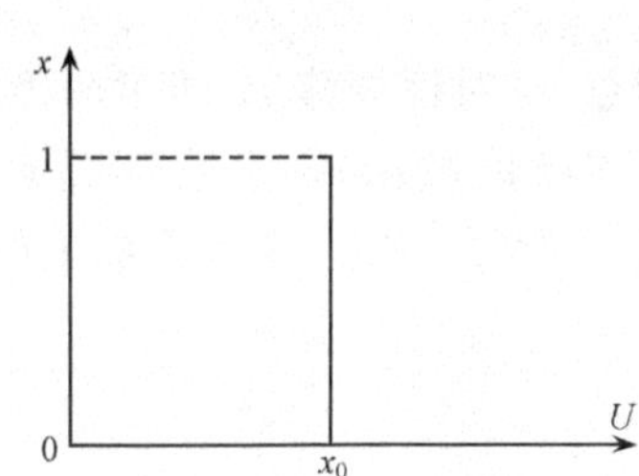

图 6.6　单点模糊集合

(4) 模糊集的高度。模糊集的高度是指 $\max\limits_{x\in U}A(x)$ 在任意点达到最大隶属度的值。

(5) 正则(normal)模糊集。设模糊集合 $A\subset U$,若 $\max\limits_{x\in U}A(x)=1$,则称 A 为 U 上的正则模糊集合。如图 6.7 所示。

(6) 凸模糊集 (collvex)。设 $x_1, x_2, x_3 \in U$,模糊集合 $A\subset R$,且 $x_2=\lambda x_1+(1-\lambda)x_3$,$\lambda\in[0,1]$,若存在 $A(\lambda x_1+(1-\lambda)x_3)\geqslant \min(A(x_1),A(x_3))$ 则称 A 为 U 上的凸模糊集。如图 6.7 所示。

(7) 模糊集的中心(center)。如果模糊集的隶属函数达到其最大值的所有点的均值是有限值,则将该均值定义为模糊集的中心,如果该均值为正(负)无穷大,则将该模糊集的中心定义为所有达到最大隶属值的点中最小(最大)点的值。如图 6.8所示。

2. 模糊集合的表示法

(1) Zadeh 表示法。

离散论域:如果论域 U 中只包含有限个元素,该论域称为离散论域。设离散论域 $U=\{x_1, x_2, \cdots, x_n\}$,$U$ 上的模糊集合 A 可以表示为

$$A = \frac{A(x_1)}{x_1} + \frac{A(x_2)}{x_2} + \cdots + \frac{A(x_n)}{x_n} \tag{6-23}$$

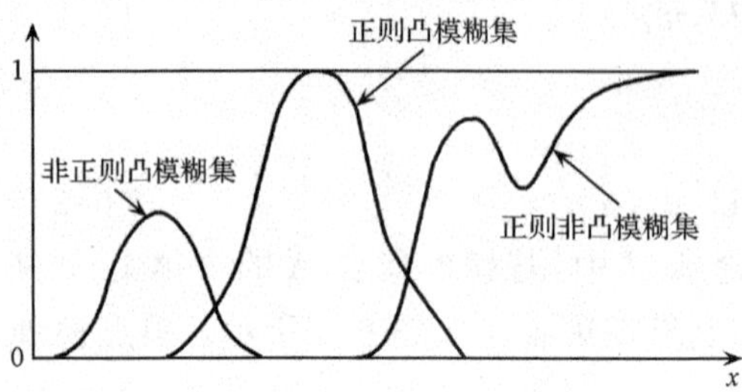

图 6.7　正则、非正则、凸模糊集

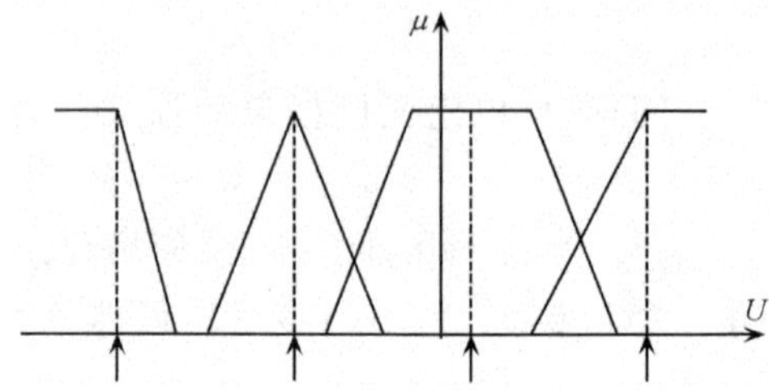

图 6.8　典型模糊集合的中心

式中，$\frac{A(x_i)}{x_i}$ 不是分数；"+"也不是通常意义上的求和运算，只具有符号意义，它表示点 x_i 对模糊集 A 的隶属度是 $A(x_i)$。

连续论域：如果论域 U 是实数域，即 $U \subset \mathbf{R}$，论域中有无数多个连续的点，称该论域为连续论域。连续论域上的模糊集合可以表示为

$$A = \int_{x \in U} \frac{A(x)}{x} \tag{6-24}$$

同样这里"∫"不是积分号，$\frac{A(x)}{x}$ 也不是分数，该式只表示对论域中的每个元素 x 都定义了相应的隶属函数 $A(x)$。

(2) 序偶表示法。

若将论域 U 中元素 x_i 与其对应的隶属函数值 $A(x_i)$ 组成序偶 $(x_i, A(x_i))$ 来表示模糊子集 A 的话，可以写成

$$A = \{(x_1, A(x_1)), (x_2, A(x_2)), \cdots, (x_n, A(x_n))\} \tag{6-25}$$

(3) 向量表示法。

如果单纯的将论域 A 中的元素 x_i 所对应的隶属度值 $A(x_i)$ 按顺序写成的矢量形式来表示模糊子集 A 的话，则可以写成

$$A = (A(x_1), A(x_2), \cdots, A(x_n)) \tag{6-26}$$

例　小张家中有五件电器设备 $\{x_1, x_2, x_3, x_4, x_5\}$，其智能化程度的隶属度分别为 $\mu_A(x_1) = 0.4$、$\mu_A(x_2) = 0.8$、$\mu_A(x_3) = 1.0$、$\mu_A(x_4) = 0.6$、$\mu_A(x_5) = 0.0$。则模糊子集 A 由 Zadeh 表示法记作

$$A = \frac{0.4}{x_1} + \frac{0.8}{x_2} + \frac{1.0}{x_3} + \frac{0.6}{x_4} + \frac{0.0}{x_5}$$

在前面已介绍过了对于 $\text{supp}A = \{x \mid x \in U, u_A(x) > 0\}$ 称为 A 的支撑集，对于隶属度为 0 的元素，认为它不属于此集合，该项表示式可不列入，其表达式为

$$\text{supp}A = \frac{0.4}{x_1} + \frac{0.8}{x_2} + \frac{1.0}{x_3} + \frac{0.6}{x_4}$$

同样，对于一个有限个数的支撑集来说，则写成一般形式为

$$A=\frac{A(x_1)}{x_1}+\frac{A(x_2)}{x_2}+\cdots+\frac{A(x_n)}{x_n}=\sum_{1}^{n}A(x_i)/x_i \tag{6-27}$$

对于上述例子用序偶法可以表示成

$$A=\{(x_1,0.4),(x_2,0.8),(x_3,1.0),(x_4,0.6)\}$$

对于上述例子用向量法可以表示成

$$A=(0.4,0.8,1.0,0.6,0)$$

3. 模糊集合的运算

既然模糊集合是普通集合的推广，那么普通集合的一些性质也可以相应地被扩展到模糊集合中。模糊集合之间运算的定义与普通集合的定义是平行的，是普通集合运算的推广。由于模糊集合中没有点与集合之间的绝对隶属关系，因而其运算的定义只能以隶属函数之间的关系来确定。

两个模糊集合 A 和 B 的包含(containment)、等价(equality)、交集(intersection)、并集(union)和补集(complement)的定义如下。

(1) 一般运算。

设 A,B 是同一论域 U 上的两个模糊集合，它们之间的包含、相等关系定义如下：

A 包含 B，记作 $A\supset B$，有

$$\mu_A(x)\geqslant\mu_B(x),\forall x\in U \tag{6-28}$$

A 等于 B，记作 $A=B$，有

$$\mu_A(x)=\mu_B(x),\forall x\in U \tag{6-29}$$

(2)交、并、补运算。

设 A,B 是同一论域 U 上的两个模糊集合，它们之间的交，并，补运算定义如下：

A 与 B 的交集，记作 $A\cap B$，有

$$\begin{aligned}\mu_{A\cap B}(x)&=\mu_A(x)\wedge\mu_B(x)\\&=\min\{\mu_A(x),\mu_B(x)\},\forall x\in U\end{aligned} \tag{6-30}$$

A 与 B 的并集，记作 $A\cup B$，有

$$\begin{aligned}\mu_{A\cup B}(x)&=\mu_A(x)\vee\mu_B(x)\\&=\max\{\mu_A(x),\mu_B(x)\},\forall x\in U\end{aligned} \tag{6-31}$$

A 的补集，记作 $\bar{A}$，有

$$\mu_{\bar{A}}(x)=1-\mu_A(x),\forall x\in U \tag{6-32}$$

其中，min 和 $\wedge$ 表示取小运算，max 和 $\vee$ 表示取大运算。

模糊集合之间的交和并运算可以推广到 U 上的 n 个模糊集合 $A_1,A_2,\cdots,A_n$，表示为

$$\bigcap_{i=1}^{n} A_i = A_1 \cap A_2 \cap \cdots \cap A_n \quad (6\text{-}33)$$

$$\mu_{\cap A_i} = \bigwedge_{i=1}^{n} \mu_{A_i}(u) = \min\{\mu_{A_i}(u), \mu_{A_2}(u), \cdots, \mu_{A_i}(u)\}, \forall u \in U \quad (6\text{-}34)$$

$$\bigcup_{i=1}^{n} A_i = A_1 \cup A_2 \cup \cdots \cup A_n \quad (6\text{-}35)$$

$$\mu_{\cup A_i} = \bigvee_{i=1}^{n} \mu_{A_i}(u) = \max\{\mu_{A_1}(u), \mu_{A_2}(u), \cdots, \mu_{A_n}(u)\}, \forall u \in U \quad (6\text{-}36)$$

4. 模糊集合的基本运算定律

论域 U 上的模糊全集 E 和模糊空集 Φ 定义如下：

$$\mu_E(u) = 1, \forall u \in U \quad (6\text{-}37)$$

$$\mu_\Phi(u) = 0, \forall u \in U \quad (6\text{-}38)$$

设 A,B,C 是论域 U 上的三个模糊集合，它们的交、并、补运算有下列定律。

恒等律：$A\cup A=A, A\cap A=A$；

交换律：$A\cup B=B\cup A, A\cup B=B\cup A$；

结合律：$(A\cup B)\cup C=A\cup(B\cup C)$；

$(A\cap B)\cap C=A\cap(B\cap C)$；

分配律：$A\cup(B\cap C)=(A\cup B)\cap(A\cup C)$；

$A\cap(B\cup C)=(A\cap B)\cup(A\cap C)$；

吸收律：$(A\cap B)\cup A=A$，

$(A\cup B)\cap A=A$；

同一律：$A\cup E=E, A\cup E=A$，

$A\cup\Phi=A, A\cap\Phi=\Phi$；

复原律：$A=A$；

对偶律：$\overline{A\cup B}=\overline{A}\cap\overline{B}$，

$\overline{A\cap B}=\overline{A}\cup\overline{B}$。

以上八条运算定律，模糊集合和普通集合是完全相同的，但是普通集合的“互补律”对模糊集合却不成立，即

$$A \cup \overline{A} \neq E, A \cap \overline{A} \neq \Phi \quad (6\text{-}39)$$

这是因为模糊集合不具有“非此即彼”或“非真即伪”的特性，也可以说，这是模糊集合带来的本质的特性。

6.3.2 隶属函数

1. 隶属函数的确定

(1) 表示隶属函数的模糊集合必须是凸模糊集合。

一般来说，在一定范围内或一定的条件下，所用语言的语义分析中的模糊概念的隶属度具有相当的稳定性；所以根据专家经验确定的隶属函数就有一定的可信

度，尤其是最大隶属度中心点或区域的确定。然而从最大值向两边模糊延伸点的隶属度就可能差别较大，它们的确定可以根据人们对于实际情况的不同以及经验的不同而不同。以温度为例，要确定“舒适”温度的隶属函数，某人可以根据他自身经验表示如下：

$$M = 0.25/0 + 0.5/10 + 1.0/20 + 0.5/30 + 0.25/40$$

其中 30℃的隶属度可能确定为 0.5，当然你也可以将其隶属度确定为 0.4，甚至可能是 0.6。这从连接各点后经过平滑处理的特征曲线来看，隶属度减小，该曲线就变得尖锐；增大，曲线就平坦。从控制角度看，曲线越平坦，其响应灵敏度和分辨率就越低，但控制平滑性越好；反之亦然。所以这是一种“大处确定，小处含糊”的处理策略。尽管小处可以含糊，但是还必须遵守一条原则，那就是由最大隶属度区域向两边延伸时，其隶属度只能单调递减，而不允许呈波浪形。这实际上是很好理解的，比如把 30℃的隶属度定为 0.5 而把 40℃的隶属度定为 0.6 的话，那就是说，认为 20℃左右是“舒适”温度的情况下，又认为 40℃比 30℃更接近于“舒适”温度，这显然是不合逻辑的。形象地说，这就要求所确定的隶属函数必须是呈单峰馒头形，用数学语言说，就是要求是凸模糊集合，这是第一个要遵守的原则。在实际应用中为了简化计算，常把隶属函数设定成三角形或梯形，这是满足凸模糊集合要求的。

(2) 变量所取隶属函数通常是对称和平衡的。

在模糊系统中，每个语言变量可取多个语言值(语言变量稍后作介绍)。一般情况下，描述变量的语言值安排的越多，即论域中的隶属函数的密度越大，模糊控制系统的分辨率就越高，其控制相应的结果就越平滑；同时计算时间也大大增大。反之则会出现相反的效果，甚至有时候系统输入会在希望值附近振荡。经实践证明，变量的语言值取奇数个，在零或正常作用集合两边语言值的隶属函数经常取对称和平衡的。这就是说，设计了变量“温度”的模糊区域“低”，那么一般就有相应的模糊区域“高”与之对应，这也符合人的正常思维。

(3) 隶属函数要遵循语意顺序和避免不恰当的重叠。

在相同论域上使用的具有语义顺序关系的若干语言值的模糊集合，其排列一定要遵循语意顺序排列，不能违背常识和经验，例如把“暖”和“热”的位置对调一下就不适合了；同时由中心值向两边延伸的范围也有限制，间隔的两个模糊集合的隶属函数不能相交重叠，这显然与人的感觉相矛盾。在一个模糊控制系统中，隶属函数之间的重叠程度直接影响着系统的性能。在一个极端，如果隶属函数没有重叠，该模糊系统就退化为一般的基于布尔逻辑的系统。当有多个隶属函数相重叠时，给一个确切的输入值，就会同时激活多个规则。隶属函数之间不恰当的重叠，就可能最终导致模糊控制系统产生随意的混乱行为，所以确定隶属函数的第三个原则是间隔的模糊集合不要交叉越界。在大多数实用的例子中，都采用相同斜率的三角形以避免产生交叉越界现象。

(4) 确定模糊控制系统隶属函数的原则意见。

① 论域中的每个点应该属于至少一个隶属函数的区域，同时它一般应该属于至多不超过两个隶属函数的区域。

② 对同一个输入没有两个隶属函数会同时有最大隶属度。

③ 当两个隶属函数重叠时，重叠部分对两个隶属函数的最大隶属度不应该有交叉。

④ 当两个隶属函数重叠时，重叠部分任何点的隶属函数的和应该小于等于1。

2. 常用的隶属函数

常用的隶属函数有三角形、梯形和正态形3种。

(1) 三角形隶属函数(图6.9(a))。

$$\mu_A(x)=\begin{cases}(x-a)/(b-a), & a\leqslant x\leqslant b\\(c-x)/(c-b), & b<x\leqslant c\\0, & x<a \text{ 或 } x>c\end{cases} \tag{6-40}$$

(2) 梯形隶属函数(图6.9(b))。

$$\mu_A(x)=\begin{cases}0, & x<a\\(x-a)/(b-a), & a\leqslant x<b\\1, & b\leqslant x\leqslant c\\(d-x)/(d-c), & c<x\leqslant d\\0, & x>d\end{cases} \tag{6-41}$$

(3) 正态形(高斯)隶属函数(图6.9(c))。

$$\mu_A(x)=\mathrm{e}^{-\left(\frac{x-a}{b}\right)^2} \tag{6-42}$$

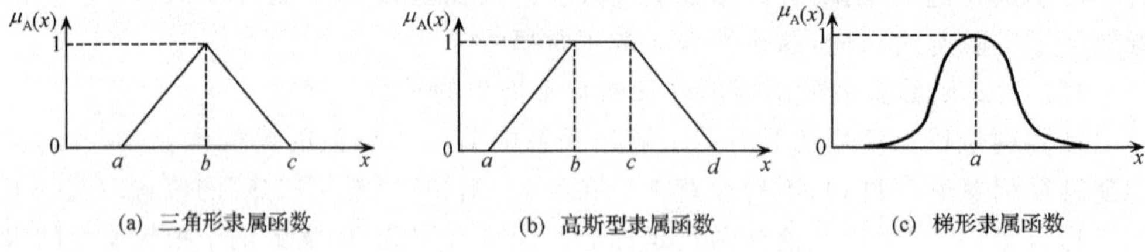

图6.9　隶属函数的三种形态

6.3.3 模糊矩阵的定义及其运算

1. 模糊矩阵

如果对任意的$i\leqslant n$及$j\leqslant m$，都有$r_{ij}\in[0,1]$，则称$\boldsymbol{R}=(r_{ij})_{n\times m}$为模糊矩阵。

通常以 $\mu_{n\times m}$ 表示全体 n 行 m 列的模糊矩阵。

2. 模糊矩阵的基本运算

模糊矩阵的运算亦类似于模糊集合的运算可分为一般运算和交、并、补运算。

(1) 一般运算。

对任意 $\boldsymbol{R},\boldsymbol{S}\in\mu_{n\times m}$，$\boldsymbol{R}=(r_{ij})_{n\times m}$，$\boldsymbol{S}=(s_{ij})_{n\times m}$

如果 $r_{ij}\leqslant s_{ij}(i=1,2,\cdots,n;j=1,2,\cdots,m)$，则称模糊矩阵 $\boldsymbol{R}$ 被模糊矩阵 $\boldsymbol{S}$ 包含，记为 $\boldsymbol{R}\subseteq\boldsymbol{S}$。

如果 $r_{ij}=s_{ij}(i=1,2,\cdots,n;j=1,2,\cdots,m)$，则称模糊矩阵 $\boldsymbol{R}$ 和模糊矩阵 $\boldsymbol{S}$ 相等。

(2) 交、并、补运算。

模糊矩阵的交：$\boldsymbol{R}\cap\boldsymbol{S}=(r_{ij}\vee s_{ij})_{n\times m}$

模糊矩阵的并：$\boldsymbol{R}\cup\boldsymbol{S}=(r_{ij}\wedge s_{ij})_{n\times m}$

模糊矩阵的补：$\boldsymbol{R}^c=(1-r_{ij})_{n\times m}$

3. 模糊关系

(1) 笛卡儿积。

普通关系是建立在经典集合的笛卡儿积的基础上的。设 A 和 B 为论域 U 上的经典集合，$x\in A$，$y\in B$，则由 U 上的序偶 (x,y) 所构成的集合称为集合 A 和 B 的笛卡儿积，亦称叉积或直积。记作

$$A\times B=\{(x,y)\mid x\in A,y\in B\} \tag{6-43}$$

可见，笛卡儿积是所有序偶 (x,y) 的全体所构成的集合。笛卡儿积可以用矩阵表示，设 $A=\{x_1,x_2,\cdots,x_n\}$，$B=\{y_1,y_2,\cdots,y_n\}$，则笛卡儿积 $A\times B$ 为

$$A\times B=\begin{bmatrix}(x_1,y_1) & (x_1,y_2) & \cdots & (x_1,y_n)\\ (x_2,y_1) & (x_2,y_2) & \cdots & (x_2,y_n)\\ \vdots & \vdots & \vdots & \vdots\\ (x_n,y_1) & (x_n,y_2) & \cdots & (x_n,y_n)\end{bmatrix} \tag{6-44}$$

(2) 笛卡儿积的性质。

① 在笛卡儿积 $A\times B$ 中，每个元素分别含 A 的元素和 B 的元素，且 A 的元素在前，B 的元素在后。

② 笛卡儿积不满足交换律和结合律，即因为 $(x,y)\neq(y,x)$，因此

$$A\times B\neq B\times A;(A\times B)\times C\neq A\times(B\times C) \tag{6-45}$$

③ 任一集合可以对自己求笛卡儿积。

④ 两个集合的笛卡儿积可以扩展到多个集合的笛卡儿积，如

$$A\times B\times C=\{(x,y,z)\mid x\in A,y\in B,z\in C\} \tag{6-46}$$

⑤ 特别对于三个集合的笛卡儿积，则具有如下性质：

ⅰ 若 $A=\Phi$ 或 $B=\Phi$，则 $A\times B=\Phi$。

ⅱ $A\times(B\cup C)=(A\times B)\cup(A\times C)$；$A\times(B\cap C)=(A\times B)\cap(A\times C)$；
$(A\cup B)\times C=(A\times C)\cup(B\times C)$；$(A\cap B)\times C=(A\times C)\cap(B\times C)$。

(3) 关系的定义。

对于任意 n 个非模糊集 $A_1,A_2,\cdots,A_n$ 的笛卡儿积 $A_1\times A_2\times\cdots\times A_n$ 是所有 n 对有序对 $(x_1,x_2,\cdots,x_n)$ 的非模糊集合，其中 $x_i\in A_i\{i\in(,2,\cdots,n)\}$；即

$$A_1\times A_2\times\cdots\times A_n=\{(x_1,x_2,\cdots,x_n)\mid x_i\in A_i\} \tag{6-47}$$

集合 $A_1,A_2,\cdots,A_n$ 中的一个(非模糊)关系是笛卡儿积 $A_1\times A_2\times\cdots\times A_n$ 上的一个模糊子集。即若用 $R(A_1,A_2,\cdots,A_n)$ 表示 $A_1,A_2,\cdots,A_n$ 中的一个关系，则

$$R(A_1,A_2,\cdots,A_n)\subset A_1,A_2,\cdots,A_n \tag{6-48}$$

4. 模糊关系的定义及其表示

模糊关系是定义在清晰集 $U_1,U_2,\cdots,U_n$ 的笛卡儿积空间 $U_1\times U_2\times\cdots\times U_n$ 上的模糊集合，它表示为

$$R_{U_1\times U_2\times\cdots\times U_n}=\{((u_1,u_2,\cdots,u_n),\mu_R(u_1,u_2,\cdots,u_n))\mid u_i\in U_i\} \tag{6-49}$$

其中

$$\mu_R:U_1\times U_2\times\cdots\times U_n\to[0,1]$$

通常用得较多的是 $n=2$ 时的模糊关系，又称为二元模糊关系。

应当指出，模糊关系也是模糊集合，所以可用表示模糊集合的方法来表示。通常当 x,y 为有限集合时，一般用模糊矩阵来表示。在这个矩阵中的元素是相应有序对属于该模糊关系的隶属度值。

(1) 模糊集表示法。

当 $A\times B$ 为有限域时，二元模糊关系 $\boldsymbol{R}$ 的模糊集表示方法为

$$\boldsymbol{R}=\int_{A\times B}\mu_R(x,y)/(x,y),\quad x\in A,y\in B \tag{6-50}$$

同样，n 元模糊关系可以表示为

$$\boldsymbol{R}=\int_{x_1\times x_2\times\cdots\times x_n}\mu_R(x_1,x_2,\cdots,x_n)/(x_1,x_2,\cdots,x_n),\quad x_i\in A_i \tag{6-51}$$

(2) 模糊矩阵表示法。

模糊矩阵通常用来表示二元模糊关系，并可进行相应运算。

设 $A=\{x_1,x_2,\cdots,x_n\}$，$B=\{y_1,y_2,\cdots,y_m\}$ 为有限集合，$A\times B$ 上的模糊关系 R 可用 $n\times m$ 阶矩阵来表示：

$$
\boldsymbol{R}=\begin{bmatrix} \mu_R(x_1,y_1) & \mu_R(x_1,y_2) & \cdots & \mu_R(x_1,y_m) \\ \mu_R(x_2,y_1) & \mu_R(x_2,y_2) & \cdots & \mu_R(x_2,y_m) \\ \vdots & \vdots & & \vdots \\ \mu_R(x_n,y_1) & \mu_R(x_n,y_2) & \cdots & \mu_R(x_n,y_m) \end{bmatrix} \tag{6-52}
$$

这样的矩阵称为模糊关系矩阵。由于其元素均为隶属函数，因此它们均在[0,1]中取。

5. 模糊关系的合成

下面介绍模糊关系的合成运算，它在模糊控制中有着很重要的应用。

设 R 是 $X\times Y$ 中的模糊关系，S 是 $Y\times Z$ 中的模糊关系，定义 R 和 S 的合成 $R\circ S$ 是 $X\times Z$ 中的模糊关系，其隶属函数为

$$
\mu_{R\circ S}(x,z)=\bigvee_{y\in Y}\left[\mu_R(x,y)\times\mu_S(y,z)\right] \tag{6-53}
$$

式中 $x\in X$；$y\in Y$；$z\in Z$。显然，$R\circ S$ 是 $X\times Z$ 上的一个模糊集合。

由定义所表示的模糊关系合成，通常称为 $\vee$-$\times$ 合成运算。最常用的两种关系合成就是最大-最小（max-min）合成和最大-代数积（max-product）合成，它们的定义如下：

$$
\mu_{R\circ S}(x,z)=\bigvee_{y\in Y}\left[\mu_R(x,y)\wedge\mu_S(y,z)\right] \tag{6-54}
$$

$$
\mu_{R\circ S}(x,z)=\bigvee_{y\in Y}\left[\mu_R(x,y)\cdot\mu_S(y,z)\right] \tag{6-55}
$$

其中，最大-最小合成法，在写出矩阵乘积 RS 中的每个元素，只不过把每个乘积运算看作一个 min 运算，每个求和运算看作一个 max 运算；最大-代数积合成法，在写出矩阵乘积 RS 中的每个元素，只不过把每个求和运算看作一个 max 运算。即当 x，y 和 z 是离散的有限论域时，$\vee$-$\wedge$，$\vee$-$\cdot$ 可分别用 max - min 和 max - $\cdot$ 来替换。

例设模糊关系 $\boldsymbol{R}\in X\times Y$，$\boldsymbol{S}=Y\times Z$，$\boldsymbol{T}=X\times Z$，且模糊关系 $\boldsymbol{R}$ 和 $\boldsymbol{S}$ 分别为

$\boldsymbol{R}=\begin{bmatrix} 0.7 & 0.5 & 0 \\ 1.0 & 0 & 0 \\ 0 & 1.0 & 0 \\ 0 & 0.4 & 0.3 \end{bmatrix}$，$\boldsymbol{S}=\begin{bmatrix} 0.6 & 0.8 \\ 0 & 1.0 \\ 0 & 0.9 \end{bmatrix}$，试用上述两种合成方法求解 $\boldsymbol{T}$ 的合成关系。

解：

（1）最大-最小合成法。

$$
\boldsymbol{T}=\boldsymbol{R}\circ\boldsymbol{S}=\bigvee_{y\in Y}\left[\mu_R(x,y)\wedge\mu_S(y,z)\right]=\begin{bmatrix} 0.7 & 0.5 & 0 \\ 1.0 & 0 & 0 \\ 0 & 1.0 & 0 \\ 0 & 0.4 & 0.3 \end{bmatrix}\circ\begin{bmatrix} 0.6 & 0.8 \\ 0 & 1.0 \\ 0 & 0.9 \end{bmatrix}
$$

$$=\begin{bmatrix} (0.7\wedge 0.6)\vee(0.5\wedge 0)\vee(0\wedge 0) & (0.7\wedge 0.8)\vee(0.5\wedge 1.0)\vee(0\wedge 0.9) \\ (1.0\wedge 0.6)\vee(0\wedge 0)\vee(0\wedge 0) & (1.0\wedge 0.8)\vee(0\wedge 1.0)\vee(0\wedge 0.9) \\ (0\wedge 0.6)\vee(0\wedge 0)\vee(0\wedge 0) & (0\wedge 0.8)\vee(1.0\wedge 1.0)\vee(0\wedge 0.9) \\ (0\wedge 0.6)\vee(0.4\wedge 0)\vee(0.3\wedge 0) & (0\wedge 0.8)\vee(0.4\wedge 1.0)\vee(0\wedge 0.9) \end{bmatrix}$$

$$=\begin{bmatrix} 0.6 & 0.7 \\ 0.6 & 0.8 \\ 0 & 1 \\ 0 & 0.4 \end{bmatrix}$$

(2) 最大-代数积合成法。

$$\boldsymbol{T}=\boldsymbol{R}\circ\boldsymbol{S}=\bigvee_{y\in Y}\left[\mu_R(x,y)\cdot\mu_S(y,z)\right]=\begin{bmatrix} 0.7 & 0.5 & 0 \\ 1.0 & 0 & 0 \\ 0 & 1.0 & 0 \\ 0 & 0.4 & 0.3 \end{bmatrix}\circ\begin{bmatrix} 0.6 & 0.8 \\ 0 & 1.0 \\ 0 & 0.9 \end{bmatrix}$$

$$=\begin{bmatrix} (0.7\cdot 0.6)\vee(0.5\cdot 0)\cdot(0\cdot 0) & (0.7\cdot 0.8)\vee(0.5\cdot 1.0)\vee(0\cdot 0.9) \\ (1.0\cdot 0.6)\vee(0\cdot 0)\vee(0\cdot 0) & (1.0\cdot 0.8)\vee(0\cdot 1.0)\vee(0\cdot 0.9) \\ (0\cdot 0.6)\vee(0\cdot 0)\vee(0\cdot 0) & (0\cdot 0.8)\vee(1.0\cdot 1.0)\vee(0\cdot 0.9) \\ (0\cdot 0.6)\vee(0.4\cdot 0)\vee(0.3\cdot 0) & (0\cdot 0.8)\vee(0.4\cdot 1.0)\vee(0\cdot 0.9) \end{bmatrix}$$

$$=\begin{bmatrix} 0.42 & 0.56 \\ 0.6 & 0.8 \\ 0 & 1 \\ 0 & 0.4 \end{bmatrix}$$

6.3.4 模糊逻辑与模糊推理

1. 模糊语言算子

通常在模糊语言前面加上“极”、“非”、“相当”、“比较”、“略”、“稍微”等修饰词，这类用于加强或减弱语气的词可视为一种模糊算子，用于表达模糊值的肯定程度。其中“极”、“非”、“相当”称为集中化算子。“比较”、“略”、“稍微”称为散漫化算子，两者统一称为语气算子。这类修饰词改变了该模糊语言的含义，其相应的隶属度也要改变。

为了规范语气算子的意义，扎德曾对此作了如下约定：用 H_λ 作为语气算子来定量描述模糊值。若模糊值为 A，则把 H_λ 定义成

$$H_\lambda A=A^\lambda \tag{6-56}$$

H_4 代表“极”或者“非常非常”，其意义是对描述的模糊值求 4 次方；H_2 代表

“很”或者“非常”，其意义是对描述的模糊值求 2 次方；$H_{0.5}$ 代表“较”或者“相当”，其意义是对描述的模糊值 0.5 次方；$H_{0.25}$ 代表“稍”或者“略微”，其意义是对描述的模糊值求 0.25 次方。

由于隶属函数的取值范围在闭区间[0,1]，由于集中化算子的幂乘运算的幂次大于 1，故乘方运算后变小，即隶属函数曲线趋于尖锐化，而且幂次越高，越尖锐，如图 6.10 所示；相反，松散化算子的幂次小于 1，乘方运算后变大，隶属函数曲线趋于平坦化，幂次越高越平坦。如图 6.11 所示。

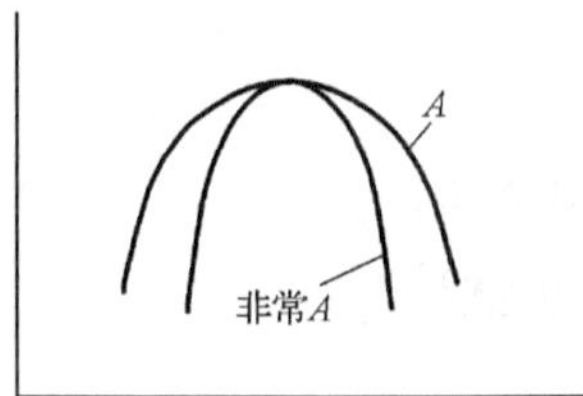

图 6.10　集中化算子的强化作用

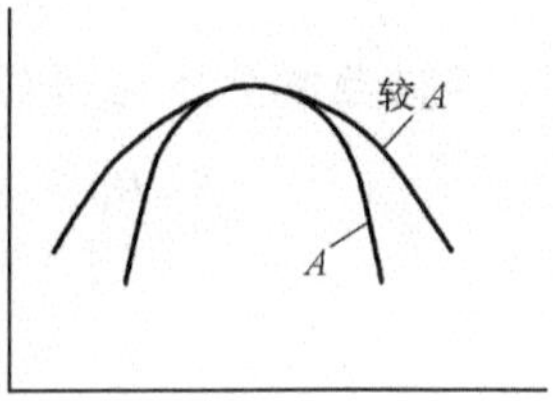

较A
A

图 6.11　松散化算子的强化作用

例如，设原来的模糊语言 A，其隶属函数为 μ_A，则通常有

$$\mu_{极A}=\mu_A^4,\mu_{非常A}=\mu_A^2,\quad \mu_{较A}=\mu_A^{0.5},\mu_{稍微A}=\mu_A^{0.25}$$

2. 蕴涵关系

定义：设 A,B 分别表示 X 和 Y 上的两个模糊集合，则由 $A\to B$ 所表示的模糊蕴涵是 X 到 Y 上的一个模糊关系，即定义在 $X\times Y$ 上的一个二元模糊集。

在模糊控制中，模糊模型是由模糊控制规则构成的，而模糊控制规则的实质就是模糊蕴涵关系。在模糊逻辑控制中，由于模糊关系有许多种定义方法，所以，模糊蕴涵关系相应得也有许多定义方法，在模糊逻辑控制中，常用到如下几种模糊蕴涵关系的运算。

（1）模糊蕴涵最小运算（Mamdani）。

$$R_c=A\to B=A\times B=\int_{X\times Y}\frac{\mu_A(x)\wedge\mu_B(y)}{(x,y)}\tag{6-57}$$

对于有限集 $A=\{\mu_A(x_1),\mu_A(x_2),\cdots,\mu_A(x_m)\}$，$B=\{\mu_B(y_1),\mu_B(y_2),\cdots,\mu_A(y_n)\}$，有

$$R_c=A\to B=A\times B=A^{\mathrm{T}}\wedge B=\begin{bmatrix}\mu_A(x_1)\wedge\mu_B(y_1) & \cdots & \mu_A(x_1)\wedge\mu_B(y_n)\\ \vdots & \vdots & \vdots\\ \mu_A(x_m)\wedge\mu_B(y_1) & \cdots & \mu_A(x_m)\wedge\mu_B(y_n)\end{bmatrix}\tag{6-58}$$

（2）模糊蕴涵积运算（Larsen）。

$$\boldsymbol{R}_{\mathrm{p}} = A \rightarrow B = A \times B = \int_{X \times Y} \frac{\mu_A(x)\mu_B(y)}{(x,y)} \tag{6-59}$$

对于有限集 $A = \{\mu_A(x_1), \mu_A(x_2), \cdots, \mu_A(x_m)\}$，$B = \{\mu_B(y_1), \mu_B(y_2), \cdots, \mu_A(y_n)\}$，有

$$\boldsymbol{R}_{\mathrm{P}} = A \rightarrow B = A \times B = A^{\mathrm{T}} \wedge B = \begin{bmatrix} \mu_A(x_1)\mu_B(y_1) & \cdots & \mu_A(x_1)\mu_B(y_n) \\ \vdots & \vdots & \vdots \\ \mu_A(x_m)\mu_B(y_1) & \cdots & \mu_A(x_m)\mu_B(y_n) \end{bmatrix} \tag{6-60}$$

（3）模糊蕴涵算术运算（Zadeh）。

$$\begin{aligned} \boldsymbol{R}_{\alpha} &= A \rightarrow B = (\bar{A} \times Y) \oplus (X \times B) \\ &= \int_{X \times Y} \frac{1 \wedge (1 - \mu_A(x) + \mu_B(y))}{(x,y)} \end{aligned} \tag{6-61}$$

（4）模糊蕴涵最大最小运算（Zadeh）。

$$\begin{aligned} \boldsymbol{R}_{\mathrm{m}} &= A \rightarrow B = (A \times B) \cup (\bar{A} \times Y) \\ &= \int_{X \times Y} \frac{(\mu_A(x) \wedge \mu_B(y)) \vee (1 - \mu_A(x))}{(x,y)} \end{aligned} \tag{6-62}$$

（5）模糊蕴涵布尔运算。

$$\begin{aligned} \boldsymbol{R}_{\mathrm{m}} &= A \rightarrow B = (\bar{A} \times Y) \cup (X \times B) \\ &= \int_{X \times Y} \frac{(1 - \mu_A(x)) \vee \mu_B(y)}{(x,y)} \end{aligned} \tag{6-63}$$

除上述 5 种模糊蕴涵关系运算方法外，还有其他定义方法，这里不再赘述。但无论哪种方法，其推理结果必须符合人们的直观判据，不能出现相反的推理结果，实践证明在上述五种蕴涵关系运算中，只有 R_{c} 和 R_{p} 的推理结果较满足人们的直观判据。

6.3.5 模糊推理的方式

1. 推理模型

在形式逻辑中，我们经常使用三段论式的演绎推理，即由大前提、小前提和结论构成的推理。这种推理可以写成如下模型。

大前提：如果 X 是 A，则 Y 是 B；

小前提：X 是 A；

结论：则 Y 是 B。

在这种推理过程中，如果大前提中的“A”与小前提的“A”是完全一样的，则结论必然是“B”，这即是二值逻辑的本质。在这种推理过程中，不管“A”与“B”代表

什么，推理是普遍适用的。目前的计算机就是基于这种形式逻辑推理进行设计和工作的。如果大前提中的“A”与小前提的“A”不一致，形式逻辑就无法再进行推理，因此计算机也无法进行推理。

但是在这种情况下，人是可以进行思维和推理的。关于模糊推理可以概括成以下几个模型。

(1) 单输入单输出模糊推理模型。

大前提：如果 X 是 A，则 Y 是 B；

小前提：X 是 A'；

结论：则 Y 是 B'。

其中，A 和 A' 是 X 上的模糊集；B 和 B' 是 Y 上的模糊集。

(2) 多规则、单输入单输出模糊推理模型。

大前提 1：如果 X 是 A_1，则 Y 是 B_1；

大前提 2：如果 X 是 A_2，则 Y 是 B_2；

⋮

大前提 m：如果 X 是 A_m，则 Y 是 B_m；

小前提：X 是 A'；

结论：则 Y 是 B'。

其中，$A(i=1,2,\cdots,m)$ 和 A' 是 X 上的模糊集，B 和 B' 是 Y 上的模糊集。

(3) 多输入单输出模糊推理模型。

大前提：如果 X_1 是 A_1 且 X_2 是 A_2 且 X_n 是 A_n，则 Y 是 B_1；

小前提：X_1 是 A'_1 且 X_2 是 A'_2 且 X_n 是 A'_n；

结论：则 Y 是 B'。

其中，A_i 和 $A'_i(i=1,2,\cdots,n)$ 是 X 上的模糊集，B 和 B' 是 Y 上的模糊集。

(4) 多规则、多输入单输出模糊推理模型。

大前提 1：如果 X_1 是 A_{11} 且 X_2 是 A_{12} 且 X_n 是 A_{1n}，则 Y 是 B_1，

大前提 2：如果 X_1 是 A_{21} 且 X_2 是 A_{22} 且 X_n 是 A_{2n}，则 Y 是 B_2，

⋮

大前提 m：如果 X_1 是 A_{m1} 且 X_2 是 A_{m2} 且 X_n 是 A_{mn}，则 Y 是 B_m；

小前提：X_1 是 A'_1 且 X_2 是 A'_2 且 X_n 是 A'_n；

结论：则 Y 是 B'。

其中，A_{ji} 和 $A'_i(i=1,2,\cdots,n)$ 是 X 上的模糊集，B 和 B' 是 Y 上的模糊集 $(i=1,2,\cdots,n;j=1,2,\cdots,m)$。

2. 推理方法

为了解决模糊推理的实现，必须首先处理以下两个问题。

问题 1：模糊关系的生成规则，设 A 是 X 上的模糊集，B 是 Y 上的模糊集。根

据模糊推理的大前提条件，确定模糊关系 $R(x,y)="A\to B"(x,y)$。

问题 2：模糊推理的合成规则，即由模糊关系 $R(x,y)="A\to B"(x,y)$ 和小前提中的模糊集 A'，得到 Y 上的模糊集 B'，即 $B'=A'\circ R$。

下面就前面所述的五种模糊推理模型分别给出一般的推理方法。

(1) 单输入但输出模糊推理模型。

由模糊推理大前提条件 $A\to B$，确定模糊关系 $R(x,y)=\mu_{A\times B}(x,y)$。利用小前提条件 A'。确定结论中模糊集 B' 为

$$B'=A'\circ R \tag{6-64}$$

其模糊隶属函数为

$$\mu_{B'}(y)=\bigvee_{x\in X}[\mu_{A'}(x)*\mu_{A\times B}(x,y)] \tag{6-65}$$

在模糊控制中，蕴涵关系经常取为

$$\mu_{A\times B}(x,y)=\mu_A(x)\wedge\mu_B(y) \tag{6-66}$$

或

$$\mu_{A\times B}(x,y)=\mu_A(x)\cdot\mu_B(y) \tag{6-67}$$

而“ * ”算子通常取为取小“ ∧ ”或乘积“ · ”运算，即

$$\mu_{A'}(x)*\mu_{A\times B}(x,y)=\mu_{A'}(x)\wedge\mu_{A\times B}(x,y) \tag{6-68}$$

或

$$\mu_{A'}(x)*\mu_{A\times B}(x,y)=\mu_{A'}(x)\cdot\mu_{A\times B}(x,y) \tag{6-69}$$

(2) 多规则单输入单输出模糊推理模型。

由第 i 个模糊推理规则 $A_i\to B_i$，确定第 i 个模糊关系 $R_i(x,y)=\mu_{A_i\times B_i}(x,y)$。总的模糊关系为

$$R=\bigcup_{i=1}^{m}R_i \tag{6-70}$$

或

$$R(x,y)=\bigvee_{i=1}^{m}R_i(x,y) \tag{6-71}$$

利用小前提条件 A'，确定结论中的模糊集 B' 为

$$B'=A'\circ R=A'\circ\bigcup_{i=1}^{m}R_i=\bigcup_{i=1}^{m}A'\circ R_i \tag{6-72}$$

其模糊隶属函数为

$$\mu_{B'}(y)=\bigvee_{x\in X}[\mu_{A'}(x)*R(x,y)] \tag{6-73}$$

$$\mu_{B'}(y)=\bigvee_{x\in X}[\mu_{A'}(x)*\bigwedge_{i=1}^{m}\mu_{A_i\times B_i}(x,y)] \tag{6-74}$$

假如模糊关系取小“ ∧ ”或乘积“ · ”，“ * ”算子取小“ ∧ ”，则

$$\mu_{B'}(y)=\bigvee_{x\in X}[\mu_{A'}(x)\wedge(\bigvee_{i=1}^{m}\mu_{A_i}(x)\wedge\mu_{B_i}(y))] \tag{6-75}$$

或

$$\mu_{B'}(y)=\bigvee_{x\in X}\left[\mu_{A'}(x)\wedge\left(\prod_{i=1}^{m}\mu_{A_i}(x)\mu_{B_i}(y)\right)\right] \tag{6-76}$$

(3) 多输入单输出模糊推理模型。

由模糊推理规则的大前提条件 $A_1,A_2,\cdots,A_n\rightarrow B$ 生成多元模糊关系 $R(x_1,x_2,\cdots,x_n,y)=\mu_{A_1\times A_2\times\cdots\times A_n\times B}(x_1,x_2,\cdots,x_n,y)$。利用小前提条件 $A'_1,A'_2,\cdots,A'_n$ 确定 $X_1\times X_2\times\cdots\times X_n$ 上一个模糊集合 A'，其模糊隶属函数为 $\mu_{A'_1\times A'_2\times\cdots\times A'_n}(x_1,x_2,\cdots,x_n)$，由此确定结论中的模糊集 B' 为

$$B'=A'\circ R \tag{6-77}$$

记 $x=(x_1,x_2,\cdots,x_n)$，B' 的模糊隶属函数为

$$\mu_{B'}(y)=\bigvee_{x\in X}[\mu_{A'}(x)\times\mu_{A_1\times A_2\times\cdots\times A_n\times B(x,y)}] \tag{6-78}$$

则

$$B'(y)=\bigvee_{x\in X}[\prod_{i=1}^{n}\mu_{A'_i}(x_i)\times\prod_{i=1}^{n}\mu_{A_i}(x_i)\times B(y)] \tag{6-79}$$

(4) 多规则、多输入单输出模糊推理模型。

由第 i 条模糊推理规则的大前提条件 $A_{i1},A_{i2},\cdots,A_{in}\rightarrow B_i$，生成一个多元模糊关系 $R_i(x_1,x_2,\cdots,x_n,y)=\mu_{A_{i1}\times A_{i2}\times\cdots\times A_{in}\times B_i}(x_1,x_2,\cdots,x_n,y)$，总的模糊关系为

$$R=\bigcup_{i=1}^{m}R_i \tag{6-80}$$

其模糊隶属函数为

$$R(x,y)=\bigvee_{i=1}^{m}R_i(x,y) \tag{6-81}$$

利用小前提条件 A'，确定结论中的模糊集 B' 为

$$B'=A'\circ R=A'\circ\bigcup_{i=1}^{m}R_i=\bigcup_{i=1}^{m}A'\circ R_i \tag{6-82}$$

其模糊隶属函数为

$$\mu_{B,}(y)=\bigvee_{x\in X}[\mu_{A'}(x)*R(x,y)] \tag{6-83}$$

或

$$\mu_{B'}(y)=\bigvee_{x\in X}[\mu_{A'}(x)*\bigvee_{i=1}^{m}\mu_{A_i\times B_i}(x,y)] \tag{6-84}$$

如果模糊关系取小“∧”，“∗”算子取小“∧”，则

$$\mu_{B'}(y)=\bigvee_{x\in X}[\mu_{A'}(x)\wedge(\bigvee_{i=1}^{n}\mu_{A_i}(x)\wedge\mu_{B_i}(y))] \tag{6-85}$$

如果模糊集 A' 的隶属函数取为

$$\mu_{A'}(x)=\mu_{A'_1}(x)\cdot\mu_{A'_2}(x_2)\cdots\mu_{A'_n}(x_n) \tag{6-86}$$

则

$$\mu_{B'}(y)=\bigvee_{x\in x}\left[\prod_{i=1}^{m}\mu_{A'_i}(x_i)\wedge(\bigvee_{i=1}^{n}\mu_{A_i}(x)\wedge\mu_{B_i}(y))\right] \tag{6-87}$$

3. 模糊推理的性质

当 A 和 B 的离散点增加，或输入量增加时，则所得到的 R 将越来越复杂，从而增加了计算难度，下面给出三个可以简化推理计算的性质，具体证明略。

(1) 性质 1。若合成运算“∘”采用最大-最小法或最大-代数积法，规则之间采用求“并”法，则“∘”和“并”的运算次序可以交换，即

$$(A'\text{and}B')\circ\bigcup_{i=1}^{n}R_i=\bigcup_{i=1}^{n}(A'\text{and}B')\circ R_i \tag{6-88}$$

性质1是把前件与总蕴涵关系的合成转化成前件与各条规则关系的合成，然后求并，实现了对总蕴涵关系 R 的分解。

(2) 性质 2。若模糊蕴涵关系采用 R_c 和 R_p，则有

$$(A'\text{and}B')\circ(A_i\text{and}B_i\rightarrow C_i)=[A'\circ(A_i\rightarrow C)]\cap[B'\circ(B_i\rightarrow C)] \tag{6-89}$$

性质 2 将前件与各条规则关系的合成分解成前件中不同模糊集与其相应关系的合成，然后求交，实现对每一条规则的分解。

(3) 性质 3。对于 $C'=(A'\text{and}B')\circ[(A_i\text{and}B_i)\rightarrow C_i]$ 的推理结果可以用下式表示：

当采用 R_c 时

$$\mu_{C_1'}(z)=\alpha_i\wedge\mu_{C_i'}(z) \tag{6-90}$$

当采用 R_p 时

$$\mu_{C_i'}(z)=\alpha_i\mu_{C_i'}(z) \tag{6-91}$$

其中

$$\alpha_i=[\max_x(\mu_{A'}(x)\wedge\mu_{A_i}(x))]\wedge[\max_y(\mu_{B'}(y)\wedge\mu_{B_i}(y))] \tag{6-92}$$

性质 3 中 α_i 可以看成是第 i 条规则的加权因子。

6.3.6 模糊控制器

1. 模糊控制器的设计结构(图 6.12)

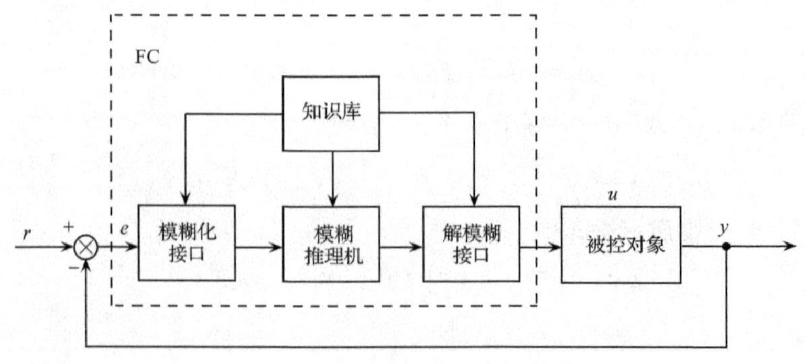

图 6.12 模糊控制器基本原理图

模糊控制的基本原理可由上图表示，它的核心部分为模糊控制器，如图中的虚线框中部分所示。

（1）一维模糊控制器。

一维模糊控制器的输入变量往往选择为被控变量的实测值和给定值之间的变差 E，如图 6.13(a)所示，由于仅仅采用偏差值，很难反映被控对象的动态特性品质，因此，所能获得的系统动态性能是不能令人满意的。一维模糊控制器用于一阶被控对象。

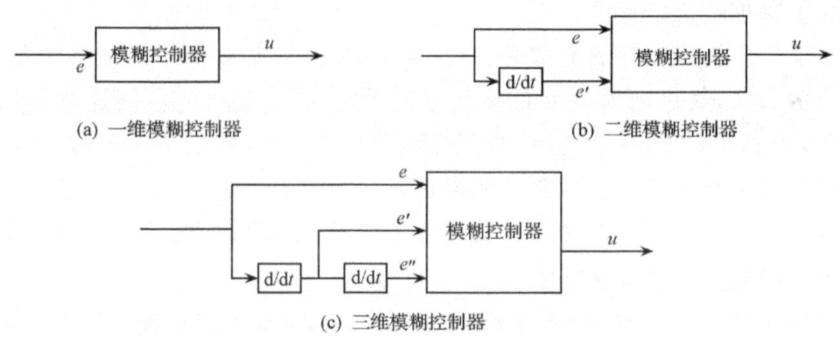

图 6.13　几种形式的模糊控制器

（2）二维模糊控制器。

二维模糊控制器的两个输入基本上都选用被控变量及其给定的偏差 E 和偏差变化 E' 如图 6.13(b)所示，由于它能够比较严格地反映被控系统中输出变量的动态特性，因此在控制效果上要比一维模糊控制器好得多。目前被广泛采用的均为二维模糊控制器。

（3）三维模糊控制器。

三维模糊控制器的三个输入变量为给定值的偏差 E 和偏差的变化 E' 以及偏差变化的变化率 E''，如图 6.13(c)所示。从理论上讲，模糊控制器的维数越高，控制越精细。但是维数过高，模糊控制规则变得过于复杂，控制算法的实现相当困难。这也是人们在设计模糊控制器时，通常不采用多维模糊控制器的原因。

2. 输入向量的模糊化

通常控制总是用系统的实际输出值与设定的期望值相比较，得到一个偏差值 E，控制器根据这个偏差值来决定如何对系统加以调整控制。很多情况下还需要根据该偏差的变化率 dE 来进行综合判断。无论是偏差还是偏差的变化率，它们都是精确的输入值。要采用模糊控制技术就必须首先把它们转换成模糊集合的隶属函数。每一个输入值都可对应一个模糊集合，某一范围连续变化的值就可有无限多个模糊集合,这在工程实践中是无意义的。为了便于工程实现,通常把输入变量范围人为地定义成离散的若干级,所定义级数的多少取决于所需输入量的分辨率。输入量可由模糊器模糊化,常用的模糊器有单值模糊器、高斯模糊器和三角模糊器。一般来说:对于任意可能采用的模糊 if-then 规则的隶属度函数类型,单值模糊器都可以大大简化模糊推理机的计算。但高斯模糊器或三角形模糊器能克服输入变量中包含的噪声,而单值模糊器却不能。如果模糊 if-then 规则中的隶属度函数分别为高斯隶属度函数或三角形隶属度函数,则高斯模糊器或三角形模糊器也能简化模糊推理机的计算。

为了实现模糊控制器的标准化设计,目前在实际中常用的处理方法是 Mamdani 提出的方法,这是把偏差 E 的变化范围设定为[−6,+6]区间连续变化量,使之离散化,构成含 13 个整数元素的离散集合:{−6,−5,−4,−3,−2,−1,0,1,2,3,4,5,6}。实际上如果是非对称型的也可用 1～13 取代-6 ～ +6。再把在[−6,+6]之间变化的连续量根据需要分成若干等级,每个等级作为一个模糊变量,并对应一个模糊子集合或者隶属函数。

在现实生活中,人们习惯将事物分成几个等级,如“快”、“偏快”、“适中”、“偏慢”、“慢”等,而在工程中,对于控制量和误差常采用“正大(PB)”、“正中(PM)”、“正小(PS)”、“正零(PO)”、“负零(NO)”、“负小(NS)”、“负中(NM)”、“负大(NB)” 8 个语言变量值(模糊子集)来描述。语言论域上的模糊子集由隶属函数 $\mu(x)$ 来描述。$\mu(x)$ 可以通过总结操作者的经验或采用模糊统计方法来描述。

例如:变量采用的论域{−6,−5,−4,−3,−2,−1,0,1,2,3,4,5,6},在其上定义 8 个语言变量值:PB、PM、PS、PO、NO、NS、NM、NB 的模糊子集当中,具有最大隶属度“1”的元素人们习惯上取为

$\mu_{PB}(x) = 1$ —— $x = +6$

$\mu_{PM}(x) = 1$ —— $x = +4$

$\mu_{PS}(x) = 1$ —— $x = +2$

$\mu_{PO}(x) = 1$ —— $x = +0$

$\mu_{NO}(x) = 1$ —— $x = -0$

$\mu_{NS}(x) = 1$ —— $x = -2$

$\mu_{NM}(x) = 1$ —— $x = -4$

$\mu_{NB}(x) = 1$ —— $x = -6$

同时,对于模糊子集的隶属函数采用正态函数来表示,$\mu(x) = e^{-\left(\frac{x-a}{b}\right)^2}$,其关系可以用表 6.1 来表述。我们可以看到在各个模糊子集隶属度为 1 的位置即为上述所定义的。

表 6.1　模糊变量 E 的隶属度矢量值

	−6	−5	−4	−3	−2	−1	−0	+0	+1	+2	+3	+4	+5	+6
PB											0.1	0.4	0.8	1.0
PM										0.2	0.7	1.0	0.7	0.2
PS								0.3	0.9	1.0	0.7	0.2		
PO								1.0	0.6	0.1				
NO					0.1	0.6	1.0							
NS			0.2	0.7	1.0	0.9	0.3							
NM	0.2	0.7	1.0	0.7	0.2									
NB	1.0	0.8	0.4	0.1										

3. 规则库和推理机

(1) 规则库。

模糊规则库是模糊控制器设计的关键,模糊控制规则主要有以下途径获得:

① 将专家知识或操作者经验直接转换为模糊语言规则;

② 根据对模糊控制器控制过程的监督进行归纳和总结;

③ 利用模糊集合理论对被控制过程(生产过程)进行建模;

④ 在控制系统运行中,实现规则的自组织。

模糊规则通常由一系列的关系词连接构成。如 if-then、else、and、or 等。这些关系词必须经过翻译才能将模糊规则数值化。例如某模糊控制系统的输入变量为 E(误差)和 EC(误差变化率),对于控制量 U 给出下述一簇规则。

表 6.2　二维模糊控制器规则表

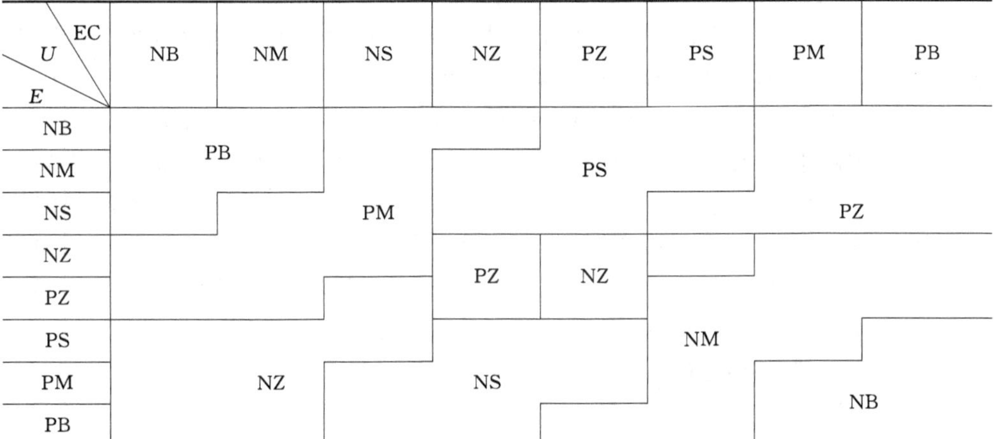

U (E \ EC)	NB	NM	NS	NZ	PZ	PS	PM	PB
NB	PB	PB	PM	PM	PS	PS	PZ	PZ
NM	PB	PB	PM	PS	PS	PS	PZ	PZ
NS	PB	PM	PM	PS	PS	PZ	PZ	PZ
NZ	PM	PM	PM	PZ	NZ		NM	NM
PZ	PM	PM	NZ	PZ	NZ	NM	NM	NM
PS	NZ	NZ	NZ	NS	NS	NS	NM	NB
PM	NZ	NZ	NS	NS	NS	NM	NB	NB
PB	NZ	NZ	NS	NS	NM	NM	NB	NB

R_1: if E is NB and EC is NB then U is PB;

R_2:if E is NB and EC is NM then U is PB;

R_3:if E is NB and EC is NS then U is PM;

R_4:if E is NB and EC is NZ then U is PM;

R_5:if E is NM and EC is NB then U is PB;

R_6:if E is NM and EC is NM then U is PB;

R_7:if E is NM and EC is NS then U is PM;

R_8:if E is NM and EC is NZ then U is PS;

R_9:if E is NS and EC is NB then U is PB;

R_{10}:if E is NS and EC is NM then U is PM;

R_{11}:if E is NS and EC is NS then U is PM;

R_{12}:if E is NS and EC is NZ then U is PS;

R_{13}:if E is NZ and EC is NB then U is PM;

R_{14}:if E is NZ and EC is NM then U is PM;

R_{15}:if E is NZ and EC is NS then U is PM;

R_{16}:if E is NZ and EC is NZ then U is PZ。

通常把 if…部分称为“前提”,then…部分称为“结论”,语言变量 E 与 EC 为输入变量,而 U 为输出变量。对于 E 为 PZ、PS、PM、PB 和 EC 为 PZ、PS、PM、PB 的情况,还可以给出类似规则 48 条,总共为 $n^2 = 8^2 = 64$ 条。要是逐条列出,显然比较繁琐,为了简明起见,通常可以列模糊控制器规则表 6.2,这样就一目了然了。

规则库就是用来存放全部模糊控制规则的,在推理时“推理机”提供控制规则。由上述可知,规则条数和语言变量的模糊子集划分有关。由规则库和数据库这两部分组成整个模糊控制器的知识库。

(2) 推理机。

推理机在模糊控制器中是根据输入模糊量,由模糊控制规则完成模糊推理来求解模糊关系方程,并获得模糊控制量的功能部分。

模糊推理是模糊逻辑理论中研究的最基本问题。在前面,已经介绍了一些模糊推理的方法,但是在模糊控制器中考虑到推理的时间和实时性,通常采用推理运算比较简单的方法。其中最基本的就是 Zadeh 近似推理,它分正向推理和逆向推理两类,正向推理常被用于模糊控制中,相当于控制器的输入已知,根据模糊关系 R 求其输出控制量;而反向推理一般用于知识工程学领域的专家系统中,如模糊诊断系统,根据事物表现出的症状,通过模糊关系 R 去推知所得的由何引起。

4. 输出向量的解模糊

(1) 重心法。

所谓重心法,又称加权平均法,就是取模糊隶属度函数曲线与横坐标轴围成面积的重心作为代表点。理论上说,我们应该计算输出范围内一系列连续点的重

心，即

$$u=\frac{\int_x x_i\mu_N(x)\mathrm{d}x}{\int\mu_N(x)\mathrm{d}x} \tag{6-93}$$

但实际上我们是通过计算输出范围内整个采样点(即若干离散值)的重心。这样在不花太多时间的情况下，用足够小的取样间隔来提供所需要的精度，这是一种最好的折中方案。即

$$u=\sum x_i\cdot\mu_N(x_i)/\sum\mu_N(x_i) \tag{6-94}$$

该方法不仅充分利用了模糊子集提供的信息量，而且根据其隶属度值确定其提供信息的大小，因此该方法的应用最为普遍。

(2) 最大隶属度法。

这种方法最简单，只要在推理结论的模糊集合中取隶属度最大的那个元素作为输出量即可。不过要求这种情况下其隶属度函数曲线一定是正规凸模糊集合(即其曲线只能是单峰曲线)。如果该曲线是梯形平顶的，那么具有最大隶属度的元素就可能不止一个，这时就要对这所有取最大隶属度的元素求其平均值。

(3) 取中位数判决法。

取中位数判决法的原则是：充分利用输出模糊集合所包含的信息，利用数学方法将描述输出模糊集合的隶属函数曲线与横坐标围成的面积的均分点对应的论域元素作为判决结果。

例　设已知论域{−7，−6，−5，−4，−3，−2，−1，0，1，2，3，4，5，6，7}上的输出量 u 的模糊集合 A 为

$$A=\frac{0.7}{-7}+\frac{0.7}{-6}+\frac{0.3}{-5}+\frac{0.3}{-4}+\frac{0.3}{-3}+\frac{0.2}{-2}+\frac{0.7}{-1}+\frac{0.7}{0}+\frac{0.7}{1}+\frac{0.2}{2}+\frac{0.2}{5}+\frac{0.3}{6}+\frac{0.3}{7}$$

① 用重心法求解控制量。

u=(−7×0.7−6×0.7−5×0.3−4×0.3−3×0.3−2×0.2−1×0.7+1×0.7+2×0.2+5×0.2+ 6×0.3+7×0.3)/(0.7+0.7+0.3+0.3+0.2 +0.7+0.7+0.7+0.2+0.2+0.3+0.3)=−1.36

取整后可用量化等级−1 对应的精确量作为被控过程的实际控制量变化。

② 用最大隶属度法求解控制量。

$$u=[(-7)+(-6)+(-1)+0+1]/5=-2.6$$

取整后可用量化等级中的−3 对应的精确量作为被控过程的实际控制量变化。

③ 用取中位数判决法求解控制量。

隶属函数曲线 ux 与横坐标 x 围成的面积 S 为

$$S=(0.7+0.7+0.3+0.3+0.3+0.2+0.7+0.7+0.7+0.2+0.2+0.3+0.3)\times 1=5.6$$

所以 $S/2=2.8$。根据上式计算出面积 S 的均分点对应的论域元素为-1。于是可取-1 对应的精确量作为实际的控制量变化。

6.3.7　模糊单点算法优化

1. 传统的模糊查询表算法

传统的模糊推理方法为：当输入为偏差 E 和偏差的变化率 ΔE，输出为 U。则对于一条规则，先找出该规则对应的偏差 E_i，偏差的变化率 ΔE_i 及输出 U_i，进行直积运算得出 R_i，然后对每条规则分别求出其关系矩阵 $\boldsymbol{R}_i$，再将所有的关系矩阵进行并运算，得到关系矩阵 $\boldsymbol{R}$。最后再由实际的偏差 E' 和偏差的变化率 $\Delta E'$ 与关系矩阵 $\boldsymbol{R}$ 进行合成运算得到输出。用公式表示为

$$\boldsymbol{R}_i=E_i\times\Delta E_i\times U_i \tag{6-95}$$

$$\boldsymbol{R}=\bigcup_{i=1}^{n}\boldsymbol{R}_i \tag{6-96}$$

$$U'=(E_i'\times\Delta E_i')\circ\boldsymbol{R} \tag{6-97}$$

对于每对输入 E_i' 和 $\Delta E_i'$，都可以求出相应的输出 U_{ij}'，将他们整理成表格，称为模糊控制表。控制表一般离线算出，在实时控制时通过查表得出控制量。

模糊查询表的不足在于：如果在程序中只放入查询表而不进行在线推理则不能更改模糊推理的规则和模糊化时定义的隶属函数，一旦将在线推理放入程序则运算量过大且编程复杂。由此可在原算法的基础上进行改进，模糊推理方法与传统的数据查询表方法完全一致，即采用最大，最小推理，广义前项推理，然后通过算法优化，可以大幅减少工作量，实现编程和计算机实时计算的可行性。并在此算法可行的情况下将模糊化，模糊推理和解模糊的全部工作放在线上进行实时计算。这样就能便于改变控制规则和隶属函数。

2. 由传统模糊查询表算法推导出模糊单点算法

模糊单点算法有一个前提条件，那就是输入为模糊单点。有了这样的前提，就可以使计算量大为简化，输入的模糊化将一个确定的输入值模糊化为 PL，PM，PS，O，NS，NM，NL 模糊子集，再通过这些模糊子集进行推理。比如输入为-4，输入的值在大小的概念上是模糊的，既可以认为是负大，也可以认为是负小，但在数值上仍为一个确定的数值，这就是个模糊单点。

当输入为模糊单点时，计算量就可以大为简化。下面将以传统求关系矩阵的方法进行模糊推理，且输入为模糊单点-1，并以此推导出优化的算法。以单输入/单输出为例（表 6.3、表 6.4）。

表 6.3　输入 *E*

隶属度		等级						
		−3	−2	−1	0	1	2	3
变量	PL	0	0	0	0	0.1	0.4	1
	PM	0	0	0	0.1	0.4	1	0.4
	PS	0	0	0.1	0.4	1	0.4	0.1
	O	0	0.1	0.4	1	0.4	0.1	0
	NS	0.1	0.4	1	0.4	0.1	0	0
	NM	0.4	1	0.4	0.1	0	0	0
	NL	1	0.4	0.1	0	0	0	0

表 6.4　输出 *U*

隶属度		等级								
		−4	−3	−2	−1	0	1	2	3	4
变量	PL	0	0	0	0	0	0	0.1	0.4	1
	PM	0	0	0	0	0.1	0.4	1	0.4	0.1
	PS	0	0	0	0.1	0.4	1	0.4	0.1	0
	O	0	0	0.1	0.4	1	0.4	0.1	0	0
	NS	0	0.1	0.4	1	0.4	0.1	0	0	0
	NM	0.1	0.4	1	0.4	0.1	0	0	0	0
	NL	1	0.4	0.1	0	0	0	0	0	0

规则

R_1：if E=NL then U=PL；

R_2：if E=NM then U=PM；

R_3：if E=NS then U=PS；

R_4：if $E=O$ then $U=O$；

R_5：if E=PS then U=NS；

R_6：if E=PM then U=NM；

R_7：if E=PL then U=NL。

传统方法为

$$R = \bigcup_{\forall i,j} E_i \times U_j$$

$$U' = E' \circ R$$

对于第一条规则

$$\boldsymbol{R}_1 = \mathrm{NL} \times \mathrm{PL} = \begin{bmatrix} 1 \\ 0.4 \\ 0.1 \\ 0 \\ 0 \\ 0 \\ 0 \end{bmatrix} \times \begin{bmatrix} 0 & 0 & 0 & 0 & 0 & 0 & 0.1 & 0.4 & 1 \end{bmatrix}$$

$$= \begin{bmatrix} 1\wedge 0 & 1\wedge 0 & 1\wedge 0 & 1\wedge 0 & 1\wedge 0 & 1\wedge 0 & 1\wedge 0.1 & 1\wedge 0.4 & 1\wedge 1 \\ 0.4\wedge 0 & 0.4\wedge 0 & 0.4\wedge 0 & 0.4\wedge 0 & 0.4\wedge 0 & 0.4\wedge 0 & 0.4\wedge 0.1 & 0.4\wedge 0.4 & 0.4\wedge 1 \\ 0.1\wedge 0 & 0.1\wedge 0 & 0.1\wedge 0 & 0.1\wedge 0 & 0.1\wedge 0 & 0.1\wedge 0 & 0.1\wedge 0.1 & 0.1\wedge 0.4 & 0.1\wedge 1 \\ 0\wedge 0 & 0\wedge 0 & 0\wedge 0 & 0\wedge 0 & 0\wedge 0 & 0\wedge 0 & 0\wedge 0.1 & 0\wedge 0.4 & 0\wedge 1 \\ 0\wedge 0 & 0\wedge 0 & 0\wedge 0 & 0\wedge 0 & 0\wedge 0 & 0\wedge 0 & 0\wedge 0.1 & 0\wedge 0.4 & 0\wedge 1 \\ 0\wedge 0 & 0\wedge 0 & 0\wedge 0 & 0\wedge 0 & 0\wedge 0 & 0\wedge 0 & 0\wedge 0.1 & 0\wedge 0.4 & 0\wedge 1 \\ 0\wedge 0 & 0\wedge 0 & 0\wedge 0 & 0\wedge 0 & 0\wedge 0 & 0\wedge 0 & 0\wedge 0.1 & 0\wedge 0.4 & 0\wedge 1 \end{bmatrix}$$

$$= \begin{bmatrix} 0 & 0 & 0 & 0 & 0 & 0 & 0.1 & 0.4 & 1 \\ 0 & 0 & 0 & 0 & 0 & 0 & 0.1 & 0.4 & 0.4 \\ 0 & 0 & 0 & 0 & 0 & 0 & 0.1 & 0.1 & 0.1 \\ 0 & 0 & 0 & 0 & 0 & 0 & 0 & 0 & 0 \\ 0 & 0 & 0 & 0 & 0 & 0 & 0 & 0 & 0 \\ 0 & 0 & 0 & 0 & 0 & 0 & 0 & 0 & 0 \\ 0 & 0 & 0 & 0 & 0 & 0 & 0 & 0 & 0 \end{bmatrix}$$

可以看出，对于关系矩阵第三行，其取小运算的前项都是规则前项 NL 在表 E 中对应于第三项的隶属度。也就是规则前项 NL 在表 E 中对应于-1 的隶属度。

$$\boldsymbol{R}_2 = \mathrm{NM} \times \mathrm{PM} = \begin{bmatrix} 0 & 0 & 0 & 0 & 0.1 & 0.4 & 0.4 & 0.4 & 0.1 \\ 0 & 0 & 0 & 0 & 0.1 & 0.4 & 1 & 0.4 & 0.1 \\ 0 & 0 & 0 & 0 & 0.1 & 0.4 & 0.4 & 0.4 & 0.1 \\ 0 & 0 & 0 & 0 & 0.1 & 0.1 & 0.1 & 0.1 & 0.1 \\ 0 & 0 & 0 & 0 & 0 & 0 & 0 & 0 & 0 \\ 0 & 0 & 0 & 0 & 0 & 0 & 0 & 0 & 0 \\ 0 & 0 & 0 & 0 & 0 & 0 & 0 & 0 & 0 \end{bmatrix}$$

$$\boldsymbol{R}_3 = \mathrm{NS} \times \mathrm{PS} = \begin{bmatrix} 0 & 0 & 0 & 0.1 & 0.1 & 0.1 & 0.1 & 0.1 & 0 \\ 0 & 0 & 0 & 0.1 & 0.4 & 0.4 & 0.4 & 0.1 & 0 \\ 0 & 0 & 0 & 0.1 & 0.4 & 1 & 0.4 & 0.1 & 0 \\ 0 & 0 & 0 & 0.1 & 0.4 & 0.4 & 0.4 & 0.1 & 0 \\ 0 & 0 & 0 & 0.1 & 0.1 & 0.1 & 0.1 & 0.1 & 0 \\ 0 & 0 & 0 & 0 & 0 & 0 & 0 & 0 & 0 \\ 0 & 0 & 0 & 0 & 0 & 0 & 0 & 0 & 0 \end{bmatrix}$$

$$\boldsymbol{R}_4 = O \times O = \begin{bmatrix} 0 & 0 & 0 & 0 & 0 & 0 & 0 & 0 & 0 \\ 0 & 0 & 0.1 & 0.1 & 0.1 & 0.1 & 0.1 & 0 & 0 \\ 0 & 0 & 0.1 & 0.4 & 0.4 & 0.4 & 0.1 & 0 & 0 \\ 0 & 0 & 0.1 & 0.4 & 1 & 0.4 & 0.1 & 0 & 0 \\ 0 & 0 & 0.1 & 0.4 & 0.4 & 0.4 & 0.1 & 0 & 0 \\ 0 & 0 & 0.1 & 0.1 & 0.1 & 0.1 & 0.1 & 0 & 0 \\ 0 & 0 & 0 & 0 & 0 & 0 & 0 & 0 & 0 \end{bmatrix}$$

$$\boldsymbol{R}_5 = \mathrm{PS} \times \mathrm{NS} = \begin{bmatrix} 0 & 0 & 0 & 0 & 0 & 0 & 0 & 0 & 0 \\ 0 & 0 & 0 & 0 & 0 & 0 & 0 & 0 & 0 \\ 0 & 0.1 & 0.1 & 0.1 & 0.1 & 0.1 & 0 & 0 & 0 \\ 0 & 0.1 & 0.4 & 0.4 & 0.4 & 0.1 & 0 & 0 & 0 \\ 0 & 0.1 & 0.4 & 1 & 0.4 & 0.1 & 0 & 0 & 0 \\ 0 & 0.1 & 0.4 & 0.4 & 0.4 & 0.1 & 0 & 0 & 0 \\ 0 & 0.1 & 0.1 & 0.1 & 0.1 & 0.1 & 0 & 0 & 0 \end{bmatrix}$$

$$\boldsymbol{R}_6 = \mathrm{PM} \times \mathrm{NM} = \begin{bmatrix} 0 & 0 & 0 & 0 & 0 & 0 & 0 & 0 & \\ 0 & 0 & 0 & 0 & 0 & 0 & 0 & 0 & 0 \\ 0 & 0 & 0 & 0 & 0 & 0 & 0 & 0 & 0 \\ 0.1 & 0.1 & 0.1 & 0.1 & 0.1 & 0 & 0 & 0 & 0 \\ 0.1 & 0.4 & 0.4 & 0.4 & 0.1 & 0 & 0 & 0 & 0 \\ 0.1 & 0.4 & 1 & 0.4 & 0.1 & 0 & 0 & 0 & 0 \\ 0.1 & 0.4 & 0.4 & 0.4 & 0.1 & 0 & 0 & 0 & 0 \end{bmatrix}$$

$$\boldsymbol{R}_7 = \mathrm{PL} \times \mathrm{NL} = \begin{bmatrix} 0 & 0 & 0 & 0 & 0 & 0 & 0 & 0 & 0 \\ 0 & 0 & 0 & 0 & 0 & 0 & 0 & 0 & 0 \\ 0 & 0 & 0 & 0 & 0 & 0 & 0 & 0 & 0 \\ 0 & 0 & 0 & 0 & 0 & 0 & 0 & 0 & 0 \\ 0.1 & 0.1 & 0.1 & 0 & 0 & 0 & 0 & 0 & 0 \\ 0.4 & 0.4 & 0.1 & 0 & 0 & 0 & 0 & 0 & 0 \\ 1 & 0.4 & 0.1 & 0 & 0 & 0 & 0 & 0 & 0 \end{bmatrix}$$

$$
\boldsymbol{R}=\boldsymbol{R}_1\cup\boldsymbol{R}_2\cup\boldsymbol{R}_3\cup\boldsymbol{R}_4\cup\boldsymbol{R}_5\cup\boldsymbol{R}_6\cup\boldsymbol{R}_7
$$

$$
=\begin{bmatrix}
0 & 0 & 0 & 0.1 & 0.1 & 0.4 & 0.4 & 0.4 & 1\\
0 & 0 & 0.1 & 0.1 & 0.4 & 0.4 & 1 & 0.4 & 0.4\\
0 & 0.1 & 0.1 & 0.4 & 0.4 & 0.1 & 0.4 & 0.4 & 0.1\\
0.1 & 0.1 & 0.4 & 0.4 & 1 & 0.4 & 0.4 & 0.1 & 0.1\\
0.1 & 0.4 & 0.4 & 1 & 0.4 & 0.4 & 0.4 & 0.1 & 0\\
0.4 & 0.4 & 1 & 0.4 & 0.4 & 0.1 & 0.1 & 0 & 0\\
1 & 0.4 & 0.4 & 0.4 & 0.1 & 0.1 & 0 & 0 & 0
\end{bmatrix}
$$

设实际输入为－1，则实际输入的模糊矩阵

$$
\boldsymbol{E}'=[0\ 0\ 1\ 0\ 0\ 0\ 0]
$$

$$
\boldsymbol{U}'=[0\quad 0\quad 1\quad 0\quad 0\quad 0\quad 0]\circ\begin{bmatrix}
0 & 0 & 0 & 0.1 & 0.1 & 0.4 & 0.4 & 0.4 & 1\\
0 & 0 & 0.1 & 0.1 & 0.4 & 0.4 & 1 & 0.4 & 0.4\\
0 & 0.1 & 0.1 & 0.4 & 0.4 & 0.1 & 0.4 & 0.4 & 0.1\\
0.1 & 0.1 & 0.4 & 0.4 & 1 & 0.4 & 0.4 & 0.1 & 0.1\\
0.1 & 0.4 & 0.4 & 1 & 0.4 & 0.4 & 0.1 & 0.1 & 0\\
0.4 & 0.4 & 1 & 0.4 & 0.4 & 0.1 & 0.1 & 0 & 0\\
1 & 0.4 & 0.4 & 0.4 & 0.1 & 0.1 & 0 & 0 & 0
\end{bmatrix}
$$

$$
=[0\quad 0.1\quad 0.1\quad 0.4\quad 0.4\quad 0.1\quad 0.4\quad 0.4\quad 0.1]
$$

显然，其输出矩阵即为关系矩阵第三行的值。由于输入等级为 7 级，输出等级为 9 级，对于每个规则求得的关系矩阵，共进行了 7×9＝63 次取小运算。再乘以规则数，即为整个关系矩阵的最小量，此例为 63×7＝441。最后再加上 7 个关系矩阵的取大，总计算量为 63×7＋63×6＝819 次取大取小。最后的合成运算由于是模糊单点，可以直接看出来，此例中其计算量暂不考虑。

下面来分析一下优化算法。

假设实际输入为-1，由于输出矩阵就是关系矩阵的第三行。即为求出的 7 个关系矩阵 R_i 第三行的最大值，由前面的运算可以看出第三行未化简的式子为

$$
\begin{bmatrix}
(0.1\wedge 0.0)\vee(0.4\wedge 0.0)\vee(1.0\wedge 0.0)\vee(0.4\wedge 0.0)\vee(0.1\wedge 0.0)\vee(0.0\wedge 0.1)\vee(0.0\wedge 1.0)\\
(0.1\wedge 0.0)\vee(0.4\wedge 0.0)\vee(1.0\wedge 0.0)\vee(0.4\wedge 0.0)\vee(0.1\wedge 0.1)\vee(0.0\wedge 0.4)\vee(0.0\wedge 0.4)\\
(0.1\wedge 0.0)\vee(0.4\wedge 0.0)\vee(1.0\wedge 0.0)\vee(0.4\wedge 0.1)\vee(0.1\wedge 0.4)\vee(0.0\wedge 1.0)\vee(0.0\wedge 0.1)\\
(0.1\wedge 0.0)\vee(0.4\wedge 0.0)\vee(1.0\wedge 0.1)\vee(0.4\wedge 0.4)\vee(0.1\wedge 1.0)\vee(0.0\wedge 0.4)\vee(0.0\wedge 0.0)\\
(0.1\wedge 0.0)\vee(0.4\wedge 0.1)\vee(1.0\wedge 0.4)\vee(0.4\wedge 1.0)\vee(0.1\wedge 0.4)\vee(0.0\wedge 0.1)\vee(0.0\wedge 0.0)\\
(0.1\wedge 0.0)\vee(0.4\wedge 0.4)\vee(1.0\wedge 1.0)\vee(0.4\wedge 0.4)\vee(0.1\wedge 0.1)\vee(0.0\wedge 0.0)\vee(0.0\wedge 0.0)\\
(0.1\wedge 0.1)\vee(0.4\wedge 1.0)\vee(1.0\wedge 0.4)\vee(0.4\wedge 0.1)\vee(0.1\wedge 0.0)\vee(0.0\wedge 0.0)\vee(0.0\wedge 0.0)\\
(0.1\wedge 0.4)\vee(0.4\wedge 0.4)\vee(1.0\wedge 0.1)\vee(0.4\wedge 0.0)\vee(0.1\wedge 0.0)\vee(0.0\wedge 0.0)\vee(0.0\wedge 0.0)\\
(0.1\wedge 1.0)\vee(0.4\wedge 0.1)\vee(1.0\wedge 0.0)\vee(0.4\wedge 0.0)\vee(0.1\wedge 0.0)\vee(0.0\wedge 0.0)\vee(0.0\wedge 0.0)
\end{bmatrix}
$$

之前已经说过对于关系矩阵第三行其取小运算的前项都是规则前项 NL 在表

E 中对应于-1 的隶属度，故上式可以写成

$$
\begin{aligned}
&(0.1 \cap [0\ \ 0\ \ 0\ \ 0\ \ 0\ \ 0\ \ 0.1\ \ 0.4\ \ 1]) \\
&\cup (0.4 \cap [0\ \ 0\ \ 0\ \ 0\ \ 0.1\ \ 0.4\ \ 1\ \ 0.4\ \ 0.1]) \\
&\cup (1 \cap [0\ \ 0\ \ 0\ \ 0.1\ \ 0.4\ \ 1\ \ 0.4\ \ 0.1\ \ 0]) \\
&\cup (0.4 \cap [0\ \ 0\ \ 0.1\ \ 0.4\ \ 1\ \ 0.4\ \ 0.1\ \ 0\ \ 0]) \\
&\cup (0.1 \cap [0\ \ 0.1\ \ 0.4\ \ 1\ \ 0.4\ \ 0.1\ \ 0\ \ 0\ \ 0]) \\
&\cup (0 \cup [0.1\ \ 0.4\ \ 1\ \ 0.4\ \ 0.1\ \ 0\ \ 0\ \ 0\ \ 0]) \\
&\cup (0 \cap [1\ \ 0.4\ \ 0.1\ \ 0\ \ 0\ \ 0\ \ 0\ \ 0\ \ 0])
\end{aligned}
\tag{6-98}
$$

设 i 为规则数，对第 i 条规则，规则前项为输入的模糊概念 E_i，其隶属函数为表 E 中的一行；规则后项为输出的模糊概念 U_i，其隶属函数为表 U 中的一行。e_i 为实际输入值（此例为-1）在 E_i 的隶属函数中所对应的值。则式(6-98)可写成

$$\bigcup_{i=1}^{7} e_i \cap U_i \tag{6-99}$$

故优化算法为：对表 E 中第 i 条规则，由该规则的规则前项即输入的模糊概念 E_i 确定行数，再由实际输入确定列数，得到 e_i 再由该规则的规则后项即输入的模糊概念 U_i 确定输出的行向量，算出 $e_i \cap U_i$。当有 n 条规则时，算出 n 个 $e_i \cup U_i$，然后由 $\bigcup\limits_{i=1}^{n} e_i \cap U_i$ 算出输出。

本例中，代入后即为式(6.99)，对于每条规则，只进行了 9 次取小。7 条规则的取小量为 9×7＝63，取大量为 9×6＝54，共进行了 63＋54＝117 次取大取小。优化算法的实质在于实际输入为模糊单点，在最后的模糊合成中只取了关系矩阵的一行。而任何一条规则输入的隶属函数 E_i 与实际输入 e_i 的论域都是完全一致的，故关系矩阵中取的一行在输入项部分只与实际输入在隶属函数 E_i 中所对应的值有关。

3. 二输入下的模糊单点算法及编程思路

以上规则是针对单输入/单输出情况的，对于模糊控制器常用的输入和输入的变化率双输入的情况，其规则如下：

设有 n 条规则数，对第 i 条规则，输入的模糊概念为 E，E_i 为第 i 条规则输入的隶属函数。输入变化率的模糊概念为 ΔE，ΔE_i 为第 i 条规则输入变化率的隶属函数。输出的模糊概念为 U，U_i 为第 i 条规则输出的隶属函数。e_i 为实际输入值在隶属函数 E_i 中所对应的值。Δe_i 为实际输入变化率值在隶属函数 ΔE_i 中所对应的值，则模糊推理的算法为

$$\bigcup_{i=1}^{n} (e_i \cap \Delta e_i) \cap U_i \tag{6-100}$$

其详细过程如图 6.14 所示。

将此算法编成程序，其流程如图 6.15 所示。

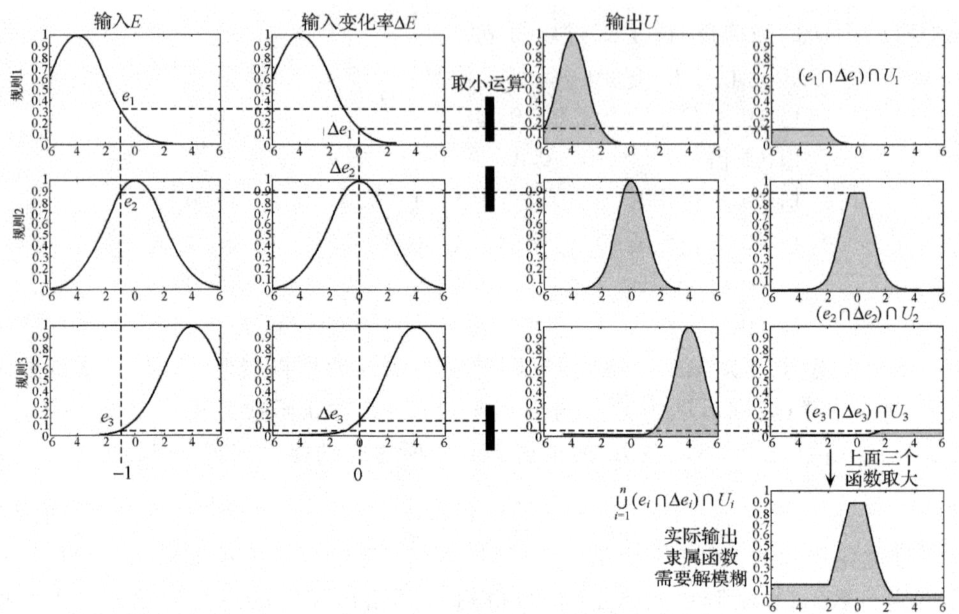

图 6.14　单点模糊推理过程

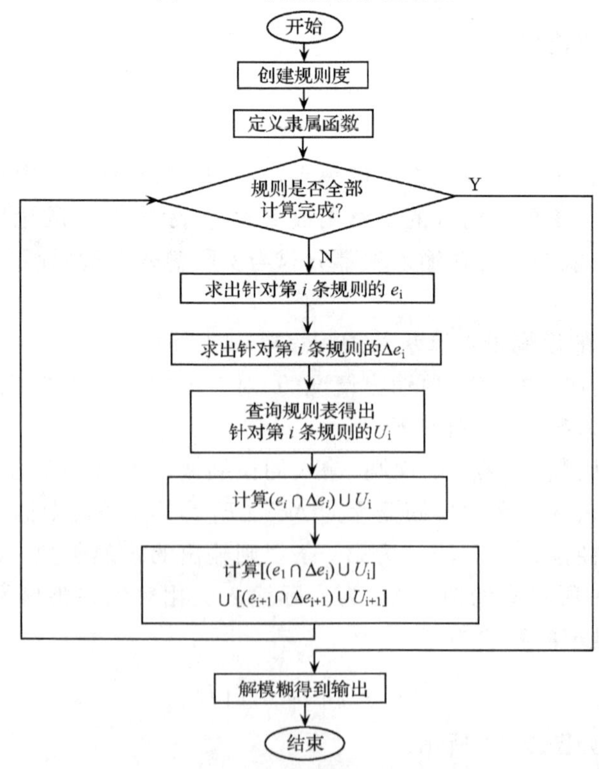

图 6.15　单点模糊推理算法流程图

6.4　专家系统

6.4.1　专家系统类型及基本组成

一般专家系统由知识库、数据库、推理机、解释器及知识获取五个部分组成，它的结构如图 6.16 所示。

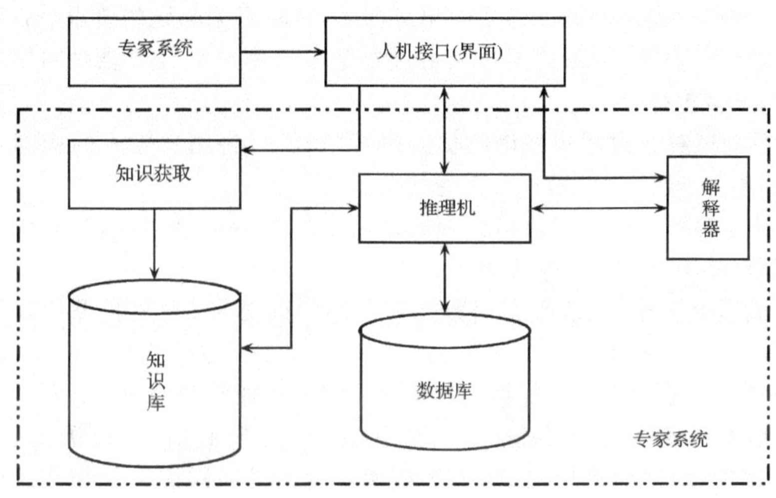

图 6.16　专家系统结构

知识库用于存取和管理所获取的专家经验和知识，供推理机利用。这些专门知识包含与领域相关的书本知识、常识性知识以及专家凭经验得到的试探性知识。它具有知识存储、检索、编辑、增删、修改和扩充等功能。知识库中拥有知识的数量和质量是一个专家系统中系统性能和问题求解能力的关键因素。因此，知识库的建立是建造专家系统的中心任务。

数据库用来存放系统推理过程中用到的控制信息、中间假设和中间结果。数据库的内容是不断变化的，在求解问题的开始时，用来存放用户提供的初始事实；在推理过程中，它存放每一步推理所得的结果。推理机根据数据库的内容从知识库选择合适的知识进行推理，然后又把推理的结果存入数据库中。由此可以看出，数据库是推理机不可缺少的工作场地，同时由于它可记录推理过程中的各种有关信息，所以又为推理机构提供了回答用户咨询的依据。数据库是有数据库管理系统进行管理的，它负责对数据库中的知识进行检索、维护等。

推理机是专家系统的“思维”机构，是构成专家系统的核心部分，它能根据当前已知的事实，利用知识库中的知识，按一定的推理方法和控制策略进行推理，求得问题的答案或证明某个假设的正确性。推理方法包括精确推理和不精确推理，控制策略主要指推理方向的控制及推理规则的选择策略。推理机的性能与构造一般与知识的表达方法有关，但与知识的内容无关，这有利于保证推理给予知识库的独立性，提高专家系统的灵活性。

解释器用于作为专家系统与用户之间的“人-机”接口，根据用户的提问，对系统的结论、求解过程以及系统当前的求解状态提供说明，便于用户理解系统的问题求解；增加用户对求解结果的信任程度。解释器由一组程序组成，它能跟踪并记录推理过程，当用户提出的询问需要给出解释时，它将根据问题的要求分别作相应的处理，最后把解答约定的形式通过人机接口输出给用户。其功能是向用户解释系统的行为，具体包括：

(1) 咨询理解。对用户咨询的提问进行“理解”，将用户输入的提问及有关事实、数据和条件、转换为推理机可接受的信息。

(2) 结论解释。向用户输出推理的结论或答案，并且根据用户需要对推理过程进行解释，给出结论的可信度估计。

为完成以上工作，通常要利用数据库中的中间结果、中间假设和知识库中的知识。

知识获取器是知识工程师接受和消化领域专家经验和知识的途径。知识库中的知识一般都是通过“人工移植”方法获得，采用“专题面谈”、“口语记录分析”等方式获取知识，经过整理以后，输入知识库。为了提高知识工程师获得专家知识的效率，知识工程师可以借助于“知识获取辅助工具”来辅助专家整理知识或辅助扩充和修改知识库。近年来，开始采用机器学习、机器识别、半自动化等方法获取知识。

6.4.2　专家系统的知识表示法

1. 逻辑表示法

逻辑是人们思维活动规律的反映和抽象，是到目前为止能够表达人类思维和推理的最精确和最成功的方法。它能够通过计算机作精确推理，而它的表现方式和人类自然语言又非常接近。因此，用逻辑作为知识表示工具自然就很容易为人们所接受。命题逻辑和谓词逻辑是最先应用于人工智能的两种逻辑。

(1) 命题逻辑。

命题逻辑是谓词逻辑的基础。在现实世界中，人们常常要描述一些客观事物。例如，我们常用如下的一些句子：天在下雨；天晴；他在微笑；灯亮着；他会打篮球。这些句子在特定的情况下都具有“真”或“假”的含义，在逻辑上称为“命题”。命题逻辑是研究命题之间关系的符号逻辑系统。通常可以用大写字母 A、B 等表示命题。

在命题逻辑中，表示单一意义的命题称为“原子命题”。原子命题可以通过连接词构成“复合命题”。例如，假设有命题 P：天在下雨。Q：天晴。此时可用 P→˥Q 表示：若天在下雨，则天不晴。这里，“→”和“˥”就是“连接词”。在命题逻辑系统中定义了 5 种连接词，其定义如下：

˥——否定(negation)，复合命题˥Q 表示否定 Q 的真值的命题，即“非 Q”。

∧——合取(conjunction)，复合命题 P∧Q 表示 P 和 Q 的合取，即“P 与 Q”。

∨——析取(disjunction)，复合命题 P∨Q 表示 P 或 Q 的析取，即“P 或 Q”。

→——条件(condition)，复合命题 P→Q 表示命题 P 是命题 Q 的条件，即“若 P，则 Q”。

↔——双条件(bicondition)，复合命题 P↔Q 表示命题 P、Q 互为条件，即“若 P，则 Q；若 Q，则 P”亦即“P 当且仅当 Q”。

可以用“真值表”的方法来表明连接词的功能。5 种连接词及其功能如表 6.5 所示。

表 6.5　连接词及其功能

P	Q	˥P	P∧Q	P∨Q	P→Q	P↔Q
F	F	T	F	F	T	T
F	T	T	F	T	T	F
T	F	F	F	T	F	F
T	T	F	T	T	T	T

对原子命题，我们可用真值 T 和 F 表示其具有“真”和“假”的意义。对于复合命题，其真值往往随其原子命题的真值而定，真值表通过对原子命题赋以真假值，来考察其复合命题的真假值(T—真，F—假)。

实际上，复合命题提供了简单推理的表达方法。为了形象地研究命题及其推理，在命题逻辑中，用符号 P、Q 等表示不具有固定具体含义的命题，称为“命题变元”。一个命题变元可以表示具有“真”、“假”含义的各种命题。复合命题可利用变元构成所谓“合式公式”，它是命题逻辑中一个十分重要的概念，其定义如下：

① 若 P 为原子命题，则 P 为合式公式，称为原子公式；

② 若 P 为合式公式，则˥P 也为合式公式；

③ 若 P 和 Q 都为合式公式，则 P∧Q、P∨Q、P→Q、P↔Q 也都为合式公式；

④ 经有限次使用①、②、③，得到的由原子公式、连接词和圆括号所组成的符号串也是合式公式。

为了表达简洁，对合式公式还有以下规定。

① 合式公式最外层括号可以省去；

② 逻辑连接词的运算优先次序为˥、∧、∨、→、↔；

③ 同级连接词按出现顺序运算。

定义了合式公式的概念后，就可以讨论如何用命题逻辑表示简单的逻辑推理了。在命题逻辑中，人们主要研究所谓推理的有效性，即能否根据一些合式公式(前提)推出新的合式公式(结论)。

假如有合式公式 P 和 P→Q，能否推出 Q 呢？这实际上就是一个能否用命题逻辑表示假言推理的问题。

假如一个合式公式在组成它的原子公式所有真值下都为真，则它是永真的。下面是一些永真的合式公式的例子。

① P→P(这与ˉP∨P 相同)；

② T；

③ˉ(P∧ˉ)P；

④Q∨T；

⑤[(P→Q)→ P]→P；

⑥ P→(Q→P)。

用真值表来确定一个合式公式的永真性要花费大量的时间，因为这个合式公式必须要针对所有原子值的组合来计算。

若当且仅当两个合式公式在所有的解释中都是相同的，则可以说它们是等价的。用符号“⇔”表示等价。可以用真值表来验证下面的等价。

E1：P∨Q⇔Q∨P 交换律

E2：P∧Q⇔Q∧P 交换律

E3：(P∨Q)∨R⇔P∨(Q∨R) 结合律

E4：(P∧Q)∧R⇔P∧(Q∧R) 结合律

E5：P∧(Q∧R)⇔(P∧Q)∨(P∧R) 分配律

E6：P∨(Q∧R)⇔(P∨Q)∨(P∨R) 分配律

E7：ˉ(P∧Q)⇔ˉR∨ˉQ 摩根定理

E8：ˉ(P∨Q)⇔ˉR∧ˉQ 摩根定理

E9：ˉˉP⇔P 双重否定

E10：P∧P⇔P 幂等律

E11：P∨P⇔P 幂等律

E12：P∧ˉP⇔F

E13：P∨ˉP⇔T

E14：P∧T⇔P

E15：P∧F⇔F

E16：P∨T⇔T

E17：P∨F⇔P

E18：$P\wedge Q\Leftrightarrow\neg(\neg P\vee\neg Q)$

E19：$P\vee Q\Leftrightarrow\neg(\neg P\wedge\neg Q)$

E20：$P\rightarrow Q\Leftrightarrow\neg P\vee Q$

E21：$P\leftrightarrow Q\Leftrightarrow(P\rightarrow Q)\wedge(Q\rightarrow P)$

E22：$P\leftrightarrow Q\Leftrightarrow(P\wedge Q)\wedge(\neg P\wedge\neg Q)$

对于合成公式 P 和 Q，若 P→Q 永真，则称 P 永真蕴涵 Q，且称 Q 为 P 的逻辑结论，称 P 为 Q 的前提，记作 P⇒Q。下面是以后要用到的一些永真蕴涵式。

I_1：$P\wedge Q\Rightarrow P$　化简式

I_2：$P\wedge Q\Rightarrow Q$　化简式

I_3：$P\Rightarrow P\vee Q$　附加式

I_4：$Q\Rightarrow P\vee Q$　附加式

I_5：$\neg P\Rightarrow P\rightarrow Q$

I_6：$Q\Rightarrow P\vee Q$

I_7：$\neg(P\rightarrow Q)\Rightarrow P$

I_8：$\neg(P\rightarrow Q)\Rightarrow\neg Q$

I_9：$P,Q\Rightarrow P\wedge Q$

I_{10}：$\neg P,P\vee Q\Rightarrow Q$　析取三段论

I_{11}：$P,P\rightarrow Q$　假言真理

I_{12}：$\neg Q,P\rightarrow Q\Rightarrow\neg P$　拒取式

I_{13}：$P\rightarrow Q,Q\rightarrow R\Rightarrow P\rightarrow R$　假言三段论

I_{14}：$P\vee Q,P\rightarrow R,Q\rightarrow R\Rightarrow R$　二难推理

I_{15}：$(P\rightarrow Q)\Rightarrow(R\vee P\rightarrow R\vee Q)$

I_{16}：$(P\rightarrow Q)\Rightarrow(R\wedge P\rightarrow R\wedge Q)$

以上所列出的等价式和永真蕴涵式是后面进行演绎推理的重要依据，应用这些公式可以使推理更加有效。因此，这些公式又称为推理规则。除此之外，命题逻辑中还有如下一些推理规则。

① 规则 P。在推导的任何步骤上都可引入前提。

② 规则 T。在推导过程中，若前面有一个或多个永真蕴含命题 S，则可把命题 S 引进推导过程中。

③ 规则 CP。若能从一组前提集合和 R 中推导出 S 来，则能从这组前提集合中推导出 R→S 来。其中 R 为任意引入的命题。

设有如下假言推理：若天下大雨，则停止足球赛；天正在下大雨；所以停止足球赛。我们可以用命题 P 表示天下大雨；Q 表示停止足球赛；P→Q 表示若天下大雨，则停止足球赛。于是，上述推理过程就可认为是要证明 Q 是 P 和 P→Q 的有效结论。

可以证明如下：

{1} P　　　　　　　　P 规则

{2} P→Q　　　　　　　P 规则

{1,2} Q　　　　　　　T 规则{1} {2}，蕴涵式 I_{11}

从而证明 Q 为 P 和 P→Q 的有效结论。

虽然可以用命题逻辑来表示知识，但它存在较大的局限性，它无法把所描述的客观事物的结构和逻辑特征反映出来，也不能把不同事物的共同特征表示出来。例如，对于命题“张三是李四的老师”，若用英文字母 P 表示无论如何也看不出张三和李四之间的师生关系。又如，对于“李白是诗人”和“杜甫是诗人”这两个命题，用命题逻辑表示时，也无法把两者的共同特征（是诗人）表示出来。为了消除命题逻辑的局限性，在此基础上又发展了谓词逻辑。

(2) 谓词逻辑。

在谓词逻辑中，将原子命题分解为谓词与个体两部分。例如在“李白是诗人”这个命题中，“是诗人”为谓词，“李白”为个体。若用 poet 表示“是诗人”，用 LiBai 表示个体“李白”，则得到的谓词是 poet(LiBai)。其中 poet 是谓词，LiBai 是个体。poet 刻画了 LiBai(李白)是诗人这一特征。因此，所谓个体是指可以独立存在的物体，它可以是抽象的，也可以是具体的。所谓谓词是用于刻画个体的性质、状态或个体间的关系的。

一个谓词可以与单一个体相关联，此种谓词称作一元谓词，它刻画了该个体的性质。一个谓词也可以与多个个体相关联，此种谓词称为多元谓词，它刻画了个体间的关系。例如“张三是李四的老师”这句话，在谓词逻辑中可以用二元谓词 teacher(x,y)表示“x 是 y 的老师”，而 teacher(张三，李四)即刻画了张三与李四之间的关系。

谓词的一般形式是：

$$P(x_1, x_2, \cdots, x_n)$$

式中，P 是谓词；x_i 是第 i 个个体，$i=1,2,\cdots,n$。谓词通常用大写字母表示，个体通常用小写字母表示。

在谓词中，个体既可以是常量，也可以是变量，还可以是一个函数。例如，“小刘的哥哥是位工人”可以表示为 worker(brother(liu))；其中个体 brother(liu)是一个函数。个体常量、变量和函数统称为项。

在用谓词表示客观事物时，谓词的词义都是由使用者根据需要人为定义的，即同一谓词有可能语义不同。当谓词的变量用特定的个体取代时，谓词就具有一个确定的逻辑值 T 或 F。

谓词中包含的个体数目称为谓词的元数，例如 $P(x)$是一元谓词，$P(x,y)$是二元谓词，而 $P(x_1,x_2,\cdots,x_n)$ 则是 n 元谓词。

在谓词 $P(x_1,x_2,\cdots,x_n)$ 中，若 $x_i(i=1,2,\cdots,n)$ 都是个体常量、变元或函数，则称它是一个一阶谓词，依此类推。后面要用到的都是一阶谓词。

为刻画谓词与个体间的关系，在谓词逻辑中引入了两个量词，一个是全称量词 $(\forall x)$，它表示“对个体域中的所有(或任一个)个体 x”；另一个是存在量词 $(\exists x)$；它表示“在个体域中存在个体 x”。例如，设谓词 $F(x,y)$ 表示 x 与 y 是朋友，则 $(\forall x)(\exists y)F(x,y)$ 表示对于个体域中的任何个体 x，都存在某个个体 y，x 与 y 是朋友。而 $(\forall x)(\exists y)F(x,y)$ 则表示对于个体域中的任何两个个体 x 和 y，x 和 y 都是朋友。

在一个公式中，若有量词出现，位于量词后面的谓词或者用括号括起来的合式公式称为量词的辖域。在辖域内与量词中同名的变元称为约束变元，不受约束的变元称为自由变元。例如，

$$(\forall x)(P(x)\rightarrow(\exists y)R(x,y))$$

式中，$\forall x$ 的辖域是 $(P(x)\rightarrow(\exists y)R(x,y))$，辖域内的 x 是受 $(\forall x)$ 约束的变元；而 $\exists y$ 的辖域是 $R(x,y)$，$R(x,y)$ 中的 y 是受 $(\exists y)$ 约束的变元。在这个公式中没有自由变元。

用谓词逻辑表示知识时，必须首先定义谓词，指出每个谓词的确切含义，然后再用连接词把有关的谓词连接起来，形成一个谓词公式表示一个完整的意义。

例　设有下列知识：自然数都是大于零的整数。所有的整数不是偶数就是奇数。偶数除以 2 是整数。

首先定义谓词。

$N(x)$：x 是自然数。

$I(x)$：x 是整数。

$E(x)$：x 是偶数。

$O(x)$：x 是奇数。

$GZ(x)$：x 大于零。

另外，用函数 $S(x)$ 来表示除以 2。此时，上述知识可用谓词公式分别表示为：

$$(\forall \mathrm{x})(N(x)\rightarrow GZ(x)\wedge I(x))$$

$$(\forall x)(I(x)\rightarrow E(x)\vee O(x))$$

$$(\forall x)(E(x)\rightarrow I(S(x)))$$

2. 产生式表示法

(1) 产生式的基本形式。

产生式通常用于表示具有因果关系的知识，其一般形式为：

if 条件 1 and 条件 2 …and 条件 n，then 结论或动作。

这里的条件、结论或动作可以是自然语言或某种数学表达式。对于一个和时间无关的静态知识，可直接使用上述形式的规则进行表达。例如，在某炉温控制专家系统中，有规则：

if　　炉温>1800℃，
then　减小输入电压。
if　　炉温<1600℃，
then　提高输入电压。

为了表达随时间变化的动态知识，需引进一个时间因子嵌入在规则的条件或结论部分中。设 $P(t)$ 为一时间函数，它在时刻 t 具有确定的值，则有如下规则：

if　$P(t)$>给定误差极限，
then　推出结论或执行动作。
或　if　$|P(t_1)-P(t_2)|$>给定误差极限，
then　推出结论或执行动作。

谓词逻辑中的蕴涵式与产生式的基本形式尽管有相同的形式，但蕴涵式只是产生式的一种特例，原因如下：

① 蕴涵式只能表示精确知识，其真值或为真，或为假；而产生式不仅可以表示精确知识，而且还可以表示不精确知识。

② 用产生式表示知识的系统中，决定一条知识是否可用的方法是检查当前是否有已知事实可与前提中所规定的条件匹配，而且匹配可以是精确的，也可以是不精确的，只要按某种算法求出的相似度落在某个预先指定的范围内就认为是可匹配的；但对谓词逻辑中的蕴涵式来说，其匹配总要求是精确的。

(2) 产生式系统。

把一组产生式放在一起，让它们相互配合，协同作用，一个产生式生成的结论可供另一个产生式作为已知事实使用，以求得问题的解决，这样的系统称为产生式系统。

一般来说，一个产生式系统由规则库、数据库、控制器(推理机)三部分组成。产生式系统的基本结构见图 6.17。

规则库存放了若干规则，每条产生式规则是一个以“如果满足这个条件，就应当采取这个操作”形式表示的语句。各条规则之间相互作用不大。规则可有如下形式：

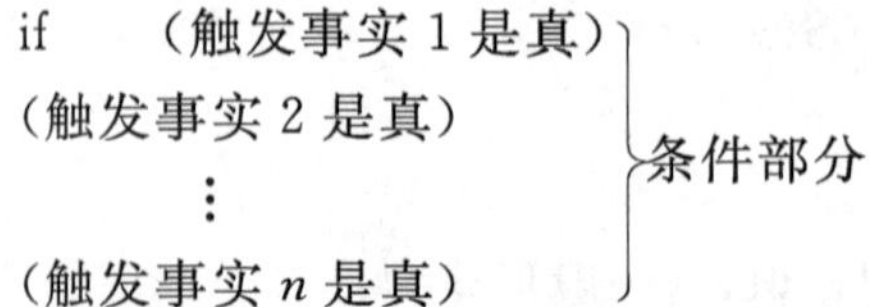

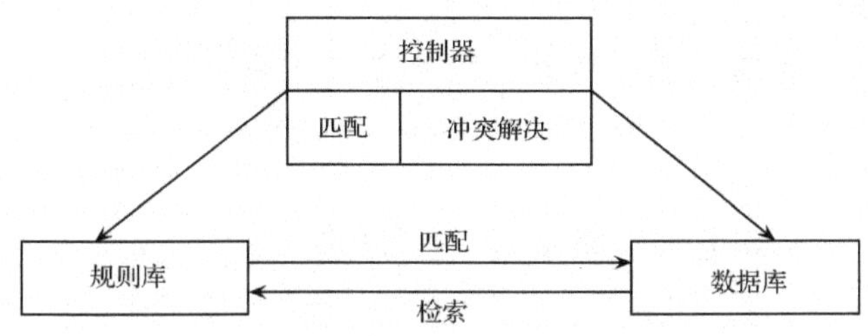

图 6.17　产生式系统的基本结构

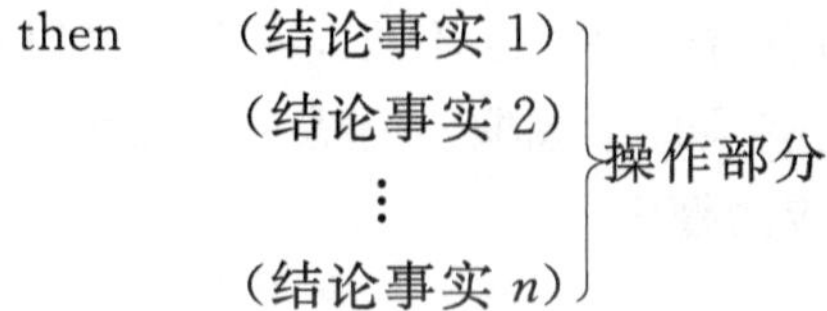

在产生式系统的执行过程中，如果一条规则的条件部分都被满足，那么，这条规则就可以被应用，即系统的控制部分可以执行规则的操作部分。

数据库是产生式规则注意的中心，每个产生式的左边表示在启用这一规则之前数据库内必须准备好的条件。执行产生式规则的操作会引起数据库的变化，这就使得其他产生式规则的条件可能被满足。

控制器作用是说明下一步应该选什么规则，也就是如何运用规则。通常从选择规则到执行规则分成三步：匹配、冲突解决和操作。

① 匹配。把数据库和规则的条件部分相匹配。如果两者完全匹配，则把这条规则称为触发规则。当按规则的操作部分去执行时，把这条规则称为被启用规则。被触发的规则不一定总是被启用的规则。因为可能同时有几条规则的条件部分被满足。

② 冲突解决。当有一个以上的规则条件部分和当前数据库相匹配时，就需要决定首先使用哪一规则，这称为冲突解决。

③ 操作。操作就是执行规则的操作部分，经过操作以后，当前数据库将被修改。然后，其他的规则有可能被使用。

3. 框架结构及知识表示法

用框架表示知识就是将有关对象、时间和状况等内容的知识组织起来构成一个结构化整体，并存入计算机中。框架存储信息的地方主要是槽(slots)，每个槽有若干个侧面(facet)所组成。一个槽表示对象的一个属性，一个侧面用于描述相应属性的一个方面。槽和侧面所具有的值分别称为槽值和侧面值。在一个用框架表示的知识系统中，一般都含有多个框架，为了区分不同的框架以及一个框架内的不同槽、不同侧面，需要分别赋予不同的名字，分别称为框架名、槽名及侧面名。一个框架的一般结构如下：

＜框架名＞

　　＜槽 1＞ ＜侧面 11＞ ＜值 111＞ …

　　　　＜侧面 12＞ ＜值 121＞ …

　　　　…

　　＜槽 2＞ ＜侧面 21＞ ＜值 211＞ …

　　　　…

　　＜槽 n＞ ＜侧面 n1＞ ＜值 n11＞ …

　　　　…

较简单的情况是用框架来表示诸如人和房子等事物。例如，一个人可以用其职业，身高和体重等项来描述，因而可以用这些项目组成框架的槽。当描述一个具体的人时，再用这些项目的具体值填入到相应的槽中。

4. “与或图”表示法

“与或图”是一种超图，图中用几条超弧线连接一个父节点和它的一组后继节点，加到一个节点上的“与”或“或”标记取决于该节点对其父节点的关系。例如，设问题 A 既可由求解 B 和 C 来解决，也可由求解问题 D、E 和 F 来解决，或者单独求解问题 H 来解决，这一关系，我们可以用图 6.18 表示。

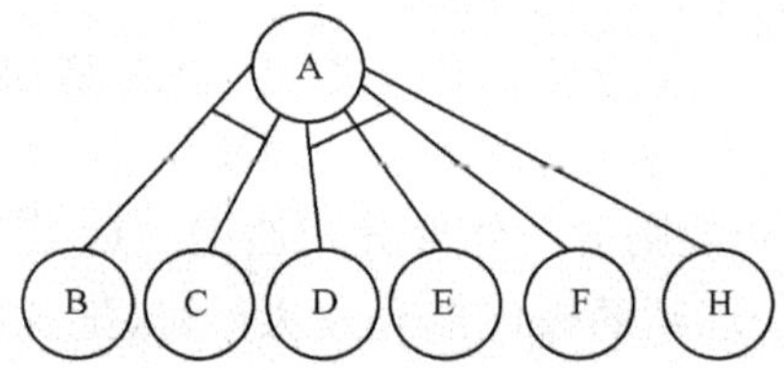

图 6.18　说明问题 A 的子问题替换集合的结构图

由上例，我们可以看出“与或图”是人们在求解问题时的二种思维方法。

(1) 分解“与”树。

将复杂的大问题分解成一组简单的小问题，将总问题分解为子问题。若所有子问题都解决了，则总问题也解决了。这是“与” 的逻辑关系。而子问题又可以分为子子问题，如此类推可以形成问题分解的树图，称为“与”树，如图 6.19(a)所示。

(2) 变换“或”树。

将较难的问题变换为较易的等价问题。若一个难问题可以等价变换为几个容易问题，则任何一个容易问题解决了，也就解决了原有的难问题，这是“或”的逻辑关系。而这些容易问题还有可能变换为若干更容易的问题，如此下去，可以形成问题变换的“或”树。如图 6.19(b)所示。

在实际问题求解中，常常是兼用“分解”和“变换”方法，因而可用“与”树和“或”树相结合的图——“与或图”来表达。

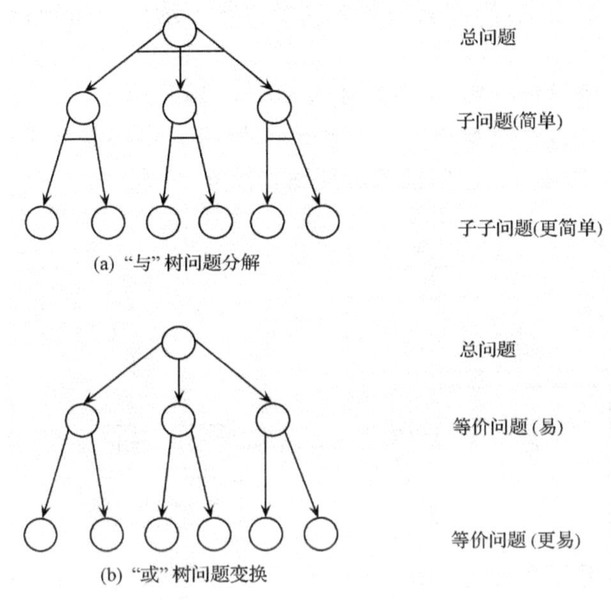

图 6.19

6.4.3　专家系统的推理机制

知识表示方法是问题求解所必需的。表示问题是为了进一步解决问题。从问题的表示到问题的解决,有个求解的过程,也就是推理过程。在这一过程中,采用适当的推理机制包括各种规则、过程和算法等推理技术,力求找到问题的解答。

1. 盲目推理

(1) 正向推理机制。

正向推理也称自底向上推理、数据驱动推理、前向链推理、模式制导推理等。正向推理控制策略的基本思想是:系统根据用户提供的原始信息,在知识库中寻找能与之匹配的规则。若找到,通过冲突消解选择启用规则,执行启用规则,并将该规则的结论部分作为中间结果,利用这个中间结果继续与知识库中的规则匹配,直到得出最终结论。一般来说,实现正向推理应具备一个存放当前状态的数据库(DB)和一个存放知识的知识库(KB)以及进行推理的推理机。

正向推理控制策略的基本算法可描述为:

① 将已知事实送入 DB(综合动态数据库);

② 如果 DB 中包含问题的解,成功退出;否则,继续第③步;

③ 根据数据库 DB 中的已知事实,扫描知识库 KB,如果 KB 中有可用的知识,转第④步,否则转⑦;

④ 把 KB 中所有可适用知识都选出来,构成可适用的知识集 KS;

⑤ 如果 KS 不为空，用冲突消解策略从 KS 中选出一条知识进行推理，若为空，转⑦；

⑥ 如果推出的是新事实，把事实加入 DB 中，转①步；

⑦ 终端用户是否补充新事实，如有补充，则将新事实送入 DB 中，转③：否则表示求不出解，失败退出。正向推理示意图如图 6.20 所示。

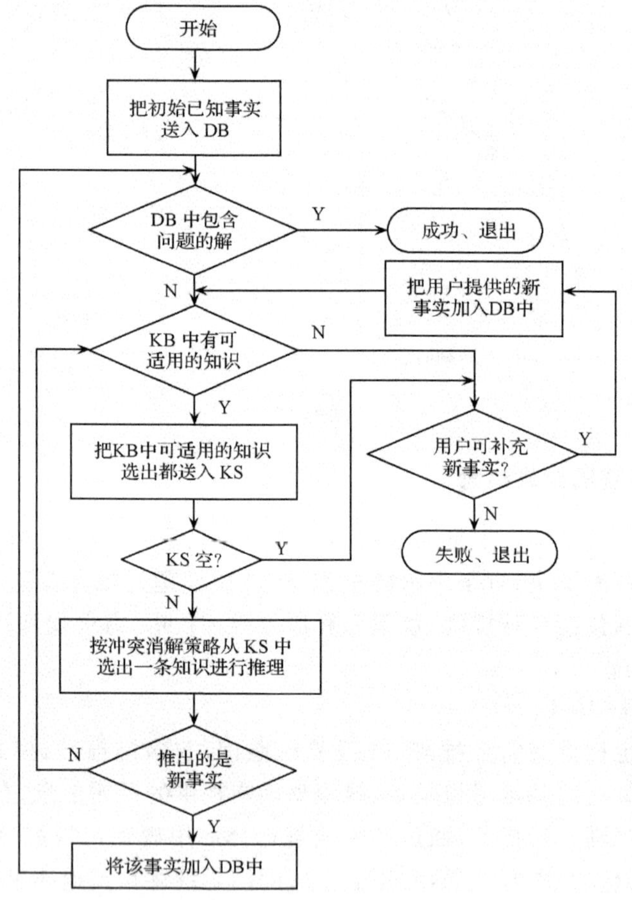

图 6.20　正向推理示意图

正向推理控制策略的主要优点在于它能充分利用用户或者实时系统所提供的信息，因此系统可以快速响应这些初始信息。其不足之处为知识启用与执行似乎漫无目标，求解当中可能要执行许多与问题求解无关的操作，导致推理过程的低效率。减少盲目推理的一种方法是选择合适的控制策略。

(2) 宽度优先搜索策略。

宽度优先搜索的基本思想是：从初始节点 S_0 开始，逐层地对节点进行扩展并考查它是否为目标节点，在第 n 层的节点没有全部扩展并考查之前，不对第 $n+1$ 层的节点进行扩展。OPEN 表中的节点总是按进入的先后顺序排列。先进入的节点排在前面，后进入的排在后面。其搜索过程如下。

① 把初始节点 S_0 放入 OPEN 表中；

② 若 OPEN 表为空，则问题无解，退出；

③ 把 OPEN 表的第一个节点（记为节点 n）取出放入 CLOSED 表中；

④ 考察节点 n 是否为目标节点，若是，则问题解求得，退出；

⑤ 若节点 n 不可扩展，则转步骤②；

⑥ 扩展节点 n，将其子节点放入 OPEN 表的尾部，并为每一个子节点配置指向父节点的指针，然后转步骤②。

该搜索过程可用图 6.21 表示其工作流程。

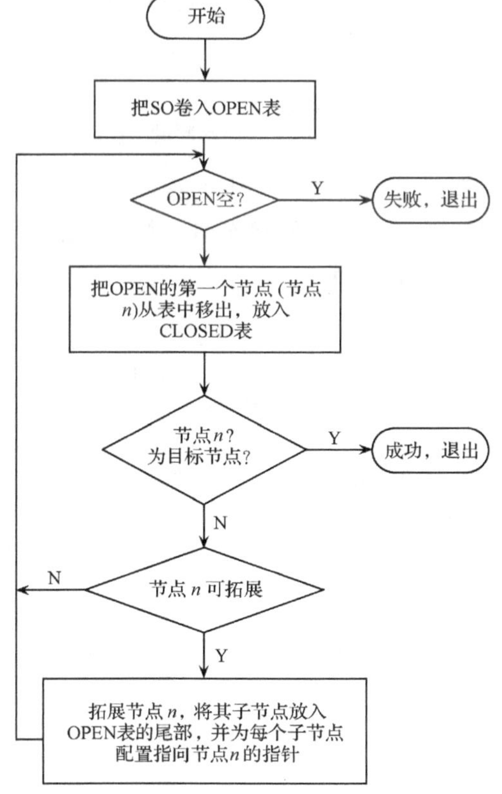

图 6.21　宽度优先搜索流程示意图

下面举一个宽度优先搜索的例子。

例　如图 6.22 所示，通过搬动积木块，希望从初试状态达到一个目的状态，即三块积木堆叠在一起。积木 A 在顶部，积木 B 在中间，而积木 C 在底部。

这个问题的唯一操作算子为 MOVE(X,Y)，即把积木 X 搬到 Y(积木或桌面)上面。如“搬动积木 A 在桌面上”表示为 MOVE(A,TABLE)。该操作算子可运作的先决条件是：

① 被搬动积木顶部必须为空；

② 如果 Y 是积木(不是桌面)，则积木 Y 顶部也必须为空；

③ 同一状态下，运用操作算子的次数不得多于一次(可从 OPEN 表和 CLOSED 表加以检查)。

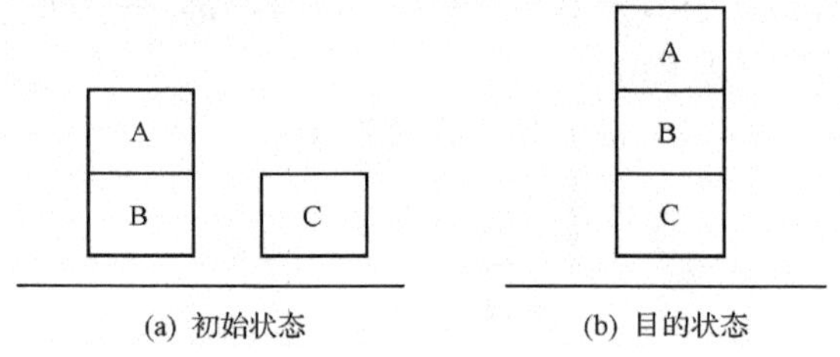

图 6.22　积木问题

图 6.23 表示了由宽度优先搜索所产生的搜索树。各节点是以产生和扩展的先后次序编下标的。当搜索到 S_{10} 目的状态时，过程便结束。此时，OPEN 表包含 S_0 至 S_5，而 CLOSED 表包含 S_6 至 S_{10}。

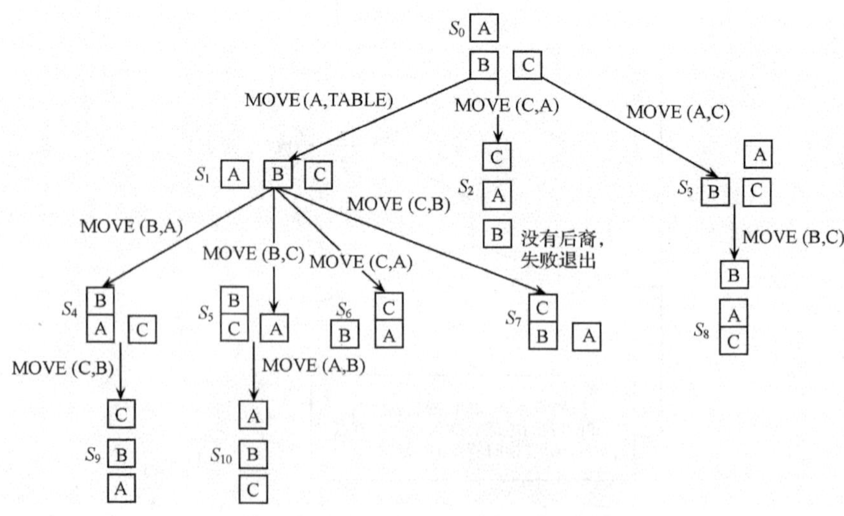

图 6.23　积木问题的宽度优先搜索树

由于宽度优先搜索总是在生成扩展完 N 层的节点之后才转向 $N+1$ 层，所以它总能找到最短的解题途径(如有解)，但实用意义不大。如图的分支数太多，即状态的后裔数的平均值较大，这种组合爆炸就会使算法耗尽资源，在可利用的空间中找不到解。这是由于每层搜索中所有生成的未扩展的节点都要保存到 OPEN 表中，如果解题路径较长，这个数目将会大得使过程无法进行搜索。

(3) 深度优先搜索策略

深度优先搜索的基本思想是：从初始节点 S_0 开始扩展，若没有得到目标节点，则选择最后产生的子节点进行扩展，若还是不能达到目标节点，则再对刚才最后产生的子节点进行扩展，一直如此向下搜索。当达到某个子节点，且该子节点既不是目标节点又不能继续扩展时，才选择其兄弟节点进行考察。其搜索过程如下：

① 把初始节点 S_0 放入 OPEN 表中；

② 若 OPEN 表为空，则问题无解，退出；

③ 把 OPEN 表的第一个节点(记为节点 n)取出放入 CLOSED 表中；

④ 考察节点 n 是否为目标节点，若是，则问题解求得，退出；

⑤ 若节点 n 不可扩展，则转步骤②；

⑥ 扩展节点 n，将其子节点放入 OPEN 表的首部，并为其配置指向父节点的指针，然后转步骤③。

该过程与宽度优先搜索的唯一区别是：宽度优先搜索时将节点 n 的子节点放入到 OPEN 标的尾部，而深度优先搜索时把节点 n 的子节点放入到 OPEN 表的首部。仅此一点不同，就使得搜索的路线完全不一样。

在深度优先搜索中，搜索一旦进入某个分支，就将沿着该分支一直向下搜索，如图 6.24 所示。若目标节点恰好在此分支上，则可较快得到解。但是，若目标节点不在此分支上，而该分支又是一个无穷分支，就不可能得到解。所以深度优先搜索是不完备的，即使问题有解，它也不一定能求得到解。且用深度优先搜索求得的解，不一定是路径最优的解，其道理是显然的。

(4) 反向推理机制。

反向推理是以某个假设目标作为出发点的一种推理，又称为目标驱动推理、逆向推理或后件推理等。反向推理控制的基本思想是：先假设一个目标，然后在知识库中找出那些其后件部分可能导致这个目标为真的规则集，再检查规则集中每条规则的前件部分，如果某条规则的前件中所含有的各条件项均能通过用户的会话得到满足，或者能被用户已经提供的当前数据库所匹配，则把规则的结论部分(即目标)加到当前数据库中，从而该目标被证明。否则把规则的条件项作为新的子目标，递归执行上述过程，直到各“与”关系的子目标全部及“或”关系的子目标中有一个出现在动态数据库中，目标被求解，或者直到子目标不能进一步分解而且动态数据库不能实现上述满足时，这个先假设的目标为假，系统此时需要重新假设新的目标。

反向推理过程算法可用如下算法描述：

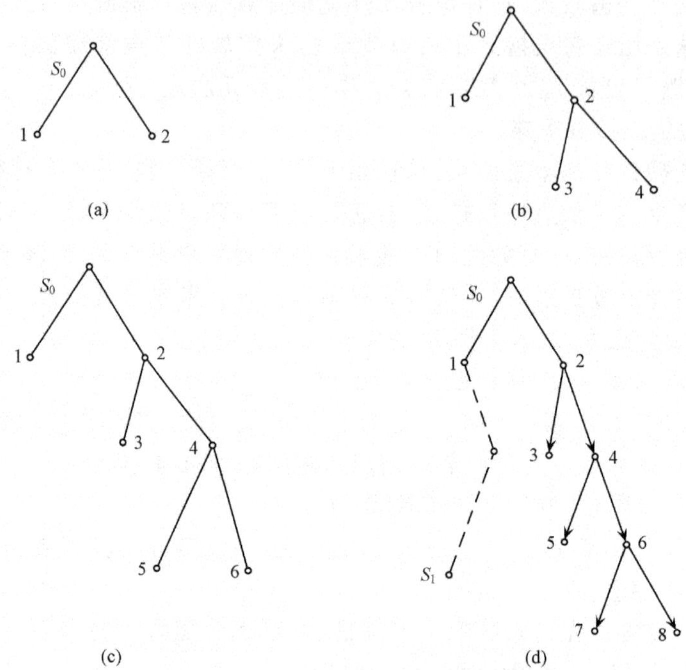

图 6.24 深度优先搜索法示意图

① 提出要求证的目标(假设);

② 若该假设在数据库 DB 中,假设成立;否则转④;

③ 若还有假设,转①,否则退出;

④ 若假设是初始事实,即为用户证实的初始事实,转⑤,否则转⑥;

⑤ 询问用户是否有此事实,若有,假设成立并将此事实存入数据库 DB 中,若没有,转③;

⑥ 在知识库中找出所有能导出该假设的知识,形成适用的知识集 KS;

⑦ 从 KS 中选出一条知识,并将该知识的一个适用条件作为一个新的假设,然后转②。反向推理控制的示意图如图 6.25 所示。

反向推理只考虑那些对假设目标是可用的规则。为证明一个假设目标 O,可以根据可用规则集把知识集分解为许多子目标,每个子目标又可以进一步分解,当出现某条规则分解的全部子目标均为已出现的高层次目标时,推理过程便会进入死循环,控制过程需要作这种检测。

与数据驱动类似,反向推理也会出现可用规则的冲突解决问题。反向推理先把结论相同的规则集中在一起,对于一个给定的目标(或子目标)如果有一条以上的规则,其结论部分均能达到这个目标或子目标,就产生了冲突。在反向推理中,冲突解决问题显得难度更大、更重要,因为所选择的规则左部就成为子目标,规则

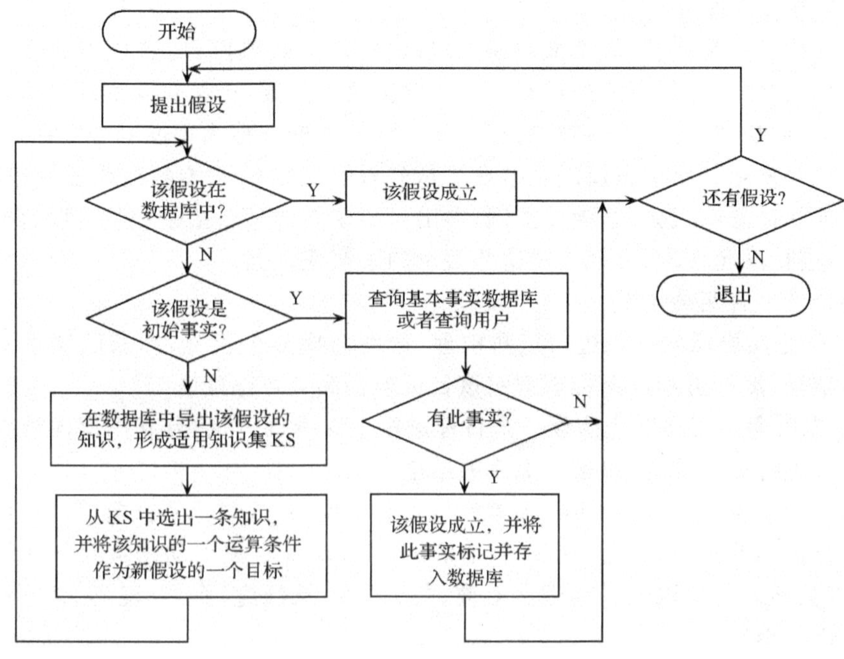

图 6.25　反向推理示意图

的选择就等于目标的选择。

反向推理控制的一个显著优点是不用寻找和不必使用那些与假设目标无关的信息和知识，推理过程的方向性很强。另外，这种策略能对它的推理过程提供明确的解释，告诉用户它所要达到的目标以及为此所要使用的规则。反向推理控制策略在专家系统中是比正向推理更为常用的一种策略，在解空间较小的问题的求解环境下尤为合适。但这种策略的主要不足在于初始目标的选择比较盲目，不能通过用户自愿提供的有用信息来进行操纵。因此，在解空间较大，而且需要迅速响应用户的数据输入的问题领域，反向推理控制难以接受。

正反向推理策略比较见表 6.6。

表 6.6　正、逆向推理的比较

项目	正向推理	逆向推理
驱动方式	数据驱动	目标驱动
推理方法	从一组数据出发向前推导结论	从可能的解答出发，向后推理验证解答
启动方法	从一个事件启动	由询问关于目标状态的一个问题而启动
透明程度	不能解释其推理过程	可解释其推理过程
推理方向	由底向上推理	有顶向下推理
典型系统	CLOPS，OPS	PROLOG

(5) 混合推理机制。

正向推理具有盲目、效率低等缺点,反向推理的缺点则是:若提出的假设目标不符合事实,也会降低系统的效率。为了解决这些问题,可把正向推理与反向推理结合起来,取长补短。像这样既有正向又有反向的推理称为正反混合推理,也有称为双向混合推理。所谓正反混合推理是指先根据给定的原始数据或证据(这些数据或证据往往是不充分的)向前推理,得出可能成立的诊断结论,然后,以这样结论为假设,进行反向推理,寻找支持这些假设的事实或证据。

混合推理有两种情况:

① 先正向再反向。先进行正向推理,帮助选择某个目标,即从已知事实演绎出部分结果,然后再用反向推理证实该目标或提高其可信度。

② 先反向再正向。先假设一个目标进行反向推理,然后再利用反向推理中得到的信息进行正向推理,以推出更多的结论。

例 动物识别系统:设机器人具有机器感知能力,通过机器视觉可以辨认动物的有关特征和外貌,如颜色、花纹、体态、动作等,以获取关于动物世界的知识。现在,要求机器人用知识进行推理。对虎、豹、斑马、长颈鹿、企鹅、鸵鸟、信天翁等 7 种动物进行识别。

下面用产生式规则表达有关知识。

R_1:if 动物有毛发,then 动物为哺乳类。

R_2:if 动物有奶,then 动物为哺乳类。

R_3:if 动物有羽毛,then 动物为鸟类。

R_4:if 动物会飞 and 产蛋,then 动物为鸟类。

R_5:if 动物是哺乳类 and 食肉,then 动物为食肉动物。

R_6:if 动物是哺乳类 and 动物有犬齿 and 动物有爪,then 动物是食肉动物。

R_7:if 动物是哺乳类动物 and 动物是蹄类动物,then 动物为有蹄类。

R_8:if 动物是哺乳类动物 and 动物反刍,then 动物为有蹄类动物。

R_9:if 动物是食肉动物 and 具有黄褐色 and 动物有黑色斑点,then 该动物是金钱豹。

R_{10}:if 动物是食肉类动物 and 具有黄褐色外部特征 and 有黑色条纹,then 该动物是虎。

R_{11}:if 动物是有蹄类 and 有长长的颈 and 腿很长 and 黄褐色 and 有黑色斑点,then 该动物是长颈鹿。

R_{12}:if 动物是有蹄类 and 白色 and 有黑色条纹,then 该动物是斑马。

R_{13}:if 动物是鸟类 and 不会飞 and 腿很长 and 颈很长 and 具有黑白两色,then 该动物是鸵鸟。

R_{14}:if 动物是鸟类 and 不会飞 and 会游泳 and 具有黑白两色,then 该动物是企鹅。

R_{15}：if 动物是鸟类 and 它很会飞，then 该动物是信天翁。

下面来考察机器人识别长颈鹿的过程。开始，机器人观察该动物具有黄褐色和黑色斑点，即有事实库(动物具有黄褐色和黑色斑点)。这两个断言都出现在 R_9 和 R_{11} 中，但 R_9 和 R_{11} 的前提还必须被别的断言所满足，机器人需要观察到更多的有关该动物的特征。设机器人看到该动物给它的幼兽喂奶，并能进行反刍，于是事实库内容增加为，动物为黄褐色，有黑斑，有奶，反刍。继而 R_8 又能用，更新事实库为，有蹄类动物，黄褐色，哺乳类，有黑斑，有奶，反刍。至此机器人还没有识别出这是什么动物，而事实库也不能和其他规则的前提相匹配，因而还需要关于动物基本特征的新的信息，设机器人发现该动物腿和颈都很长，即得到事实库：该动物颈长，腿长，有蹄类动物，哺乳类，黄褐色，有黑斑，有奶，反刍。得到新的事实后再进行推理，此时，R_{11} 可以使用，推出该动物为长颈鹿，问题求解过程可以终止。

由上述可知，产生式系统的问题求解过程的步骤如下：

① 事实库初始化；

② 若存在未用规则前提能与事实库相匹配则转③，否则转⑤；

③ 使用规则，更新事实库，将所用规则做上标记；

④ 事实库是否包含解，若是，则终止求解过程，否则转②；

⑤ 要求更多的关于问题的信息，若不能提高所要信息，则求解失败，否则更新事实库并转②。

上述简单的产生式系统，其前提和结论部分都是一些简单的断言。实用的产生式系统无论在结构上还是规模上都更为复杂。

(6) 冲突消解策略。

冲突消解策略解决如何在多条可用知识中合理地选择一条知识的问题，是一种基本的推理控制策略。冲突消解有两种：一种是当新规则加入知识库时，与原先的规则产生矛盾，需要找出它们之间的矛盾并加以解决；另一种是部分事实同时触发几条规则并且得到几个不同的结论时，需要从中选择一条最合适的结论。

在专家系统问题的求解过程中，推理机的基本任务是决定下一步该做什么，即选择哪些知识完成哪些操作，进一步通过操作来修改和增加全局动态数据库的内容，直到问题求解。在问题的求解的每个状态下，一条知识的可用与否取决于这条知识的条件部分同问题求解的当前数据库的内容的匹配程度，即使匹配，知识的最终选择和运用也要由推理机确定。一般来说，在每个中间状态，可用知识不止一条，即发生所谓的“冲突”，在多条可用知识中选择一条知识启用的过程称为“冲突消解”。在实际的专家系统中，一般采用简单直观的冲突消解策略，或辅以各种启发信息组合使用这些简单策略。

简单冲突消解策略是将多条知识按优先级排序。排序策略大致有：

① 专一性排序。如果一条知识比另一条知识更具体，即一条知识的条件部分是另一条知识条件的弱化。则弱化知识比强化知识具有更高的优先级。

② 知识库组织次序排序。以知识在知识库组织中的顺序决定优先级的次序。在问题求解中，一旦一条知识为可用知识则选择之。

③ 数据排序。把知识的条件部分的所有条件项按优先级次序组织，可用知识的次序由这些知识所含条件的字典排序方法进行选择。

④ 就近排序。这种策略有一个动态修改知识优先级的算法，把最近使用的知识标记以最高优先级。

⑤ 分块组织。知识库的组织按它们所对应的问题求解状态进行分块（或分组）。在问题的求解过程中，只能从相应的知识库中去选择可用知识。

⑥ 数据冗余限制。当一条知识的操作产生冗余事实时，则这条知识的优先级降低，冗余事实越多，优先级越低，如果产生的事实全部为冗余事实时，则这条知识为不可用知识。

除了以上排序策略外，还有其他策略。冲突消解策略是一个基本控制策略。在本系统中主要采用专一性排序和知识库组织次序排序两种冲突消解策略。

2. 启发式推理机制

(1) 局部最佳优先搜索。

局部最佳优先搜索的思想是：当某一个节点扩展之后，对它的每一个后继节点计算估价函数 $f(x)$ 的值，并在这些后继节点的范围内，选择一个 $f(x)$ 的值最小的节点，作为下一个要考查的节点。由于它每次只在后继节点的范围内选择下一个要考查的节点，范围较小，故称为局部最佳优先搜索。其搜索算法如下。

① 把初始节点 S_0 放入 OPEN 表中，并计算估算函数 $f(S_0)$。

② 若 OPEN 表为空，则问题无解，退出；否则转步骤③。

③ 从 OPEN 表中选取第一个节点（记为节点 n，其估价函数值最小）移入 CLOSED

表中。

④ 考察节点 n 是否为目标节点，若是，则问题解求得，退出；否则转步骤⑤。

⑤ 若节点 n 不可扩展，则转步骤⑥；否则转步骤②。

⑥ 对节点 n 进行扩展，并对它的所有后继节点计算估价函数 $f(x)$ 的值，并按估价函数 $f(x)$ 从小到大的顺序依次从 OPEN 表的前端开始放入。

⑦ 为每一个后继节点设置指向 n 的指针。

⑧ 转步骤②。

上述搜索过程的框图如图 6.26 所示。

局部最佳优先搜索与深度优先搜索的区别就在于在选择下一个节点时所用的标准不同。局部最佳优先搜索是以估价函数值作为标准；深度优先搜索则是以后

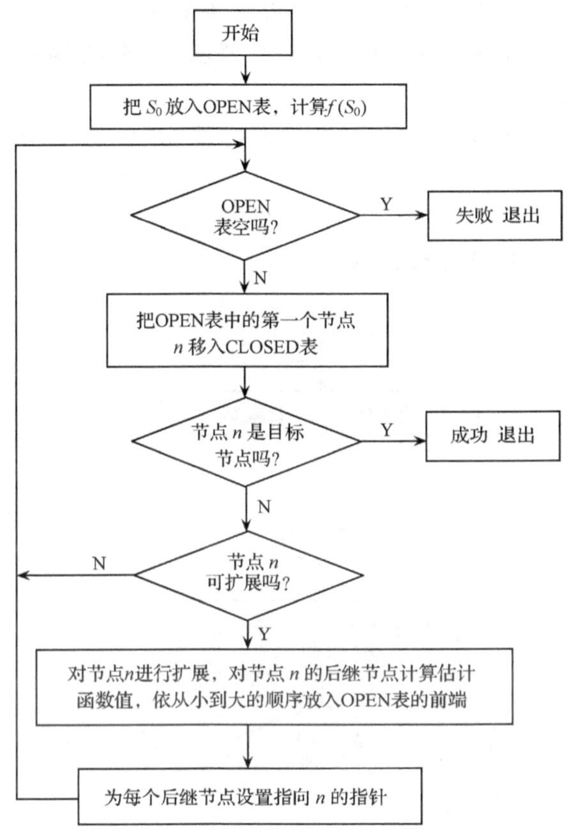

图 6.26　局部最佳优先搜索框图

继节点的深度作为选择标准，后生成的节点先考查。若把深度界线 d_m 就当估价函数 $f(x)$，则可把深度优先搜索看作局部最佳优先搜索的一个特例。

(2) 全局最佳优先搜索。

全局最佳优先搜索也是一个有信息的启发式搜索，它的思想类似于宽度优先搜索，所不同的是：在确定一个扩展节点时，以与问题特性密切相关的估价函数 $f(x)$ 为标准，不过这种方法是在 OPEN 表中的全部节点里选择一个估价函数值 $f(x)$ 为最小的节点作为下一个被考查的节点。正因为选择的范围是 OPEN 表中的全部节点，所以称它为全局最佳优先搜索或全局择优搜索。其搜索算法如下。

① 初始节点 S_0 放入 OPEN 表中，并计算估算函数 $f(S_0)$。

② 如果 OPEN 为空表，则问题无解，退出；否则转步骤③。

③ 把 OPEN 表中第一个节点 n 移入 CLOSED 表中。

④ 考察节点 n 是否为目标节点，若是，则问题解求得，退出；否则转步骤④。

⑤ 若节点 n 不可扩展，则转步骤⑥；否则转步骤②。

⑥ 对节点 n 进行扩展，对它的所有后继节点计算估价函数 $f(x)$ 的值，并为每一个后继节点设置指向 n 的指针。

⑦ 把这些后继节点都送入 OPEN 表中，然后对 OPEN 表中的全部节点按从小到大的顺序排序。

⑧ 转步骤②。

其相应的算法框图如图 6.27 所示。

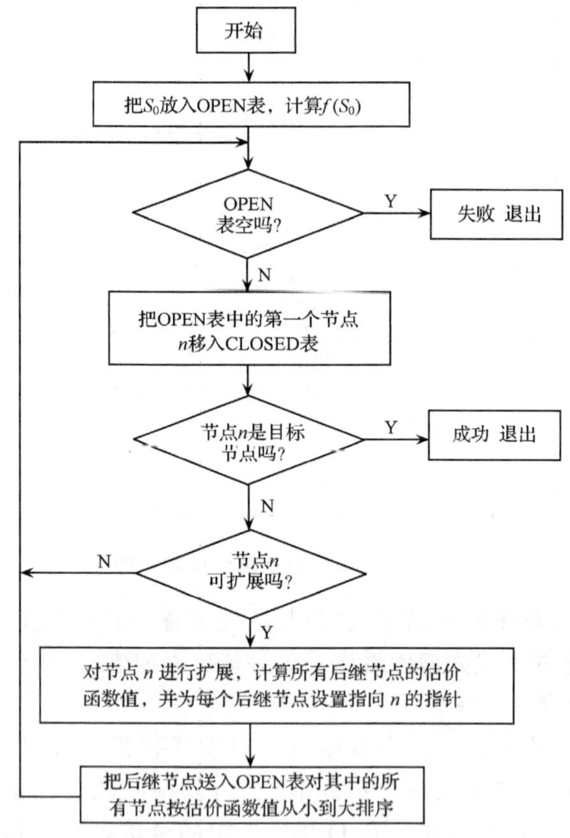

图 6.27 全局最佳优先搜索框图

全局最佳优先搜索实际是对宽度优先搜索的扩展，而宽度优先搜索则是它的一个特例(即估价函数 $f(x)$ 选为深度界线 d_m)。

例 用全局最佳优先搜索方法求解重排九宫问题，若该问题的初始状态图及目标状态图如图 6.28 所示，试利用全局最佳优先搜索算法求取由 S_0 转换为 S_g 的路径。

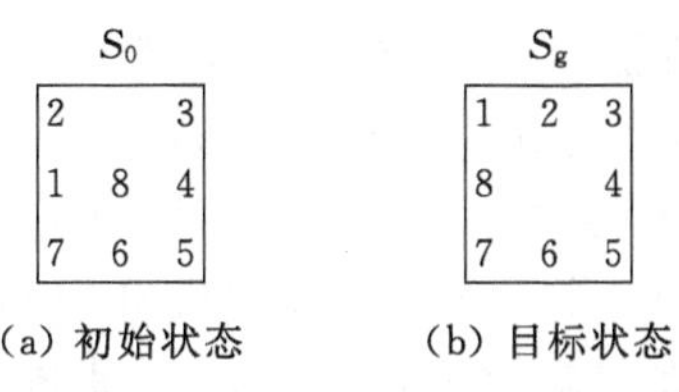

(a) 初始状态　(b) 目标状态

图 6.28　重排九宫问题

首先定义一个估价函数

$$f(x)=d(x)+h(x)$$

式中，$d(x)$表示节点 x 在搜索树中的深度；$h(x)$表示与节点 x 对应的棋盘中，与目标节点所对应的棋盘中棋子位置不同的个数。例如，对于节点 S_0，其在搜索树中位于 0 层，所以 $d(x)=0$，而它中的与 S_0 中棋子位置不同的个数是 4，即 $h(x)=4$。所以节点 S_0 的估价函数值 $f=0+4=4$。搜索树如图 6.29 所示。此图中，节点旁边圆圈内的数字表示该节点的 $f(x)$值，不带圈的数字表示节点扩展的顺序。所以问题的解路径是 $S_0\rightarrow S_1\rightarrow S_2\rightarrow S_3$。

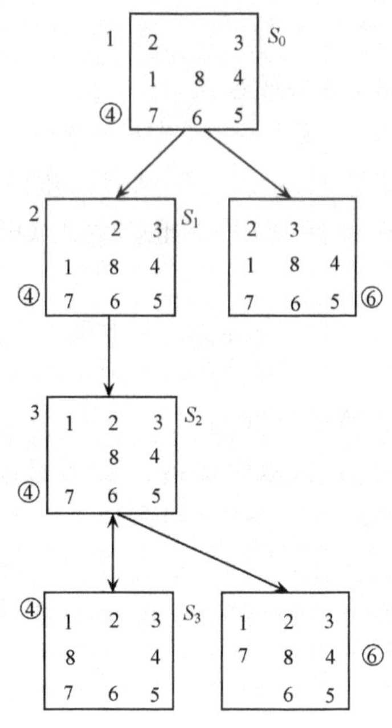

图 6.29　重排九宫问题全局最侍优先搜索树

在启发式搜索中，估价函数的定义是非常重要的，若定义得不好，则上述的搜索算法不一定能找到问题的解，即便找到解，也不一定是最优解。所以，有必要讨论如何对估价函数进行限制或定义。

3. 有界深度优先搜索

为了解决深度优先搜索不完备的问题，避免搜索过程陷入无穷分子的死循环，出现了有界深度优先搜索方法。有界深度优先搜索的基本思想是:对深度优先搜索方法引入搜索深度的界限(设 d_m),当搜索深度达到了深度界限,而尚未出现目标节点时,就换一个分支进行搜索。另外,上面讨论的宽度优先搜索和深度优先搜索都没有考虑搜索代价问题,而只假设各边的代价均相同,且为一个单位量。实际上,各边的代价不会相同,故在搜索过程中还应对此进行考虑,这类搜索称为代价树的宽度优先搜索和代价树的深度优先搜索。

对于许多问题,其状态空间搜索树的深度可能为无限深,或者可能至少比某个可接受的解答序列的已知深度上限还要深。为了避免考虑太长的路径,防止搜索过程沿着无益的路径扩展下去,往往给出一个节点扩展的最大深度——深度界限。任何节点如果达到了深度界限,那么都将把它们作为没有后继节点处理。值得说明的是,即使应用了深度界限的规定,所求得的解答路径并不一定就是最短的路径。

含有深度界限的深度优先搜索算法如下:

(1) 把起始节点 S_0 放到未扩展节点 OPEN 表中,如果此节点为目标节点,则得到一个解。

(2) 如果 OPEN 为空表,则失败退出。

(3) 把第一个节点(节点 n)从 OPEN 表移出到 CLOSED 表。

(4) 如果节点 n 的深度等于最大深度,则转向步骤(2)。

(5) 扩展节 n,产生其全部后裔,并把他们放入 OPEN 表的前头,如果没有后裔,则转向步骤(2)。

(6) 如果后继点中任一个为目标节点,则求得一个解,成功退出;否则,转向步骤(2)。

有界深度优先搜索算法的程序框图如图 6.30 所示。

图 6.31 所示为按深度优先搜索生成的八数码难题搜索树,其中,设置深度界限为 5。粗线条的路径表明含有 5 条应用规则的一个解。从图可见,深度优先搜索过程是沿着一条路径进行下去,直到深度界限为止,然后再考虑只有最后一步有差别的相同深度或较浅深度可供选择的路径,接着再考虑最后两步有差别的那些路径等。

4. 演绎推理和归纳推理

根据问题求解的推理过程中特殊和一般的关系,知识推理方法可分为演绎推理、归纳推理两类。

演绎推理是指由一组前提必然地推导出某个结论的过程。三段论法是演绎法的核心。归结原理是演绎推理的典型实例。演绎推理是从全称判断推出特称判断或单称判断的过程,即从一般到个别的推理。它经常用的形式是三段论法。三段论法包括以下三段:

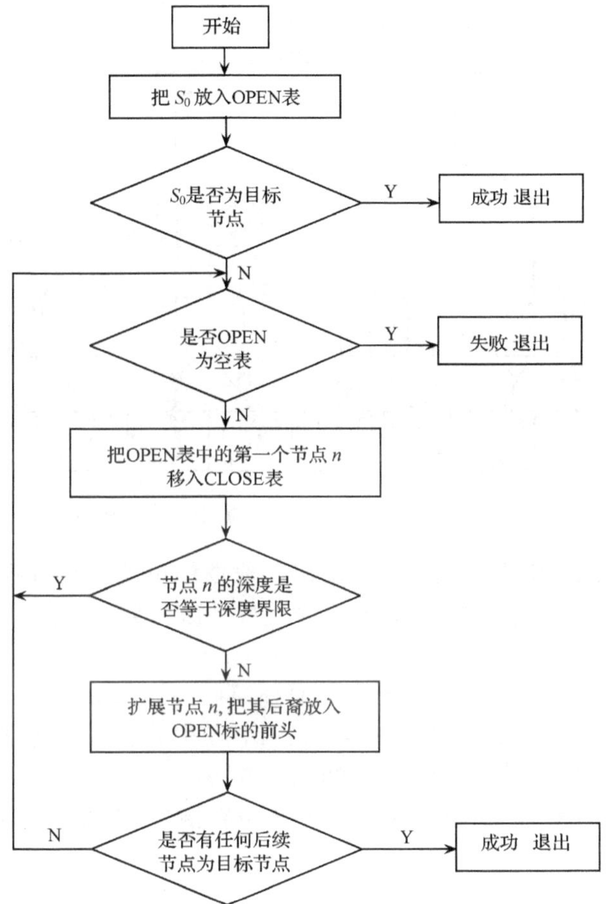

图 6.30　有界深度优先搜索算法的程序框图

(1) 大前提,它描述的是关于一般的知识。

(2) 小前提,它描述的是关于个体的判断。

(3) 结论,它描述的是由大前提推出的适合于小前提的新判断。

例如:

(1) 所有的推理系统都是智能系统。

(2) 专家系统是推理系统。

(3) 所以,专家系统是智能系统。

可以看出,在演绎推理中,结论是蕴涵在大前提中的。演绎推理的一般形式为

$$P, P\rightarrow Q \Rightarrow Q \tag{6-101}$$

式(6-101)表示:由 P 及 $P\rightarrow Q$ 为真,可推出 Q 为真。例如,由“若是大学生,则一定能操作计算机”及“小鲁是大学生”可推出“小鲁能操作计算机”的结论。

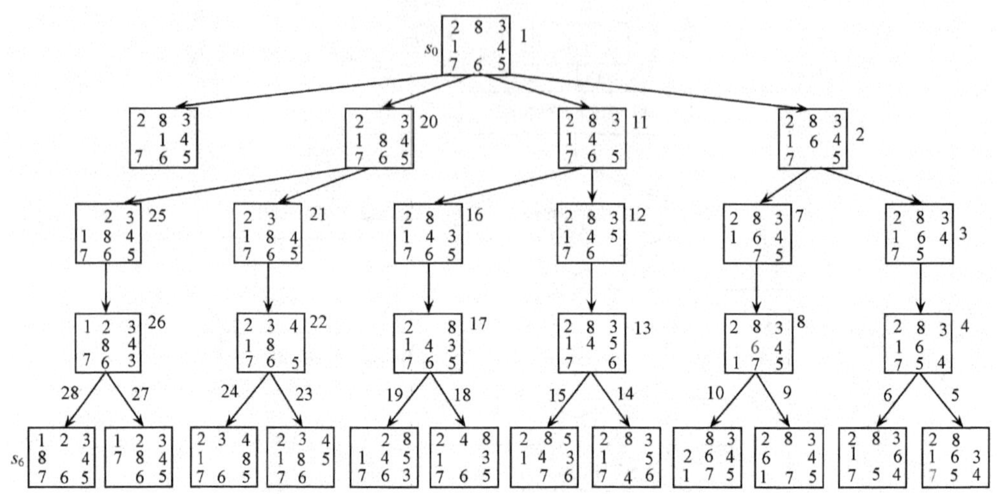

图 6.31 八数码难题的有界宽度优先搜索树

归纳推理是从足够多的实例中归纳出一般性结论的推理过程，是一种从个别到一般的推理过程。常用的归纳推理有简单枚举法和类比法。

(1) 简单枚举法。

设 $S_1, S_2, \cdots, S_n$ 是某类事物 S 中的具体事物，若已知 $S_1, S_2, \cdots, S_n$ 都有属性 P，并且没有发现反例，当 n 足够大时就可得出"S 中的所有事物都有属性 P"这一结论。这是从个别事物归纳出一般性知识的方法。

简单枚举法只根据一个个事例的枚举来进行推断，缺乏深层次分析，故可靠性较差。

(2) 类比法。

类比法推理的基础是相似原理，当两个或两类事物在许多属性上都相同的条件下，可以推出它们在其他属性上也相同。若用 A 和 B 分别表示两类不同的事物，用 $a_1, a_2, \cdots, a_n, b$ 分别表示不同的属性，则类比归纳法可用下面的格式表示。

① A 和 B 都有属性 $a_1, a_2, \cdots, a_n$；

② A 还有属性 b；

③ 所以，B 也有属性 b。

类比法的可靠程度取决于两类事物的相同属性与所推导出的属性之间的相关程度。相关程度越高，类比法的可靠性越大。

在目前的专家系统中，主要采用演绎推理，而归纳推理主要用在系统的学习方面。

6.4.4 知识库

1. 知识库

知识库（knowledge base）主要用来存放领域专家提供的专门知识。知识库中的知识来源于知识获取机构，同时它又为推理机提供求解问题所需的知识。

2. 知识的获取

知识获取主要是把用于问题求解的专门知识从某些知识源中提炼出来，并转化为计算机内表示存入知识库。知识源包括专家、书本、相关数据库、实例研究和个人经验等，然而当今专家系统的知识源主要是领域专家，所以知识获取过程需要知识工程师与领域专家反复交流、共同合作完成，如图 6.32 所示。

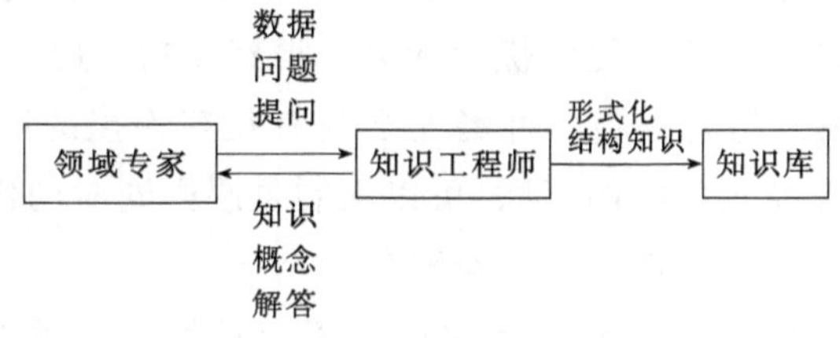

图 6.32　知识获取的过程

知识获取的基本任务是为专家系统获取知识，建立起健全、完善、有效的知识库，以满足求解领域问题的需要。

3. 知识库的管理和维护

系统正式投入使用以后，知识运用的一个重要方面就是对知识进行组织、管理和维护，简称知识库的管理。知识库的管理包括：知识的分类，知识的组织和存储，知识的检索，知识的查询、显示、修改和检查，知识的拷贝和转储，知识的一致性、完整性和无冗余性检查等。

6.5 神经网络

6.5.1 神经网络模型及学习方法

1. 神经网络模型

通常说神经网络的结构主要是从其连接方式上讲的，按连接方式的不同，其结构大致可以分为层状和网状两大类。层状结构的神经网络是由若干层组成，每层中包括一定数量的神经元，同层内的神经元之间不能连接，相邻神经元单向连接；网状结构的神经网络中，任意两个神经元之间都可能双向连接。下面介绍几种神经网络的拓扑结构。

（1）前馈网络。前馈网络具有分层的结构，通常包括输入层、隐层（也称中间层）和输出层。每一层的神经元只接受上一层神经元的输入，并且将输出送给下一层的各个神经元。输入信息经过各层的顺次传递后，直接输出层输出。前馈网络型神经网络是数据挖掘中广为应用的一种网络，其原理或算法也是其他一些网络的基础。本章用了较大的篇幅讨论这种网络的算法，其目的是为了解释影响学习速度和收敛性的因素，从而提出解决方法。

(2) 反馈网络。从输出层到输入层有反馈的网络称为反馈网络。在反馈网络中，任意一个节点既可接收来自前一层各节点的输入，同时也可接收来自后面任一节点的反馈输入。另外，由输出节点引回到其本身的输入而构成的自环反馈也属反馈输入。反馈网络的每个节点都是一个计算单元。Hopfield 神经网络是反馈型网络的代表。网络的运行是一个非线性的动力学系统，所以比较复杂。Hopfield 神经网络已在联想记忆和优化计算中得到成功应用。

(3) 混合型网络。将同一层的神经元之间有相互连接的网络结构，称为混合型网络。通过同层神经元之间的互联，可以限制每层内同时动作的神经元数，并实现同一层内神经元之间横向抑制或兴奋机制。

(4) 相互结合型网络。这种网络中任意两个神经元之间都可能相互双向连接，所有神经元既作输入同时也作输出。在前向网络中，信号要在各神经元之间来回反复传递，当网络从某种初始状态经过反复变化达到另一种新的平衡状态时，信息处理过程才能结束。

2. 神经网络学习方法

(1) 死记式学习。网络的连接权值是根据某种特殊的记忆模式设计而成的，其值不变。在网络输入相关信息时，这种记忆模式就会被回忆起来。Hopficld 网络作联想记忆和优化计算时就是属于这种情况。

(2) 有监督学习。在这种学习中，网络的输出有一个评价的标准，网络将实际输出和评价标准进行比较，由其误差信号决定连接权值的调整。评价标准是由外界提示给网络的，相当于有一位知道正确结果的教师示教给网络，故这种学习又称为有教师学习。

(3) 无监督学习。无监督学习是一种自组织学习，此时网络的学习完全是一种自我调整的过程，不存在外部环境的示教，也不存在来自外部环境的反馈来指示网络期望输出什么或者当前输出是否正确，故又称为无教师学习。无监督学习可以实现主分量分析、聚类、编码以及特征映射的功能。

(4) 有监督与无监督的混合学习。有监督学习具有分类精细、准确的优点，但学习过程慢。无监督学习具有分类灵活、算法简练的优点，但学习过程较慢。如果将两者结合起来，发挥各自的优点，就有可能成为一种有效的学习方法。混合学习过程一般事先用无监督学习抽取输入数据的特征，然后将这种内部表示提供给有监督学习进行处理，以达到输入输出的某种映射。由于对输入数据进行了预处理，将会使有监督学习以及整个学习过程加快。

6.5.2　前向神经网络

1. 前向神经网络的数学基础

大量研究表明，人的神经元细胞体周围的树突用于接受周围其他神经细胞传入的神经冲动。传入的神经冲动会引起细胞体内膜电压的变化。当这一变化超过一定“阈值”时，将引起神经细胞的兴奋。这一兴奋信号会通过轴突传给其他的神经元，相反，如果传入的神经冲动使细胞体内膜电压降到低于阈值时，细胞进入抑制状态，没有神经冲动输出。受人的神经元工作机制的启发，人们已设计出人工神经元的结构模型，如图 6.33 所示。

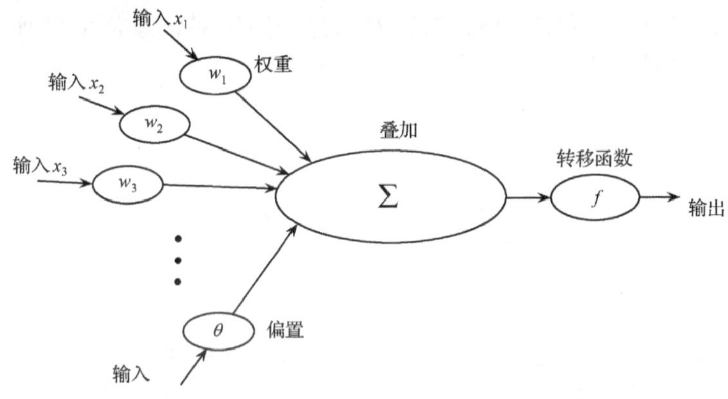

图 6.33　人工神经元结构模型

由此可以看出前向神经网络数学模型的基本运算可归结为四步。

权值学习：对每个输入信号进行程度不等的加权计算；

阈值处理：对每个神经元输入进行程度不等的偏置处理；

求和运算：进行全部输入信号的组合效果的求和计算；

映射函数：通过转移函数 $f(\cdot)$计算输出结果。

其中 f 为转移函数(也称传递函数)，它可以是线性函数，也可以是非线性函数。常用的转移函数有：

(1) 线性函数。

$$f(x) = a \cdot x \tag{6-102}$$

(2) 带限的线性函数。

$$f(x) = \begin{cases} \gamma, & x \geqslant \gamma \\ x, & |x| < \gamma \\ -\gamma, & x \leqslant -\gamma \end{cases} \tag{6-103}$$

其中，γ 为神经元的最大输出值。

(3) 阈值型函数。

$$f(x)=\begin{cases}1, & x\geqslant\theta\\0, & x<\theta\end{cases} \tag{6-104}$$

其中,θ 为神经元阈值。

(4) Sigmoid 函数。

$$f(x)=\frac{1}{1+\mathrm{e}^{-x}} \tag{6-105}$$

某种程序上可以说,正是由于对数-S 形函数是可微的,所以用于 BP 算法训练的多层网络采用了该传输函数。以上的人工神经元又称为处理单元、节点或短期记忆,它是组成人工神经网络的基本单元。人工神经网络就是由若干神经元按照一定的连接方式所组成的。

下面就以单层前向网络为例,描述人工神经网络对信息流的处理过程。如果网络的输入列向量 $\boldsymbol{X}$ 为

$$\boldsymbol{X}=\begin{bmatrix}x_1\\x_2\\\vdots\\x_i\\\vdots\\x_n\end{bmatrix}=[x_1\quad x_2\quad\cdots\quad x_i\quad\cdots\quad x_n]^{\mathrm{T}} \tag{6-106}$$

神经元节点的连接权重表示为权重矩阵 $\boldsymbol{W}$,权重矩阵 $\boldsymbol{W}$ 的行数等于输出神经元节点数 m,列数等于输入神经元节点数 N。$\boldsymbol{W}$ 的 j 行是神经元节点 j 的权重向量 $\overline{\boldsymbol{W}}_j$(行向量)

$$\boldsymbol{W}=\begin{bmatrix}w_{11} & w_{12} & \cdots & w_{1i} & \cdots & w_{1n}\\w_{21} & w_{22} & \cdots & w_{2i} & \cdots & w_{2n}\\\vdots & \vdots & \vdots & \vdots & & \vdots\\w_{j1} & w_{j2} & \cdots & w_{ji} & \cdots & w_{jn}\\\vdots & \vdots & \vdots & \vdots & & \vdots\\w_{m1} & w_{m2} & \cdots & w_{mi} & \cdots & w_{mn}\end{bmatrix}_{m\times n}=\begin{bmatrix}\overline{\boldsymbol{W}}_1\\\overline{\boldsymbol{W}}_2\\\vdots\\\overline{\boldsymbol{W}}_i\\\vdots\\\overline{\boldsymbol{W}}_m\end{bmatrix} \tag{6-107}$$

阈值 $\boldsymbol{\theta}$ 为

$$\boldsymbol{\theta}=\begin{bmatrix}\theta_1\\\theta_2\\\vdots\\\theta_j\\\vdots\\\theta_m\end{bmatrix}=[\theta_1\quad\theta_2\quad\cdots\quad\theta_j\quad\cdots\quad\theta_m]^{\mathrm{T}} \tag{6-108}$$

神经元节点的净输入 $\boldsymbol{S}$ 为

$$\boldsymbol{S}=\begin{bmatrix}s_1\\s_2\\\vdots\\s_j\\\vdots\\s_m\end{bmatrix}=[s_1\quad s_2\quad\cdots\quad s_j\quad\cdots\quad s_m]^{\mathrm{T}}\tag{6-109}$$

则有

$$\boldsymbol{WX}+\boldsymbol{\theta}=\begin{bmatrix}w_{11}&w_{12}&\cdots&w_{1i}&\cdots&w_{1n}\\w_{21}&w_{22}&\cdots&w_{2i}&\cdots&w_{2n}\\\vdots&\vdots&\vdots&\vdots&\vdots&\vdots\\w_{j1}&w_{j2}&\cdots&w_{ji}&\cdots&w_{jn}\\\vdots&\vdots&\vdots&\vdots&\vdots&\vdots\\w_{m1}&w_{m2}&\cdots&w_{mi}&\cdots&w_{mn}\end{bmatrix}\begin{bmatrix}x_1\\x_2\\\vdots\\x_j\\\vdots\\x_n\end{bmatrix}+\begin{bmatrix}\theta_1\\\theta_2\\\vdots\\\theta_j\\\vdots\\\theta_m\end{bmatrix}=\begin{bmatrix}s_1\\s_2\\\vdots\\s_j\\\vdots\\s_m\end{bmatrix}=\boldsymbol{S}\tag{6-110}$$

其中

$$s_j=\sum_{i=1}^{n}w_{ji}x_i+\theta_j\tag{6-111}$$

若引入矩阵符号 $\boldsymbol{\Gamma}$ 为

$$\boldsymbol{\Gamma}=\begin{bmatrix}f(\cdot)&0&\cdots&0\\0&f(\cdot)&\cdots&0\\\vdots&\vdots&&\vdots\\0&0&\cdots&f(\cdot)\end{bmatrix}_{m\times n}\tag{6-112}$$

来表示转移函数对神经元节点净输入的转移作用，则

$$\boldsymbol{\Gamma S}=\begin{bmatrix}f(\cdot)&0&\cdots&0\\0&f(\cdot)&\cdots&0\\\vdots&\vdots&&\vdots\\0&0&\cdots&f(\cdot)\end{bmatrix}\begin{bmatrix}s_1\\s_2\\\vdots\\s_m\end{bmatrix}=\begin{bmatrix}y_1\\y_2\\\vdots\\y_m\end{bmatrix}=Y\tag{6-113}$$

所以

$$\boldsymbol{Y}=\boldsymbol{\Gamma}(\boldsymbol{WX}+\theta)\tag{6-114}$$

即

$$y_j=f(s_j)=f\left(\sum_{i=1}^{n}w_{ji}x_i+\theta_j\right)\tag{6-115}$$

对于多层前向网络，将信息流在网络中的传递过程简化成如图 6.34 所示。多层网络对信息流的处理原理与单层前向网络相同，其向量表示形式如下。

第一层输出：

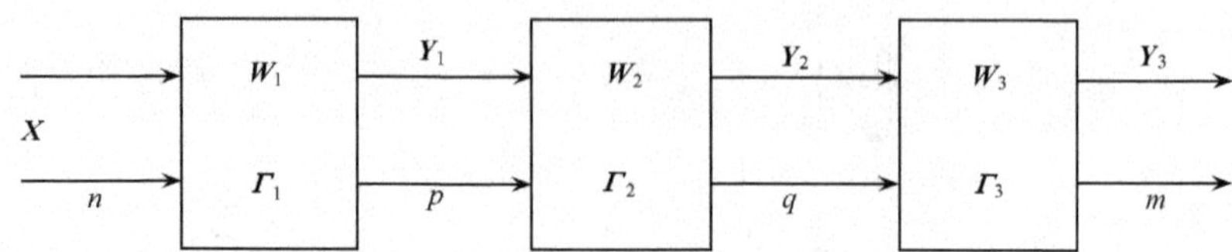

图 6.34　多层前向网络简化流程

$$\boldsymbol{Y}_1=\boldsymbol{\Gamma}_1(\boldsymbol{W}_1\boldsymbol{X}_1+\theta_1)$$

第二层输出：

$$\boldsymbol{Y}_2=\boldsymbol{\Gamma}_2(\boldsymbol{W}_2\boldsymbol{X}_2+\theta_2)$$

第三层输出：

$$\boldsymbol{Y}_3=\boldsymbol{\Gamma}_3(\boldsymbol{W}_3\boldsymbol{X}_3+\theta_3)$$

至此，完整地表达了信息流在前向网络中正向传递的过程。常用的前向神经网络有很多，下面就多层感知器网络以及径向基神经网络作详细介绍。

2. 前馈型 BP 网络

(1) BP 网络拓扑结构。

BP 网络(back propagation NN)是一种单向传播的多层神经网络，网络除输入输出节点外，还有一层或多层隐节点，同层节点中没有任何耦合。输入层信号从输入层节点依次传过各个隐节点，然后传到输出节点，每一层节点的输出只影响下一层节点的输出。其节点单元特性(传递函数)通常用 Sigmoid 型 $f(x)=\dfrac{1}{1+\mathrm{e}^{-Bx}}$ $(B>0)$。但是在输出层中，节点的单元特性有时为线性。如图 6.35 所示。

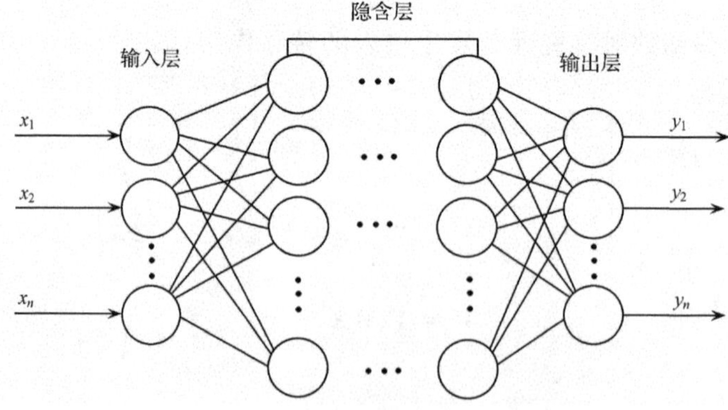

图 6.35　BP 神经网络拓扑结构

BP 网络可以看作是一个从输入到输出的高度非线性映射，即

$$F: R^n \rightarrow R^m, f(X)=Y \tag{6-116}$$

对于样本集合，输入 $x_i(\in R^n)$ 和输出 $y_i(\in R^n)$，可认为存在某一映射 g 使：$g(x_i)=y_i, i=1,2,\cdots,n$ 。

(2) BP 网络及学习算法。

BP 算法是在导师指导下，适合于多层神经元网络的一种学习，它是建立在梯度下降法的基础上的。

设含有共 L 层和 n 个节点的任意网络，每层单元只接受前一层的输入信息并输出给下一层各单元，各节点的特性为 Sigmoid 型。为了简单起见，认为网络只有一个输出 y。设给定 N 个样本 $(x_k, y_k)(k=1,2,\cdots,N)$，任一个节点 i 的输出为 O_i，对某一个输入为 x_k，网络的输出为 y_k，节点 i 的输出为 O_{ik}，现在研究第 l 层的第 j 个单元，当输入第 k 个样本时，节点 j 的输入为

$$\text{net}_{jk}^{l} = \sum_{j} w_{ij}^{l} O_{jk}^{l-1} \tag{6-117}$$

式中，O_{jk}^{l-1} 表示 $l-1$ 层，输入第 k 个样本时，第 j 个单元节点的输出为

$$O_{jk}^{l} = f(\text{net}_{jk}^{l}) \tag{6-118}$$

使用平方型误差函数为

$$E_k = \frac{1}{2}\sum_{i}(y_{jk} - \hat{y}_{jk})^2 \tag{6-119}$$

式中，$\hat{y}_{jkl}$ 是单元 j 的实际输出。总误差为

$$E = \frac{1}{2N}\sum_{k=1}^{N} E_k \tag{6-120}$$

定义

$$\delta_{jk}^{l} = \frac{\partial E_k}{\partial \text{net}_{jk}^{l}} \tag{6-121}$$

于是有

$$\frac{\partial E_k}{\partial w_{jk}^{l}} = \frac{\partial E_k}{\partial \text{net}_{jk}^{l}} \frac{\partial \text{net}_{jk}^{l}}{\partial w_{jk}^{l}} = \frac{\partial E_k}{\partial \text{net}_{jk}^{l}} O_{jk}^{l-1} \tag{6-122}$$

下面分两种情况来讨论。

若节点 j 为输出单元，则

$$O_{jk}^{l} = \hat{y}_{jk} \tag{6-123}$$

$$\delta_{jk}^{l} = \frac{\partial E_k}{\partial \text{net}_{jk}^{l}} = \frac{\partial E_k}{\partial \hat{y}_{jk}} \frac{\partial \hat{y}_{jk}}{\partial \text{net}_{jk}^{l}} = -(y_k - \hat{y}_k) f'(\text{net}'_{jk}) \tag{6-124}$$

若节点 j 不为输出单元，则

$$\delta_{jk}^{l} = \frac{\partial E_k}{\partial \text{net}_{jk}^{l}} = \frac{\partial E_k}{\partial O_{jk}^{l}} \frac{\partial O_{jk}^{l}}{\partial \text{net}_{jk}^{l}} = \frac{\partial E_k}{\partial O_{jk}^{l}} f'(net'_{jk}) \tag{6-125}$$

式中，O_{jk}^{l} 是送到下一层 $(l+1)$ 的输入，计算 $\frac{\partial E_k}{\partial O_{jk}^{l}}$ 要从 $(l+1)$ 层算回来。

在$(l+1)$层第 m 个单元为

$$\frac{\partial E_k}{\partial O_{jk}^l}=\sum_m \frac{\partial E_k}{\partial \mathrm{net}_{jk}^l}\frac{\partial \mathrm{net}_{jk}^l}{\partial O_{jk}^l}=\sum_m \frac{\partial E_k}{\partial \mathrm{net}\omega_{mk}^{l+1}}w_{mj}^{l+1}=\sum_m \delta_{mk}^{l+1}w_{mj}^{l+1} \tag{6-126}$$

由以上两式可得

$$\delta_{jk}^l=\sum_m \delta_{mk}^{l+1}w_{mj}^{l+1}f'(\mathrm{net}_{jk}^l) \tag{6-127}$$

现在反向传播算法的步骤可以概括如下。

1）选定权系数初值；

2）重复下述过程直到收敛。

① 对 $k=1$ 到 N。

正向过程计算：计算每层各单元的 O_k^{l-1}，net_{jk}^l 和$y_k(k=2,\cdots,N)$；

反向过程计算：对各层$(l=L-1\sim 2)$，对每层各单元计算 δ_{jk}^l。

② 修正权值。

$$w_{ij}=w_{ij}-\mu\frac{\partial E}{\partial \omega_{ij}},\quad \mu>0 \tag{6-128}$$

其中，μ 为步长

$$\frac{\partial E}{\partial w_{ij}}=\sum_{k=1}^{N}\frac{\partial E_k}{\partial w_{ij}} \tag{6-129}$$

但在实际应用中，原始的 BP 算法很难胜任，对于一个很大的样本数而言，BP 算法的收敛速度是很慢的。故下面提出一种基于数值优化方法的网络训练算法。

(3) BP 算法的改进。

为了克服 BP 算法收敛速度慢和局部最小点问题，许多学者从不同的侧面对 BP 算法进行了修正。

1）变步长算法。

BP 算法是在梯度下降法的基础上推算出来的，在一般最优梯度法中，步长 η 是由一维搜索求得的，求解有下面几个步骤：

① 给定初始 $W(0)$ 和允许误差 $E>0$。

② 计算误差 E 的负梯度方向 $d^{(n)}=-\nabla E(w)$。

③ 若 $\| d^{(n)} \|<\varepsilon$，则停止计算；否则 $W(n_0)$ 出发，沿 d 作一维搜索，求出最优步长 $\eta(n_0)$。

④ 进行权值的迭代：$W(n_0+1)=W(n_0)+\eta(n_0)d^{(n)}$ 并转②。

但是，在 BP 算法中步长 λ(学习率)是不变的，其原因是由于 $E(W)$是一个十分复杂的非线性函数，很难通过最优求极小的方向得到最优的步长 λ。可是从 BP 网络的误差曲面看出，有平坦区存在，如果在平坦区上 λ 太小使得迭代次数增加，而当 W 落在误差剧烈变化的地方，步长太大又使误差增加，反而使迭代次数增加影响了学习收敛的速度，变步长方法可以使步长得到合理的调节。

这里列举这样一种方法：先设一初始步长，若下一次迭代后误差函数 E 增大，则将步长乘以一个小于 1 的常数 β 沿原方向重新计算下一个迭代点，若下一次迭代后误差函数 E 减小，则将步长乘一个大于 1 的常数 ψ，这样既不增加太多的计算，又使步长得到合理的调整。

$$\begin{cases}\lambda = \lambda\psi,\ \psi > 1,\ \text{当}\ \Delta E < 0 \\ \lambda = \lambda\beta,\ \beta < 1,\ \text{当}\ \Delta E > 0\end{cases}$$

这里 ψ、β 为常数；$\Delta E = E(n_0) - E(n_0 - 1)$。

当确定步长后，可得到其迭代公式：

$$W(n_0 + 1) = W(n_0) + \lambda(n_0)d(n_0) \tag{6-130}$$

2）加动量项。

为了加速收敛和防止振荡，在许多文献中都建议引入动量因子 α

$$W(n_0 + 1) = W(n_0) + \lambda(n_0)d(n_0) + \alpha\Delta W(n_0) \tag{6-131}$$

其中第三项是记忆上一时刻权值的修改方向，而在时刻 n_0 的修改方向为 $n_0 - 1$ 时刻的方向与 n_0 时刻方向的组合。将式(6-114)改写为

$$W(n_0 + 1) = W(n_0) + \lambda(n_0)\left[d(n_0) + \frac{\alpha}{\lambda(n_0)}\Delta W(n_0)\right]$$

$$W(n_0 + 1) = W(n_0) + \lambda(n_0)\left[d(n_0) + \frac{\alpha\lambda(n_0 - 1)}{\lambda(n_0)}d(n_0 - 1)\right] \tag{6-132}$$

上式中动量因子 $0<\alpha<1$。建议在 $\lambda(n_0)$ 进行调整，$\Delta E>0$，λ 要减小时，让 $\alpha=0$，然后调节到 λ 增加时，使 α 恢复。

3. Levenberg-Marquart 算法

（1）Levenberg-Marquart 算法。

BP 网络的训练实质上是一个非线性目标函数的优化问题，人们对非线性优化问题的研究已有数百年的历史，而且，不少传统的数值优化方法收敛也较快。因而，人们自然想到采用基于优化方法的算法对 BP 网络的权值进行训练。与梯度下降法不同，基于数值优化的算法包括拟牛顿法，Levenberg-Marquart 法和共轭梯度法，它们可以统一的描述为

$$f(\boldsymbol{X}^{(k+1)}) = \min f(\boldsymbol{X}^{(k)} + \eta^{(k)}\boldsymbol{S}(\boldsymbol{X}^{(k)})) \tag{6-133}$$

$$\boldsymbol{X}^{(k+1)} = \boldsymbol{X}^{(k)} + \eta^{(k)}\boldsymbol{S}(\boldsymbol{X}^{(k)}) \tag{6-134}$$

式中，$\boldsymbol{X}^{(k)}$ 为网络所有的权值和偏置值组成的向量；$\boldsymbol{S}(\boldsymbol{X}^{(k)})$ 为由 $\boldsymbol{X}$ 的各分量组成的向量空间中的所搜方向；$\eta^{(k)}$ 为在 $\boldsymbol{S}(\boldsymbol{X}^{(k)})$ 的方向上，使 $f(\boldsymbol{X}^{(k+1)})$ 达到极小的步长。这样，网络权值的寻优分为两步。首先，确定当前迭代的最佳搜索方向 $\boldsymbol{S}(\boldsymbol{X}^{(k)})$；然后，在此方向上寻求最优迭代步长。关于最优搜索步长 $\eta^{(k)}$ 的选取，是一个一维搜索（线搜索）问题。对这一问题有许多方法可供选择，如黄金分割法，二分法，多项式插值法等，以下讨论的方法是在 $\boldsymbol{S}(\boldsymbol{X}^{(k)})$ 的选择上的方法。

Levenberg-Marquart 法实际上是梯度下降法和牛顿法的结合，我们知道，梯度下降法在开始几步下降得较快，但是随着接近最优值时，由于梯度趋于零，使得目标函数下降缓慢；而牛顿法可以在最优值附近产生一个理想的搜索方向。Levenberg-Marquart 法的搜索方向定为

$$\boldsymbol{S}(\boldsymbol{X}^{(k)}) = -(\boldsymbol{H}^{(k)} + \lambda^{(k)} I)^{-1} \nabla f(\boldsymbol{X}^{(k)}) \tag{6-135}$$

令

$$\eta^{(k)} = 1 \tag{6-136}$$

则

$$\boldsymbol{X}^{(K+1)} = \boldsymbol{X}^{(k)} + \boldsymbol{S}(\boldsymbol{X}^{(k)}) \tag{6-137}$$

起始时，λ 取一个很大的数(如 10^4)，此时相当于步长很小的梯度下降法；随着最优点的接近，λ 减小到零，则 $\boldsymbol{S}(\boldsymbol{X}^{(k)})$ 从负梯度方向转向牛顿法方向。通常，当 $f(\boldsymbol{X}^{(k+1)}) < f(\boldsymbol{X}^{(k)})$，减小 λ(如 $\lambda^{(k+1)}=0.5\lambda^{(k)}$)；否则，增大 λ(如 $\lambda^{(k+1)}=2\lambda^{(k)}$)。

该方法仍然需要海森矩阵。不过，由于在训练神经网络时，目标函数常常具有平方和形式(这也是该算法最初要解决的问题)，则海森矩阵可以通过雅可比(Jacobian)矩阵进行近似计算 $\boldsymbol{H}=\boldsymbol{J}^{\mathrm{T}}\boldsymbol{J}$，雅可比矩阵包含网络误差对权值及偏置值的一阶导数，通过标准的反向传播技术计算雅可比矩阵要比计算海森矩阵容易得多。

Levenberg-Marquart 算法需要的存储容量很大，因为雅可比矩阵使用一个 $Q\times n$矩阵，Q 是训练样本的个数，n 是网络中所有的权值和偏差的总数目。Levenberg-Marquart 算法的长处是在网络权值数目较少时迅速收敛。

(2) LM(Levenberg-Marquart)算法与 BP 算法的比较。

从算法本身比较 BP 算法和 LM 算法在网络训练时间和训练误差精度上的差异性。

选取非线性逼近来进行比较，被逼近的函数为 $y=\sin 2\pi x$。在此分别给于相同的初始权值用 BP 反向学习算法和 Levenberg-Marquardt 算法训练前向网络。其训练效果如图 6.36 所示。

从图 6.36 中可以观察到：用 BP 算法训练的网络，不仅训练代数很大(所需时间长)而且误差精度不够高。而用 LM 算法训练的网络无论在训练误差精度还是在训练时间上都要比前者好。因此在以后的训练中，均采用 LM 算法。

4. BP 网络的设计参数

(1) 输入层与输出层的设计。

输入的神经元可以根据需要求解的问题和数据表示的方式来决定，如果输入的是模拟信号波形，那么输入层可以根据波形的采样点数决定输入单元数，也可以用一个单元输入，这时输入样本为采样的时间序列。如果输入为图像，则输入单元可以为图像的像素，也可以是经过处理以后的图像特征。

输出层维数根据使用者的要求来确定。如果 BP 网络用作分类器，其类别为

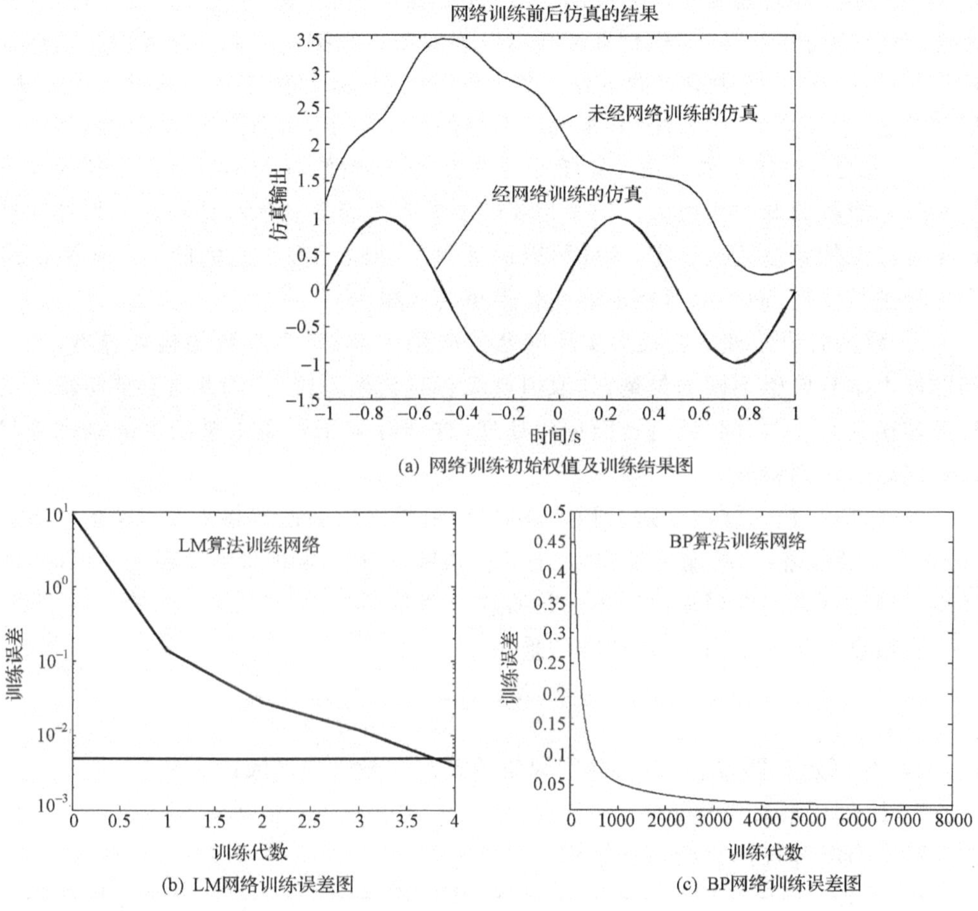

(a) 网络训练初始权值及训练结果图

(b) LM网络训练误差图　(c) BP网络训练误差图

图 6.36　LM 与 BP 比较图

m 个,则输出层一种可以有 m 个神经元,其中,训练样本中 X^{p_1} 属于第 i 类,其输出神经元中第 i 个神经元的输出为 1 其余神经元的输出为 0,以此区别种类。另一种则可以通过 $\log_2 m$ 计算方式确定输出层神经元的个数,这种方式是根据类别进行编码。如果 BP 网络用作数据的拟合和预测,则输出神经元可根据所需输出样本的特征的个数作为输出神经元个数。

(2) 隐含层层数及隐单元数目的选择。

对于隐层数目,1989 年 Robert 证明了对于任何在闭区间内的一个连续函数都可以用一个隐层的 BP 网络来逼近,因而一个三层 BP 网络可以完成任意的 n 维到 m 维的映射。

对于隐单元个数的选择是一个十分复杂的问题,往往根据设计经验和对于具体问题而言不断的测试来确定。一般来说隐单元数目太少,会导致训练时间过长,往往还不能达到所需要的误差范围；隐单元个数太多，虽然训练时间减少，但其容错性、泛化能力变差，不能识别训练样本以外的测试数据。因此隐单元数目的选择往往是设计 BP 网络中最大的难点。基于这种情况，人们现在往往通过各种方法，如剪枝法、遗传算法、增长法等，来确定网络的隐层数目，从而决定网络的结构。

① 初始权值的选取。由于系统是非线性的，初始值对于学习是否达到局部最小和是否能收敛的关系很大。一个重要的要求就是希望初始权值在输入累加时使每个神经元的状态接近于零，这样可以保证每个神经元都在它们的转移函数的最大区域进行变换，而不会落在那些变化很小的区域。

② 数据的预处理。在很多实际问题的应用中，对于多维数的输入样本，往往问题样本本身属于不同的量纲，其取值量级有时会相差较大，因此有必要将输入的数值转换到 0～1 之间，即进行归一化处理，这样有利于避免由量纲上的级别差异影响网络的识别精度。

此外，除了输入样本要进行预处理以外，由于输出层是转移函数为单极性 Sigmoid 函数的网络，它的输出范围为[0, 1]，如果训练样本的期望值超出范围时，同样也必须对网络的期望输出样本进行缩放处理。

在数据的压缩上面，常用的方法采用

$$X_{new} = \frac{X - X_{min} + 0.1}{X_{max} - X_{min} + 0.1}$$

式中，X 为原始数据；X_{min}，X_{max}分别为原始数据的最小和最大值。

5. 径向基函数神经网络

(1) RBF 神经网络的拓扑结构。

RBF 网络是单隐层的前向神经网络，从网络结构上看，它是由第一层的输入层；第二层的隐含层和第三层的输出层组成。输入层是由输入信号源节点组成。由于径向基函数是非线性的，所以从输入空间到隐含层空间的变换是非线性的。而从隐含层空间到输出层空间的变换则是线性的，即隐含层的输出信号，通过线性加权求值作为输出层节点的输出值。其神经网络拓扑结构如图 6.37 所示。

之所以用径向基函数作为隐含层神经元的激活函数，这是由人脑感受域原理的启发以及径向基函数的特点所决定的。已有研究表明：在人的大脑皮层区域中，局部调节及交叠的感受(receptive field)是人脑反应的特点，正是基于这一生物学的发现，Moody 和 Darken 提出了径向基神经网络。

在探讨这种神经网络的工作原理及特点之前，有必要就径向基函数的特性作一介绍。径向基函数是一类局部分布的对中心点径向对称衰减的非负非线性函数。它有两个主要参数：一个为基的中心，即对称点；另一个为基的宽度，即在多大的区域内会产生明显的输出响应。其中“基函数”一般选用格林函数。

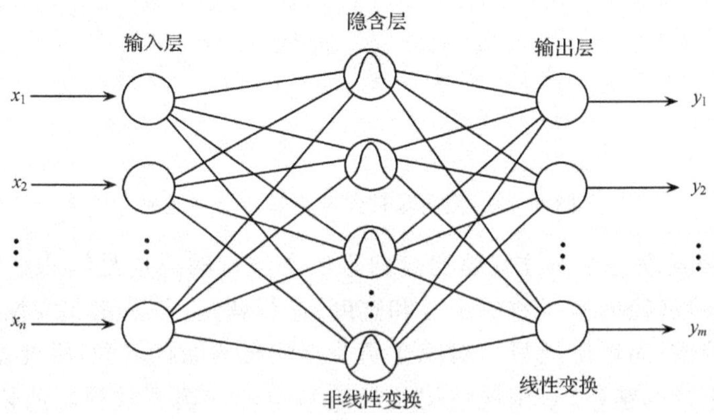

图 6.37　RBF 神经网络拓扑结构模型

$$\varphi(\boldsymbol{X}_k, \boldsymbol{X}_i) = G(\boldsymbol{X}_k, \boldsymbol{X}_i) \tag{6-138}$$

当“基函数”为高斯函数(一种特殊的格林函数),如图 6.38 所示。

$$\varphi(r) = \exp\left(-\frac{(r-t)^2}{2\sigma^2}\right), \quad \sigma > 0, r \in R \tag{6-139}$$

式中,t 为高斯函数的中心;σ 为方差。

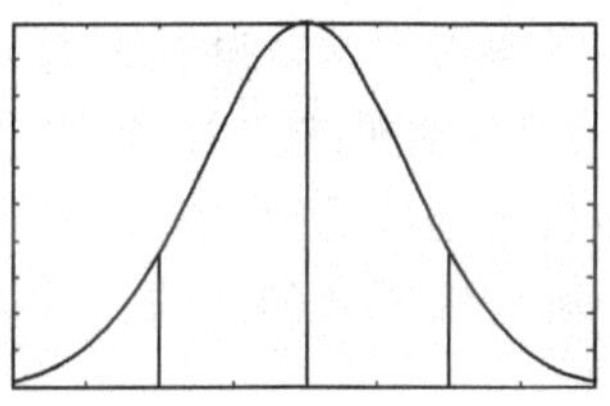

图 6.38　两个径向基函数分布图

由此可见,径向基函数对输入信号将在局部范围产生响应,即当变量 x 靠近径向基函数的中心时,函数将取得较大的值。当以径向基函数作为神经网络隐含层节点的激活(核)函数时,在输入信号靠近激活(核)函数中心的情况下,隐含层神经元将产生较大的输出,这与生物神经元的感受反应原理是一致的。这种网络就具有局部逼近的能力,所以径向基函数神经网络也称为“局部感知场神经网络”。

以上图中所描述的是径向基函数的二维分布图,对于多维的情况可类推。以下引入径向基函数的定义:假设 $x, x_0 \in R^n$,以 x_0 中心(原点),x 到 x_0 的径向距离为半径,形成的核 $\| x - x_0 \|$,构成的函数系 $\{\psi(x) = \boldsymbol{O}(\| x - x_0 \|)\}$ 被称为径向基函数。从这一定义可知,所有以 $\| x - x_0 \|$ 为核的函数都是径向基函数。但是,如果要在前向型神经网络的隐含层节点构造非线性函数,形成径向基函数神经网络,则所取的径向基函数必须满足两个条件,即有界性和绝对可积。

在径向基神经网络中,隐含层神经元的激活函数是一个径向基函数,我们用图 6.39中左边的符号来表示一个隐含层神经元;右边表示该神经元的功能,即对输入信号进行求和,并进行径向基函数映射。图中的 φ 表示径向基函数。

(2) RBF 网络的学习算法。

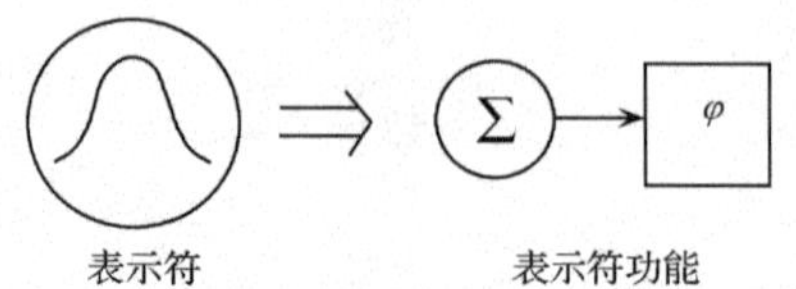

图 6.39　径向基神经网络隐含层神经元

RBF 神经网络的学习往往是通过两个层次进行的。这是因为在隐含层，要对激活函数的参数(径向基函数的中心和宽度)进行调整，并采用非线性的优化策略，学习的速度较慢；而输出层只是对隐含层节点输出的加权求和，因此学习过程只是对连接权值进行调整(可采用线性优化策略)，学习的速度较快。所以正是由于隐含层和输出层的不同功能，导致了不同的学习策略，但不论何种算法其主要学习网络的三个参数，即基函数的中心、方差以及权值是一致的。其中最常用的三种学习方法是随机选取中心法、自组织选取中心法、监督选取中心法。根据径向基函数中心选取方法的不同，RBF 网络有多种学习方法，目前已提出了径向基神经网络的多种学习方法。就径向基函数中心的选取，本文引入以下三种常用方法。

① 随机选取 RBF 的中心。这是一种最为简单的方法，它是从训练数据集中随机地选取 RBF 中心，对特定问题而言，假如训练数据的分布具有代表性时，这是一种较为明智的方法。径向基函数选择如下的高斯函数(Gaussian function)

$$G(\|\boldsymbol{X}-\boldsymbol{C}_i\|^2)=\exp\left(-\frac{m}{d_{\max}^2}\|\boldsymbol{X}-\boldsymbol{C}_i\|^2\right)\quad i=1,2,\cdots,m \tag{6-140}$$

式中，$\boldsymbol{C}_i$ 为径向基函数的中心，它是与输入向量 $\boldsymbol{X}$ 同维度的向量；m 是中心数；$d_{\max}$ 表示所选中心之间的最大距离，则高斯径向基函数的标准差为 $\sigma=d_{\max}/\sqrt{2m}$。它使径向基函数的形状避免了过陡或过平两种极端情况的发生。这样，第二阶段的学习，即隐含层和输出层之间连接权值的确定就可以通过求解线性方程组得到。

② 自组织学习选取 RBF 中心。随机选取 RBF 中心的一个问题是需要大量满足性能层次的训练集，而用混合学习过程则可以克服这一限制。它是由自组织学习和监督学习两个阶段组成。前一阶段的目标是较为合适地估计隐含层中径向基函数的中心；后一学习阶段则通过估计输出层的线性权重来完成网络的设计。在自组织学习阶段，需要用一种聚类算法，但是由于对聚类中心的初始化选择，使得该算法只能得到局部最优解。最后一阶段的权值确定中一种简单的方法是最小二乘法(least means square，LMS)。由于隐含层节点的 K-均值聚类与输出层节点的 LMS 算法是并行进行的，因此可以加速学习过程。

③ 有监督学习选取 RBF 中心。在这种方法中，RBF 的中心和网络的所有其他自由参数是通过监督学习过程实现的。这是 RBF 神经网络最一般形式的体现。较为常用的是误差纠正学习法(error correction learning)，也可以通过梯度下降法

容易地实现。同时,为了减小学习过程收敛到局部极小的可能,对参数空间中某个有效的区域进行搜索。为了实现这一点,我们可以在 RBF 网络中选用高斯分类算法,并将分类的结果作为搜索的空间。

在这里,我们将详细介绍自组织选取中心法的学习步骤。这种方法由两个阶段构成:一是无师聚类法,即学习隐层基函数的中心与方差的阶段;二是进行输出节点的监督学习阶段,即学习输出层权值的阶段。在隐节点的学习算法中最流行的是 K-均值聚类算法,而在权值学习阶段一般采用最小均方算法。下面就学习步骤作如下介绍。

(3) 学习基函数的中心与方差。

① 学习中心 $t_i(i=1,2,\cdots,I)$。自组织学习过程要用到聚类算法,常用的聚类算法是 K-均值聚类算法。假设聚类中心有 I 个(I 的值由先验知识确定),设 $t_i(n)$ $(i=1,2,\cdots,I)$是第 n 次迭代时基函数的中心,K-均值聚类算法具体步骤如下。

第一步:初始化聚类中心,即根据经验从训练样本集中随机选取 I 个不同的样本作为初始中心 $t_i(0)(i=1,2,\cdots,I)$,设迭代步数 $n=0$。

第二步:随机输入训练样本 $\boldsymbol{X}_k$。

第三步:寻找训练样本 $\boldsymbol{X}_k$ 离哪个中心最近,即找到 $i(\boldsymbol{X}_k)$使其满足,

$$i(\boldsymbol{X}_k)=\arg\min_i \| \boldsymbol{X}_k - t_i(n) \|,(i=1,2,\cdots,I) \tag{6-141}$$

式中,$t_i(n)$是第 n 次迭代时基函数的第 i 个中心。

第四步:调整中心,用下式

$$t_i(n+1)=\begin{cases} t_i(n)+\eta[\boldsymbol{X}_k(n)-t_i(n)], & i=i(\boldsymbol{X}_k) \\ t_i(n), & \text{其他} \end{cases}$$

调整基函数的中心。η 是学习步长且 $0<\eta<1$。

第五步:判断是否学习完所有的样本且中心的分布不再发生变化,是则结束,否则 $n=n+1$ 转到第二步。

最后得到的 $t_i(i=1,2,\cdots,I)$即为 RBF 网络最终的基函数的中心。

② 确定方差 $\sigma_i(i=1,2,\cdots,I)$。中心一旦学习完成后就固定了,接着要确定基函数的方差。当 RBF 网络选用高斯函数,即

$$G(\| \boldsymbol{X}_k - t_i \|)=\exp\left(-\frac{1}{2}\sum_{i=1}^{I}\frac{\| \boldsymbol{X}_k - t_i \|}{\sigma_i^2}\right),(i=1,2,\cdots,I) \tag{6-142}$$

方差可用

$$\sigma_1=\sigma_2=\cdots=\sigma_I=\frac{d_{\max}}{\sqrt{2I}} \tag{6-143}$$

计算。其中,I 为隐单元个数;$d_{\max}$为所选取中心之间的最大距离。

(4) 学习权值阶段。

权值 $w_{ij}(i=1,2,\cdots,I,j=1,2,\cdots,J)$的学习采用 LMS 最小均方算法,步骤

如下。

第一步：设置变量和参量。

输入向量，$\boldsymbol{X}(n)=[1,x_1(n),x_2(n),\cdots,x_m(n)]x(n)=[1,x_1(n),x_2(n),\cdots x_m(n)]$，权向量 $\boldsymbol{W}(n)=[b(n),w_1(n),w_2(n),\cdots,w_m(n)]$。

实际输出为 $y(n)$，期望输出为 $d(n)$。

第二步：初始化，赋给 $\boldsymbol{W}_j(0)$ 较小的随机非零值，$n=0$。

第三步：对于一组输入样本和相应的期望输出 $d(n)$，计算

$$e(n)=d(n)-\boldsymbol{X}^{\mathrm{T}}(n)\boldsymbol{W}(n) \tag{6-144}$$

$$\boldsymbol{W}(n+1)=\boldsymbol{W}(n)+\eta\boldsymbol{X}(n)e(n) \tag{6-145}$$

第四步：判断误差是否满足自己的设定条件，若满足则算法结束，否则 $n=n+1$，转到第三步重新执行。

(5) RBF 神经网络的特点及应用领域。

RBF 神经网络已被用于时间序列建模和模式分类中的函数逼近，同时也用于贝叶斯规则的实现和任何连续输入输出数据对的映射建模。鉴于 RBF 神经网络的非线性逼近属性，它能用于复杂映射的建模，而且性能可与多层感知神经网络相媲美。

下面将主要阐述这两种应用场合中的神经网络拓扑结构及其特点。

对于时序逼近和模式分类，RBF 神经网络的数据建模方式是不同的。当用于时序逼近时，径向基神经网络的输入是过去一定时间间隔的数据样本；网络的唯一输出值表示一个信号值。

而在模式分类中，网络输入的是特征集，而输出则对应某一特定的类别。在这种情况下，隐含节点对应子类。用于模式分类时的网络拓扑结构。网络的输出值 $[y_1,y_2,\cdots,y_m]$ 表示分类的结果。

与人脑的神经网络一样，人工神经网络所具有的功能是通过不断的学习而得到的。由于神经网络的性质主要取决于网络的拓扑结构和节点之间的连接权重，而拓扑结构往往又是根据特定的应用而选择的，所以神经网络的学习问题主要是网络节点间连接权重的调整问题。权重的确定可以通过两种方法，即设计时按一定的规则确定，或者通过训练（也称为学习）确定。实际应用中一般以后者为主，因为通过学习得到的神经网络一般有较强的适应性。

6.5.3 自组织神经网络

1. 网络的拓扑结构

SOM 网络由输入层和输出层组成。输入层模拟感知外界输入信息，其形式与 BP 网络相同，节点数与样本维数相同；输出层模拟做出相应的大脑皮层，其神经元

的排列有多种形式，如一维阵、二维平面阵和三维栅格阵。图 6.40 给出常用作离散映射的二维网格神经元的连接图。网格中每个神经元和输入层的源节点全连接，这个网络代表具有神经元按行和列构成的单一计算层的前馈结构。一维网格是图 6.41 描绘的构形的一个特例，在这种特殊情形计算层仅由单一的行或列神经元构成。

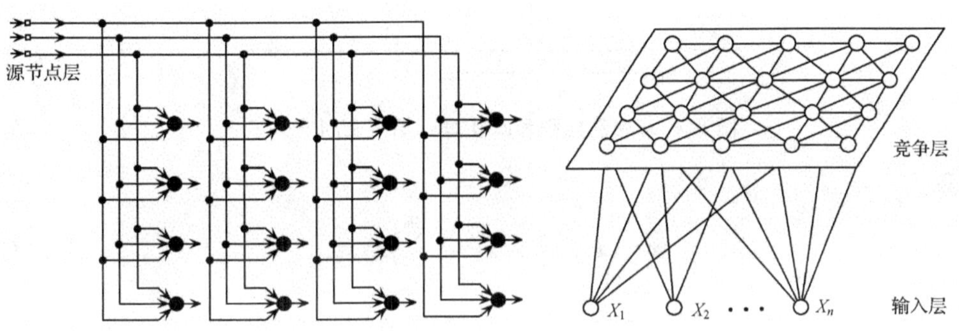

图 6.40　神经元的二维网格　　图 6.41　神经元的示意图

2. SOM 网络的原理及其算法

自组织特征映射网络的实现属于无监督竞争学习的过程：首先进行网络突触权值的初始化。这个工作可以从随机数产生器中挑选较小的值赋予它们；这样做在特征映射上没有加载任何先验的序。一旦网络被恰当初始化，自组织映射主要有竞争、合作和自组织调解三个过程，下面就详细介绍这三个过程。

(1) 竞争过程。

在竞争过程中，对每个输入模式，网络中的神经元计算它们各自判别函数的值。具有判别函数最大值的特定神经元成为竞争的胜利者。令输入向量为 $\boldsymbol{x}=[x_1,x_2,\cdots,x_m]^{\mathrm{T}}$，其中 m 表示输入(数据)空间的维数。网络中每个神经元的突触权值向量和输入空间的维数相同，则突触权值向量记为 $\boldsymbol{w}_j=[w_{j1},w_{j2},\cdots,w_{jm}]^{\mathrm{T}}$ $(j=1,2,\cdots,l)$，其中 l 是网络中神经元的总数。为了找到输入向量 $\boldsymbol{x}$ 与突触权值向量 $\boldsymbol{w}_j$ 的最好匹配，对 $j=1,2,\cdots,l$ 比较内积 $\boldsymbol{w}_j^{\mathrm{T}}\boldsymbol{x}$ 并选择最大者。这里假定所有的神经元有相同的阈值，阈值是偏置取负。这样通过选择具有最大内积 $\boldsymbol{w}_j^{\mathrm{T}}\boldsymbol{x}$ 的神经元实际上确定了兴奋神经元的拓扑邻域中心的位置。

其中内积 $\boldsymbol{w}_j^{\mathrm{T}}\boldsymbol{x}$ 最大化的优化匹配准则，在数学上等价于向量 $\boldsymbol{x}$ 和 $\boldsymbol{w}_j$ 的 Euclid(欧几里得)距离最小化。内积与欧几里得距离这两种相似性度量有着密切的联系，如图 6.42 所示。

欧几里得距离为

$$d(\boldsymbol{x}_i,\boldsymbol{x}_j)=\|\boldsymbol{x}_i-\boldsymbol{x}_j\|=\Big[\sum_{k=1}^{m}(\boldsymbol{x}_{ik}-\boldsymbol{x}_{jk})^2\Big]^{1/2} \tag{6-146}$$

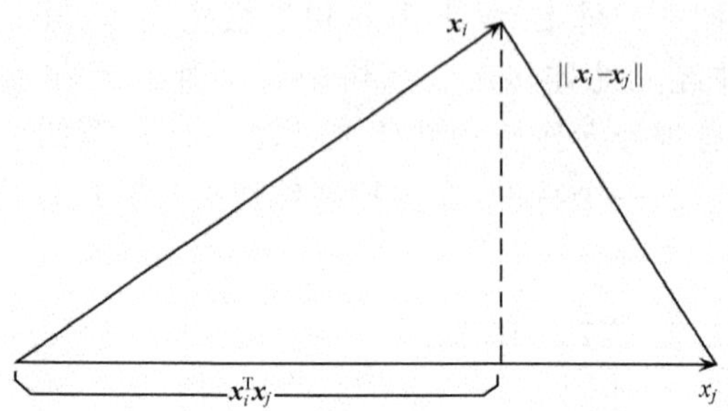

图 6.42 向量内积和欧几里得距离之间的关系

内积为

$$(\boldsymbol{x}_i,\boldsymbol{x}_j)=\boldsymbol{x}_i^{\mathrm{T}}\boldsymbol{x}_j=\sum_{k=1}^{m}\boldsymbol{x}_{ik}\boldsymbol{x}_{jk} \tag{6-147}$$

由图可见欧几里得距离 $\|\boldsymbol{x}_i-\boldsymbol{x}_j\|$ 和向量 $\boldsymbol{x}_i$ 到向量 $\boldsymbol{x}_j$ 的“投影”相关。图 6.42表示欧几里得 $\|\boldsymbol{x}_i-\boldsymbol{x}_j\|$ 越小，向量 $\boldsymbol{x}_i,\boldsymbol{x}_j$ 越相似，内积 $\boldsymbol{w}_j^{\mathrm{T}}\boldsymbol{x}$ 越大。

(2) 合作过程。

在合作过程中，获胜神经元决定兴奋神经元的拓扑邻域的空间位置，从而提供这样的相邻神经元合作的基础。获胜神经元位于合作神经元的拓扑邻域的中心。一个点火的神经元倾向于激活它紧接的邻域内的神经元而不是和它隔得远的神经元，这在直观上是满足的。这个观察引导我们对获胜神经元的拓扑邻域按侧向距离光滑地缩减。具体地，设 $h_{i,j}$ 表示以获胜神经元 i 为中心的拓扑邻域。设 $d_{i,j}$ 表示在获胜神经元 i 和兴奋神经元 j 的侧向距离。然后我们可以假定拓扑邻域 $h_{i,j}$ 是侧向距离 $d_{i,j}$ 的单峰函数，使得它满足两个不同的要求。

① 拓扑邻域 $h_{i,j}$ 关于 $d_{i,j}=0$ 定义的最大点是对称的；换句话说，在距离 $d_{i,j}$ 为 0 的获胜神经元 i 处达到最大值。

② 拓扑邻域 $h_{i,j}$ 的幅度值随侧向距离 $d_{i,j}$ 的增加而单调递减，当 $d_{i,j}\to\infty$ 时，趋于零；对收敛来说这是一个必要条件。

满足这些要求的一个 $h_{i,j}$ 的典型选择为高斯函数

$$h_{j,i(x)}=\exp\left(-\frac{d_{j,i}^2}{2\sigma^2}\right) \tag{6-148}$$

它是平移不变的(即不依赖于获胜神经元的位置)。图 6.43 所示参数 σ 是拓扑邻域的“有效宽度”；它度量靠近获胜神经元的兴奋神经元在学习过程中参与的程度。就量化来说，式(6-148)所示的高斯拓扑邻域比矩形形式的拓扑邻域在生物上更合适。它的使用使 SOM 算法的收敛速度比矩形拓扑邻域更快。

对于邻域函数神经元之间的合作，必然要求拓扑邻域函数 $h_{i,j}$ 依赖获胜神经

元 i 和兴奋神经元 j 在输出空间的侧向距离 $d_{i,j}$，而不是依赖于原始输入空间的某种距离度量。这正是在式(6-148)中我们所表达的意义。就一维网格来说，$d_{i,j}$ 是整数且等于 $|j-i|$。另一方面，在两维网格的情况它定义为

$$d_{j,i}^2 = \| \boldsymbol{r}_j - \boldsymbol{r}_i \|^2 \tag{6-149}$$

其中，离散向量 $\boldsymbol{r}_j$ 定义兴奋神经元的位置，而 $\boldsymbol{r}_i$ 定义获胜神经元 i 的离散位置，两者都是在离散输出空间中度量的。

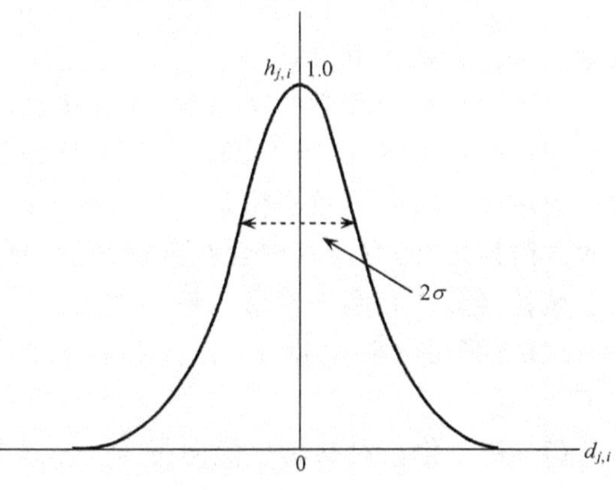

图 6.43　Gauss 邻域函数

SOM 算法的另一个独有特征是拓扑邻域的大小随时间收缩。这个要求通过使拓扑邻域函数 $h_{i,j}$ 的宽度 σ 随时间而下降来满足。对于 σ 依赖于离散时间 n 的流行选择是由

$$\sigma(n) = \sigma_0 \exp\left(-\frac{n}{\tau_1}\right), n = 0,1,2,\cdots \tag{6-150}$$

描述的指数衰减，其中 σ_0 是 SOM 算法中 σ 的初值；τ_1 是时间常数。因此，拓扑邻域假定具有时变形式，表示如下：

$$h_{j,i(x)}(n) = \exp\left(-\frac{d_{j,i}^2}{2\sigma^2(n)}\right), n = 0,1,2,\cdots \tag{6-151}$$

其中，$\sigma(n)$ 由式(6-150)定义。于是随着 n 的增加宽度 $\sigma(n)$ 以指数下降，拓扑邻域以相应的方式缩减。这样我们将 $h_{j,i(x)}(n)$ 称作邻域函数。

(3) 自适应调解过程。

在自组织调节过程中。通过特定的算式使兴奋神经元通过对它们突触权值的适当调节以增加它们关于该输入模式的判别函数值。所做的调节使获胜神经元对以后相似输入模式的响应增强。该调解过程采用 Hebb 学习规则的改变形式，对网络中获胜神经元 i 的拓扑邻域中的所有神经元的突触权值向量 $\boldsymbol{w}_j$ 随输入向量 $\boldsymbol{x}$ 的改变而改变。即在时刻 n 神经元的权值向量为 $\boldsymbol{w}_j(n)$，更新的权值向量 $\boldsymbol{w}_j(n+1)$ 在时刻 $n+1$ 被定义为

$$\boldsymbol{w}_j(n+1) = \boldsymbol{w}_j(n) + \eta(n) h_{j,i(x)}(n)[\boldsymbol{x} - \boldsymbol{w}_j(n)] \tag{6-152}$$

式中，$h_{j,i(x)}(n)$ 为拓扑邻域函数，该表达式如式(6-152)所示，表示了拓扑邻域的时变特性。$\eta(n)$ 为学习参数，其表达式为

$$\eta(n) = \eta_0 \exp\left(-\frac{n}{\tau_2}\right) \quad n = 0,1,2,\cdots \tag{6-153}$$

其中，η_0 为初始值；τ_2 为时间常数，该式表示初始值 η_0 开始，然后随时间 n 增加而逐渐下降。τ_2 决定其衰减率。

对于邻域函数和学习率参数，在排序阶段(即开始的大约 1000 次迭代)我们分别使用式(6-152)和式(6-153)。为了好的统计精度，在收敛阶段 $\eta(n)$ 的相当长的时间内应该保持一个较小值(0.01 或更小)，一般为几千次迭代。对于邻域函数，在收敛阶段之初，它应仅包含获胜神经元的最近的邻域，并且最终缩减到一个或零个邻域神经元。有利于网络的最终收敛。

SOM 算法主要由竞争、合作和自适应调解三个过程组成。其步骤可归纳如下。

(1) 初始化。对初始权值向量 $\boldsymbol{w}_j(0)$ 选择随机值。这里唯一的限制是对 $j=1,2,\cdots,l$，$\boldsymbol{w}_i(0)$ 互不相同，其中 l 是网络中神经元的数目，可能希望保持较小的权值。

另一种算法初始化方法是从输入向量 $\{\boldsymbol{x}_i\}_{i=1}^N$ 的可用集里随机选择权值向量 $\{\boldsymbol{w}_j(0)\}_{j=1}^l$。

(2) 以一定概率从输入空间取样本 $\boldsymbol{x}$ 作为输入；向量 $\boldsymbol{x}$ 表示应用于网络的激活模式。向量 $\boldsymbol{x}$ 的维数等于 m。

(3) 在时刻 n 使用最小 Euclid 距离准则寻找最匹配(获胜)的神经元 $i(x)$：

$$i(x)=\arg\min_{j}\|\boldsymbol{x}(n)-\boldsymbol{w}_j\|,\quad j=1,2,\cdots,l$$

(4) 修正权值(自适应调整过程)

$$\boldsymbol{w}_j(n+1)=\boldsymbol{w}_j(n)+\eta(n)h_{j,i(x)}(n)[\boldsymbol{x}(n)-\boldsymbol{w}_j(n)]$$

调整所有神经元的权值向量，其中 $\eta(n)$ 是学习率参数；$h_{j,i(x)}(n)$ 是获胜神经元 $i(x)$ 周围的邻域函数。为了获得最好的结果，$\eta(n)$ 和 $h_{j,i(x)}(n)$ 在学习过程中是动态变化的。

(5) $n\leftarrow n+1$ 返回步骤(2)，直到在特征映射里形成有意义的映射图。

第 7 章　现场控制站

7.1　概　　述

一般说来，现场控制站由过程控制单元组成。过程控制单元（PCU）也叫控制器，是现场控制站的中央处理单元，也是 DCS 的核心，主要负责过程设备的控制。过程控制单元具有以反馈控制和顺序控制为中心的多种控制功能，具有对上位机操作、仪表盘操作都适用的灵活性。能处理各种各样过程信号的多种输入输出接口功能，广泛用于从连续控制到批量控制的产业领域。在 DCS 系统中，根据风险分散的原则，按照工艺过程的相对独立性，每个工艺阶段应配置一对冗余的控制器，并且在设定的控制周期内，循环地执行现场数据的采集、控制运算、控制输出和人机界面的数据交换等任务。

顾名思义，现场控制站的主要功能是分散的过程控制。由于它是系统与过程之间的接口，因此，过程控制站具有如下特征。

1. 需适应恶劣的工业生产过程环境

过程控制单元装置的一部分设备需要安装在现场，所处的环境差，因此，要求过程控制单元装置能适应环境的温度、湿度变化；适应电网电压波动的变化；适应工业环境中的电磁干扰的影响以及环境介质的影响。

2. 分散控制

过程控制单元装置体现了控制分散的系统构成。它把地域分散的过程装置用分散的控制方式实现，其控制功能也分为常规控制、顺序控制和批量控制。它把监视和控制分离，把危险分散，使得系统的可靠性提高。

3. 实时性

过程控制单元装置直接与过程进行联系，为能准确反映过程参数的变化性强的特点。从装置来看，它要有快的时钟频率，足够的字长。从软件来看运算的程序应精练，以响应复杂过程和多任务作业的实时性。

4. 独立性

相对于整个分布式控制系统，过程控制单元装置具有较强的独立性。在与下一级设备或者与上一级设备的通信出现故障的情况下，它还能正常运行，而使过程控制和操作得以进行。因此，对它的可靠性要求也相对较高。

7.2 过程控制站的硬件配置及基本结构

7.2.1 硬件配置

现场控制站是一个可独立运行的计算机监测与控制系统,它是专为过程测控而设计的通用型设备。现场控制站的硬件系统主要包括:机柜、电源、控制器和输入/输出通道。

1. 机柜

现场控制机柜的设计要求合理、牢固、便于设备维修时的装卸和操作。同时能够防虫、防潮。为保证 DCS 在 0℃以下也能够正常的工作,设有局部的加温设备,并有温度检测设备保护功能。目前,大多数的机柜设备制造厂商都将现场控制站的机柜设计为多层机架的机构,以供安装电源及各种模块之用,机柜的常见外形如图 7.1 所示。机柜外壳多采用金属材料(如钢板或铝材),活动部分(如柜门与机柜主体)之间保证有良好的电气连接,使其为内部的电子设备提供完善的电磁屏蔽。为了操作人员的安全,机柜还要求可靠的接地,通过柜内的端子(一般位于机柜的底部)与仪表的专用地线连接,接地电阻应小于 4Ω。

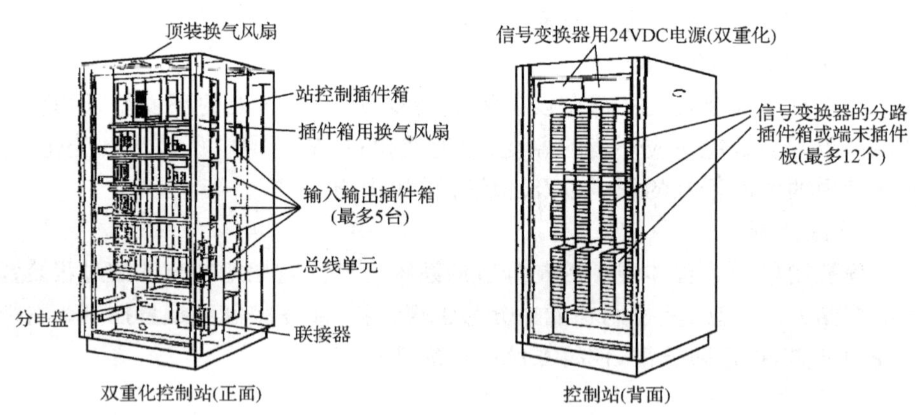

图 7.1 现场控制站的机柜

为了保证电子设备的散热降温,一般机柜内均装有风扇,以提供强制风冷气流。通常情况下,需将发热量大的模块放在散热口的位置,柜内的模块尽量采取自然散热方式的低功耗设计。目前,大多数的现场控制站的机柜内都设有温度自动检测装置,当机柜内的温度超过正常的范围时,会产生一些声光报警信号,以提醒操作人员注意。

2. 电源

电源主要为控制系统、仪表信号、报警及连锁系统、仪表和设备的保温系统、机柜内的照明和风扇等部分供电。要保证现场控制站的正常工作，必须确保电源（交流电源和直流电源）稳定可靠。一般采取以下几种措施来保证交流供电系统和直流供电系统的可靠性。

(1) 交流供电。

交流供电一般是指220V/50Hz的强电。现场控制站所需要的是高效、稳定、无干扰的交流供电系统。要做到这一点，首先必须保证供给现场控制站的交流电源的稳定可靠。一般情况下，每个现场控制站均采用双相交流电源供电系统，两相互相冗余，并且取自不同的电源。当一路电源出现故障时，另一路电源将会瞬间接入，保证系统的正常工作。如果附近有经常开关的大功率用电设备，应采取超级隔离变压器将其初级、次级线圈间的屏蔽层可靠地接地，以便很好地隔离对控制站的共模干扰。

(2) 直流供电。

直流供电一般采用的都是直流稳压电源。现场控制站内的各种功能模块和现场仪器仪表用电设备所需要的直流电源一般有＋5V、＋15V(＋12V)、－15V(－12V)、＋24V等。一般给控制器的供电均要求与现场检测仪表或执行机构供电的电源在电气上相互隔离，以减少相互的干扰。一般采用的直流稳压电源的形式有以下几种。

① 采用集成电源，向各模块提供所需要的直流电源。如采用冗余的双电源方式，每一种电压应有输出微调装置，以调节并联的两电源处于负载均衡的状态，各种电源输出应串接隔离二极管，在并联工作时，保护掉电一方稳压电源的安全。

② 由统一的主电源单元将交流电整流成直流电（一般为24V）输入机柜内直流电源母线，各层机架内设有子电源单元，采用DC/DC变换方式将母线上送来的单一电压的直流电转换成本层机架所需的各种电压值，主电源单元采用1∶1的冗余配置，子电源单元可采用1∶1或N∶1的冗余方式，更加灵活，经济性也更好。

③ 机柜内各层机架按模块的使用量，灵活配置各自的电源单元，采用体积小、轻便高效的开关电源，直接将直流电转换成模块所需的各种电压值的直流电，也可选用N∶1的冗余方式。

3. 控制器单元

过程控制单元是一个智能化的可独立运行的数据采集与控制的装置，作为其核心的控制计算单元，主要由CPU、存储器、系统网络接口、控制网络接口等部分组成。

(1) CPU。

目前各厂家的现场控制站的控制运算的主芯片普遍采用高性能的32位的微处理器，常见的有Intel 486 DX4、Intel Pentium133/233/266、PowerPC及MC 68030等，大多数为美国摩托罗拉公司和美国英特尔公司生产的系列产品。CPU

时钟频率已达到233～266MHz，很多系统还配有浮点运算协处理器，因此数据的处理能力大大提高，工作周期可缩短到0.2～0.1s，并且可执行更为复杂先进的控制算法，如自整定、预测控制、模糊控制等。

(2) 存储器。

存储器是具有记忆功能的半导体电路，一般分为ROM和RAM两大部分。ROM中的内容一般是DCS制造厂家写入的系统程序，通常情况下是一套固定的程序，并且大多数采用了程序固化的方式。它不仅将系统启动、自检及基本的I/O驱动程序写入ROM中，而且将各种控制、检测功能模块、所有固定参数和系统通信、系统管理模块全部固化，并且永久驻留在ROM中。

DCS启动后，首先由检查程序检查DCS的各种部件操作是否正常，并将检查的结果显示给操作人员；然后将用户输入的控制程序编译转换成由微控制器指令组成的程序，并对用户程序进行语法检查；最后执行检测控制程序。在控制器的存储器中，ROM占有较大的容量，一般高达几百Kb。有时系统也将用户组态的应用程序固化在ROM中，只要一上电，控制站就可正常运行，使用更加方便、可靠，但修改组态方式要相对复杂一些。

随机存储器RAM为程序运行提供了存储实时数据与计算过程中间变量的空间，用户在线操作时需修改的参数(如设定值、手动操作值、PID参数、报警界限等)也需存入RAM中；当前一些较为先进的分布式系统为用户提供了在线修改组态的功能，显然这一部分用户组态程序也必须存入RAM中运行。由于现场控制站一般不设磁盘机、磁带机，上述后两部分内容一般存入具有电池后备系统的SRAM中，当系统一旦掉电时，可有效保持其中的数据、程序数十天不被破坏，这对于事故的查询及快速恢复系统正常运行是很重要的。RAM的空间一般为数百Kb至数Mb。

在一些采用了冗余CPU的系统中，还特别设有一种双端口随机存储器，其中存放有过程输入/输出数据及设定值、PID参数等；两块CPU板可分别对其进行读/写，从而实现了双CPU间运行数据的同步，当在线的CPU出现故障时，离线的CPU可以立即接替工作，从而对生产过程不会产生任何扰动，可以有效地保证生产过程的正常控制。

(3) 系统网络接口。

系统网络接口是过程控制单元与操作员站、工程师站等操作层设备通信的网络接口。过去的大多数DCS制造厂商的系统网络都是专用的、并都宣称专用网络安全可靠，根本不允许接进另一方的系统网路。随着网络技术的不断发展，在20世纪90年代后期，新推出的DCS系统产品中，都采用了工业以太网技术。经过长时间的运营和测试，工业以太网的安全性和可靠性是完全有保障的，只需要在软件的应用层上采取一定的保护措施(如应答和重发)。采用工业以太网使得开放性的应用更为广泛，并且应用成本也比较低，增强了产品的竞争力。

(4) 控制网络接口。

控制网络接口是过程控制单元与 I/O 进行数据交换的网络接口。由于 DCS 需要进行大量的模拟量和数字量的数据传输，而且每个 I/O 设备的数据量较大，所以控制网络接口一般选择字节型长包协议的通信网络（如 ProfiBus-DP），而不能选择普通 PLC 系统采用的位信息短包协议网络（如 SERCOS）。一般情况下，DCS 标准配置都是双控制网络接口冗余运行，这大大加强了系统的可靠性和安全性。

4. 输入/输出通道

在过程控制的硬件系统中，种类最多、数量最大的就是各种 I/O 接口模块。I/O 接口是现场控制站的基础，它直接与生产过程的输入/输出信号连接。从一般意义上来说，现场控制站的 I/O 接口也应该包括它与高速数据公路的网络接口，以及它与现场网络（fieldbus）的接口，高速数据公路连接着系统内的各个操作站与现场控制站，是 DCS 的中枢，而现场总线则把现场控制站与现场的各种智能变送器、调节器、执行器、在线分析仪表，以及可编程控制器（PLC）连接在一起。现场控制站中的输入/输出通道主要包括：模拟量输入通道（AI）、模拟量输出通道（AO）、开关量输入通道（DI）、开关量输出通道（DO）、脉冲量输入通道（PI）等。

(1) 模拟量输入通道（AI）。

模拟量输入通道（AI）主要用于将输入的模拟量值数字化，生产过程中各种连续性的物理量（如温度、压力、压差、应力、位移、速度、加速度以及电流、电压等）和化学量（如 pH 值、浓度等），只要有在线检测仪表将其转变为相应的电信号，均可送入模拟量输入通道进行处理。

模拟量输入通道一般包括：端子板、信号调节器、A/D 模板及柜内连接电缆等几部分。

① 端子板，主要对现场仪表信号电缆进行连接，并为每一路信号线提供正、负极两个接线端子及屏蔽层的接地端子。有的生产厂家的产品上还设有保护及滤波电路；也有的将产品端子板和信号调节器做在一起。

② 信号调节器，为了将各种类型电平的 AI 信号调整成模/数转换器能够接受的标准电平（一般为 0～5V 或 0～10V），同时为了滤除干扰信号，需要对原始信号进行信号调理处理。

③ A/D 模板，模/数转换技术是模拟信号通向数字世界的桥梁。A/D 模板将信号调节器输入的多路模拟信号，按 CPU 指令逐一转变为数字量送给 CPU。一般情况下，在 DCS 系统中，从成本和性能的综合考虑，A/D 模板的转换技术通常有三种：逐次比较型转换、积分型转换和采样模/数转换。

④ 柜内连接电缆，用于端子板、信号调节器与 A/D 模板之间的信号连接，为

防止干扰，多采用双绞线屏蔽电缆，屏蔽层需要进行接地连接。

(2) 模拟量输出通道(AO)。

模拟量输出通道是用于将数字量转化为模拟量的输出，控制执行器动作的设备。在现场控制站中模拟量输出通道一般由D/A模板、输出端子板与柜内电缆等部分构成。

① D/A模板，随着大规模集成电路的发展，当前现场控制站的模拟量输出通道一般都采用每路安装单独的一套DAC与V/I变换集成电路来输出4～20mA的模拟控制信号，也有使用单一的DAC，然后通过多路模拟开关周期性地向多个保持电容器充电来获得多路模拟量的形式。

② 输出端子板，主要作用是将AO通道与现场控制电缆进行连接，并通过机柜内的电缆与AO模板相连。

(3) 开关量输入通道(DI)。

开关量输入通道(DI)用来输入各种限位(限值)开关、继电器或电磁阀门联动触点的开、关状态。DI的现场触点主要有机械开关(干节点)、电子开关和电平触点三种，其中电平触点有24V直流、48V直流、220V直流、220V交流等。

① 端子板，除了用于连接信号电缆外，一般还设有过压、过流等保护电路，与DI板通过柜内电缆相连接。

② DI模板，各种开关量输入信号在DI板内经过电平转换、光电隔离并去除抖动噪声信号，存入板内数字存储器中。外接每一路开关状态，相应地由二进制寄存器中的一位数字的0、1来表示。CPU可周期性地读取各板内寄存器的状态来获取系统中各个输入开关的值。

(4) 开关量输出通道(DO)。

开关量输出通道主要用于控制电磁阀门、继电器、指示灯、声光报警器等具有开、关两种状态的设备。DO输出器件主要有两种：机械继电器和固态继电器。DO设备主要由端子板、DO模板构成。

① 端子板，用于连接现场控制电缆，一般设有过压、过流等保护电路，通过柜内电缆与DO板相连接。

② DO模板，开关量输出模板具有将CPU内部信号转化为控制过程所需的外部电平信号功能，同时有隔离和功能放大作用。当CPU中的某一输出点为1(导通)时，通过DO模板中的总线接口和光电耦合器，使模板中对应的微型硬件继电器线圈通电，其常开触点闭合，使外部负载工作。同理，当CPU中的某一触点为O(断开)时，使外部负载不工作。

(5) 脉冲量输入通道(PI)。

现场仪表中转速计、涡轮流量计、涡街流量计，以及一些机械计数装置等输出的测量信号均为脉冲信号，脉冲量输入通道就是为输入这一类测量信号而设置的。它主要由端子板、PI模板及机柜内电缆组成。

① 端子板：脉冲量输入端子板与开关量输入端子板相似。

② PI 模板，一般模板上均设有多个可编程定时计数器及标准时钟电路，输入的脉冲信号经幅度变换、整形、隔离后输入计数器，根据不同的电路连接与编程方式可计算累积值、脉冲间隔时间及脉冲频率等，CPU 读入这些数值，根据用户定义的各种仪表常数，便可计算出相应的工程量。一般每块 PI 模板可接入 4～8 路脉冲信号。

当前 I/O 通道的发展趋势是更加的智能化，通过在 I/O 模板内安装单片机，使其成为一个可以独立运行的智能化的数据采集与处理单元，可自动地对各路输入信号巡回检测，非线性校正及补偿运算器等。而装有 AI 与 I/O 通道的模块，其功能就相当于一个多回路的数字调节器。这样一来，使原来主 CPU 承担的工作进一步分散，大大节省了主 CPU 的时间，使系统的工作速度进一步提高，并且主 CPU 可以有更多的时间进行更为复杂的控制运算；而系统的可靠性也提高了一步。

7.2.2　过程控制单元的基本结构

1. 基于微机型的控制结构

其结构简图如图 7.2 所示。基于微型机的 PCU，其结构采用机箱插卡式，它的内总线连接了 CPU、ROM、RAM、多路转换、A/D、D/A 及通信装置等部分。美国霍尼韦尔（Honeywell）公司的 TDC-3000 系统即采用此结构，称为文件夹结构式，即每块插卡相当于一个“文件”。

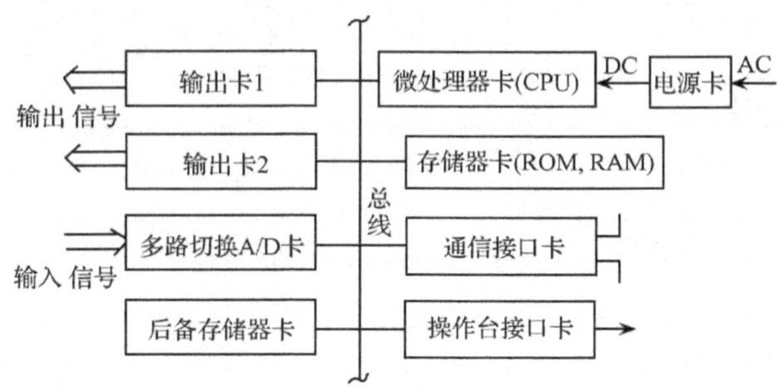

图 7.2　基于微机结构的 PCU

2. 基于 I/O 与通信卡控制结构

其控制结构图如图 7.3 所示，主要由 I/O 系列卡、通用卡和内总线构成。通用卡主要由 CPU 卡、存储器卡、通信接口卡等组成；I/O 系列卡有模拟量输入/输出卡、数字量输入/输出卡、脉冲量输入卡、按钮输入卡和状态输入卡等；美国西屋（Westinghouse）公司的 WDPF 系统、日本横河（YOKOGAWA）公司的 CENTUM 系统等均采用此结构。

3. 基于串行通信总线＋模块结构

这种类型的 PCU 由串行通信模块总线上挂接模块的方式构成，其硬件结构

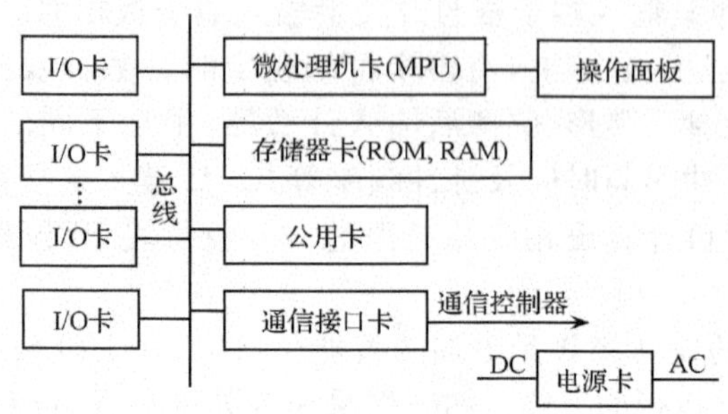

图 7.3　I/O 与通用卡结构的 PCU

如图 7.4 所示。图中控制器模块主要进行连续量控制；逻辑控制模块主要进行顺序控制；它们前面接端子模块，还有进行数据采集的模拟主模块等。在模块总线端有接口模块，可将 PCU 的模块总线与系统局部网络联网。美国贝利(Bailey)公司的 Network-90 系统中的 PCU 即采用这种结构。

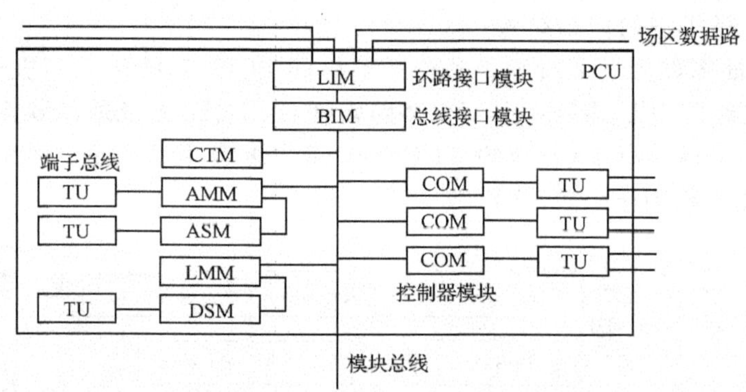

图 7.4　串行通信总线＋模块结构的 PCU

4. 基于节点工作站结构

现代分布式系统的 PCU 大多采取"节点"结构，节点工作站结构在技术上是一种全新的功能密集化的装置，分散过程控制装置实质上是伸向现场或过程的节点工作站。图 7.5 是福克斯波罗(Foxboro)公司 I/AS 系统的过程节点框图。它采用节点总线挂接处理机的结构。节点工作站中挂接了六类处理机或接口。应用处理机执行系统管理功能支持系统软件；通信处理器是节点与 RS-232 设备的通信接口；网间连接器是节点与子通信网络相连的接口；载波带接口是节点挂接到系统网络上的通信接口；操作站处理机是节点与所带的本地操作站主机及附属的外围设备的接口；控制处理机是执行分散控制功能的主控制器，它通过现场总线与传感器、执行器等现场组件相连。

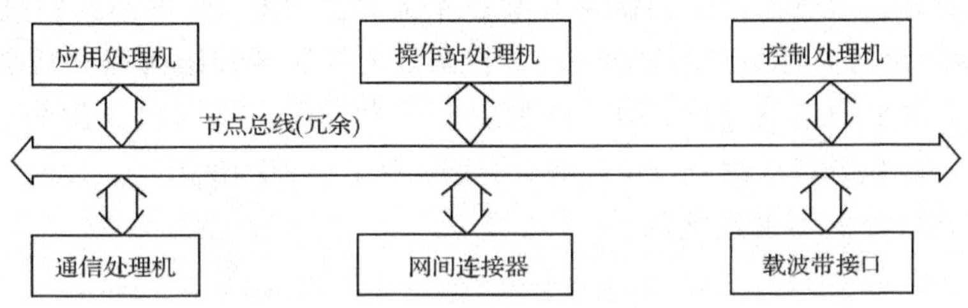

图 7.5　I/AS 系统的过程节点框图

7.3　现场控制站的控制模块和运算模块

在现场过程控制站一般装有控制算法的控制功能模块库，其中控制功能模块是控制回路中的核心模块。DCS 中的各种控制算法是以控制模块的形式提供给用户的，用户可以利用系统所提供的功能模块，产生相应的控制策略，在该策略下进行系统的现场的过程控制。

过程控制单元的功能主要有：①反馈控制功能；②顺序控制功能；③批量控制功能；④数据采集与处理功能；⑤数据通信功能；⑥本地操作与监视功能。其中反馈控制和顺序控制是过程控制单元的最重要的功能。它不但能完成各种基本的控制运算，而且与 CPU 有机结合能进行各种复杂高级过程控制，能实现常规仪表不能完成或难以完成的高级控制方案。

反馈控制与顺序控制相结合即可构成批量控制。批量控制的对象往往是一个间断生产过程，如冶炼过程、机械加工过程等。在这种生产过程中，有的可能是顺序控制，有的可能是连续的反馈控制。反馈控制的报警信号、回路状态信号、模拟信号的比较、判断、运算结果可作为顺序控制的条件信号。回路的切换、参数的变更、设定值的改变、控制算法的变更、回路的变更又可成为由顺序控制转换成反馈控制的条件，彼此交换信息，最终完成批量控制。

7.3.1　连续控制功能模块

1. PID 调节规律

PID 调节规律是连续控制系统中应用最多的一种控制调节规律。它本身不但可以根据需要分解成 P、PI、PD 调节模块，而且很多复杂的控制规律(如串级调节、比值控制等)中均采用了 PID 调节。在各种 DCS 产品中，PID 控制器作为基本配置的一种连续控制功能模块。

PID 以其结构简单、稳定性好、工作可靠、调整方便而成为工业控制主要和可靠的技术工具。当被控对象的结构和参数不能完全掌握，或得不到精确的数学模型时，控制理论的其他设计技术难以使用，系统的控制器的结构和参数必须依靠经验和现场调试来确定，这时用 PID 控制技术最为方便。比例积分微分(PID)控制包含比例(P)、积分(I)、微分(D)三部分，实际中也有 PI 和 PD 控制器。图 7.6 给出了一个 PID 控制器的结构图。

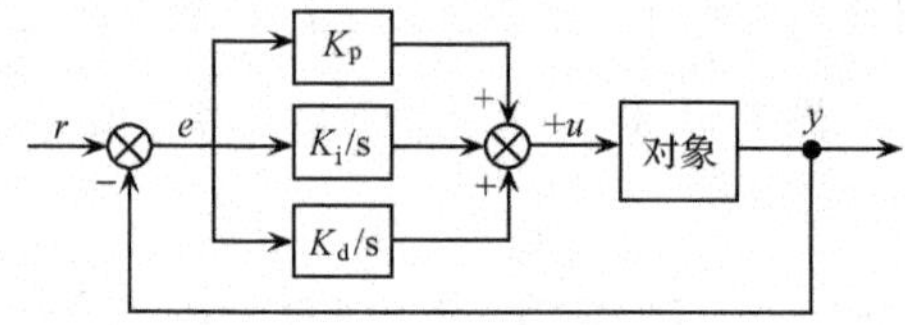

图 7.6　PID 控制结构图

PID 控制器就是根据系统的误差利用比例积分微分计算出控制量，控制器输出和控制器输入(误差)之间的关系在时域中可用公式表示如下：

$$u(t) = K_p\left(e(t) + T_d \frac{d_e(t)}{dt} + \frac{1}{T_i}\int e(t)dt\right) \tag{7-1}$$

式中 $e(t)$表示误差、控制器的输入；$u(t)$是控制器的输出；K_p 为比例系数；T_d 微分时间常数；T_i 为积分时间常数。上式又可表示为

$$U(s) = \left(K_p + \frac{K_i}{s} + K_d s\right)E(s) \tag{7-2}$$

公式中 $U(s)$和 $E(s)$分别为 $u(t)$和 $e(t)$的拉氏变换：

$$T(d) = K_d/K_p,\ T_i = K_p/K_i \tag{7-3}$$

K_p、K_i、K_d 分别为控制器的比例、积分、微分系数。

(1) 比例(P)控制。

比例控制是一种最简单的控制方式。其控制器的输出与输入误差信号成比例关系。当仅有比例控制时系统输出存在稳态误差(steady-state error)。

(2) 积分(I)控制。

在积分控制中，控制器的输出与输入误差信号的积分成正比关系。对一个自动控制系统，如果在进入稳态后存在稳态误差，则称这个控制系统是有稳态误差系统或简称有差系统(system with steady-state error)。为了消除稳态误差，在控制器中必须引入"积分项"。积分项对误差取决于时间的积分，随着时间的增加，积分项会增大。这样，即便误差很小，积分项也会随着时间的增加而加大，它推动控制器的输出增大使稳态误差进一步减小，直到等于零。因此，比例＋积分(PI)控制器，可以使系统在进入稳态后无稳态误差。

(3) 微分(D)控制。

在微分控制中，控制器的输出与输入误差信号的微分（即误差的变化率）成正比关系。自动控制系统在克服误差的调节过程中可能会出现振荡甚至失稳。其原因是由于存在有较大惯性环节或有滞后（delay）环节，具有抑制误差的作用，其变化总是落后于误差的变化。解决的办法是使抑制误差的作用的变化“超前”，即在误差接近零时，抑制误差的作用就应该是零。这就是说，在控制器中仅引入“比例”项往往是不够的，比例项的作用仅是放大误差的幅值，而目前需要增加的是“微分项”，它能预测误差变化的趋势，这样，具有比例＋微分的控制器，就能够提前使抑制误差的控制作用等于零，甚至为负值，从而避免了被控量的严重超调。所以对有较大惯性或滞后的被控对象，比例＋微分（PD）控制器能改善系统在调节过程中的动态特性。

一个控制系统包括控制器、传感器、变送器、执行机构、输入输出接口。控制器的输出经过输出接口、执行机构，加到被控系统上；控制系统的被控量，经过传感器、变送器和输入接口送到控制器。不同的控制系统，其传感器、变送器、执行机构是不一样的。

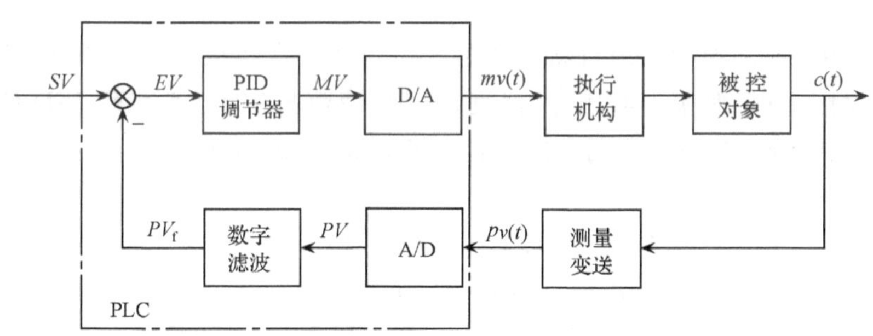

图 7.7　用 PLC 实现模拟量 PID 控制的系统结构框图

2. 参数的自整定

现有的各种智能型数字显示调节仪，一般都具有 PID 参数自整定功能。在初次使用时，可通过自整定确定系统的最佳 P、I、D 调节参数，实现理想的调节控制。在自整定启动前，因为系统在不同设定值下整定的参数值不完全相同，应先将仪表的设定值设置在要控制的数值上。在启动自整定后，仪表强制系统产生扰动，经过 2～3 个振荡周期后结束自整定状态。仪表通过检测系统从超调恢复到稳态（测量值与设定值一致）的过渡特性，分析振荡的周期、幅度及波形来计算仪表的最佳调节参数。理想的调节效果是，设定值应与测量值保持一致，可从动态（设定值变化或扰动）和稳态（设定值固定）两个方面来评价系统调节品质，通过 PID 参数自整定，能够满足大多数的系统。不同的系统由于惯性不同，自整定时间有所不同，从几分钟到几小时不等。

(1) P 参数设置。

如果不能肯定比例调节系数 P 应为多少，请把 P 参数先设置大些（如 30%），以避免开机出现超调和振荡，运行后视响应情况再逐步调小，以加强比例作用的效果，提高系统响应的快速性，以既能快速响应，又不出现超调或振荡为最佳。

(2) I 参数设置。

如果不能肯定积分时间参数 I 应为多少，请先把 I 参数设置大些（如 1800s），(T_i>3600s 时，积分作用去除）系统投运后先把 P 参数调好，然后再把 I 参数逐步往小调，观察系统响应，以系统能快速消除静差进入稳态，而不出现超调振荡为最佳。

(3) D 参数设置。

如果不能肯定微分时间参数 D 应为多少，请先把 D 参数设置为 0，即去除微分作用，系统投运后先调好 P 参数和 I 参数，P、I 确定后，再逐步增加 D 参数，加微分作用，以改善系统响应的快速性，以系统不出现振荡为最佳（多数系统可不加微分作用）。

其中 PID 控制器参数的自动调整是通过智能化调整或自校正、自适应算法来实现。利用 PID 控制实现的压力、温度、流量、液位控制器，能实现 PID 控制功能的可编程控制器（PLC）是利用其闭环控制模块来实现 PID 控制。

增量式 PID

$$\triangle U(k) = Ae(k) - Be(k-1) + Ce(k-2)$$

$$A = K_p(1 + T/T_i + T_d/T)$$

$$B = K_p(1 + 2T_d/T)$$

$$C = K_p T_d/T$$

式中，T 采样周期；T_d 微分时间；T_i 积分时间。

用上面的算法可以构造 PID 算法：

$$U(k) = U(k-1) + \triangle U(k) \tag{7-4}$$

3. 实例介绍

V/f 变频器控制是为了得到理想的转矩一速度特性，基于在改变电源频率进行调速的同时，又要保证电动机的磁通不变的思想而提出的，通用型变频器基本上都采用这种控制方式。V/f 控制变频器结构非常简单，但是这种变频器采用开环控制方式，不能达到较高的控制性能，而且，在低频时，必须进行转矩补偿，以改变低频转矩特性。采用 PID 控制算法对变频器进行控制。电动机速度控制原理图如图 7.8 所示。

(1) 硬件组态图（图 7.9）。

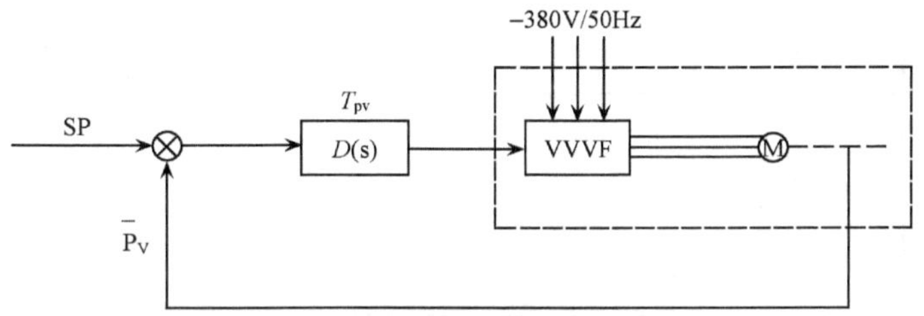

图 7.8　速度控制原理图

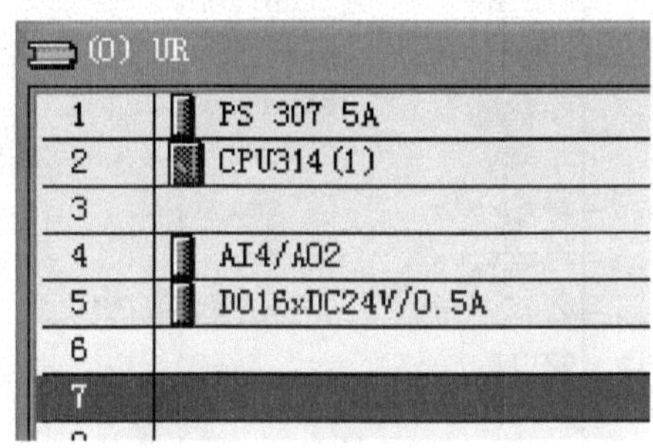

图 7.9　硬件组态图

(2) 控制程序。

用西门子 STEP7 对速度控制编写程序，运用 PID 的命令，PLC 程序如图 7.10 所示。

具体说明经验法的整定步骤：

① 让调节器参数积分系数 $S_0=0$，实际微分系数 $k=0$，控制系统投入闭环运行，由小到大改变比例系数 S_1，让扰动信号作阶跃变化，观察控制过程，直到获得满意的控制过程为止。

② 取比例系数 S_1 为当前的值乘以 0.83，由小到大增加积分系数 S_0，同样让扰动信号作阶跃变化，直至求得满意的控制过程。

③ 积分系数 S_0 保持不变，改变比例系数 S_1，观察控制过程有无改善，如有改善则继续调整，直到满意为止。否则，将原比例系数 S_1 增大一些，再调整积分系数 S_0，力求改善控制过程。如此反复试凑，直到找到满意的比例系数 S_1 和积分系数 S_0 为止。

④ 引入适当的实际微分系数 k 和实际微分时间 T_d，此时可适当增大比例系数 S_1 和积分系数 S_0。和前述步骤相同，微分时间的整定也需反复调整，直到控制过程满意为止。

带有死区环节的 PID 结构图如图 7.11 所示。

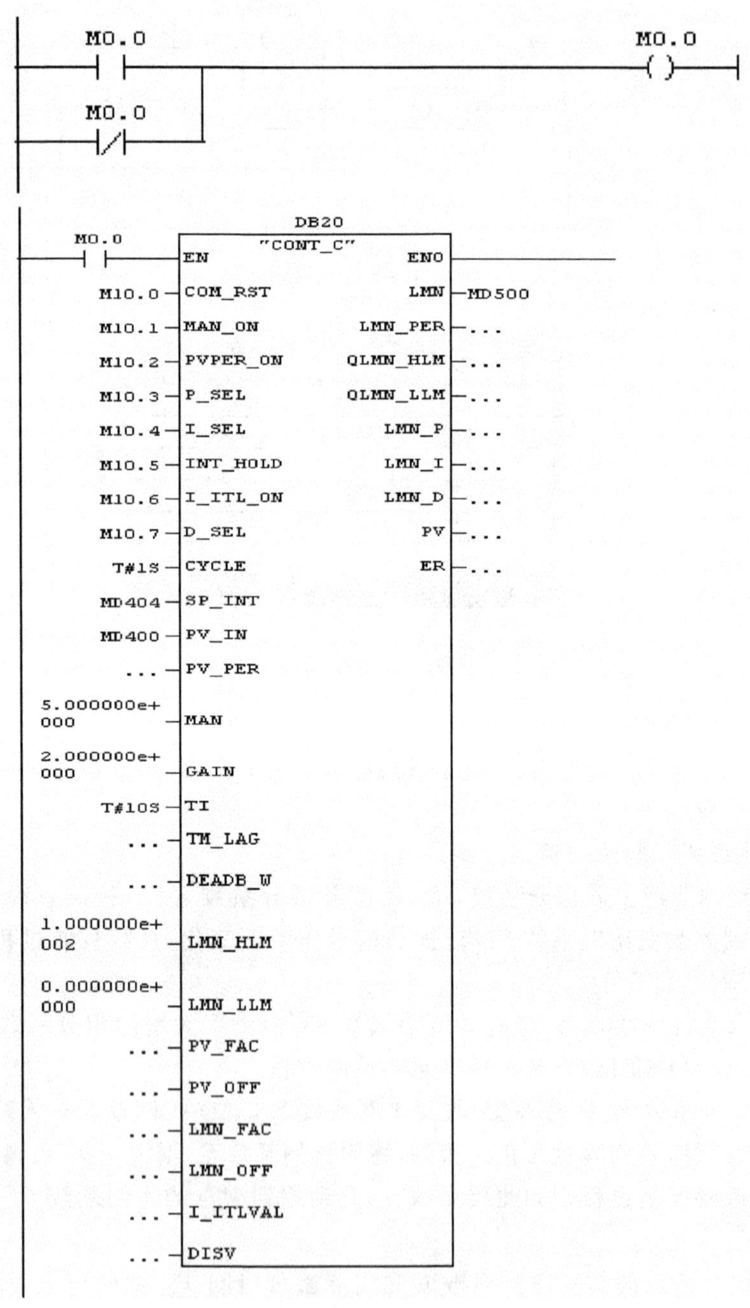

图 7.10 PLC 速度控制程序

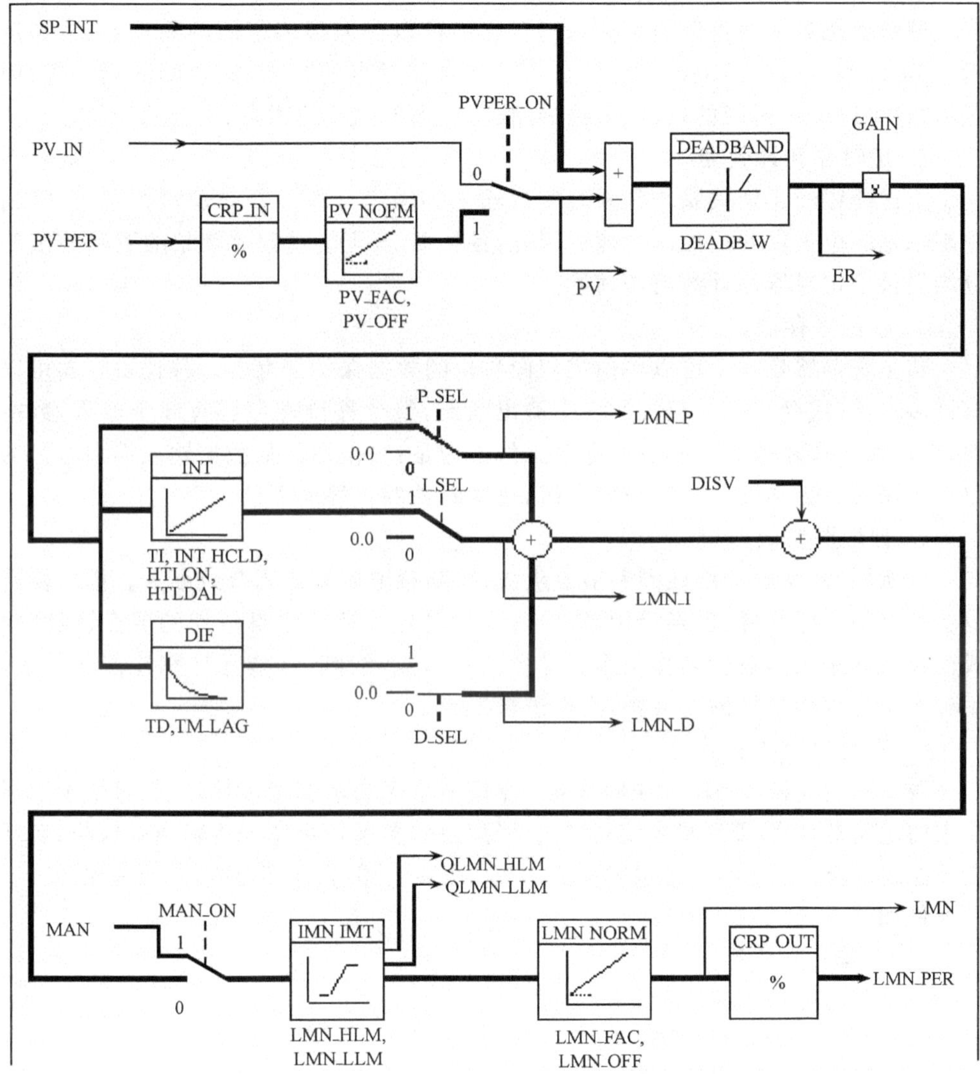

图 7.11　带有死区的 PID 结构图

7.3.2　逻辑控制功能模块

逻辑控制用于设备的启/停、事故状态的连锁保护等。其主要输入信号为状态信号(通或断、开或关、“1”或“0”),对这些逻辑信号进行与、或、非、异或、触发器、定时器、计数器等计算。根据相应的逻辑控制算法相应的构成逻辑图模块、梯形图模块和逻辑指令模块。

1. 基本的逻辑元素和运算

逻辑状态只有两种取值，“0”和“1”，它们可以代表很多不同的物理意义，如逻辑“0”可以表示阀门的关闭、电路的断开、继电器触点的打开、离合闸的断开等；而逻辑“1”可以表示阀门的打开、电路的闭合、继电器触点的闭合、离合闸的闭合等。

2. 定时器和计数器

上述介绍的逻辑关系均是瞬时完成输入和输出计算的。在逻辑控制中，时间控制也是一个很重要的控制功能。因此，各种 DCS 现场过程控制站的逻辑控制部分均提供了定时器和计数器的功能。

3. 移位寄存器

移位寄存器是一个可以单向或双向移位的数据保持寄存器。移位寄存器可以有许多步长(或级)，每一级控制一个输出状态，整个移位寄存器有 3 个输入：数据线、翻转输入和复位端。移位寄存器工作原理是：数据逐位从数据输入端在时钟的驱动下输入。数据逐位从低级向高级，每次时钟翻转移动 1 位。

4. 梯形图模块

众所周知，继电器由线圈和节点组成，线圈通电后节点闭合或断开。继电器是逻辑控制的主要元件，已经沿用了多年，人们已经习惯了用继电器的节点、线圈构成的梯形图来表示逻辑运算关系。梯形图由节点、线圈、功能元件和连接线组成，用梯形图可以构成梯形图模块，实现逻辑控制。

5. 逻辑指令功能模块

逻辑图模块和梯形图模块的共同点是用图形来表示逻辑运算，人们习惯了用指令来描述逻辑运算，即用指令编写逻辑运算程序，多条指令形成逻辑指令模块，实现逻辑控制功能。指令与上述逻辑算法、节点、线圈、功能元件相对应，其原理相同。

例如：

```
LD    DI36   ;装载
A     DI37   ;与逻辑,DI36? DI37
O     DI38   ;或逻辑,DI36? DI37
=     DO36   ;输出,结果送到 DO36
```

6. 顺序控制功能模块

顺序控制可以简单地说明为：根据预订的顺序逐步进行各阶段信息处理的控制方法。

顺序控制在各个厂家 DCS 中有着不同的叫法(如顺序控制、批量控制、逻辑控制、梯形图控制等)，而且，他们所实现的功能及实现的方法差别也很大。但总的来说，顺序控制的功能和应用也大致可以分为：

(1) 在批量控制中，实现各种工序的控制、全工序的管理、与其他工序的同步等。

(2) 在安全控制中，实现连锁、紧急停车顺序和阀门的动作监视等。

(3) 在电力系统(电网调度和变电站控制)中，可以用来监视电网和变电站的运行情况，以及实现控制负荷切换和安全互锁等。

(4) 实现自动计数功能。

(5) 实现步进电机等控制功能。

(6) 与连续控制结合起来，形成功能极强的组合控制功能。

7. 实例介绍

采用 CPU214 集成脉冲输出触发步进电机驱动器。

CPU214 有两个脉冲输出，可以用来产生控制步进电机驱动器的脉冲。功率驱动器将控制脉冲按照某种模式转换成步进电机线圈的电流，产生旋转磁场，使得转子只能按固定的步数(步数 a)来改变它的位置。连续的脉冲序列产生与其对应的同频率(同步机)步序列。如果控制频率足够高，步进电机的转动可看作一个连续的转动。

本例叙述用 Q0.0 的输出脉冲触发步进电机驱动器。当输入端 I1.0 发出“START”信号后，控制器将输出固定数目的方波脉冲，使步进电机按对应的步数转动。当输入端 I1.1 发出“STOP”信号后，步进电机停止转动。接在输入端 I1.5 的方向开关位置决定电机正转或反转。

硬件设备如表 7.1 所示。

表 7.1　硬件设备一览表

数量	设备	制造厂/订货号
1	SIMATIC S7-200 CPU-214	SIEMENS/6ES7 214-1AC00-0XB0
1	PC/PPI 电缆	SIEMENS/6ES7 901-3BF00-0XA0
1	编程设备或 PC	
1	带有标准的功率驱动器和相关连接电缆的步进电机	
1	用于传输控制信号到功率驱动器的电缆	
1	开关	
2	按钮	

程序介绍如下。

(1) 初始化。

在程序的第一个扫描周期(SM0.1=1)，为两种脉冲输出功能(PTO 和 PTW)选择参数，本例从中选择了 PTO，并规定了脉冲周期和脉冲数。

(2) 选择旋转方向。

用接在输入端 I1.5 的开关来选择转动方向。如果 I1.5=1，将输出 Q0.2 置成高电位，那么电机逆时针转动。如果 I1.5=0，将输出 Q0.2 置成低电位，那么电机顺时针转动。为保护电机避免漏步，电机转动方向的改变只能在电机处于停止状态（M0.1=0）时进行。

（3）启动电机。

启动电机的三个条件如下：

① 按“START”（启动）按钮，在输入端 I1.0 产生脉冲上升沿（从 0 升到 1）；

② 无连锁，即连锁标志 M0.2=0；

③ 电机处于停止状态，即操作标志 M0.1=0。

如果同时具备上述 3 个条件，则将 M0.1 置位（M0.1=1），控制器执行 PLS0 指令，在输出端 Q0.0 输出脉冲，其他必须预先具备的条件，已经在首次扫描（SM0.1=1）设置，主要是脉冲输出功能的基本数据。例如，时基、周期和脉冲数，这些数据置于相应的属于 PTO/PWM 的特殊存储字 SMW68、SMW70 和 SMD72 中。

（4）停止电机。

停止电机的两个条件如下：

① 按“STOP”按钮，在输入端 I1.1 产生脉冲上升沿（从 0 升到 1）；

② 电机处于运转状态，即操作标志 M0.1=1。

如果同时具备上述两个条件，则将标志位 M0.1 复位（M0.1=0），并中断输出端 Q0.0 的脉冲输出。这与执行 PLS0 命令有关，它将脉宽调制（PWM）输出的脉冲宽度减为 0（所需的基本设置已在第一扫描周期中定义了），因而输出信号被抑制。

在完整的脉冲序列输出后，中断程序 0 将标志 M0.1 复位（M0.1=0），从而使电机能够重新启动。

（5）连锁。

为保护人员和设备的安全，再按“STOP”（停止）按钮（I1.1）之后，必须规定驱动器连锁（或称阻塞），将连锁标志 M0.2 置位（M0.2=1），立即关断驱动器。只有在 M0.2 复位，（M0.2=0）后，才能重新启动电机。当“STOP”按钮松开后，为防止电机的意外启动，只有在“START”（I1.0）和“STOP”按钮（I1.1）都松开后，才能将 M0.2 复位（M0.2=0），如果要再次启动电机，则必须再发出一个启动信号。

主程序如下：

```
Network 1 // * * * 主程序 * * *
LD      SM0.1                  // 仅首次扫描周期 SM0.1 置位(SM0.1 = 1)
MOVW    + 500, PLS0_Cycle      // 输出脉冲周期为 500ms
MOVW    + 0, SMW70             // 脉宽为 0(脉宽调制)
MOVD    + 40000, SMD72         // 输出 40000 个脉冲
ATCH    INT0, 19               // 把中断程序 0 分配给中断事件 19(PLS0
```

```
                                        // 脉冲输出结束）
ENI                                         // 允许中断

Network 2 //  设置转动方向
LDN      M0.1                               // 若电机处于停止状态

A        I0.2                               // 且转向开关置于 1
S        Q0.2, 1                            // 则逆时针转动(Q0.2 = 1)

Network 3
LDN      M0.1                               // 若电机处于停止状态

AN       I0.2                               // 且转向开关置于 0
R        Q0.2, 1                            // 则顺时针转动(Q0.2 = 0)

Network 4 // 连锁
LD       I0.1                               // 若按"STOP"(停止)按钮
S        M0.2, 1                            // 则连锁有效(M0.2 = 1)

Network 5 //  解除连锁
LDN      I0.0                               // 若"START"(启动) 按钮松开
AN       I0.1                               // 且"STOP"(停止)按钮松开，
R        M0.2, 1                            // 则解除连锁

Network 6 //  启动电机
LD       I0.0                               // 若按"START"(启动)按钮
EU                                          // 上升沿
AN       M0.2                               // 且无连锁
AN       M0.1                               // 且电机停止 则
MOVB     16#85, SMB67                       // 置脉冲输出功能的控制位
PLS      0                                  // 启动脉冲输出(Q0.0)
S        M0.1, 1                            // 电机运行标志 M0.1 置位(M0.1 = 1)

Network 7 // 停止电机
LD       I0.1                               // 若按"STOP"(停止)按钮
EU                                          // 上升沿
A        M0.1                               // 且电机正在转动,则
R        M0.1, 1                            // 电机运行标志 M0.1 复位(M0.1 = 0)
```

```
MOVB   16#CB, SMB67                 // 置脉冲输出功能的控制位,PWM 的脉宽为 0
PLS    0                            // 输出端 Q0.0 无脉冲
```

中断程序如下：

```
Network 1               // 中断程序
LD     SM0.0
R      M0.1, 1                      // 电机运行标志 M0.1 复位(M0.1 = 0)
```

7.3.3 控制站的运算模块

现场控制站为了用户提供了多种运算模块,运算模块包括:代数运算、信号选择、数据选择、数值限制、报警检查、计算公式和传递函数模块等。每个模块对应一种算法,如求平方根、温度压力补偿、一阶惯性等。运算模块和控制模块组成复杂的控制回路。下面介绍些常用的运算模块,其中算式中的 X 为输入信号,Y 为输出信号。

1. 代数运算

代数运算包括加法、减法、乘法、除法、求绝对值、求平方根和开平方根算法。为了简化每一种控制算法的功能,使得控制组态灵活,各个算法使用方便,利用简单的算法组合实现复杂的控制功能,多数 DCS 算法模块中都提供了这几种模块。注意,这 7 种算法主要实现四则运算和开方功能,但在控制中它们还提供了一些与控制有关的功能。如每种算法中,一般都有上限、下限两个参数,当算法的输出结果越过上限或下限时,就利用上限值或下限值作为输出结果传递给下一个连续的算法或控制输出。

2. 信号选择

几乎所有的 DCS 控制算法中都包括了选择控制算法。选择控制算法一般包括高值选择、低值选择和高低值选择。这几种算法主要用来实现不同的控制策略之间的切换。例如,在任何控制系统中,我们可以将一个调节器的控制调节量,通过一个低值选择算法连接到两个不同的控制算法模块的输出上。这样在正常工作中,选择算法模块输出总是等于连在其上的两个控制算法模块结果的较小者。一般通过选择算法来实现优化控制和安全控制。

3. 数据选择模块

数据选择模块的功能按照预定的要求为其他模块提供数据,或从几个数据中选其一。常用的数据选择模块有 3×1 数据选择、3×3 数据选择、批量数据选择、设定值曲线模块等。

4. 超前-滞后补偿算法

在经典的控制理论的书中,超前-滞后补偿控制是重点。在实际的系统中此算法也得到了广泛的应用,现在的 DCS 中都包括了此算法模块。

5. DCS 的现场控制站的其他 DCC 算法

不同的 DCS,其现场控制站支持的算法模块数也不相同。而且,同一种算法具体实现的功能也有所差别。在连续控制中,被控对象的差异也很大,所以,要得到较为满意的控制特性,简单地应用上面的 PID 算法是不够的。在 DCS 的现场控制站上,一般可以实现较为复杂的 DDC 控制功能,如纯滞后对象的补偿控制、前馈控制、串级控制等功能。

国内外 DCS 的现场控制站实现控制算法的方法有很多种,较早的实现方法是程序块(高级语言)对每个控制算法进行编程;另一种方法就是用标准的算法宏指令来构成各个算法,应用控制软件采用组态的方法将这些宏指令(实际是程序模块)连接起来,装到现场控制站执行,较多的方法将这些控制算法的执行代码部分编成标准程序模块固化到现场控制站上,各个应用控制功能通过控制组态软件生成回路信息数据,再将这些数据下载到现场控制站执行。

DCS 现场控制站将各个控制算法模块的执行代码编成可固化的且可重入的程序模块,各种程序模块构成控制算法库。而在数据区存有一个代表控制功能的数据结构,每个数据结构代表一种控制算法。在系统运行时,控制调度程序按控制数据结果的顺序一次执行。而控制数据结构是由控制组态软件在工程师站上离线生成的。

6. 实例介绍

史密斯预估补偿控制框图如图 7.12 所示。图中 $G_k(s)$是由史密斯引入的预估补偿器的传递函数。为使闭环特征方程中不含时滞 τ,对于图 7.12 所示系统,闭环传递函数的要求是

$$\frac{Y(s)}{R(s)}=\frac{G_c(s)G_p(s)e^{-\tau s}}{1+G_c(s)G_p(s)} \tag{7-5}$$

引入预估补偿器后,闭环传递函数为

$$\frac{Y(s)}{R(s)}=\frac{G_c(s)G_p(s)e^{-\tau s}}{1+G(s)G_k(s)+G_c(s)G_p(s)e^{-\tau s}} \tag{7-6}$$

根据要求,令

$$1+G_c(s)\ G_k(s)+G_c(s)G_p(s)\ e^{-\tau s}=1+G_c(s)G_p(s)$$

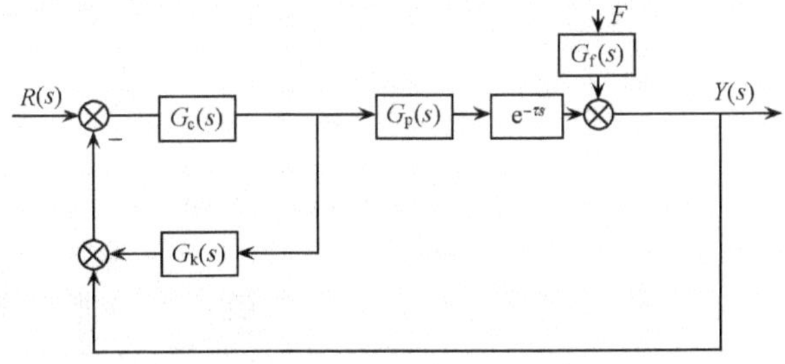

图 7.12　史密斯预估补偿控制原理框图

得

$$G_k(s) = G_p(s)(1 - e^{-\tau s})$$

这样构成的预估补偿控制方案如图 7.13 所示，其闭环传递函数为

$$\frac{Y(s)}{R(s)} = \frac{G_c(s)G_p(s)e^{-\tau s}}{1 + G_c(s)G_p(s)} \tag{7-7}$$

表示没有时滞环节时的随动控制系统的闭环传递函数。

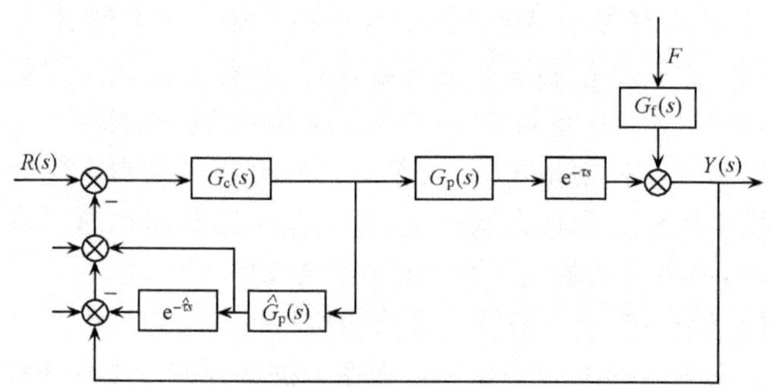

图 7.13 史密斯预估补偿控制原理框图

同样，由图 7.13 可以得到定值控制系统的闭环传递函数

$$\frac{Y(s)}{R(s)} = \frac{G_f(s)[(1 - e^{-\tau s})G_c(s)G_p(s) + 1]}{1 + G_c(s)G_p(s)} \tag{7-8}$$

因此，经过预估补偿后，闭环特征方程中已经消去了 $e^{-\tau s}$ 项，也就是消除了时滞对控制品质不利的影响。对于随动控制系统，控制过程仅在时间上推迟时间 τ。这样，系统的过渡过程形状与品质和无时滞时的完全相同。对于定值控制系统，控制作用要比扰动滞后一个 τ 时间，所以控制效果不及随动控制系统那样明显。

史密斯预估补偿器的应用近年才日益普遍。主要原因是物理实现问题。但随着电子计算机应用，特别是 DCS 系统中实施更为方便。这种补偿器不仅可用于单输入单输出系统。也可以用于多输入多输出系统。

史密斯预估补偿器对大时滞过程尽管能提供很好的控制质量，但遗憾的是，其控制质量对模型误差十分敏感，特别是时滞时间和增益误差。所以对非线性严重或时变增益的过程，这种线性史密斯预估器是不太合适的。

7.4 控制站的系统设计

马钢 300m² 烧结机是国产第一台大型烧结机，于 20 世纪 80 年代末开始建设，系统采用当时先进的美国贝利公司 INF190 分布式控制系统。

INF190 系统是高度模块化的集散系统，它可以集中操作监视、分散控制，

INF190 系统由过程控制单元(process control unit)、操作员接口系统(operator interface system)和计算机接口系统(computer interface system)组成,硬件间的连接用光缆或同轴电缆完成。其通信网络如图 7.14 所示。

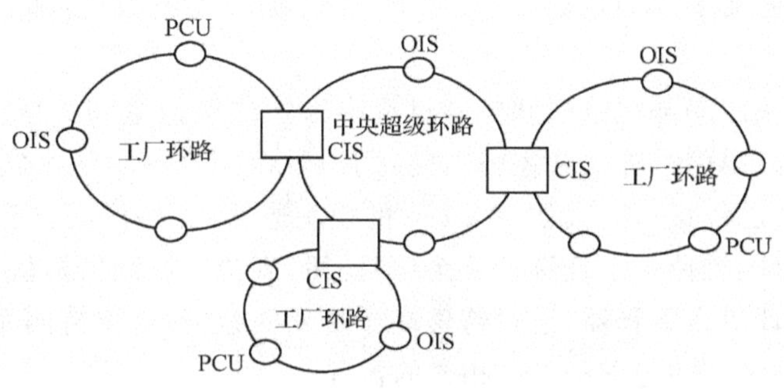

图 7.14　超环的通信网络

1. 过程控制单元

过程控制单元是 INF190 系统的现场控制装置。它由 32 个智能编制地址的模块组成,模块安装在模块安装单元(modole mounting unit)中,各模块还带有相应的和现场端子信号相接的端子板。

在同一个控制单元中,模块间的通信通过总线。模块要和操作员接口系统或另外一个过程控制单元中的模块通信时,必须通过工厂环路。

一个工厂环路可以挂 250 个节点,一个超级环路可以联接 250 个工厂环路,而一个工厂环路的处理能力是:79600 路模拟量输入;36000 路模拟量输出;59120 路数字量输入;77120 路数字量输出。其系统结构图如图 7.15 所示。

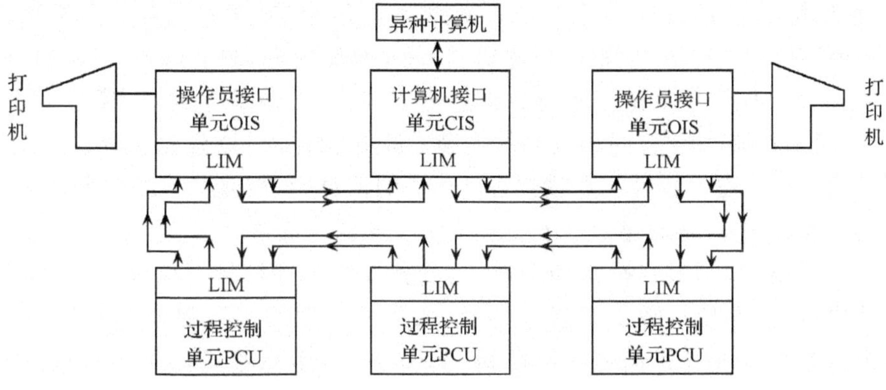

图 7.15　INF190 系统结构图

2. 多功能处理器

过程控制单元(PCU)最多可安装 32 块多功能处理器(MFP),MFP 把控制算法控制器模块功能和逻辑功能以及通信能力结合在一起。其软件包含有梯形图(ladder)、回路控制语言 (SAMA)、BATCH 语言、BASIC 语言和 C 语言等,MFP 具有下列功能。

提供子模块的局部网监视和控制过程中系统的模拟量和数字量的输入、输出信号;为系统提供算数、算法和逻辑功能,用户可以用这些功能来实施自己的控制方案;通过模块总线接口与其他 INF190 的模块通信;支持保证自己及其子模块安全的硬件和软件;支持一个任选的冗余(即备用)多功能控制器模块;支持 BATCH 等高级程序设计语言解释器;通过特殊端子单元的通信口,支持两个同样的 CRT、终端、打印机或者其他与 RS232C 相容的器件。

MFP 的组态是由用户采用功能块和功能码布置控制图,功能块作为一个区域块存在 MFP 存储器中,MFP 包含有 10000 个功能块,每一个功能码占有一个功能块的变数,用户可以用功能块保持信息传递的踪迹。

相互连接的功能块产生用户所需要的控制策略,在这种控制结构中,每一功能块有其特定的作用。按作用可以分为 I/O 功能块、常数块、执行功能块和用户选择块。用户在系统组态时,首先写出控制流程图并确定各类参数,接着将流程图和参数转换为功能码,然后连接各功能码,并标注各功能码的块号。

MFP 的控制信号与操作员接口单元和其他 MFP 的通信有两种方式,一种是 MFP 通过扩展总线接口实现与 I/O 模块通信,如 MFP 可以写一个命令给子模块,MFP 从子模块请求状态,MFP 写语言给子模块或从子模块中读数据等。另一种是通过环路进行数据通信,当功能块的数据超出范围,该数据通过例外报告向本 PCU 的 LIM 传递,该例外报告在工厂环路上采用存储转发式向各节点发送,例外报告的内容包括例外死区、最大传输时间、最小传输时间、源节点地址、目的节点地址、5 级安全码和信息数据值本身。信息分成两帧,头帧是标题帧,第二帧才是数据帧,中间的间隔称为 V 间隔。当一个节点发送信息时,该信息被环路中的每一个节点接收和传送。目的节点收到自己所需的信息后,在信息上加一个确认码,然后把信息放回环路,信息继续在环路上传送,直至该信息回到源节点。当源节点接到确认码以后,源节点把该信息取消,准备发下一个信号。如果源节点收到的是否认码,源节点启动重发逻辑,重发该信息。重发的次数超过规定的值以后,就标志目的节点离线。信息每传递到一个节点,该节点都要存储检查,它是通过一个缓冲器来实现的,其通信速率是 2M 比特,环路中的所传送的信息帧如图 7.16 所示。

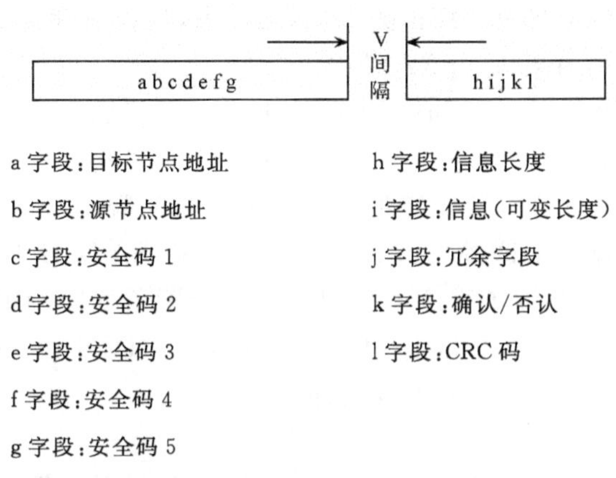

图 7.16　工厂环路中的信息帧

INF190 系统采用特殊功能码来连接 BATCH 程序和 CADEWS 程序，BATCH 程序可以直接设置 CADEWS 程序中的功能块的状态，可以直接读取/存入 CADEWS 程序中的值。

BATCH 程序主要是对大量数据处理的控制对象进行设计的，它由 BATCH 数据和步骤子程序组成，其中，BATCH 数据定义 BATCH 程序与控制器的功能块之间的接口，这是通过特殊功能块(FC148)来完成的；每个步骤子程序定义一次操作；处方表则定义各步骤子程序的执行顺序以及单个步骤子程序中用到的模拟量和数字量。

功能块环境主要模拟传统的过程控制仪表，如 PID 控制器、开平方、求和等，这些块同样也包括 I/O 控制算法，可以通过它们将模拟量信号和数字量信号送入 INFI 系统。BATCH 环境主要完成控制策略和算法，它可以方便地处理传统上要在过程机上完成的批控制逻辑。功能块和 BATCH 的控制策略存储在同一模型中。

BATCH 特殊功能块有运行/保持按钮、紧急停车按钮以及阶段号、处方号输入，操作员可通过键盘设置这些量。一旦 BATCH 特殊功能块的运行/保持按钮作“0-1”转换，即启动 BATCH 程序。其起始的处方号和阶段号分别由 BATCH 特殊块上的处方号输入和阶段号输入来决定。

BATCH 数据段定义语言和功能块之间的联系，也可以定义数据，如变量、通用数据结构等。所有在 BATCH 数据段中定义过的数据都具有全局性，可在整个程序中使用。步骤子程序定义批量操作语言，一个批过程可以包含几个步骤子程序，其中每一个步骤子程序定义过程的一个操作。

BATCH 程序有源文件和目标文件两种形式，其中源文件即初始的可读文件，它是用 BATCH 语言编写的，作为 ASCⅡ 文本文件存储在个人计算机上，该文件可用文本编辑/字处理软件生成。目标文件即 MFP 可执行的码。BATCH 编译先编译源文件，如果未发现错误，就产生相应的目标文件，然后通过 CIU/SPM 下装到 MFP 中，目标文件存储在 MFP 的 NVRAM 中，当批顺序启动和重启动时，目标文件再从 NVRAM 中拷贝到 RAM 中。

BATCH 处方为一个步骤和一个公式化描述。步骤即是批操作的顺序，在 BATCH 中即是步骤子程序的执行程序；公式化的描述就是一组批顺序使用的数据如配料量、次数、温度等以及要使用的一组设备名如阀、泵、搅拌器等。BATCH 提供一个处方编辑来产生这些处方。处方编辑分析 BATCH 程序并根据此程序提供用户选项，即哪个步骤子程序可以用的以及步骤子程序希望什么样的数据表达方式。这样就能确保处方是合理的，并且同 BATCH 程序一致，即必须在 BATCH 处方生成之前完成 BATCH 程序。

3. 工艺表述

物料平衡系统是烧结工艺过程的主要环节，其物料平衡系统工艺设备流程图如图 7.17 所示。

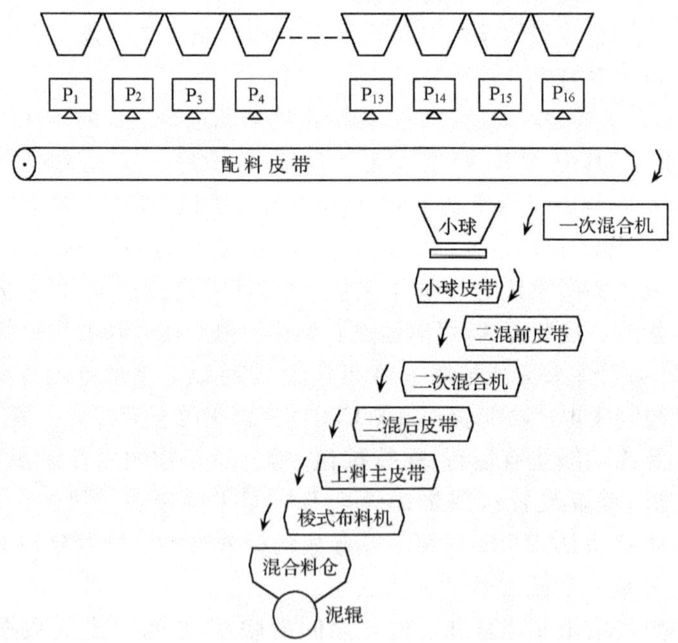

图 7.17 物料平衡系统工艺设备流程图

该系统从结构上可分为配料区、混合区和上料区，由于该过程控制功能不同、空间位置不同，因而控制方式不同。如配料区 16 台圆盘和配料电子秤。启动时，要保证料头一致。停机时，又分正常停机和故障停机。正常停机时，要保证料尾一致，就必须顺序停机；异常停机时，如一混前皮带故障停机时，要保证料尾一致，就必须立即停机。

混合区的两台混合机是高压电机，它的启动和停止前，必须满足有关润滑系统具备的条件。

（1）减速机稀油站。

启动条件：① 热交换器先通入冷却水；② 启动润滑油泵电机；③ 润滑油在过滤器后检测油压达到设定值。

制动条件：润滑油低于最小设定值，主电机立即停机。

（2）喷油润滑系统。

启动条件：① 油泵运行信号；② 自动工作时停泵间隙信号，因为喷油系统工作周期是20min喷油一次，每次连续运行10～20s，所以从控制上要求增加油泵正常停机的间隙信号。

制动条件：① 油泵异常停机信号；② 油罐空罐信号。

（3）干油润滑系统。

启动条件：① 干油润滑系统的正常工作信号；② 自动工作时的停机间隙信号。

制动条件：① 油泵异常信号；② 油罐空罐信号。

上料区主要包括两条胶带机和梭式布料机，胶带机有防跑偏、防撒裂和防打滑等保护设备，设备的信号参与系统连锁，即只要有一种保护设施作用，则系统立即停机。梭式布料机保证向台车上均匀布料，同时它还要连接上料大皮带上源源不断地进料；行走小车的电动机连续处在正转-停止-反转，实现小车前进-后退，从而达到布料机往返布料的工艺要求。梭式布料机上还有胶带输送机，其操作连锁关系是：开机时先开胶带输送机的电动机，然后在开动行走小车的电动机。往返换向装置是由晶体管接近开关、限位开关、换向板、接触板等组成，换向主要是由晶体管接近开关在规定距离范围内通过光电感应，自动发出检测信号，通过电控装置送入INF190控制系统，控制系统将信号处理后给小车电机换向接通启动，然后小车向反方向运行，达到换向的目的。

4. 机理分析

通过对工艺过程的流程特点和设备性能分析，物料平衡系统的模型是由两个有自衡能力环节和一个纯滞后环节组成，即

$$G(s)=\frac{K}{(T_1s+1)(T_2s+1)}e^{-\tau s} \tag{7-9}$$

其系统参数在开始设计时，可作如下分析。该系统包含有7条共450m长的胶带机，其线性延时80s；2台混合造球机，其筒体延时近700s，而混合料仓有效存料只有3min，其滞后时间较大，$\tau/T>5$倍以上（τ为滞后时间，T为系统的等效时间常数），那么这样的系统结构很难用解析表达式来表达。由于混合料仓的棚料、粘料和随机塌料的作用；混合料仓向烧结机上布料的布料器也带有随机干扰；配料系统的给料装置在运行过程中经常卡料，其给出的料线在皮带上也是一种随机变

化的，两台混合造球机是6000V高压电机驱动，其筒体粘料严重，混合料中的生石灰、石灰石在水和蒸汽作用下结块现象严重，这些势必造成混合机内混合造球的时间是随机变化的。

从烧结工艺分析，物料平衡系统通常工作闭环跟踪稳定运行状态，但在换班、堆切换和矿仓切换时，系统处于变料状态，这时整个系统参数必须进行一系列变更，所以控制器设计了变量调节功能。

在变料状态下，由于系统的输出值变化较大，其系统的等效模型为

$$G(s)=\frac{6}{(1.1s+1)(4s+1)} \tag{7-10}$$

按时间最优方式设计，这样既保证系统有一个大的启动效应，又不造成太大的超调，其系统的简化框图如图7.17所示。

由于

$$G(s)=\frac{C(s)}{U(s)}=\frac{6}{(1.1s+1)(4s+1)} \tag{7-11}$$

则

$$4.4\ddot{C}+5.1\dot{C}+C=6U$$

令

$$X_1=C$$
$$X_2=\dot{X}_1=\dot{C}$$

有

$$\begin{bmatrix}\dot{X}_1\\ \dot{X}_2\end{bmatrix}=\begin{bmatrix}0 & 1\\ -0.227 & -1.159\end{bmatrix}\begin{bmatrix}X_1\\ X_2\end{bmatrix}+\begin{bmatrix}0\\ 1.364\end{bmatrix}U$$

$$C=\begin{bmatrix}1 & 0\end{bmatrix}\begin{bmatrix}X_1\\ X_2\end{bmatrix} \tag{7-12}$$

令

$$A=\begin{bmatrix}0 & 1\\ -0.227 & -1.159\end{bmatrix}$$

$$B=\begin{bmatrix}0\\ 1.364\end{bmatrix}$$

当M为采样周期时，有

$$\begin{aligned}\varphi(M)=e^{AM}&=L^{-1}[(sI-A)^{-1}]_{t=M}\\ &=L^{-1}\begin{bmatrix}s & -1\\ 0.227 & s+1.159\end{bmatrix}^{-1}_{t=M}\\ &=L^{-1}\begin{bmatrix}\dfrac{s}{s^2+1.159+0.227} & \dfrac{1}{s^2+1.159s+0.227}\\ \dfrac{-0.227}{s^2+1.159s+0.227} & \dfrac{s+1.159}{s^2+1.159s+0.227}\end{bmatrix}_{t=M}\end{aligned}$$

$$= L^{-1}\begin{bmatrix} \dfrac{s}{(s+0.25)(s+0.92)} & \dfrac{1}{(s+0.25)(s+0.92)} \\ \dfrac{-0.227}{(s+0.25)(s+0.92)} & \dfrac{s+1.159}{(s+0.25)(s+0.92)} \end{bmatrix}_{t=M}$$

$$= \begin{bmatrix} 1.5(-0.374\mathrm{e}^{-0.25t}+1.374\mathrm{e}^{-0.92t}) & 1.5(\mathrm{e}^{-0.25t}-\mathrm{e}^{-0.92t}) \\ -0.339(-\mathrm{e}^{-0.25t}+\mathrm{e}^{-0.92t}) & 1.357\mathrm{e}^{-0.25t}-0.357\mathrm{e}^{-0.92t}) \end{bmatrix}_{t=M} \tag{7-13}$$

$$F(M) = \int_0^M \varphi(t)\mathrm{d}t \cdot B$$

$$= \int_0^M \begin{bmatrix} 2.09(\mathrm{e}^{-0.25t}-\mathrm{e}^{-0.92t}) \\ 1.827\mathrm{e}^{-0.25t}-0.481\mathrm{e}^{-0.92t} \end{bmatrix}_{t=M} \mathrm{d}t$$

$$= \begin{bmatrix} -11.6\mathrm{e}^{-0.25t}+3.2\mathrm{e}^{-0.92t} \\ -7.31\mathrm{e}^{-0.25t}+0.53\mathrm{e}^{-0.92t} \end{bmatrix}_{t=M} \tag{7-14}$$

故离散状态方程为

$$\begin{bmatrix} X_1(K+1) \\ X_2(K+1) \end{bmatrix} = \begin{bmatrix} -0.561\mathrm{e}^{-0.25t}+2.1\mathrm{e}^{-0.92t} & 1.5\mathrm{e}^{-0.25t}-1.5\mathrm{e}^{-0.92t} \\ 0.339\mathrm{e}^{-0.25t}-0.339\mathrm{e}^{-0.92t} & 1.357\mathrm{e}^{-0.25t}-0.357\mathrm{e}^{-0.92t} \end{bmatrix} \tag{7-15}$$

令

$$G_{11} = -0.561\mathrm{e}^{-0.25t}+2.1\mathrm{e}^{-0.92t}, \quad G_{12} = 1.5\mathrm{e}^{-0.25t}-1.5\mathrm{e}^{-0.92t},$$
$$G_{21} = 0.339\mathrm{e}^{-0.25t}-0.339\mathrm{e}^{-0.92t}, \quad G_{22} = 1.357\mathrm{e}^{-0.25t}-0.357\mathrm{e}^{-0.92t},$$
$$H_1 = -11.6\mathrm{e}^{-0.25t}+3.2\mathrm{e}^{-0.92t}, \quad H_2 = -7.31\mathrm{e}^{-0.25t}+0.53\mathrm{e}^{-0.92t}$$

当输入 $r(t)=0.6R$，　R 为总料量，设：

初态 $\begin{bmatrix} C_1(1) \\ C_2(1) \end{bmatrix} = \begin{bmatrix} 0 \\ 0 \end{bmatrix}$　　终态 $\begin{bmatrix} C_1(3) \\ C_2(3) \end{bmatrix} = \begin{bmatrix} 0.6R \\ 0 \end{bmatrix}$

第一拍

$$\begin{bmatrix} C_1(2) \\ C_2(2) \end{bmatrix} = \begin{bmatrix} G_{11} & G_{12} \\ G_{21} & G_{22} \end{bmatrix}\begin{bmatrix} C_1(1) \\ C_2(1) \end{bmatrix} + \begin{bmatrix} H_1 \\ H_2 \end{bmatrix}u(1) = \begin{bmatrix} H_1 \\ H_2 \end{bmatrix}u(2) \tag{7-16}$$

第二拍

$$\begin{bmatrix} C_1(3) \\ C_2(3) \end{bmatrix} = \begin{bmatrix} G_{11} & G_{12} \\ G_{21} & G_{22} \end{bmatrix}\begin{bmatrix} H_1 \\ H_2 \end{bmatrix}u(1) + \begin{bmatrix} H_1 \\ H_2 \end{bmatrix}u(2) \tag{7-17}$$

利用终值状态得

$$\begin{bmatrix} G_{11} & G_{12} \\ G_{21} & G_{22} \end{bmatrix}\begin{bmatrix} H_1 \\ H_2 \end{bmatrix}u(1) + \begin{bmatrix} H_1 \\ H_2 \end{bmatrix}u(2) = \begin{bmatrix} 0.6R \\ 0 \end{bmatrix} \tag{7-18}$$

$$\begin{cases} (G_{11} \cdot H_1 + G_{12}H_2)u(1) + H_1u(2) = 0.6R \\ (G_{21} \cdot H_1 + G_{22}H_2)u(1) + H_2u(2) = 0 \end{cases} \tag{7-19}$$

联立得

$$\begin{cases} u(1) = \dfrac{0.6R}{(G_{11}H_1 + G_{22}H_2 - \dfrac{H_1}{H_2}(G_{21}H_1 + G_{22}H_2)} \\ u(2) = \dfrac{0.6R \cdot (G_{21}H_1 + G_{22}H_2)}{H_1(G_{21}H_1 + G_{22}H_1 + G_{12}H_2)} \end{cases} \tag{7-20}$$

这样系统在 $u(1)$，$u(2)$作用下，可实现初态$\begin{bmatrix}0\\0\end{bmatrix}$转变到终态$\begin{bmatrix}0.6R\\0\end{bmatrix}$。

5. 程序设计

程序设计分三个层面，最低层是 POP 图，它主要根据 I/O 端子板的类型来定义与现场信号的连接方式，信号采集的频率，量程单位的转换，光电隔离等。第二层次是控制策略的实现，首先要根据三电功能规格书的要求统一编制全部输入/输出点的编号，类型场所，量程及报警方式，然后将该标签与 POP 图的定义相对应，确定时间片，进行控制策略的组态，第三层次是控制策略的输出。该输出有三种形式，第一种是向现场输出端子板输出，第二种是向上位机输出，第三种是向操作站输出。通过这三个层次的组态，CADEWS 程序实现了控制站的过程控制功能。

(1) 时间片的确定。

控制时间片的划分主要取决于对象的滞后时间长短，如图 7.18 所示。

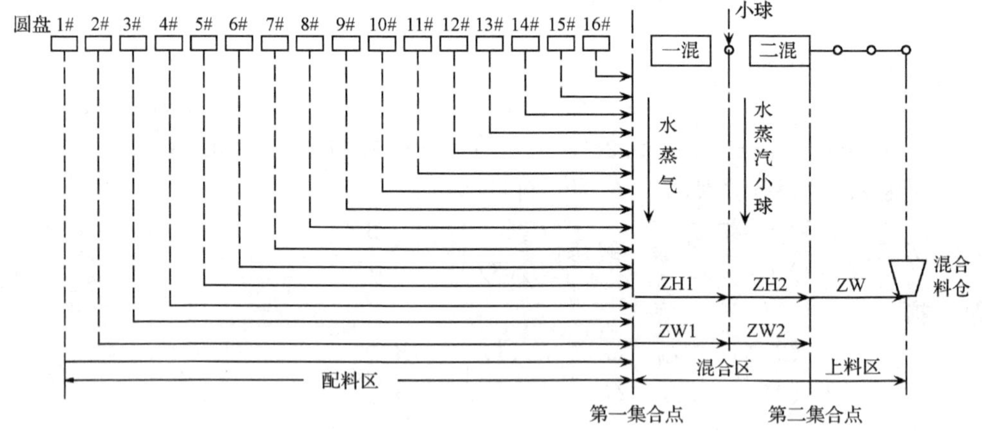

图 7.18 控制时间片

图中，ZH1 和 ZH2 分别是第Ⅰ和第Ⅱ集合点的水分总量；ZW1 和 ZW2 分别是第Ⅰ和第Ⅱ集合点的总重量；ZW 是上料的总重量。

配料区：由于配料设备较多、较密，配料圆盘间隙只有 6m，配料皮带带速 1.2m/s，流量的时间间隔为 5s。配料秤本身的主机采样周期是 0.5s，所以配料区时间片设置为 0.5s。

混合区：混合区的主体设备是两台造球机、小球配料圆盘和电子秤，其料流速度较慢，滞后时间较长，添加物料不多，时间片可以相对取大为 8s。

上料区：上料区是一个大滞后环节，主体设备是胶带机，主要目的是输送混合料，其胶带机更长，该区时间片定为16s。

(2) 数据跟踪。

配料区的数据跟踪过程是：在执行顺序启动时，1＃圆盘先启动5s，配料秤主机每隔0.5s将该值送入计算机的1＃圆盘的跟踪区内；等到5s后，2＃圆盘启动，2＃圆盘的第一个采样值放入2＃圆盘的第一采样区，这样2＃圆盘的第一个采样值就与1＃圆盘的第一个采样值并行，再过0.5s，2＃圆盘的第二个采样值又与1＃圆盘的第二采样值并行。依此类推，直至第16＃圆盘启动时，即第80s时，16＃圆盘的第一个采样值与1＃－15＃圆盘的第一个采样值并行。这样就得到了配料区16个圆盘的各自的数据流，该数据流料头一致，从而保证各料种等配比混合的要求。

在配料区后设置了第一集合点，该集合点的主要任务：

时间片变更，由0.5s变为8s。

数据流的变更，配料区的数据是32个阵列，每台圆盘分别存储两个阵列，一个阵列是水分，另一个阵列是物料重量。混合区只有两个阵列，一个是总水分，另一个是物料总重量。

在混合区和上料区间设置第二集合点，该集合点的主要任务是：

时间片变更，由8s变为16s。

数据流的变更，数据阵列由2维变为1维，即叠加ZW2和ZH2为ZW。

(3) 数字仿真。

数字仿真程序含配料区和混合上料区两个数据段，含有配料区、混合区和上料区三个子程序，配料区数据段定义了五个数组，WBF(1：16)代表16台配料秤的瞬时值，STA(1：16)表示16台配料圆盘是否运转，ATR(1：16，1：16)是数据流移动方阵，CHB1(1：3)和CHB2(1：4)分别表示两个焦炭仓的红外测水值和分析中心值。混合区数据所定义了HTR(1：2，1：31)二维数组，前者表示设备节点和时间片的二维数组，后者表示设备节点数组。配料区子程序PSA分两步完成读取称量值并传递跟踪区数组。第一步每隔0.5s读取全部圆盘称量值，并加以累加，存入WBF数组内。第二步是将WBF的累加值传递给ATR数组，完成数组移动。混合跟踪区子程序PTR首先作第一集合点的数据处理，即累加16台秤在第一集合点的值，接着进行时间片变更，即将0.5s时间变为8s时间片，分别从环路上和红外测水仪上读取7种物料中的水分值并进行累加，然后与设定值比较，得到需添加的水分。在上料跟踪区HTR中，系统首先做第二集合点的数据处理，将ZW和ZH值合二为一，接着做第二集合点的变更处理，即由8s变为16s；第二步进行数据传递；第三步进行物料的输入、输出端单元及料流值的汇集，建立起物料流的扩展型连接表，利用该表可以计算出系统在任何时刻载料线上的物料值。表7.2中M，N分别是各设备在时间数组内的起止位置。

表 7.2 物料的扩展连接表

设备名称	M(起始片数)	N(终止片数)
配料主皮带	1	3
一次混合机	4	10
二混前皮带	11	12
二次混合机	13	22
二混后皮带	23	24
上料大皮带	25	30
梭式布料机	31	31

设控制周期为 T_c，物料的跟踪时间为 T_T，其控制周期所在的时间片数为 $j = \text{Int}(T_c / T_T) * 32$，其中 Int 为取整函数，则在控制周期内，载料线上的物料总量为

$$W_{in} = \sum_{i=32-j}^{32} W_{in}(i) \tag{7-21}$$

该值就是在下一个控制周期内，将要进入混合料仓的物料量。当系统在运行过程中，STA(1：16)分别检查设备的运转状态，直接参与系统的数字仿真和连锁，如 J1 设备故障，P1～P17 设备立即停，而 Z1 以后设备顺序停，WBF 数组立即停止数据传递。

(4) 控制策略。

系统的控制策略是：

$$\text{WSHD} = |\text{LS} - \text{LP}|(1 - \text{KB1}) + \text{KB1}(W_{in} - W_{out}) \tag{7-22}$$

式中，KB1 为权系数；LS，LP 分别料位计的设定值和测量值；W_{out}是溜仓输出量。由于系统工作在两种工况下，即变料状态和稳定运行状态。当系统需要改变配料比或需要换矿槽时，系统处于变料状态，在变料状态下，系统的主控量为料位值，数据跟踪值为副控制量，即 0＜KB1＜0.5，在稳定运行状态，数据跟踪值作为主控量，而料位值作为副控制量即 KB1＞0.5，尤其在溜仓出现棚料和塌料状况下，系统自动识别并自动地切换仿真控制方式。

WSHD 产生后，需作平滑处理和限幅处理，以保证系统波动不会太大。

WSHD 作为串级控制的输出值，经配比系数和配合比处理作为自动配料闭环控制系统的设定值，从而达到全系统的自动控制。

(5) 系统起动过程。

料选：即矿槽选择，因为匀矿是 1～6 号矿槽，配料制度要求正常允许是 4 个矿槽，所以系统先要从 6 个矿槽中选择 4 个矿槽。如 1 号圆盘被选中。

检查：系统要依次检查 1 号圆盘现场的皮带电子秤和圆盘是否正常，仪表盘的手操器和称量信号是否正常，低压配电柜和变频器柜是否正常，若这些信号都正

常，系统发出允许启动信号，操作画面的 1 号圆盘由选中的棕色变成绿色。

确认启动：系统在得到允许启动信号后，系统检查圆盘电磁离合器是否正常，再经过 10s 延时后，发出启动脉冲信号，当系统检查到电机达到额定转速后，发出停止启动脉冲，系统进入正常运转状态。

系统调试是先模块调试、后联调，模块是从各控制的 CAD 程序调试，主要包括输入/输出板的测试、电气连锁控制和闭环控制回路的 PID 参数整定。为了获得模型参数，在系统调试初期，我们取消调节器的作用，直接对配料室进行配料，跟踪检测混合料仓的料位变化值，用模拟实验的方法获取参数值。在闭环控制回路的 PID 参数整定时，我们首先用挂链码（用链码来动态模拟物料在皮带秤上的运行过程）来整定 K 值和 K_p 值，其参数大致为 3∶1 的关系，这样就保证了控制器有足够大的放大倍数，使系统稳态误差小，同时又保证了系统有足够大的稳定裕度。在实物投料后，先对微分通道进行整定，选取合理的 K_d/K_a 的值，使微分滤波器工作在低通带。在保证超前补偿低频信号的同时，又排除了高频信号的随机影响。调试 K_d/K_a 大致为 1/50。接着调试了 K_p 和 K_i 的比值，其积分部分是常规的一阶积分系统。在保证系统稳定的前提下，K_p 值随着 K_i 值的变化应适当大些。K_i 值允许范围较大，而 K_p 值允许范围较小。

6. 系统的运行结果

在调整好现场定量给料装置和配料电子秤的运行状态后，单圆盘闭环控制系统很快就运行正常。随着配料制度的确定，配合比和配比系数计算，自动配料系统很快进入全系统自动调节，为物料平衡系统的运行奠定了基础，同时保证了烧结矿的各项理化指标，满足了大型高炉对优质烧结矿的技术要求，其主要技术指标如表 7.3 所示。

表 7.3　马钢 300m² 烧结机主要经济技术指标

项目	产量/Mt	系数	作业率/%	合格率/%	一级品率/%	转鼓指数/%	TFe/%	FeO/%	CaO/SiO_2
1996	2.41	1.192	76.88	87.9	78.6	78.4	56.1	8.1	69.4
1997	2.71	1.211	85.30	89.7	79.6	76.2	56.2	8.0	71.5
1998	2.90	1.225	90.21	95.1	88.1	76.4	56.6	7.9	84.9

该系统一直稳定运行 15 年，物料平衡系统起了关键作用，尤其在工艺经过几次大的技术改造的情况下，物料平衡系统很快适应了工艺要求，为稳产、高产奠定了基础。

第8章　操作和显示

根据工业生产过程的自动化水平不同，操作人员参与过程的程度和范围将有所不同。自动化水平越高，操作人员参与和介入的程度和范围越小。但无论何种生产过程，操作人员的参与和介入都是通过对生产过程数据信息的观察、监视和操纵来实现的。在分布式控制系统中，这种参与通过两种途径进行：一种是仪表盘的操作方式，主要用于采用单回路控制器、可编程逻辑控制器等模拟仪表盘的场合；另一种是CRT操作方式，它通过生产过程的集中监视和操作实现对生产过程的介入。

与常规的仪表控制方式不同的是分布式控制系统通过人机操作界面，这不仅可以实现一般的操作功能，而且还增加了其他功能，例如控制组态、画面组态等工程实现的功能和自诊断、报警等维护修理等功能。此外，画面方便切换、参数灵活修改等性能也使分布式控制系统的操作得到改善。

8.1　DCS的操作方式

8.1.1　仪表盘操作方式

仪表盘操作指过程控制站的操作在仪表盘上进行，它通常包括盘装的单回路、多回路控制器、可编程逻辑控制器、模拟仪表和简易型操作终端的操作。仪表盘操作如图8.1所示。

图8.1　仪表盘操作方式

1. 仪表盘操作特点

仪表盘操作方式采用数字仪表，其外形与常规模拟仪表相似，但操作方式有下列特点：

(1) 操作直观。

(2) 显示和读数的精度高，读数方便。

(3) 可进行部分组态工作。

(4) 有仪表位号或相应描述和工程单位的显示。

(5) 数据的改变采用按增减键，变化的快慢可以根据按压时间、按压的分档或者按压的压力进行调整。

(6) 控制方式(近程/远程、手动/自动)切换方便,采用切换按键或扳键实现。

(7) 具有通信功能,可由上位操作站提供设定值指令并可向上位操作站提供数据以便显示。

(8) 报警功能增强,通常用闪烁方式提示。

(9) 提供多级操作的最低级操作。

2. 单回路和多回路控制器功能

(1) 输入/输出信号处理。

对输入信号的处理包括信号电平转换、隔离、滤波、线性化、开方、温度和/或压力补偿、限幅、报警值检查、信号出错诊断等。

(2) 运算。

包括正、反向、算术和逻辑运算、超前于滞后补偿、纯滞后、预估补偿、PID运算及高级整定算法,有些单回路控制器还提供用户可编程的运算块,以便编制一些顺序控制和简单批处理程序。

(3) 显示。

包括用动圈式模拟表头、荧光柱或等离子柱的模拟显示和数字量显示、仪表位号及描述和工程单位的显示。此外,开关量的状态、故障报警以及控制方式的显示也属于显示功能。

(4) 组态。

通过组态功能,用户可以编制控制方案,实施相应的控制。

(5) 过程操作(近程/远程,手动/自动切换)。

当控制器切在远程设定时,控制器作为分散过程控制装置使用,成为控制级的组成部分。当控制器切就地设定时,它将单独作为控制器参与过程控制。这时的手动操作是除了控制阀上安装的手轮以外的最低级控制。有些控制器把远程设定位置称为计算机位置。

(6) 通信。

单回路和多回路控制器只有通过通信功能,才能成为真正的控制级。通信的数据包括各回路的输入和输出信号、状态信号以及来自上位机的设定值和状态切换信号等。因此,上位操作站对控制器主要起监控作用。

(7) 输出信号的处理。

输出信号的限幅、隔离以及保护和屏蔽等处理。

(8) A/D和D/A转换。

当采用模拟信号输入和输出时,需将模拟信号转成数字信号,然后输入计算并输出,数模转换则把计算结果转换成模拟量。

8.1.2 CRT 操作方式

分布式控制系统中的CRT操作方式是指通过操作站的CRT、触摸屏幕、鼠标或球标、键盘等设备或者语音等输入设备对生产过程的操作以及对系统进行控制和维护等操作。如图8.2所示。

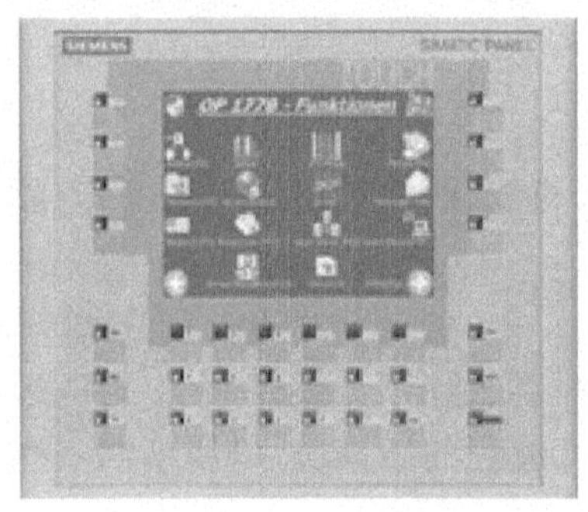

SIMATIC OP177B 型号触摸面板

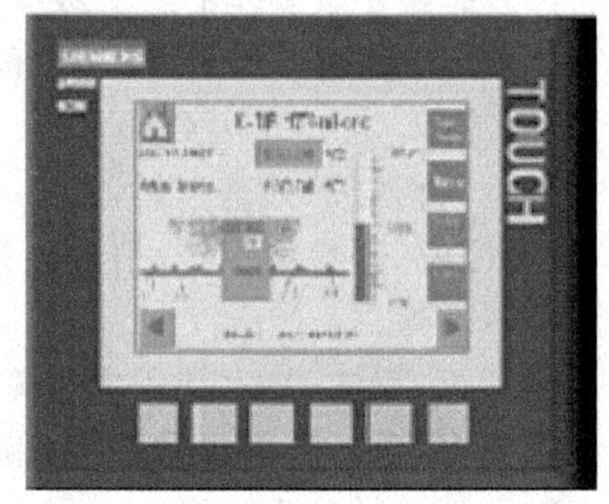

K-TP178micro 型触摸屏

图 8.2 触摸屏操作界面

1. CRT 操作方式的特点

(1) 信息量大。

通常一个操作站可允许用户组态的过程画面是几十幅到几百幅,每幅画面允许动态更新的数据点多达几百个。因此,操作员可以在较小的CRT屏幕上得到较多的过程信息。

(2) 显示方式多样化。

一个过程变量既可以在过程画面显示,又可以在仪表面、板画面或点画面上显示。可以用CRT屏幕显示,也可以用打印机打印。可以显示当前的瞬时值,也可显示历史趋势。可以用数字显示,也可以用棒状图或者不同颜色等方式显示。

(3) 操作方便容易。

采用CRT操作方式时,分布式控制系统提供了多种操作方法。

(4) 报警功能增强。

表现在两个方面。一方面是对报警信号发生先后次序的分辨功能增强。由于操作站的扫描频率高,因此,可以较容易地实现报警发生先后次序的分辨,通常可以在毫秒数量级,这对于事故的分析十分有用。另一方面是报警显示功能的增强。报警显示不再仅仅是闪烁或发声,还可以用颜色变化。报警显示既可以在有关过程画面或仪表面板画面显示,也可以通过报警一览表查找。

(5) 操作透明度高。

这里主要指操作人员对生产过程的了解更透彻。它表现在两方面:一方面是与某过程或某设备有关的参数可同时显示，对于它们的相互关联等情况可以容易获得信息，从而综合考虑，得出正确的处理方法。另一方面是一些过程参数，如内回流量、热焓等，用常规方法需要较多的运算单元，采用分布式控制系统后，可以经计算而直接显示，这对生产过程的稳定操作、安全操作等都是十分必要的。

(6) 备用方式简单。

采用 CRT 操作方式时，它的冗余后备比较方便，由于采用数据通信，因此接线简单。通常可用二台或三台监视器同时用于监视和操作。正常时，它们分别监视和操作某一局部生产过程，一旦任一台监视器发生故障，其余的监视器就作为它的后备，并完成它的相关操作。

2. 对人机接口的要求

在 CRT 操作方式中的人机接口装置主要是操作站及其外部设备。对它们的要求主要有环境要求、输入特性和图形特性的要求。

(1) 环境要求。控温洁净；供电稳定；与互联设备近距离通信。

(2) 输入特性。输入设备逐渐由键盘向鼠标、机械式向光电式和屏蔽式的转变。

(3) 图形特性。要求不断提高色彩、分辨率、内存级和数据存储能力。

3. 组态操作

分布式控制系统的组态操作包括分散过程控制装置和操作站的组态，可延伸到现场智能变送器、一体化安装的带控制器的执行机构的组态和上位管理机的组态。

组态操作包括系统组态、控制组态、画面组态和操作组态等。系统组态操作是根据已有的分布式控制系统，确定各设备的可寻址的标志位、各设备之间的连接关系(部分硬件接线)、所包含的软件环境以及相应操作系统。

(1) 系统组态。

系统组态包括硬件组态和软件组态。

硬件组态工作是对各设备规定唯一的标志号。它可以通过跨接片、开关的位置分配来完成。各设备之间的硬件接线以及插件板的安装都是硬件组态工作，它们通常由制造厂商完成。

软件组态工作包括对有关设备送入相应的操作系统和软件、用软件的方式描述各设备之间的连接关系和安装位置等。

(2) 控制组态。

控制组态采用内部仪表(功能模块)的软连接来实现。可以用图形或文字的方式表示它们的连接关系，各模块的内部参数可以直接输入或填表输入。由操作站控制的参数以及由连接引入的参数应分别列出。由于大多数分布式控制系统的功能模块在较多参数的树枝上提供了系统的默认值，为系统的控制组态提供了方便。

(3) 画面组态。

画面组态主要是操作站、管理站、工程师站以及简易型操作终端的画面组态。其中，简易型操作终端的画面通常采用文字形式而不采用图形形式。分布式控制系统提供多种画面，如仪表面板画面、调整参数(点)画面、趋势画面及概貌画面等。画面组态主要解决用户的过程画面问题。

(4) 操作组态。

操作组态用于确定各个外部设备的分工。有些分布式控制系统把它作为系统组态的一部分内容。操作组态包括多台操作台的分工、打印机的分工及有关参数确定等。

(5) 组态规定。

在进行项目组态前，也需要进行大量的规定并进行结构化工作，以达到简化组态、提高项目的透明度、提高项目的稳定性和性能以及简化项目的维护等目的。对结构化设计的明确规定是建立或扩展共同标准的基本先决条件。这些规定主要有：

① 用户界面(画面安排、字体和字体大小、运行语言、对象显示等)；

② 控制概念(画面体系、控制原理、用户权限、有效键操作等)；

③ 颜色概念(用于消息、限制值、状态、文本等的颜色)；

④ 通信模式(连接类型、更新的周期和类型等)；

⑤ 消息和归档方式。

8.2　显示画面

分布式控制系统的显示画面主要指操作站、工程师站的显示画面。管理站或上位机的显示画面还包括一些统计画面以及电子表格。其中，在总体画面布局上紧扣组态概念设计规定，无论之前决定使用什么概念，都要坚持让它贯穿整个项目。这样，就可以对过程画面进行直观控制，用户的错误就会减少。这也同样适用于所使用的对象。例如，无论是在什么画面中，所绘制的电动机或泵总是一样的。如果使用的是标准的 PC 监视器，经验表明有必要将画面分为三部分(图 8.3～图 8.5)：总揽部分、工作空间部分以及按钮部分。然而，如果在特殊工业 PC 上或具有集成功能键的操作面板上运行应用程序，则对画面内容进行分割的方法并不一定适用。

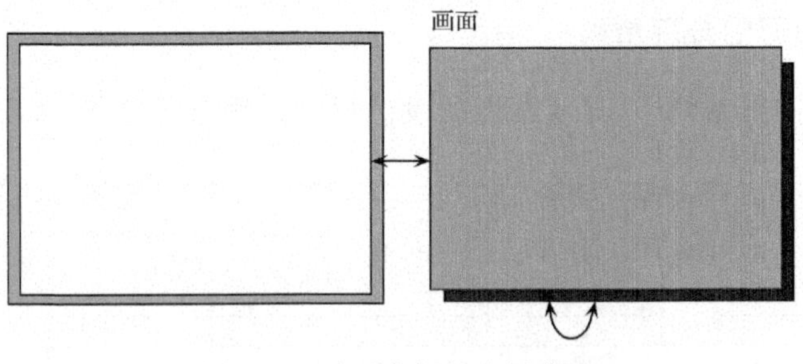

图 8.3　画面占据整个屏幕区

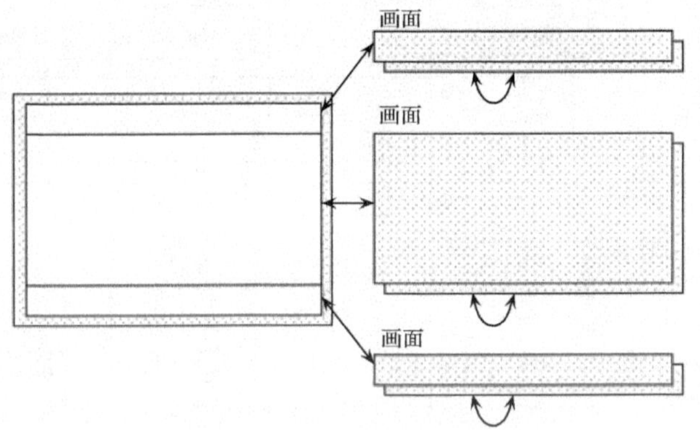

图 8.4　屏幕分成总览、按钮和设备画面三部分

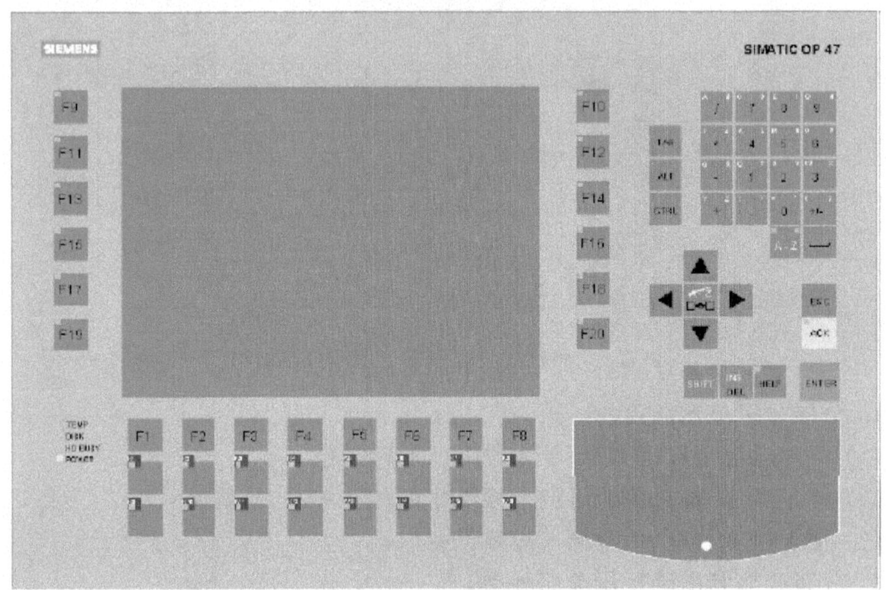

图 8.5　应用西门子人机界面开发软件 WINCC 所组态的操作面板实例

8.2.1 显示画面的分层结构

在分布式控制系统中，显示画面的设计通常采用分层结构，如图 8.6 所示。

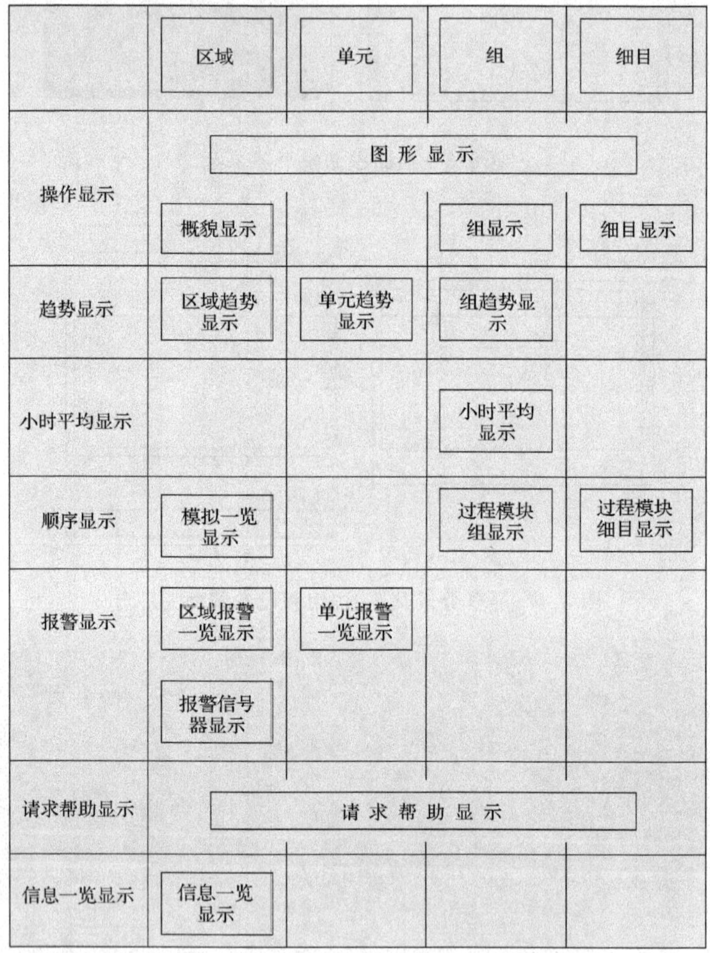

图 8.6 标准过程显示的分级和分层结构

1. 分层分级显示的目的

(1) 可对过程全局、局部到单元设备(细节)了解。

(2) 便于操作，在总貌上可调节系统中的相互关系、影响。

(3) 便于故障处理，单键调入故障设备。

2. 分布式控制系统显示画面分层

(1) 区域显示。

它是最上层的显示，在每幅区域显示画面中包含的过程变量的信息量最多。在操作显示级，它以概貌显示画面出现；在趋势显示级，以区域趋势显示画面出现，其他级的情况可类推。在此层选择画面的概念取决于多个因素。最主要的因素是将显示的画面数和过程结构。在小的应用程序中，可将画面设计为循环或 FIFO 缓冲器。如图 8.7 所示。

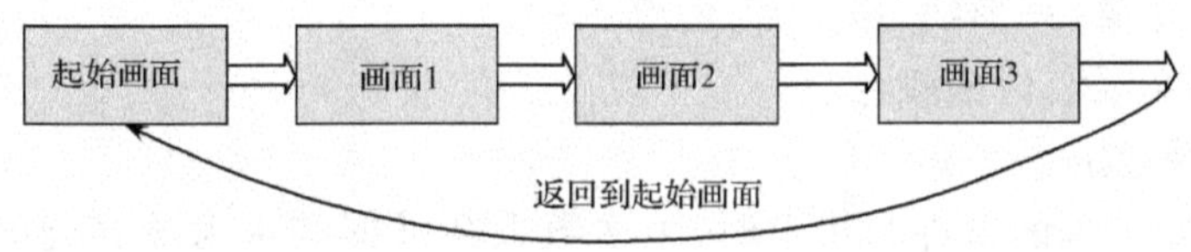

图 8.7　区域显示画面切换形式

如果运行大量画面，必须设计一个合理的区域画面体系来打开画面。选择简单而永久的结构以便操作员能够快速了解如何打开画面。

当然，可以直接打开画面，这对于小的人机界面应用程序(例如冷藏库)来说很有意义。

如图 8.6，归类到层面 1 的是操作显示级的概貌画面，该级别的主要内容包含不同系统部分在系统中所显示的信息，以及如何使这些系统部分协调工作。该级还显示在较低级层面中是否有事件(消息)发生。

(2) 单元显示。

单元显示常被用于过程操作。对于操作显示来说，它以过程画面出现。过程画面按整个工艺流程功能要求合理分割为各个单元。如图 8.6，过程画面包含过程部分的详细信息，并显示哪个设备对象属于该过程部分。其在报警显示级别还对应报警的设备对象。

(3) 组显示。

在操作显示级，组显示通常以仪表面板图的形式出现，以仪表面板图或重要设备相互有关的子过程作为一组显示。该图中包含仪表信号、仪表扫描、棒图、报警状态等。

(4) 细目显示。

在操作显示级，细目显示通常以点的形式出现。点可以是输入点，也可以是输出点，还可以是功能模块，例如 PID 功能模块、累加器模块等。点的含义相当于一台仪表或一个功能模块。

3. 分层结构显示规定

(1) 颜色定义。

颜色是有关人机界面 HMI(human machine interface)系统的一个基本讨论主题。在画面中，工程师选择线条、边框、背景、阴影和字体的颜色。颜色定义对于确保进行简单的画面组态和清楚的表现过程特别重要。始终要为下列区域定义颜色。可以根据与 VDE 0199 相关的 DIN EN 60073 来定义颜色，但是最终的颜色定义是要通过客户同意和认可的。

① 消息（激活/清除/确认）的颜色；

② 状态（开/关/故障）的颜色；

③ 字符对象（环形线/填充量）的颜色；

④ 警告和限制值的颜色。

（2）报警规定。

当指定要报告的事件和组态时，大多数人会根据其认为最安全的方式进行操作，设置软件来报告所有事件和状态的改变。这样就要由用户来确定其首先要看的消息。如果在设备中报告的事情太多，经验告诉我们，只能选择重要的消息以避免来不及查看。而怎样显示消息以及选择哪些消息用于归档，要根据自己的需要来进行改变和自定义。

8.2.2　概貌显示画面

概貌显示画面仅用于显示过程中被测和被控变量的数值，它可以用绝对值，也可以用与设定值的偏差，或者时间变化率表示。不同的分布式控制系统，可以有不同的方式显示过程的概貌。也有些分布式控制系统没有设置概貌显示，但用户可以通过动态画面直接完成。

通常，有些分布式控制系统制造商提供以下几种标准显示画面格式。

（1）工位号一览表方式（图 8.8）。

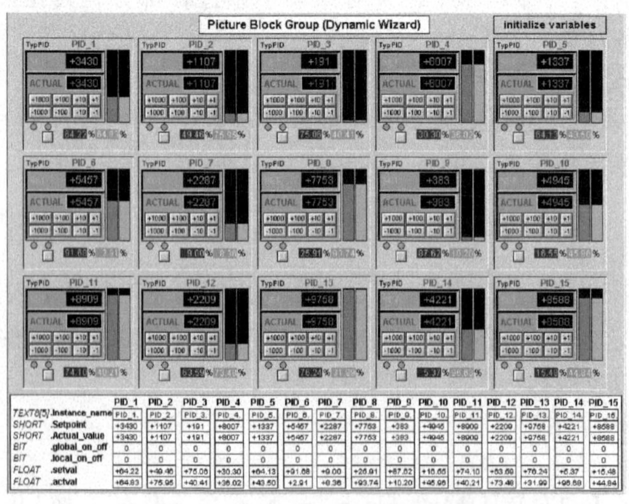

图 8.8　工位号一览的概貌显示画面

(2) 棒状图方式。

(3) 雷达图。

(4) 直方图。

8.2.3 过程显示画面

过程显示画面是由用户工艺过程决定的显示画面。显示方式有两种,一种是固定式,另一种是可移动式。过程显示画面应根据工艺流程,经工艺人员和控制人员讨论后决定画面的分割和衔接。如图 8.9 所示。

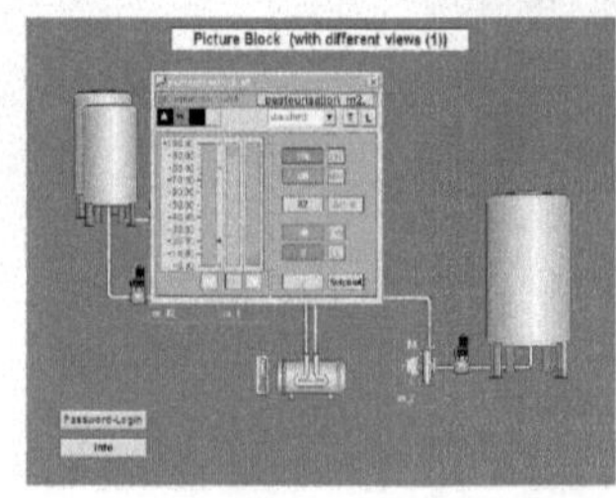

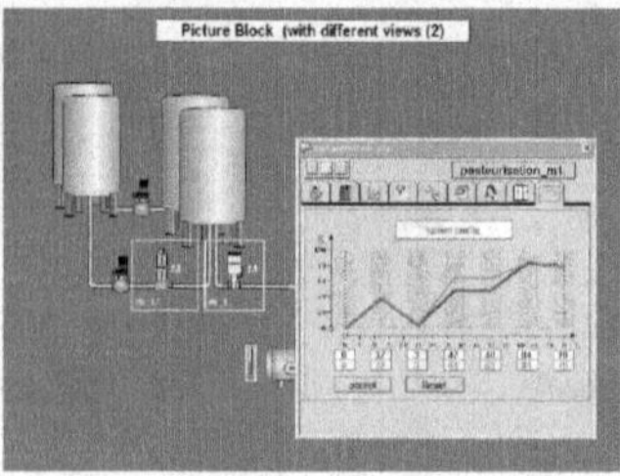

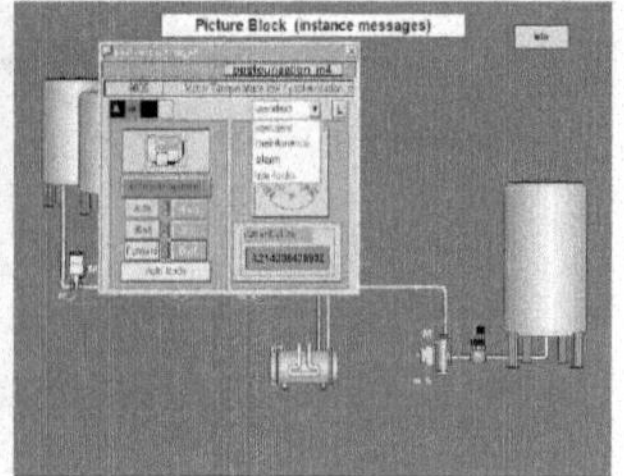

图 8.9　过程画面

过程显示画面与半模拟盘相似,它既有设备图又有被测和被控变量的数据。通过下拉菜单、窗口技术、固定和动态键可以方便地更换显示画面或者开设窗口显示等。工艺过程的操作可以在该类画面上完成。

过程显示画面具有下列特性:

(1) 有利于对工艺过程及其流程的了解。

(2) 有利于了解控制方案和检测、控制点的设置。

(3) 有利于了解设备和参数的关联情况。

(4) 信息量通常比较大。

(5) 调整参数、观察参数变化后的响应不够直观。

(6) 容易造成技术上的秘密外泄。

8.2.4 仪表面板显示画面

仪表面板显示画面以仪表面板组的形式显示其运行状况。不同类型的仪表(或功能模块)有不同的显示格式。

仪表面板显示画面的显示格式通常采用棒状图加数字显示相结合的方式,既具有直观地显示效果,又有读数精度高的优点,因此深受操作人员的喜欢。如图 8.10 所示。

相对于采用具有全局监视功能的概貌显示画面,操作人员一般更喜欢用仪表面板显示画面进行操作,这主要是仪表面板显示画面与以前的模拟仪表面板的操作方式比较接近，它的设置又比过程显示画面整齐，而操作员对工艺过程较清楚，采用过程显示画面反而感到不及仪表面板显示画面方便。而概貌显示画面虽有较大的信息量，但系统的操作还不能在该画面上进行，所以概貌显示画面用于过程操作也感不便。

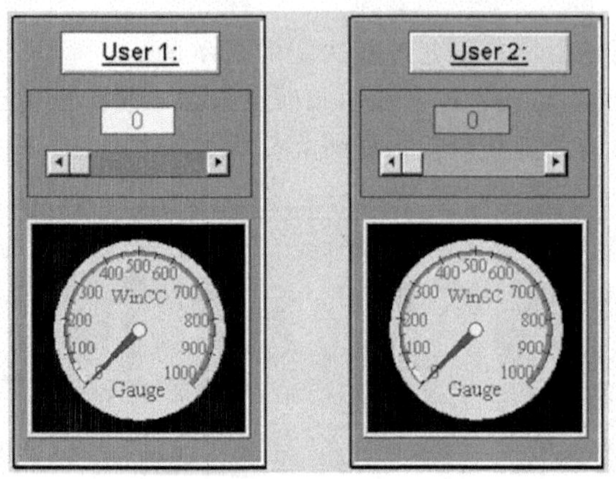

图 8.10　仪表面板显示画面

8.2.5　操作点显示画面

操作点显示画面是仪表的细目显示画面，用于模拟量的连续控制、顺序控制或者批量控制。操作点显示画面提供改变控制操作的深层次参数的功能，这些参数包括原始组态数据及过程中刷新的动态数据。如图 8.11 所示。

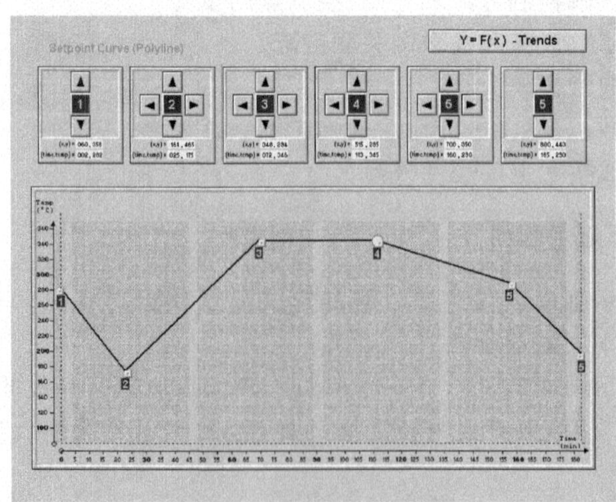

图 8.11　操作点显示画面

8.2.6　趋势显示画面

趋势显示画面有两类，一类对采样的数据不进行处理；另一类则进行数据归档处理，如取最大或最小等。

(1) 实时趋势显示。

每一个采样时刻的采集数据都显示在趋势显示画面上，相当于模拟仪表的记录仪。

(2) 历史归档趋势显示。

若在趋势显示画面上的一个显示点与一段时间内若干个采样数据有关，例如这段时间内各采样数据的最大值、最小值或者平均值等，则称为历史归档趋势显示，相当于Ⅱ型或Ⅲ型圆图表走纸速度的几分之一或几十分之一。如图 8.12 所示。

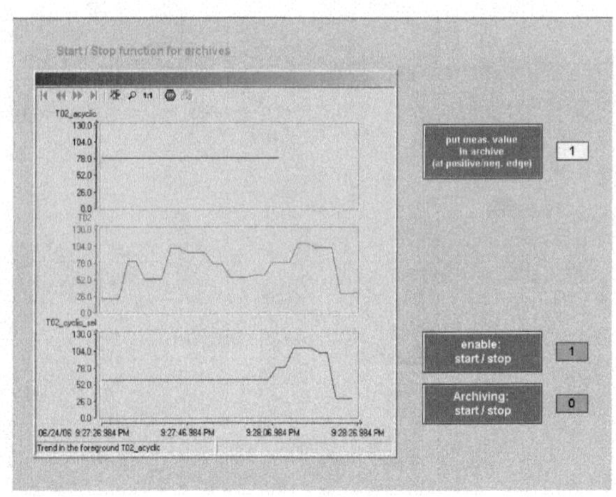

图 8.12　趋势显示画面

8.2.7　报警显示画面

报警显示是十分重要的显示。在分布式控制系统中，报警显示采用多种方法多种层次实现。如图 8.13 所示。

8.2.8　电子表格

电子表格可以执行行和列的运算处理，允许操作人员结案、工程师和管理人员送入数据或利用生产过程数据组成的图形显示表格。它可以用来进行生产管理，例如进行物料平衡计算、能量平衡计算、成本核算等。可以提供用户所需的图形数据显示，如棒状图、直方图、百分圆图等。如图 8.14 所示。

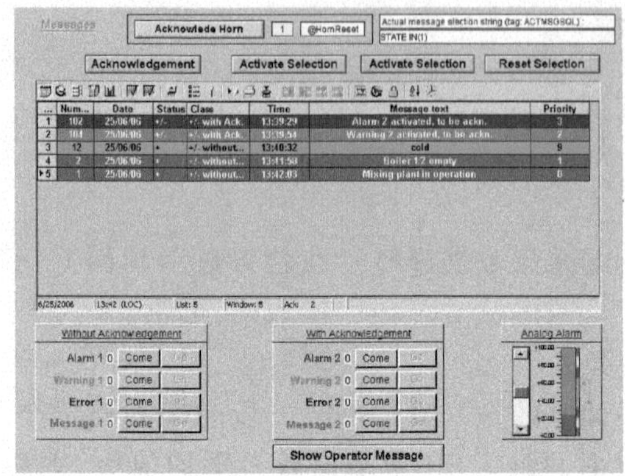

图 8.13　报警显示画面

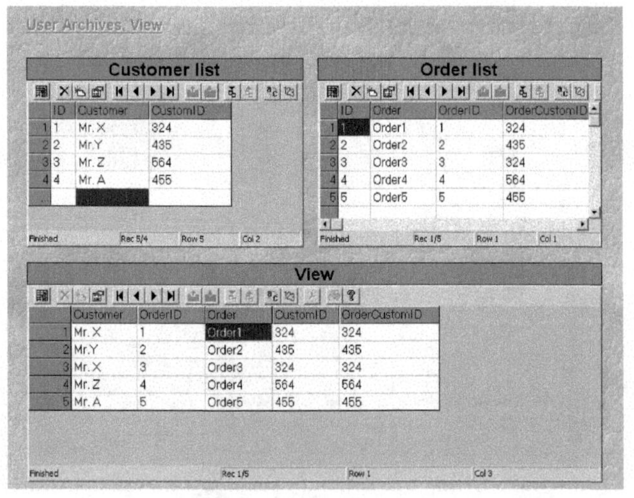

图 8.14　电子表格画面

8.2.9　系统显示画面

系统显示画面包括系统连接显示画面和系统维护显示画面。如图 8.15 所示。

系统连接显示画面所显示的是分布式控制系统的组成。一种方法是采用连接图的形式，它表明系统中各硬件设备之间的连接关系。另一种方法采用树状结构的形式，它表明某设备与其他外围设备的连接关系。

系统维护显示画面常与系统连接显示画面合并，例如，采用树状结构的系统连接显示画面，常在响应设备旁显示该设备的运行状态，该运转信息可帮助操作员和工程师进行系统维护。

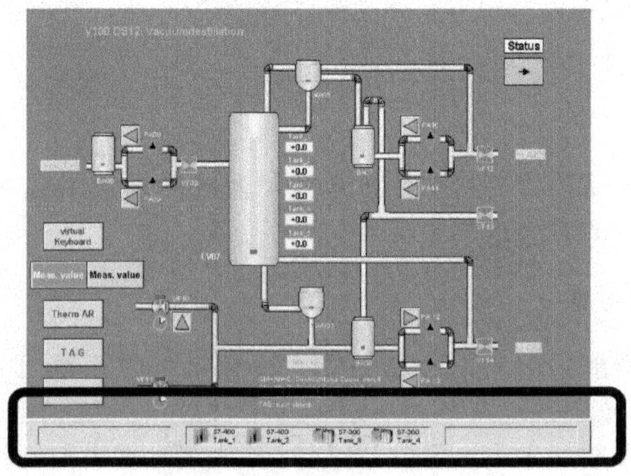

图 8.15　系统显示画面(底部)

8.2.10　显示画面的动态效果

通常的显示画面上，仅有动态数据点是动态变化的。为了达到良好的动态效果，分布式控制系统也对图形显示采用一些动态处理，获取动态实感，常见的动态处理方法有下列几种。

1. 升降式动态处理方法

这种处理方法常用于物位的升降，采用充灌的颜色加上边线的移动达到动感。棒状图显示也采用本方法。

2. 推进式动态处理方法

这种处理方法常用于流体输送，采用 2～3 个表示流体位置符号的正向逐步推进的显示来达到流体流动的动态，并采用不同的频率来表示流速的快慢。

(1) 改变色彩的动态处理方法。

这种处理方法常用于温度的显示。高温时显示红色，随着温度的下降，颜色变成橙色、黄色，正常时为绿色，温度过低时则为蓝色。

(2) 充色的动态处理方法。

对于两位式的机械或电气设备，常采用设备框内充色表示设备的一种状态，不充色为另一种状态。在一个系统中应注意有统一的状态颜色的规定，即开启为充满等。对于两位式的旋转设备，也有采用推进式动态处理方法来动态显示旋转的桨叶或叶轮等。

3. 移动窗口的动态处理方法

在趋势显示画面中，显示窗口的大小是固定的，随着采样数据的输入，显示窗口内显示的曲线平移一个时间点，这相当于显示窗口后移一个时间点，从而保证了曲线的最后一点的信息是最新的信息。与本方法类似，当时间轴上用一段线段表示某一个时间段，以该时间段对应的平均采样值为纵坐标，则得到类似于直方图形状的趋势曲线，它也属于移动窗口的动态处理方法，在简单的分布式控制系统中也常采用。

8.3 上位机监控系统组态实例

本文以低压断路器智能检测分布式控制系统的系统组态为例，说明在分布式系统中操作与显示的组态过程和步骤。

8.3.1 实例工艺背景

低压断路器智能检测集散控制系统主要包括机械系统、PLC 控制系统、上位机监控系统、强电控制系统及气动系统。为了使整个系统稳定、高效地运行，在线将各种过程控制参数显示出来，同时又能对装置实时发出控制指令，以完成对运行工艺参数的调整及控制，或者当运行情况出现异常时，能及时地将装置的运行恢复到正常的工作状态。完成以上工艺要求就是要设计组态科学的上位机监控系统。

8.3.2 组态工具

而西门子视窗控制中心 SIMATIC WinCC 是 HMI/SCADA 软件中应用比较广泛的优秀软件。在设计思路上，SIMATIC WinCC 秉承西门子公司博大精深的企业文化理念，性能最全面、技术最先进、系统最开放的 HMI/SCADA 软件是 WinCC 开发者的追求。

作为 SIMATIC 全集成自动化系统的重要组成部分，WinCC 确保与 SIMATIC S5，S7 和 505 系列的 PLC 连接的方便和通信的高效；WinCC 与 STEP7 编程软件的紧密结合缩短了项目开发的周期。此外 WinCC 还有对 SIMATIC PLC 进行系统诊断的选项，给 DSC 系统硬件维护提供了方便。

SIMATIC WinCC 支持 8 大块功能模块，较好地满足集散系统中操作与显示的组态需求。如图 8.16 所示。SIMATIC WinCC 功能模块包括可视化画面组态、

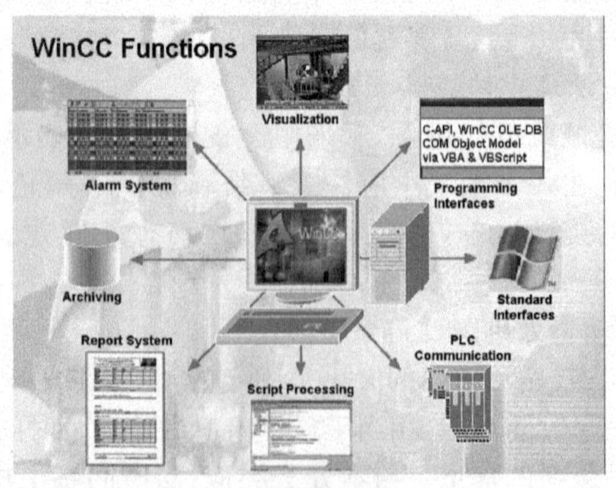

图 8.16 可视化界面设计

报警组态、归档组态、报表组态、脚本支持、接口通信、PLC 连接和众多可编程接口。

本例的画面组态就以组态软件 WinCC，开发出用户界面友好、操作方便的低压断路器智能检测集散控制系统的监控系统。

8.3.3　系统组态画面

集散控制系统中分为面向现场控制的控制组态和面向操作员的画面组态，本例主要讲解系统的画面组态。其主要完成的功能是把实际的工艺流程模拟以 CRT 的方式展现。它不仅可以模拟出生产过程中各个单元的实际形状(如断路器等)，还能将过程变量(模拟量和开关量)与画面中的元素逐一连接起来，使之成为与生产过程相仿的动态画面。另外，过程变量与画面中的元素是双向关联的，即生产过程中的模拟量和开关量传送到画面中直观地显示出来，也可以操作画面中的元素向生产过程中的执行机构传输模拟量和开关量，这样使得用户监视和控制生产过程方便快捷。

画面组态可分为两步实现。第一步是编辑画面，形成静态的背景图；第二步是实现动画连接，生成随实时数据变化而变化的动态画面。经过这两步就可以生成现场的工艺流程图。工艺流程图组态要满足两个要求。

(1) 工艺流程图要真实地反映现场的情况，即它应该是一个形象的现场示意图。

(2) 工艺流程图在满足第一条的基础上，要尽量美观，对重要部分要突出显示。

本实例控制系统所涉及的主要参数有：操作工号、型号、电流、跳闸时间以及相关的产品检测参数等。在系统运行过程中，用户可以选择断路器的型号值，同时系统会显示相应的被控对象的实际检测参数，并实时监控各个参数的实际变化情况。

低压断路器智能检测集散控制系统操作员站人机界面(HMI)设计包含几类画面：总调画面、区域过程监控画面、主控系统画面、连续数据采集和显示画面、设备状态监控画面等。

1. 总调画面

总调画面只有一张图，如图 8.17 所示。该画面的主要元素是按钮和下拉列表图形。其中，按钮主要功能进行区域监控画面的切换，而不能作任何系统及设备。点击登录系统，输入用户名和密码则进去系统，否则进入检测和系统管理等按钮在没有授权的情况下是不能使用的。

2. 区域过程监控画面

低压断路器检测监控画面显示了低压断路器在检测过程中的实时数据参数情况。主要图素有低压断路器、螺钉螺母调整装置等。画面中有关断路器的检测参

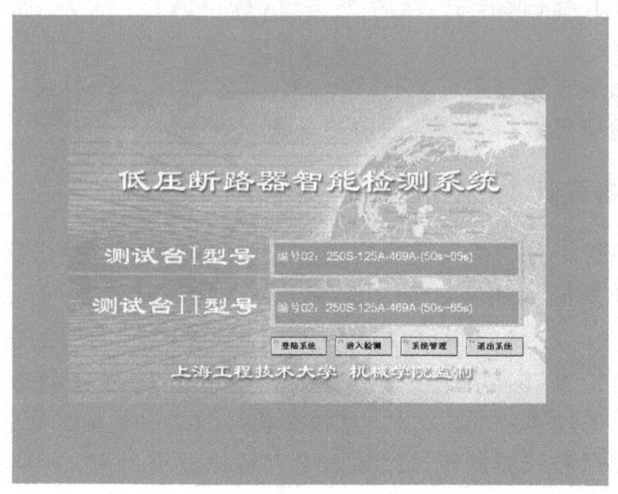

图 8.17　低压断路器智能检测系统

数多为模拟量，对于系统起停等控制变量多为 I/O 点，且多为开关量。画面主要完成局部生产过程的监控，可显示状态、画面切换、流程选择、子系统和设备的启、停操作等。如图 8.18 所示。

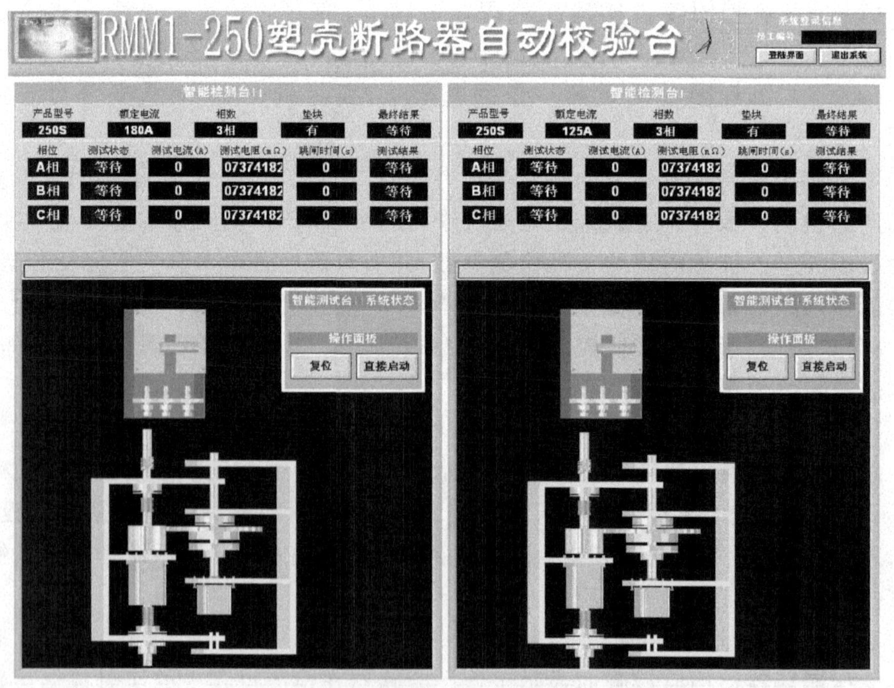

图 8.18　RMM1-250 塑壳断路器自动校验台

在工艺流程监控区域中，对画面组态按照设计时的规定进行。画面底部的设备颜色随设备处于不同的状态而改变，有四种运行状态。

（1）自动状态运行（绿色）：表示设备处于 PLC 控制状态下，已运行。

（2）手动状态运行（蓝绿色）：表示设备处于机盘控制状态下，已运行。

（3）自动状态停止（红色）：表示设备处于 PLC 控制状态下，已停止。

（4）手动状态停止（灰色）：表示设备处于机盘控制状态下，已停止。

3. 主控系统画面

主控系统画面中不仅有生产设备，还有各种工艺参数和操作参数，所以既能监控检测全流水线情况，还能进行各种参数设定，如运作情况等。如图 8.19 所示。

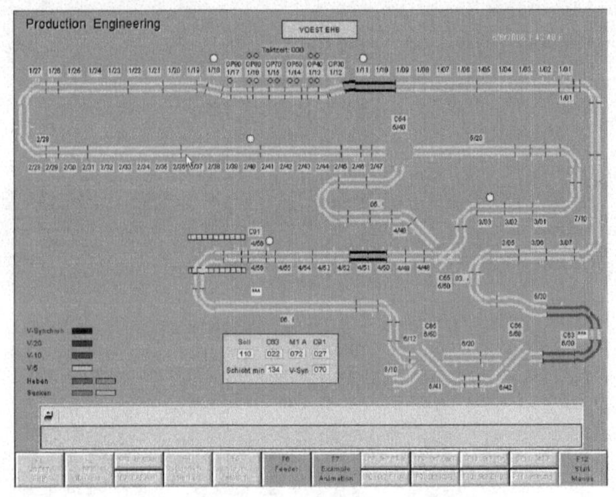

图 8.19　主控系统画面

4. 连续数据采集和显示画面

该图主要功能是以连续曲线形象图模拟传统显示仪表，进行连续数据采集并显示出断路器实时电流、电阻、跳闸变化情况。如图 8.20 所示。

该画面的组态变量多为连续的外部变量。当跳闸时间处于正常值范围内时，曲线显示绿色；当跳闸时间处于低值以下时，以及高值以上时，曲线图由绿色变为红色报警，并进行电气连锁。

5. 设备状态监控画面

设备监控画面对应各个工艺流程画面的设备状态。点击每个设备的显示按钮就能进入其的状态监控画面。一般设备显示信息上绿色表示当前状态，黄色代表故障信息。如图 8.21 所示。

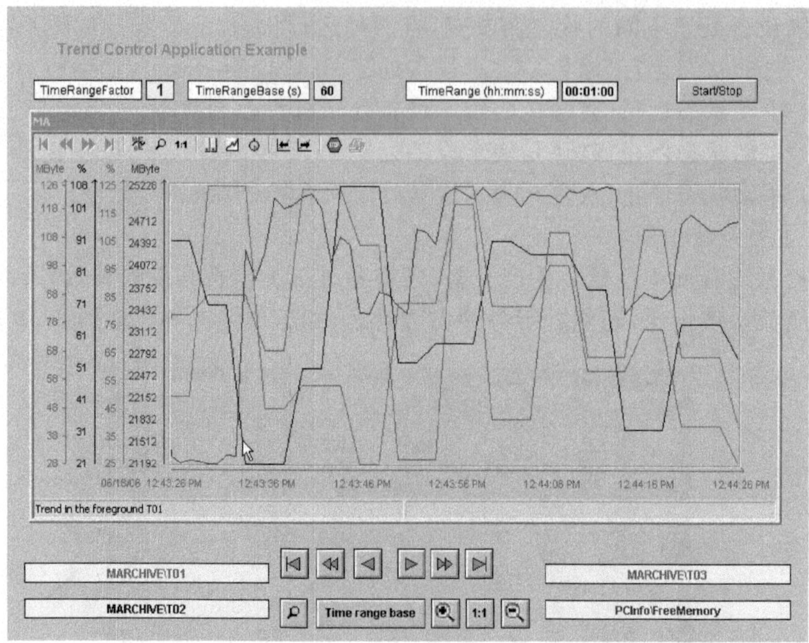

图 8.20　连续数据采集画面

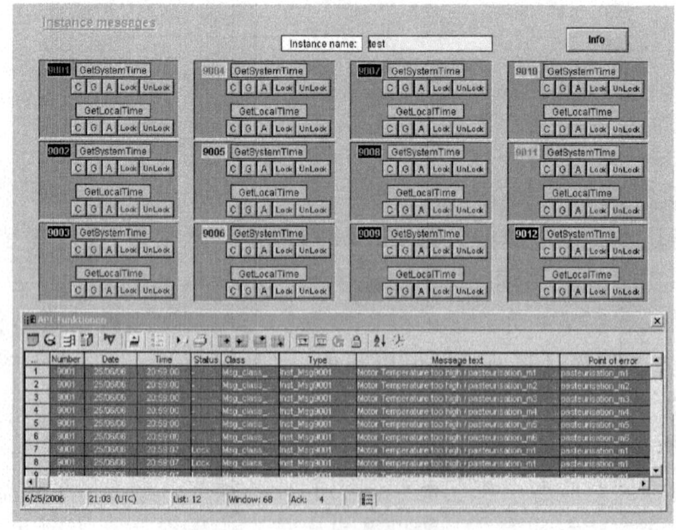

图 8.21　设备状态监控画面

8.3.4　数据传输与通信

数据的传输与通信在整个系统中起着重要作用。然而，集散控制系统完成的是工业控制，因而用于工业控制的计算机网络在很多方面的要求不同于计算机网络。它具有如下几个特点：

(1) 快速实时响应能力。

(2) 具有极高的可靠性。

(3) 适应恶劣的工业现场环境。

(4) 分层结构。

集散控制系统是一种分层结构，因此其通信网络也具有分层结构。对于一个完整的多层集散控制系统，每一层系统都应该有适用于自己的网络系统。在本例中研究的低压断路器控制系统中，仅用到一层通信结构，即 PLC 通信单元与主控计算机的串行通信网。

本文介绍一种时下比较热门的 OPC 接口技术作为 PLC 与主控计算机的通信接口。OPC(OLE for process control)，即 OLE(object linking and embedding，对象连接与嵌入)过程控制。它的开发目的，正是为了给工业控制系统应用程序之间的通信建立一个接口标准，在工业控制设备和监控软件之间建立一个统一的数据存取规范，这个规范不仅适用于单机，而且适用于网络分布式系统。

OPC 接口通信标准底层所研究的内容比较多，由于篇幅有限笔者不能在此详尽说明，读者可查询相关的技术手册。在市面上提供丰富的第三方通信软件来帮助接口开发，如 PC Access 等。

第 9 章 DCS 工程设计与应用

分布式控制系统是综合性很强的系统,其应用过程包含着大量工程设计问题。任何一套 DCS,不论其设计如何先进,性能如何优越,如果没有很好的工程设计和应用开发,都不可能达到理想的控制效果,甚至还会出现问题和故障。本章将对集散控制系统的工程设计技术进行讲解。

工程设计包括很多方面,设计是系统与过程之间在应用上的纽带,既有设计本身的理论又有 DCS 的应用特点。如控制一个过程变量,或用 DCS 管理一个工业过程时,可能用到 DCS 的许多功能,设计的目的就是要充分利用 DCS 的全部功能去解决问题。当我们遇到一个问题时,往往心里有一个将问题解决的目标,而这个目标很可能用到 DCS 的一两个功能就可以实现,这就是说,如果我们不在设计过程中深入分析问题,同时掌握 DCS 的功能,我们就很可能是在用 DCS 的局部功能去解决问题的某个方面,设计管理就是要从方法上,系统地利用 DCS 功能去全面地解决应用上的问题。

9.1 总体设计

9.1.1 方案论证(可行性研究设计)

方案论证的主要任务是明确具体项目的规模、成立条件和可行性;确定项目的主要工艺、主要设备和项目投资规模等。

(1) 投资效益分析:产品市场前景;经济产业政策导向;后期投资规模扩展。

(2) 现场环境要求:地理位置要求;环境保护要求。

(3) 工程技术可行性分析:工艺技术条件;设备制作条件;流程控制条件。

9.1.2 操作模式划分

操作模式是由工艺过程的复杂程度和自动化水平决定,通常有以下几种模式。

(1) 上位机集中控制:对一些大型的设备流程或工艺过程进行功能化设计,以实现数模控制和批处理。

(2) 中控室集中控制:对一个单元过程进行顺序设计和回路设计,以实现部分设备运转状态连锁和参量调节。

(3) 远程遥控:对一些重要设备和安全装置可实现中控室远程单机控制。

(4) 机旁连锁操作:为实现部分相关联的设备调试和定期检修需要,设置机旁手动连锁控制。

(5) 机旁单动:对一些大型设备或独立作业需要进行机旁单体操作。

9.1.3 控制任务

方案设计的开始阶段,首先要明确 DCS 的基本控制任务,包括以下几个方面。

1. DCS 的控制范围

DCS 是通过对各主要设备的控制来控制工艺过程。设备的形式、作用、复杂程度,决定了该设备是否适合于用 DCS 去控制。有些设备,如运料车,就不能由 DCS 控制,DCS 只能监视料库的料位;而另一些设备,如送风机,就可由 DCS 完全控制其启动、停止、改变负荷。那么,在全厂的设备中,哪些由 DCS 控制,哪些不由 DCS 控制,要在总体设计中提出要求。考虑的原则有很多方面,如资金、人员、重要性等,从控制上讲,以下设备宜采用 DCS 控制。

(1) 工作规律性强的设备。

(2) 重复性大的设备。

(3) 在主生产线上的设备。

(4) 属于机组工艺系统中的设备,包括公用系统。

DCS 通过对这些设备的控制实现对工艺过程的总体控制。除此以外,工艺线上的很多独立的阀门、电动机等设备也往往是 DCS 的控制对象。

2. DCS 的控制深度

几乎任何一台主要设备都是部分地由 DCS 控制。DCS 有时可以控制这些设备启停和运行过程中的调节,但不能控制一些间歇性的辅助操作,如有些刮板机等。而对有的设备,DCS 只能监视其运行状态,不能控制,这些就是 DCS 的控制深度问题。DCS 的控制深度越深,就要求设备的机械与电气化程度越高,从而设备的造价越高。在总体设计中,要决定 DCS 控制与监视的深度,使后续设计是可实现的。

9.1.4 方案设计

根据操作模式和控制任务确定系统方案。

1. 网络协议设计

网络协议设计是根据控制范围及控制对象决定。

(1) 拓扑结构:线型、树型或两者相结合。

(2) 传输介质:接插件、集线器、交换机和电缆(双绞线、双线电缆或光缆)。

(3) 站点数:段间数和总数。

(4) 数据传输:数字式、位同步、曼彻斯特编码。

2. 硬件初步设计

硬件初步设计的结果应可以基本确定工程对 DCS 硬件的要求及 DCS 对相关接口的要求，主要是对现场接口和通信接口的要求。

(1) 确定系统 I/O 点：根据控制范围及控制对象决定 I/O 点的数量、类型和分布。

(2) 确定 DCS 硬件：根据外部信号类型确定 DCS 对外部接口的硬件；根据 I/O点的要求决定 DCS 的 I/O 卡；根据控制任务确定 DCS 控制器的数量与等级；根据工艺过程的分布确定 DCS 控制柜的数量与分布，同时确定 DCS 的网络系统；根据操作模式的要求确定人机接口设备、工程师站及辅助设备；根据与其他设备的接口要求确定 DCS 与其他设备的通信接口的数量与形式。

3. 软件总体设计

软件总体设计是使工程师将来可以在此基础上编写用户控制程序，需要做以下工作。

(1) 根据顺序控制要求设计逻辑框图或写出控制说明，这些要求用于组态的指导。

(2) 根据调节系统要求设计调节系统框图，它描述的是控制回路的调节量、被调量、扰动量、连锁原则等信息。

(3) 根据工艺要求提出连锁保护的要求。

(4) 针对应控制的设备，提出控制要求，如启、停、开、关的条件与注意事项。

(5) 做出典型的组态用于说明通用功能的实现方式，如单回路调节、多选一的选择逻辑、设备驱动控制、顺序控制等，这些逻辑与方案规定了今后设计的基本模式。

(6) 规定报警、归档等方面的原则。

4. 人机接口设计

人机接口设计规定了今后设计的风格，这一点在人机接口设计方面表现得非常明显，如颜色的约定、字体的形式、报警的原则等。良好的初步设计能保持今后详细设计的一致性，这对于系统今后的使用非常重要，人机接口的初步设计内容与 DCS 的人机接口形式有关，这里所指出的只是一些最基本的内容。

(1) 画面的类型与结构，这些画面包括工艺流程画面、过程控制画面(如趋势图、面板图等)、系统监控画面等，结构是指它们的范围和它们之间的调用关系，确定针对每个功能需要有多少幅画面，要用什么类型的画面完成控制与监视任务。

(2) 画面形式的约定，约定画面的颜色、字体、布局等方面的内容。

(3) 报警、记录、归档等功能的设计原则，定义典型的设计方法。

9.1.5　总体设计联络制度

在可行性方案确定以后，用户和设计院对工程进行了一定的调研和论证以后，工程进入 DCS 招标前准备、选型与合同阶段，为了对 DCS 的工程化设计和实施过程有一个清晰认识，需完成以下工作。

(1) 确定项目人员。

(2) 确定系统所用的设计方法。

(3) 制定《技术规范书》。

(4) 编制《招标书》。

(5) 招标。应用评标原则分析各厂家的《投标书》，厂家书面澄清疑点，确定中标厂家，与厂家进行商务及技术谈判，签订《合同书》与《技术协议》。

9.2　初步设计

初步设计是介于总体设计与详细设计之间的设计，其基本任务是在总体设计的基础之上，为 DCS 的每一个部分做出典型的设计；为 DCS 所控制的每一个工艺环节提出基本的控制方案。因此，通俗地讲，初步设计是开始有 DCS 味道的设计，它与 DCS 本身的特性有许多联系，尽管这些联系是一般性的。举例来说，总体设计中规定矿井提升机的启停及运行过程应由 DCS 控制，控制是矿井提升机的所有传动、变流调速及液压制动，控制水平应使矿井提升机在具备运行条件的前提下，实现自动或手动的启停。初步设计要解决的问题是启、停顺序、逻辑框图、运行期间的调节框图、各种方式的切换原则，以及人机接口上的画面分配等。这样，在初步设计完成之后，工程师可以根据这些要求在 DCS 上进行具体组态设计。从这时起，大部分工作应由 DCS 厂家完成了。

9.2.1　工艺过程描述

工艺过程主要介绍生产的目的和流程，以及设备间的运转关系和控制要求。如物料平衡系统是冶金烧结工艺过程的重要环节，其工艺流程如图 9.1 所示。

图中 P_1～P_6 是铁匀矿配料圆盘和配料电子秤；P_7 和 P_8 是石灰石配料圆盘和配料电子秤；P_9 和 P_{10} 是白云石配料圆盘和配料电子秤；P_{11} 和 P_{12} 是生石灰配料圆盘和配料电子秤；P_{13} 和 P_{14} 是焦炭配料圆盘和配料电子秤；P_{15} 和 P_{16} 是返矿配料圆盘和配料电子秤。一、二次混合机是 6000V 高压电机，其筒体分别为 8m×12m 和 10m×14m，筒体内加水和加蒸汽，筒体旋转混合造球的混合料仓是 50 m^3 的小溜仓。工艺要求混合料仓控制的目标料位值为 65%，料位太低(低于 30%)，台车两侧就会出现亏料，这样一来降低了风箱内的负压，增加了大风机的负载，使烧结机

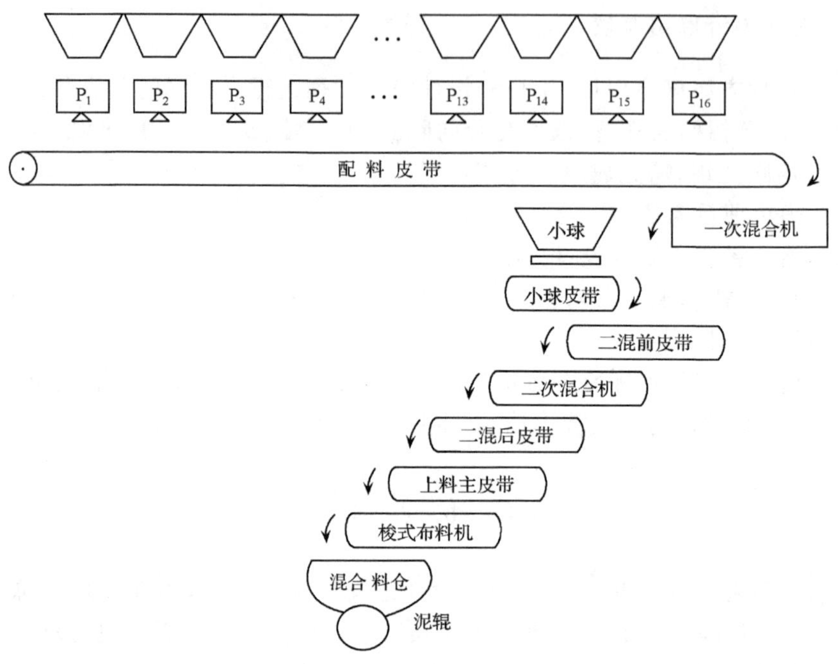

图 9.1　工艺设备流程图

在超载下运行，若矿仓料位太高（高于 80%），造球矿受到损坏，降低了烧结机的透气性，影响烧结，同时若系统出现故障急需停时，上料大皮带上的料难以倒入混合料仓内。

从上面的描述中可看出系统设计应满足如下要求。

(1) 可靠性：过程中包含大型高压设备混合机和高空运行的大矿仓布料机等，其流程控制中的任何故障都可能引起重大事故，造成人身、设备事故和整个系统停产。因此，控制系统应具备设备、器件的高可靠性和系统的大冗余能力，做到人们通常说的绝对安全。

(2) 调速方便：具有各种运输所需的速度，以实现高效运行，要有合适的加减速特性，以便系统快速启停。

(3) 变料方便：不同的化学成分和物理特性要求系统运转中需要不断变料种和调料量。

(4) 大滞后环节特性描述准确：本系统含有多个滞后多容环节，对其控制必须进行机理分析。

9.2.2　机理分析

对工艺过程中出现的重要环节必须进行机理分析，通过物料平衡或能量平衡关系，推导出对象的数学模型。如上述工艺过程中出现的大滞后多容环节的机理分析过程如下。

1. 有自衡能力对象的数学模型

所谓有自衡能力，是指对象在扰动的作用下，平衡状态被破坏后，不需要人员和仪表的作用，靠自身的作用重新恢复平衡的一种能力，基本模型如图 9.2 所示。

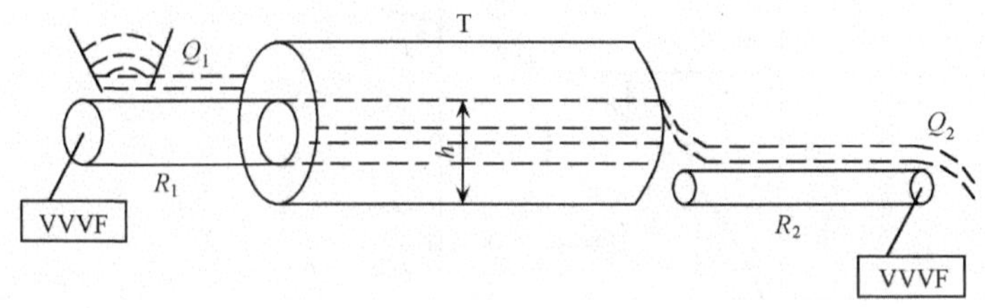

图 9.2　送料混合对象

Q_1 和 Q_2 分别是胶带机 1,2 的输送量，R_1 和 R_2 分别是驱动胶带机 1,2 的调速装置，T 是混合机。该混合机的前后各是一条由变频器调速的胶带机，当胶带机进料受上游因素的影响，混合机的进料量 Q_1 增大，混合机的料面 h 升高，在胶带机 R_2 转速不变的前提下，混合机的出料量 Q_2 增大，从而延缓了混合机料面的上升，其数学表达式为

$$Q_1 - Q_2 = A\frac{\mathrm{d}h}{\mathrm{d}t} \tag{9-1}$$

式中，Q_1，Q_2 分别是混合机的进、出料量；A 为混合机的截面积；h 为混合机料面的高度。其增量形式为

$$\Delta Q_1 - \Delta Q_2 = A\frac{\mathrm{d}\Delta h}{\mathrm{d}t} \tag{9-2}$$

式中，ΔQ_1，ΔQ_2，Δh 分别为偏离某一平衡状态 Q_{10}，Q_{20}，h_0 的增量。设某一平衡状态下的输送量 Q_{10} 等于输出量 Q_{20}，料位的平衡值为 h_0，ΔQ_1 是由胶带机的速度变化而引起的。假设 ΔQ_1 与胶带机的速度变化量 Δn_1 的关系为

$$\Delta Q_1 = K_n \cdot \Delta n_1 \tag{9-3}$$

式中，K_n 为比例系数。

料流的输出量 Q_2 是随料面 h 而变化的，Q_2 的出口静压越大，流出量 Q_2 越大。假设两者变化量之间的关系为

$$\Delta Q_2 = \frac{\Delta h}{M_2} \qquad 或 \qquad M_2 = \frac{\Delta h}{\Delta Q_2} \tag{9-4}$$

式中，M_2 为混合机的出料口的阻力，称为流阻，其物理意义是产生单位流量变化所必需的物体的变化量。

流体在一般流动的情况下，料位 h 和流量 Q 之间的关系是非线性的，如图 9.3 所示。

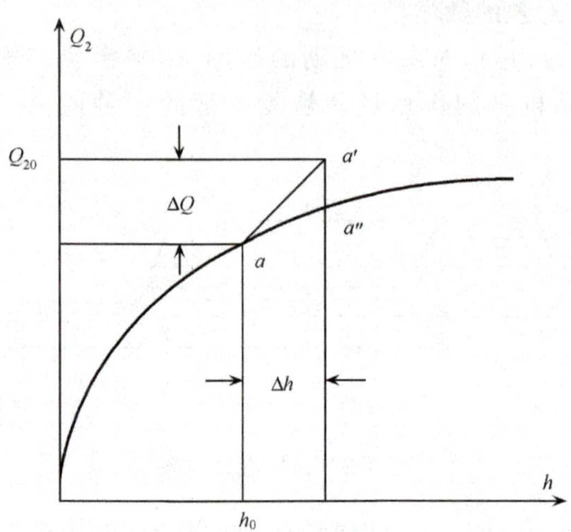

图 9.3 料位 h 和流量 Q 的关系

将式(9-3)和(9-4)代入式(9-2)得

$$K_n \cdot \Delta n_1 - \frac{\Delta h}{M_2} = A\frac{\mathrm{d}\Delta h}{\mathrm{d}t} \tag{9-5}$$

或

$$AM_2\frac{\mathrm{d}\Delta h}{\mathrm{d}t} + \Delta h = K_n M_2 \Delta n_1 \tag{9-6}$$

上式可变换为一般形式

$$T\frac{\mathrm{d}\Delta h}{\mathrm{d}t} + \Delta h = K\Delta n_1 \tag{9-7}$$

写成拉氏变换式为

$$W_0(s) = \frac{H(s)}{n_1(s)} = \frac{K}{Ts+1} \tag{9-8}$$

式中，T 为对象的时间常数；K 为对象的放大倍数。

可见料流对象在平衡点附近的线性化数学模型是一个一阶常微分方程，是众所周知的一阶惯性环节。

2. 具有纯滞后单容对象的数学模型

如果上述的单容料位系统，其输入量 Q_1 经 L 长的胶带机送入混合机内，由于上游因素的影响，胶带机 R_1 的输送量 Q_1 增加，需要经过一段传输时间 T_0 后才能传输到混合机内，才能引起混合机内的料位 h 升高，如图 9.4 所示。

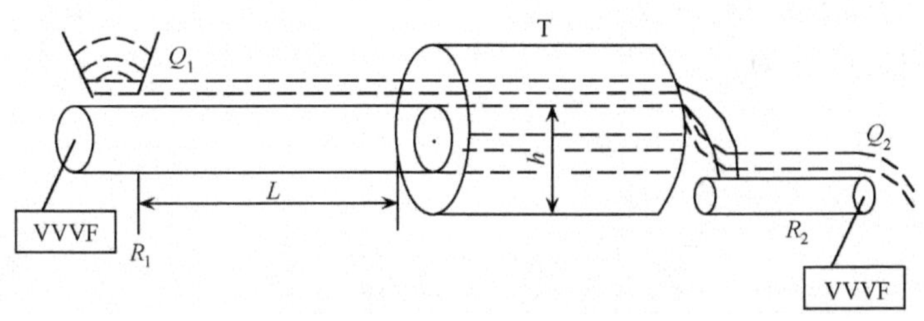

图 9.4　具有纯滞后的送料混合对象

其具有纯滞后单容对象的阶跃响应曲线如图 9.5 所示。

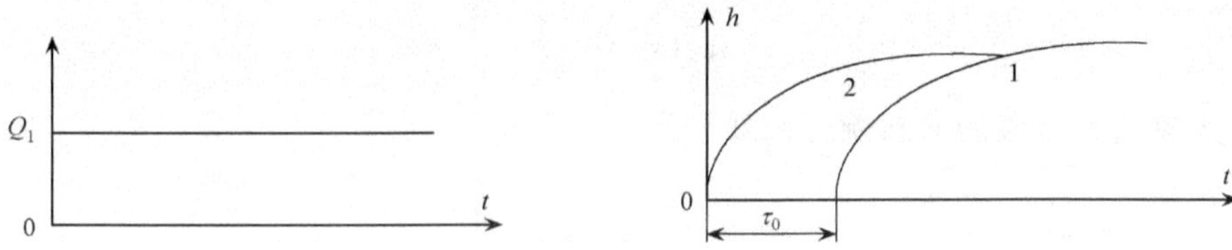

图 9.5　具有纯滞后单容对象的阶跃响应曲线

由图 9.5 看出，曲线 2 与曲线 1 的形状完全相同，只相差一个滞后时间 τ_0。具有纯滞后单容对象的微分方程和传递函数分别为

$$\begin{cases} T\dfrac{\mathrm{d}\Delta h}{\mathrm{d}t}+\Delta h=K\Delta n(t-\tau_0) \\ W_0(s)=\dfrac{K}{Ts+1}\mathrm{e}^{-\tau_0 s} \end{cases} \tag{9-9}$$

3. 无自衡能力的对象数学模型

无自衡能力的对象如图 9.6 所示，胶带机 R_1 的输送量 Q_1 是送入矿仓的，矿仓的下部是一台定量给料装置。当胶带机 R_1 受上游因素的影响，输送量 Q_1 增加，由于矿仓下部是一定量给料装置，它不受矿仓料位的变化而变化，从而矿仓料面 h 增加，这样的对象就没有自衡能力，其微分方程为

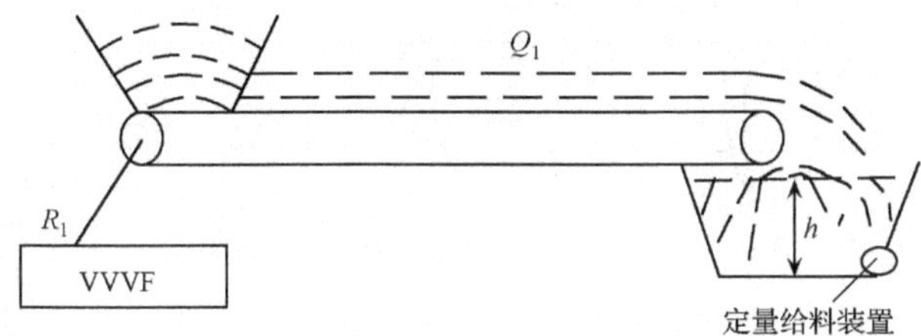

图 9.6　无自衡能力的送料对象

$$A\frac{\mathrm{d}\Delta h}{\mathrm{d}t}+\Delta Q_1=Q_1 \tag{9-10}$$

式中，A 为矿仓的截面积。

将式(9-10)改变为

$$A\frac{\mathrm{d}\Delta h}{\mathrm{d}t}=K_n\cdot\Delta n \tag{9-11}$$

将式(9-11)整理为

$$\frac{\mathrm{d}\Delta h}{\mathrm{d}t}=\frac{1}{T_a}\Delta n \tag{9-12}$$

式中，T_a 为对象的积分时间，$T_a=\dfrac{A}{K_n}$。

其传递函数为

$$w_0(s)=\frac{1}{T_a s} \tag{9-13}$$

定量给料装置的阶跃响应曲线如图 9.7 所示。

图 9.7 无自衡能力的阶跃响应曲线

4. 多容对象的数学模型

单容对象是指只具有一个储存容积的对象。实际生产过程中的对象由多个容积和阻力构成。

现在，以具有自衡能力的双容对象为例来讨论其数学模型的建立方法。

图 9.8 所示为含有纯滞后的双容对象，其被控量是矿仓的料位 h_2，输入量 Q_1 的胶带机的速度是 n。

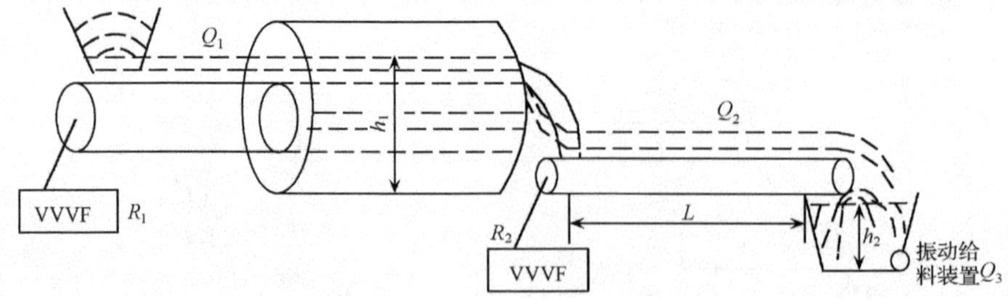

图 9.8 含有纯滞后的双容对象

与前述分析方法相同，根据物料平衡关系可列出下列方程

$$\begin{cases} \Delta Q_1 - \Delta Q_2 = C_1 \dfrac{\mathrm{d}\Delta h_1}{\mathrm{d}t} \\ \Delta Q_2 = \dfrac{\Delta h_1}{R_2} \\ \Delta Q_1 = K_n \cdot \Delta n \\ \Delta Q_2 - \Delta Q_3 = C_2 \dfrac{\mathrm{d}\Delta h_2}{\mathrm{d}t} \\ \Delta Q_3 = \dfrac{\Delta h_2}{R_3} \end{cases} \tag{9-14}$$

消除中间变量后可得

$$T_1 T_2 \frac{\mathrm{d}^2 \Delta h_2}{\mathrm{d}t^2} + (T_1 + T_2) \frac{\mathrm{d}\Delta h_2}{\mathrm{d}t} + \Delta h_2 = K\Delta u \tag{9-15}$$

将上式改写成传递函数

$$W_0(s) = \frac{K}{T_1 T_2 s^2 + (T_1 + T_2)s + 1} = \frac{K}{(T_1 s + 1)(T_2 s + 1)} \tag{9-16}$$

式中，$T_1 = C_1 R_1$ 为混合机的时间常数；$T_2 = C_2 R_3$ 为矿仓的时间常数；$K = K_n R_3$ 为对象的放大系数；C_1，C_2 分别为混合机和矿仓的容量系数。

于是，一般来说多容对象的传递函数为

$$W_0(s) = \frac{K}{(T_1 s + 1)(T_2 s + 1)\cdots(T_n s + 1)} \tag{9-17}$$

如果对象具有纯滞后环节，则其传递函数为

$$W_0(s) = \frac{K}{(T_1 s + 1)(T_2 s + 1)\cdots(T_n s + 1)} \mathrm{e}^{-\tau_0 s} \tag{9-18}$$

式中，τ_0 是因传输距离而造成的滞后时间。

该系统的响应特性如图 9.9 所示。

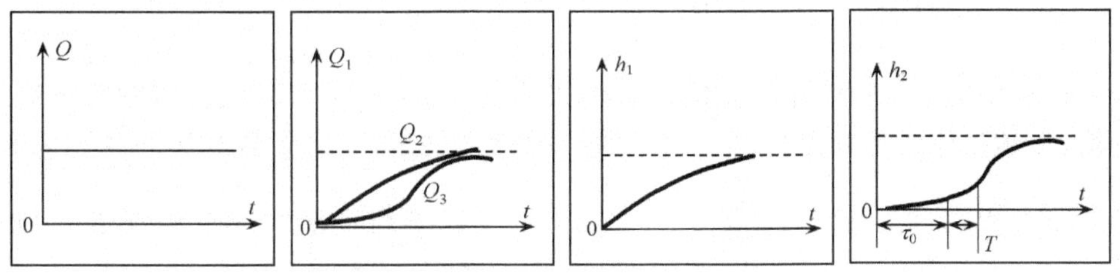

图 9.9　含有纯滞后的双容对象的响应特性

图 9.9 中，τ_0 为纯滞后时间常数；T 为胶带机 2 的时间常数；Q_1、Q_2、Q_3 分别为胶带机 1、2 和振动器的输送量。

5. 等效模型

当系统的模型是由两个有自衡能力和一个纯滞后环节组成时，系统的模型为

$$G(S) = \frac{K}{(T_1 s + 1)(T_2 s + 1)} e^{-\tau s} \tag{9-19}$$

当该模型中，存在 $\tau \gg \max(T_1, T_2)$ 时，该系统的等效模型为 $G'(s) = K e^{-\tau s}$。其输入/输出特性如图 9.10 所示。

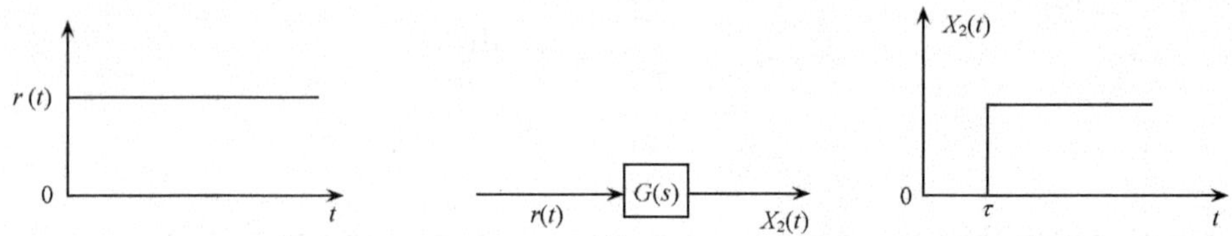

图 9.10　纯滞后系统的输入/输出特性

取 $\tau = \beta T$（T 为采样周期），其纯滞后系统的数学模型如图 9.11 所示。

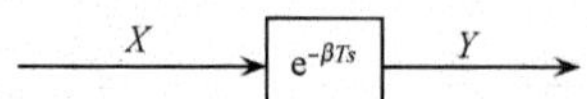

图 9.11　纯滞后系统的数学模型

其差分方程：$y(n) = X(n-\beta)$，存放 X 过去的采样值 $(n-\beta+1)$，$(n-\beta+2)$，…，(n)。系统在每个采样周期依次对每个单元进行“取出-平移-存入”。

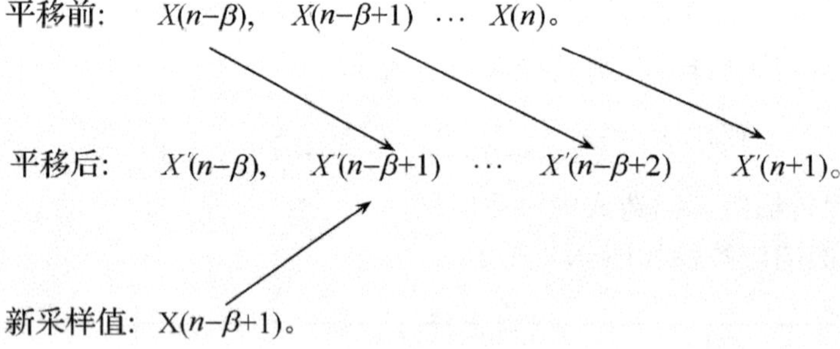

内存中的 $(\beta+1)$ 个单元里的值就构成了从过去的 βT 时刻到现时刻的一组数据流，该数据流的值就是外部实物流的一种数字仿真，对这组数据流的动态求和，即差分方程的和处理 $y = \sum_{i=\beta}^{0} X(n-i)$，就可以得到将来 βT 时刻，要进入料仓的量。

由上述机理分析，该工艺过程的模型是由两个有自衡能力和一个纯滞后环节组成，即

$$G(s) = \frac{K}{(T_1 s + 1)(T_2 s + 1)} e^{-\tau s}$$

为了获得模型参数，在系统调试初期，我们取消调节器的作用，直接对配料室

进行配料,跟踪检测混合料仓的料位变化值,用模拟实验的方法获取参数值。

该系统的最大配料量为 8t/min,混合料仓的有效容积为 $50m^3$,混合料比重 $3t/m^3$,正常料位 50%～70%。在这些参数下,系统设计如下。

滞后时间 τ:因配料室一号圆盘到混合料仓的时间为 18min,故令 $\tau=18$。

增益 K:当配料室以最大配料量的 60%进行自动配料,即 4.8t/min,其体积表示为 $1.6m^3/min$。

$y(t)$的稳态值的渐进线 $y(t)=y(\infty)$。

$y(t)\big|_{t=t_1} \doteq 0.4y(\infty)$是曲线上的点 y_1 和相应的时间 $T_1=3min$。

$y(t)\big|_{t=t_2} \doteq 0.8y(\infty)$是曲线上的点 y_1 和相应的时间 $T_2=8min$。

则有

$$\begin{cases} T_1 + T_2 = \dfrac{t_1 + t_2}{2.16} \\ \dfrac{T_1 + T_2}{T_1^2 + T_2^2} = \left(1.74\dfrac{t_1}{t_2} - 0.55\right) \end{cases} \tag{9-20}$$

联立求解

$$\begin{cases} T_1 = 1.1 \\ T_2 = 4 \end{cases}$$

故系统的模型

$$G(s) = \frac{6}{(1.1s+1)(4s+1)}e^{-18s} \tag{9-21}$$

9.2.3 功能设计

深入了解和分析被控对象的工艺条件和机理分析后,进行系统功能设计和流程模块设计。

1. 系统功能

被控对象就是受控的机械、电气设备、生产线或生产过程,其生产流程关系可转化为系统的连锁关系;物料平衡系统从结构上可分为配料区、混合区和上料区,由于该过程控制功能不同、空间位置不同,因而控制方式不同。如配料区 16 台圆盘和配料电子秤。启动时,要保证料头一致。停机时,又分正常停机和故障停机。正常停机时,要保证料尾一致,就必须顺序停机;异常停机时,如一混前皮带故障停机,要保证料尾一致,就必须立即停机。

上料区主要包括两条胶带机和梭式布料机,胶带机有防跑偏、防撒裂和防打滑等保护设备,设备的信号参与系统连锁,即只要有一种保护设施作用,则系统立即停机。梭式布料机保证向台车上均匀布料,同时它还要连接上料大皮带上源源不断的进料;行走小车的电动机连续处在正转-停止-反转,实现小车前进-后退,从而达到布料机往返布料的工艺要求。梭式布料机上还有胶带输送机,其操作连锁关系是:开机时先开胶带输送机的电动机,然后再开动行走小车的电动机。往返换向装置是由晶体管接近开关、限位开关、换向板、接触板等组成,换向主要是由晶体管接近开关在规定距离范围内通过光电感应,自动发出检测信号,通过电控装置送入INFI90控制系统,控制系统将信号处理后给小车电动机换向接通启动,然后小车向反方向运行,达到换向的目的。

配料系统设备连锁如图 9.12 所示。

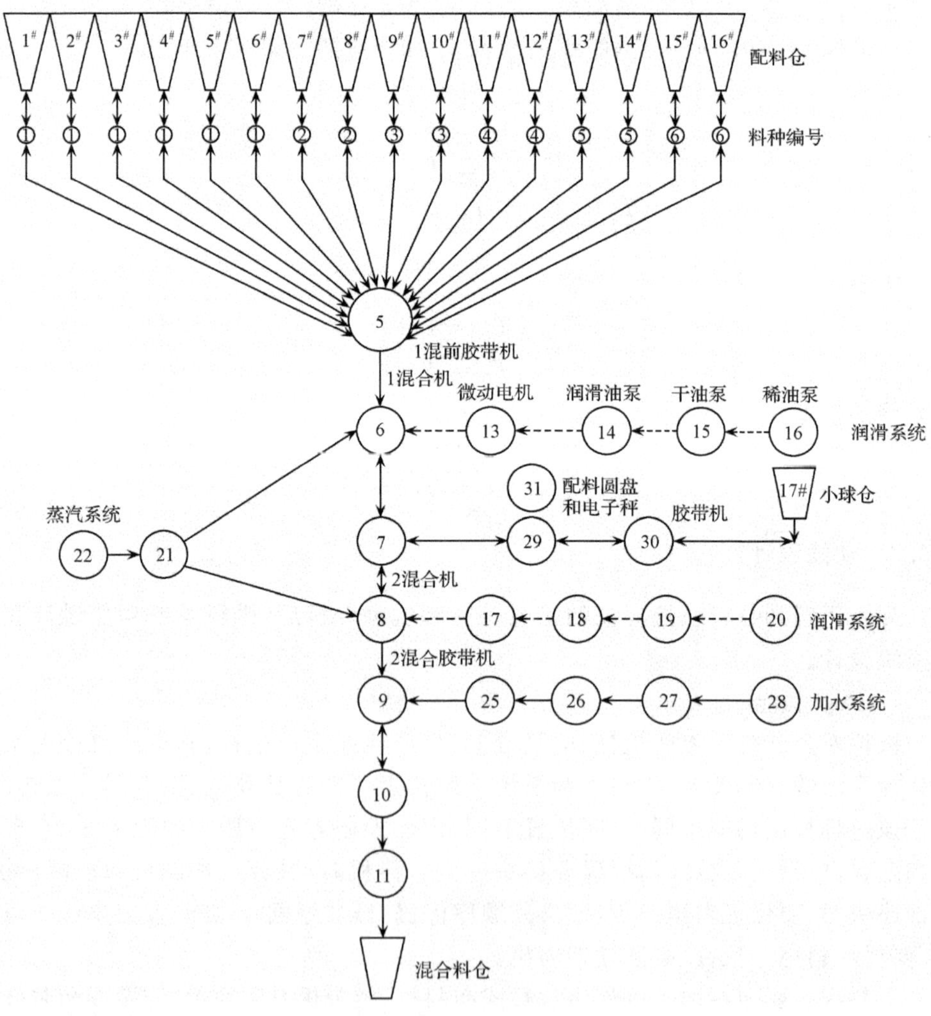

图 9.12 配料系统设备连锁图

2. 控制功能

控制要求主要指控制的基本方式、应完成的动作、自动工作循环的组成、必要的保护和连锁等。对较复杂的控制系统，还可将控制任务分成几个独立部分，这种可化繁为简，有利于编程和调试。

上述物料平衡过程可以分成三大组成部分，即总量计算、自动配料、顺序控制。总量计算是该控制系统的主要组成部分，也是工艺改革后对“三电”控制提出的更高要求。该系统的结构和参数是不定的，该系统包含有七条共 450m 长的胶带机，其线性延时 80s；2 台混合造球机，其筒体延时近 700s，而混合料仓有效存料只有 3min，其滞后时间较大，$\tau/T>5$ 倍以上（τ 为滞后时间，T 为系统的等效时间常数），那么这样的系统结构很难用解析表达式来表达。由于混合料仓的棚料、粘料和随机塌料的作用；混合料仓向烧结机上布料的布料器也带有随机干扰；配料系统的给料装置在运行过程中经常卡料，其给出的料线在皮带上也是一种随机变化的，两台混合造球机是 6000V 高压电机驱动，其筒体粘料严重，混合料中的生石灰，石灰石在水和蒸汽作用下结块现象严重，这些势必造成混合机内混合造球的时间是随机变化的。

从烧结工艺分析，物料平衡系统通常工作在两种状态，一种是变料状态，即在一个控制周期内，总量的变化值大于 10%以上，这种情况通常出现在顺序启动（检修停机后）或料种变化时；另一种正常调节状态，即在一个控制周期内，其总量的变化值小于 10%，如同种料的圆盘相互切换和工艺参数需要调整时。

9.2.4 控制系统组态

通过这些组态设计，首先确定了 DCS 中所用到的具体的系统硬件，并定义了它们之间的连线，即在硬件方面全面定义了控制系统；其次确定了系统与外部的联系方式，无论是通信的还是硬接线的，使进出系统的信号有了明确的意义；最后确定了控制逻辑、控制方案，按照这样的设计，使用者就可以把过程控制站中以产品形式表示的模块组成一个完成指定功能的系统了。

1. 基本元素

要完成过程控制组态范围中的任务，EWS 通常提供很多标准的表示 DCS 中设备与算法的符号。所谓组态就是把它们按一定规律连接起来。这些符号通常包括几类。

（1）表示模块外观的符号。

表示出模块的形状、主要元件的位置，特别是模块上需要设置的开关的位置、编号、开关跳接线处于不同位置时的定义，这样，对设计者来说，所谓“设置一个模块”，就是调出这个符号来，根据使用上的要求画好或选择好这些设置就可以了。

（2）表示模块接线的符号与图纸。

为模块在各种情况下的应用都做出标准的图纸，也可以理解为较复杂的符号，在这张图上应表示出模块的安装位置、模块的逻辑地址、模块对外的接线定义，如用什么电缆、插在哪个插座上、模块在 DCS 内部的连线、怎样挂在系统内部的网络上、I/O 信号引到系统中之后放到了什么地方、对 I/O 信号的处理要求等。同时在 EWS 的组态图上还应表示出模块在 I/O 与系统之间的位置，使 I/O 信号通过了模块而进入了系统。类似地，要表示出所有硬件信息。

(3) 表示控制算法的符号。

将 DCS 中的运算子程序或者叫功能码用符号表示出来，每一种算法符号一般包括几个方面。

① 算法表示符号：这类符号与国际标准的表示符号(如 SAMA、ISA)一般都大同小异，用一个符号来表示一种运算。

② 输入信号：表示这个算法的完成所需要的输入信号。

③ 输出信号：表示这个算法所产生的输出信号。

④ 参数：表示算法在执行过程中使用的内部参数。

这样，所谓应用控制的组态就是根据应用要求选择所用的算法，把表示算法的符号放到图上，为算法选择输入信号，决定输出信号的去向，为算法选择运算时的参数的完整过程。

(4) 表示组态约定的符号。

指为了使图纸易读而设计的很多符号。如图纸边框、信号联系等。这些表示 DCS 资源的符号的形式，表明了 DCS 的组态工具是否方便、好用，同时也反映了 DCS 资源是否丰富。比如说，就表示控制逻辑运算的功能码而言，可以有很多值得讨论的地方。

作为系统设计工程师，要十分熟悉这些符号的使用，特别是如何以最优的方式使用它们，同样一种功能，往往有多种组态方法，它们占用的内存、执行的时间、表示方法的简洁程度、中间变量的可利用性、组态的适用性，可能都不一样。这反映了设计者对 DCS 了解的程度，这里充分体现了系统组态过程就是合理利用 DCS 资源的过程。

2. 编程语言

DCS 编程语言按 IEC61131-3 国际标准分为图形化编程语言和文本化编程语言。图形化编程语言包括：梯形图、功能块图、顺序功能图。文本化编程语言包括：指令表和结构化文本。这些语言都是基于 WINDOWS 操作系统的编程语言。下面分别来介绍这几种编程语言。

(1) 指令表编程语言。

指令表编程语言又称为语句表或布尔助记符，是一种类似汇编语言的低级语言，属于传统的编程语言，用布尔助记符表示的指令来描述程序。它是在借鉴、吸收世界范围的 PLC 厂商的指令表语言的基础上形成的一种标准语言，可以用来描述功能、功能块和程序的行为，还可以在顺序功能流程图中描述动作和转变的行为。

指令表编程语言具有以下特点：

① 用布尔助记符表示操作功能，容易记忆，便于掌握；

② 适合于有经验的程序员；

③ 有时能够让你解决利用梯形图等其他语言不容易解决的问题；

④ 在编程器的键盘上直接采用助记符表示，便于操作；

⑤ 与梯形图语言一一对应；

⑥ 以复杂控制系统用其编程时描述不够清晰。

指令表编程语言是一种通用的编程语言，所有的 DCS 都支持，并且其他的编程语言都可以转换为指令表形式。尽管各 DCS 的指令表均有助记的特点，但它们并不完全一致。比如 LD 表示装入，是 LOAD 的缩写等，表 9.1 列出了几款较常用 PLC 助记符，以便比较。

表 9.1　几种较常用 PLC 助记符比较

助记符	欧姆龙	三菱	松下	西门子
装入指令	LD	LD	ST	LD
	LD NOT	LDI	ST/	LDI
逻辑指令	OR	OR	OR	ON
	OR NOT	ORI	OR/	ONI
	AND LD	AND	AN	AN
	AND NOT	ANI	AN/	ANI
算术指令	ADD/SUB	ADD/SUB	+/−	+I/−I
置位/复位	SET/RSET	SET/RST	SET/RST	S/R
输出指令	OUT	OUT	OUT	=

(2) 梯形图编程语言。

梯形图来源于继电器逻辑控制系统的描述，是 DCS 编程中被最广泛使用的一种图形化语言。由于梯形图类似于继电器控制的电气接线图，便于理解，因此许多编程人员和维护人员都选择了这一编程方式。而且其图形结构类似于登高用的梯子，故名梯形图。梯形图程序的左右两侧有两垂直的电力轨线，左侧的电力轨线名义上为功率流从左向右沿着水平梯级通过各个触点、功能、功能块、线圈等提供能量，功率流的终点是右侧的电力轨线。每一个触点代表了一个布尔变量的状态，每一个线圈代表了一个实际设备的状态，一个简单的梯形图程序如图 9.13 所示。

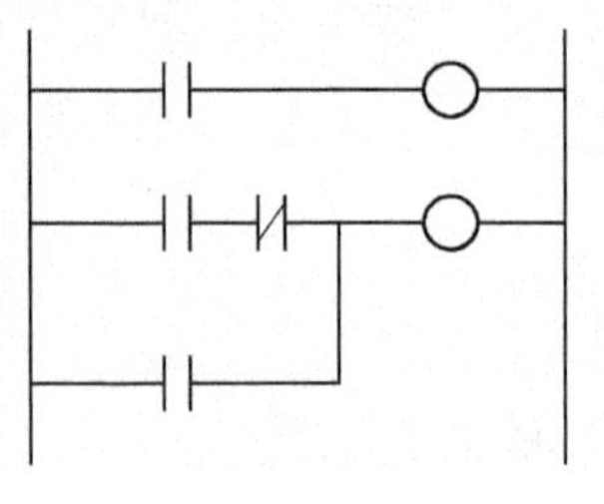

图 9.13 梯形图

梯形图的每个梯形表示一个因果关系，事件发生的条件表示在梯形的左面，事件发生的结果表示在梯形的右面。

梯形图编程语言具有如下特点：

① 与电气操作原理图相对应，具有直观性和对应性。

② 与原有继电器逻辑控制技术相一致，易于掌握和学习。

③ 对于复杂控制系统描述，仍不够清晰。

④ 可读性仍不够好。

几乎所有的 DCS 厂商提供的 DCS 都支持梯形图编程语言，而且都比较容易理解，只是在梯形图结构上可能稍有变化。比如西门子的 S7 系列梯形图就没有右边的电力轨线。有时在有的参考书中右边的电力轨线也常常被省略。

(3) 功能块图编程语言。

功能块图编程语言采用功能模块表示所具有的功能，不同的功能模块具有不同的功能。功能模块用矩形来表示，每一个功能模块的左侧有不少于一个的输入端，右侧有不少于一个的输出端。功能模块的类型名称通常写在块内，其输入输出名称写在块内的输入输出点对应的地方。

功能模块编程语言具有以下特点：

① 以功能模块为单位，从控制功能入手，使控制方案的分析和理解变得容易。

② 功能模块用图形化的方式描述功能，较直观易掌握，方便组态，易操作，是有发展前途的一种编程语言。

③ 对较复杂系统，由于控制功能关系能够比较清晰的描述，因此缩短了编程和调试时间。

④ 因为每一个功能模块要占用一定程序存储空间，对功能模块的执行需要一定的执行时间，因此，这种语言在大中型可编程控制器和分散控制系统中应用较广泛。

西门子的 LOGO 及 S7-200 都支持功能块图编程语言，图 9.14 是用功能模块图编程的一个例子。

(4) 顺序功能流程图编程语言。

顺序功能流程图又称为功能表图，是一种用功能表图来描述程序的编程语言，是近年来才发展起来的。功能表图可以将一个复杂的控制系统分解为若干子系统，从功能入手，使系统的操作具有明确的含义，便于设计人员和操作人员的沟通，便于程序分工设计和检查调试。

1) 顺序功能图编程语言具有以下几种主要结构。

① 顺序控制，就是整个控制过程依次进行，中间没有分支，直至完成，比如机械手搬运工件。其结构如图 9.15 所示。

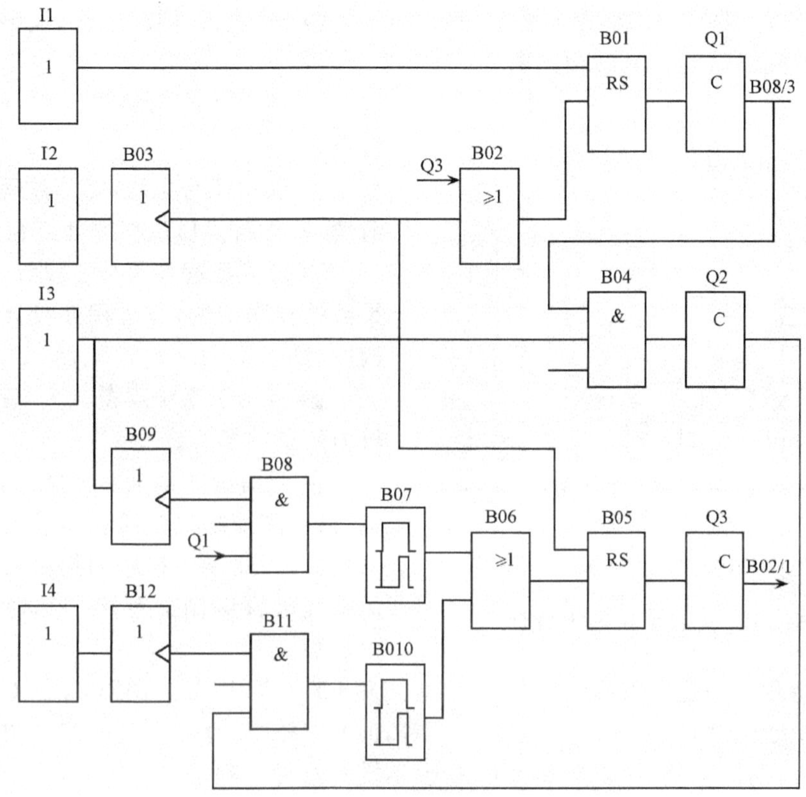

图 9.14　功能模块图编程

② 选择型分支控制，就是控制过程中具有分支行为，而且一次只能进行一个分支执行，执行了一个分支就不能执行其他分支，如选料系统。其结构如图 9.16 所示。

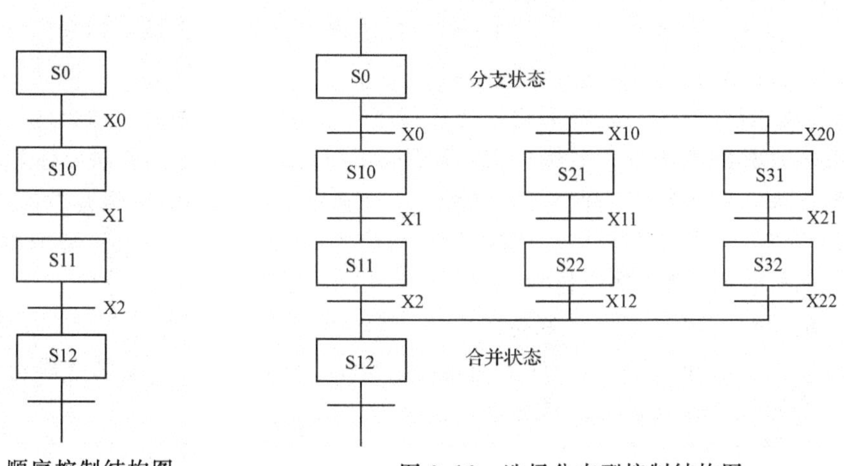

图 9.15　顺序控制结构图

图 9.16　选择分支型控制结构图

③ 并行型分支控制，就是控制过程中的分支同时执行，同时汇合，典型的如交通红绿灯控制系统。其结构如图 9.17 所示。

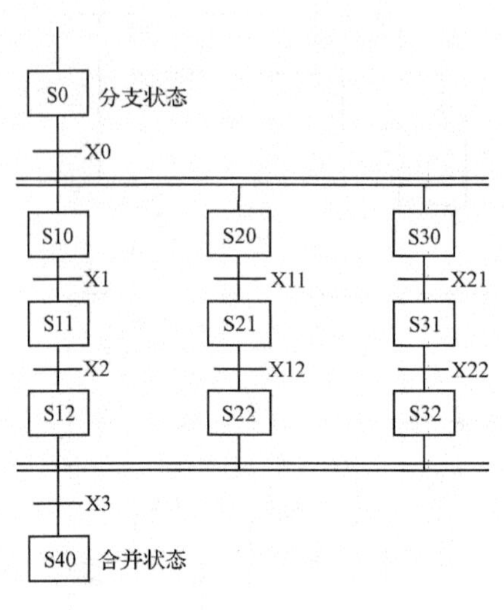

图 9.17　并行型分支控制结构图

2）顺序功能图编程语言具有以下特点。

① 以功能为主线，操作过程的条理清楚，便于对操作过程的理解和沟通。

② 对大型程序可分工设计，采用较灵活的程序结构，节省程序设计时间和调试时间。

③ 常用于系统规模较大，程序关系较为复杂的场合。

④ 只有处于活动步的状态，才能被执行，程序控制只对活动步后的转换进行扫描，因此整个程序的扫描时间比其他编程语言编制的程序扫描时间要大大缩短。

支持顺序功能图编程语言的 PLC 有三菱 FX 系列 PLC、OMRON 的 C1000 及 CV 系列大型 PLC、松下 FP1 系列 PLC 等，而 OMRON 的中小型 PLC 不支持这种编程语言，西门子的 S7-200 系列 PLC 也不支持这种编程语言。

（5）结构化文本编程语言。

结构化文本编程语言是用结构化描述语句来描述程序的一种编程语言。它是一种高级的文本语言，可以用来描述功能、功能模块和程序的行为，还可以在顺序功能流程图中描述步、动作和转变的行为。

结构化文本语言表面上与 PASCAL 语言很相似，但它是一种专门为工业控制应用开发的编程语言，具有很强的编程能力。用于对变量赋值、回调功能和功能模块、创建表达式、编写条件语句和迭代程序等。结构化文本非常适合应用在有复杂的算术计算的应用中。结构化文本程序格式自由，可以在关键词与标识符之间任何地方插入制表符、换行字符和注释。对于熟悉计算机高级语言开发的人员来说，结构化语言更是易学易用。此外，结构化文本语言还易读易理解，特别是用有实际意义的标识符、批注来注释时，更是这样。

结构化编程语言同许多高级语言一样，具有操作符、赋值语句、条件语句，如 if... then... else，CASE 条件语句；以及，for... do，while... do 循环语句等。

结构化文本编程语言具有以下特点：

① 采用高级程序设计语言编程，可以完成较复杂的控制运算。如矩阵计算。

② 需要有一定的高级设计语言的知识和编程技巧，对编程人员的技能要求较高。

③ 直观性和易操作性较差。

④ 常被用于采用功能块等其他语言较难实现的一些控制功能的实施，如优化控制和自适应控制。

9.3 详细设计

在得到控制及采集测点清单、系统工艺流程框图及其说明、DCS 基本功能和系统控制功能要求后，由用户、设计院和 DCS 供货商三位一体开展详细设计。

详细设计更针对 DCS，而不是工艺过程，在已经完成了初步设计的前提下，详细设计要考虑如何在 DCS 上实现这些功能，如何细化和完善初步设计的具体功能和精确 I/O 点和类型等。

其主要区别为：首先项目组的人员根据设计要求和控制流程、采集流程及工艺流程的需要，仔细地列出所有的控制及采集信号；测点的内容和格式因各种不同的类型点及 DCS 厂家要求不同而略有些差别，现在必须精确确定测点的内容和格式。其次不同的 DCS 有不同的功能或同一功能有不同的实现方法，比如，顺序控制设计有梯形图法、逻辑图法、有顺序框图定义的方法、顺序语言法等，现在必须明确采用何种方法，主要的控制内容，列出主要的控制回路，说明采取的主要控制策略。详细列出各回路框图，并附以说明。最后明确人机接口功能，例如，在人机接口上建立数据库以采集过程控制站中的过程变量；设计人机接口上的画面和画面之间的关系，从哪幅画面可以调用哪幅画面；怎样来管理所有的报警；怎样产生记录等工作等。

9.3.1 控制程序组态

1. 编程方法

在确定了 DCS 的硬件系统、工艺控制功能和编程方法的基础上，就要具体地编制程序了，编写 DCS 程序和编写其他计算机程序一样，都需要经历如下过程。

(1) 对系统任务分块。

分块的目的就是把一个复杂的工程，分解成多个比较简单的小任务。这样就把一个复杂的大问题化为多个简单的小问题。这样可便于编制程序。

(2) 编制控制系统的逻辑关系图。

从逻辑关系图上，可以反映出某一逻辑关系的结果是什么，这一结果又会引导出哪些动作。这个逻辑关系可以是以各个控制活动顺序为基准，也可能是以整个活动的时间节拍为基准。逻辑关系图反映了控制过程中控制作用与被控对象的活动，也反映了输入与输出的关系。

(3) 绘制各种电路图。

绘制各种电路图的目的，是把系统的输入输出所设计的地址和名称联系起来。这是很关键的一步。在绘制 DCS 的输入电路时，不仅要考虑到信号的连接点是否与命名一致，还要考虑到输入端的电压和电流是否合适，也要考虑到在特殊条件下运行的可靠性与稳定条件等问题。特别要考虑到能否把高压引导到 DCS 的输入端，把高压引入 DCS 输入端，会对 DCS 造成比较大的伤害。在绘制 DCS 的输出电路时，不仅要考虑到输出信号的连接点是否与命名一致，还要考虑到 DCS 输出模块的带负载能力和耐电压能力。此外，还要考虑到电源的输出功率和极性问题。在整个电路图的绘制中，还要考虑设计的原则努力提高其稳定性和可靠性。虽然用 DCS 进行控制方便、灵活。但是在电路的设计上仍然需要谨慎、全面。因此，在绘制电路图时要考虑周全，何处该装按钮，何处该装开关，要一丝不苟。

(4) 编制 DCS 程序并进行模拟调试。

在绘制完电路图之后，就可以着手编制 DCS 程序了。当然可以用上述方法编程。在编程时，除了要注意程序要正确、可靠之外，还要考虑程序要简捷、省时、阅读、修改。编好一个程序块要进行模拟实验，这样便于查找问题，便于及时修改，最好不要整个程序完成后一起调试。

(5) 制作控制台与控制柜。

在绘制完电气控制图、编完 DCS 程序之后，就可以制作控制台和控制柜了。在时间紧张的时候，这项工作也可以和编制程序同时进行。在制作控制台和控制柜的时候要注意选择开关、按钮、继电器等器件的质量，规格必须满足要求。设备的安装必须注意安全、可靠。比如说屏蔽问题、接地问题、高压隔离等问题必须妥善处理。

(6) 现场调试。

现场调试是整个控制系统完成的重要环节。任何程序的设计很难说不经过现场调试就能使用的。只有通过现场调试才能发现控制回路和控制程序不能满足系统要求之处；只有通过现场调试才能发现控制电路和控制程序发生矛盾之处；只有进行现场调试才能最后实地测试和最后调整控制电路和控制程序，以适应控制系统的要求。

(7) 编写技术文件并现场试运行。

经过现场调试以后，控制电路和控制程序基本被确定了，整个系统的硬件和软件基本没有问题了。这时就要全面整理技术文件，包括整理电路图、DCS 程序、使用说明及帮助文件。到此工作基本结束。

2. 系统参数设置。

根据各个控制器的所辖工艺范围和控制程序大小，选取各控制器内的主模件容量大小和参数设置。

(1) 对存储容量的选择。

用户存储容量可做如下粗略估算。在仅对开关量进行控制的系统中，可以用输入总点数×10 字/点+输出总点数×5 字/点来估算；计数器/定时器按 3～5 字/个估算；有运算处理时，按 5～10 字/个估算；在有模拟量输入/输出的系统中，可以按每输入/(或输出)一路模拟量约需 80～100 字左右的存储容量来估算；有通信处理时按每个接口 200 字以上的数量粗略估算。最后，一般按估算容量的 50%～60% 留有裕量。对缺乏经验的设计者，选择容量时留有裕量要大些。

(2) 对 I/O 响应时间的选择。

I/O 响应时间包括输入电路延迟、输出电路延迟和扫描工作方式引起的时间延迟(一般在 2～3 个扫描周期)等。对开关量控制的系统，DCS 和 I/O 响应时间一般都能满足实际工程的要求，可不必考虑 I/O 响应问题。但对模拟量控制的系统，特别是闭环系统就要考虑这个问题。

(3) 根据输出负载的特点选型。

不同的负载对 DCS 的输出方式有相应的要求。例如，频繁通断的感性负载，应选择晶体管或晶闸管输出型，而不应选用继电器输出型。但继电器输出型的 DCS 有许多优点，如导通压降小，有隔离作用，价格相对较便宜，承受瞬时过电压和过电流的能力较强，其负载电压灵活(可交流、可直流)且电压等级范围大等。所以动作不频繁的交、直流负载可以选择继电器输出型的 DCS。

(4) 对离线和在线编程的选择。

离线编程是指主机和编程器共用一个 CPU，通过编程器的方式选择开关来选择 DCS 的编程、监控和运行工作状态。编程状态时，CPU 只为编程器服务，而不对现场进行控制。专用编程器编程属于这种情况。在线编程是指主机和编程器各有一个 CPU，主机的 CPU 完成对现场的控制，在每一个扫描周期末尾与编程器通信，编程器把修改的程序发给主机，在下一个扫描周期主机将按新的程序对现场进行控制。计算机辅助编程既能实现离线编程，也能实现在线编程。在线编程需购置计算机，并配置编程软件。采用哪种编程方法应根据需要决定。

(5) 根据是否联网通信选型。

若 DCS 控制的系统需要联入工厂自动化网络，则 DCS 需要有联网通信功能，即要求 DCS 应具有连接其他 DCS、上位计算机及 CRT 等的接口。大、中型机都有通信功能，目前大部分小型机也具有通信功能。

(6) 对 DCS 结构形式的选择。

在相同功能和相同 I/O 点数据的情况下，整体式比模块式价格低。但模块式具有功能扩展灵活、维修方便(换模块)、容易判断故障等优点，要按实际需要选择 DCS 的结构形式。

3. 程序结构设计

程序结构设计是将 I/O 点所规定的工艺范围及硬件设计规定的硬件设备，用 DCS 系统所提供的逻辑控制功能组态成一条线或一个回路，其结果送入输出通道或网络接口。

(1) 根据顺序控制要求设计逻辑框图或写出控制说明；根据工艺要求提出连锁保护的要求；针对应控制的设备，提出控制要求，如启、停、开、关的条件与注意事项。

如在矿井提升机电控系统中，S7-300 作为过程控制单元，是实现其自动化控制的核心。其程序结构功能由不同的 OB(组织块)组成，其中 OB1 是循环执行 OB，作为主程序；其他 OB 则根据不同的中断条件作为中断执行 OB。在本程序结构中，主体控制程序由 OB1 循环扫描执行，OB100 用来启动 OB1 和参数初始化，组织块 OB80、OB82、OB86 和 OB87 分别是时间错误、诊断错误、机架故障和通信故障中断处理主模块，防止出现上述故障时系统的 CPU 进入停机状态。具体程序结构流程如图 9.18 所示。

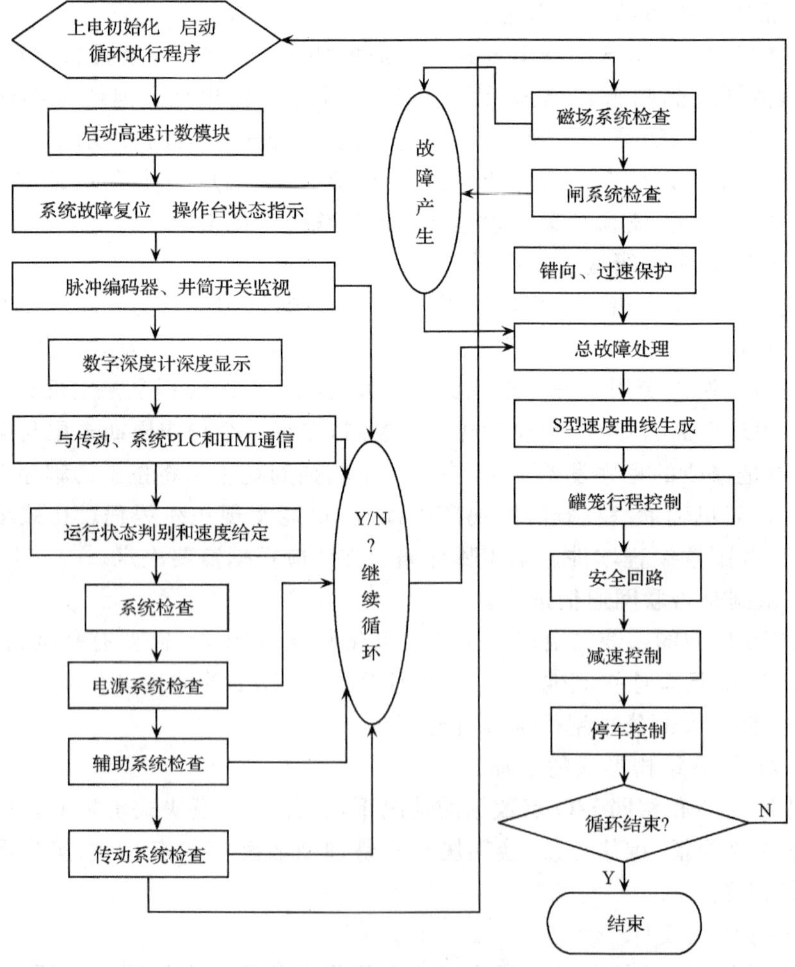

图 9.18　传动 PLC 程序流程图

(2) 根据调节系统要求设计调节系统框图,它描述的是控制回路的调节量、被调量、扰动量、连锁原则等信息。如单回路调节、多选一的选择逻辑、设备驱动控制、顺序控制等,这些逻辑与方案规定了今后详细设计的基本模式。

如图 9.19 所示为裂化器 C2 分离塔塔顶压力与冷凝器液位超驰控制及 SLOT 组态图。

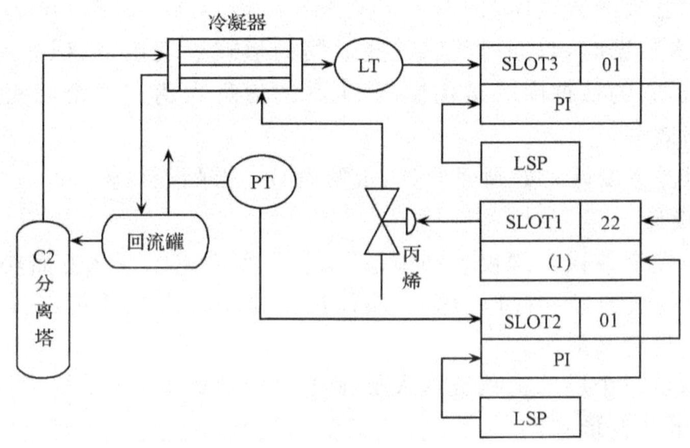

图 9.19　C2 分离塔塔顶压力与冷凝器液位超驰控制及 SLOT 组态图

正常情况下,压力控制器(SLOT2 通过回流罐测得塔顶压力)控制两端流量,流量大时塔顶压力减小,但若冷凝器液位高(丙烯)则不管塔顶压力大小,都要减小丙烯流量,即 SLOT3 将代替压力控制器,LSP 是最小量,是设计出包含所有输入、输出的控制逻辑组态图,以及定义通过通信向人机接口传输的过程变量。

9.3.2　人机界面程序设计

人机界面是提供操作员监视和控制现场生产过程的主要窗口,界面设计的好坏直接影响操作员是否能够快速有效地处理现场的设备运转状态和调节参数。

1. 设计范围

人机界面的形式不同,其设计范围也各异,但总的说来可以包括以下几个方面。

(1) 硬件设计。设计人机界面常采用固定方式,电源连线与外部系统的通信线的连接,键盘、鼠标、打印机等所有外部设备的连接都完全按图纸组装配,因而不会产生差错。由于这部分设计方式与人机界面的其他部分设计截然不同,所以常被错误地忽略。

(2) 系统参数设计。系统参数是指为了使人机界面运行在适当的方式或模式下应设置的参数。与其说设计不如说选择这些参数。为了使人机界面的资源得到充分的利用,根据应用的情况而配置这些资源是十分必要的,否则会使人机界面过载或空载运行。虽然这是很重要的方面,但因机器形式的不同而有很大差别,应根据说明书,特别是应用实例具体分析。

(3) 数据库。人机界面在过程与人之间的接口工作是通过数据库的传递、转换、缓存而实现的。过程数据放到数据库中,人机界面上显示的信息来自数据库。因此,数据库的完善程度在一定意义上反映了人机界面能力的大小。这里所说的数据库是一般意义的数据库,并不一定是 MS Access、Excel 或 Oracal 之类的数据库,尽管在输入数据时,数据可能以这些通用的形式表现出来,但它不是通用的数据处理计算机,它的数据库的结构要与 DCS 的信息表达方式密切相连,这样才能有最高的实时效率。

(4) 应用程序设计。如画面设计、报警设计、记录设计等。

2. 功能设计

人机界面完全取代常规仪表和模拟屏,它必须完成以下几方面功能。

(1) 操作员站的显示管理功能。操作员站显示管理功能可以分为两大类:标准显示和用户自定义显示。

标准显示是一个厂的工程技术人员根据多年的经验,在系统中设定的显示功能,通常有以下几种形式。

1) 系统总貌显示。这是系统中最高一层的显示。它主要用来显示系统的主要结构和整个被控对象的最重要信息。同时,总貌显示一般提供操作指导作用,即操作员可以在总貌显示下切换到任一组有兴趣的画面。

2) 分组显示功能。分组显示画面中,单个模拟量、闭环回路、顺序控制器、手动/自动控制等,以组的形式(通常八个为一组),同时在屏幕上显示出来。分组显示为操作员提供某个相关部分的详细信息,以便监视和控制调节。

3) 回路显示。该功能可以从分组显示中进入该画面中一般显示,该回路的三个相关值(给定值、测量值和控制输出值)的棒状图、数值以及跟踪曲线,还提供该回路的控制参数。操作员在该画面下可以完成改变控制设定、改变控制输出、改变控制方式和修改回路参数等操作。

4) 详细显示。系统中的每一个点对应一个记录,例如,一个模拟量点包含很多信息,如点名、汉字名称、单位、显示上限、显示下限、报警优先级、报警上限、报警下限、报警死区、偏移量、转换系数和硬件地址等。该功能可实现显示方式不同,既可以全屏显示,也可以部分显示。

5) 报警显示功能。过程控制中最重要的要求之一是在任何情况下,系统对紧急的报警都应立即做出反应。报警有许多原因,例如,一个模拟量信号超出正常的操作范围就会引起报警。在 DCS 系统中,我们不但要求系统对一些重要的报警立即做出反应,并且要对近期的报警做出记录,这样有助于分析报警原因。一般 DCS 具有以下几种报警显示功能。

① 强制报警显示。不论画面上正在显示何种画面,只要此类报警发生,则在

屏幕的上端强制显示出红色的报警信息、闪烁，并启动响铃。

② 报警列表显示功能。在 DCS 中存有一个报警列表记录，该记录可以存放近期数百个报警项，每项的内容有：报警时间、点名、汉字名称、报警性质、报警值、极限、单位、确认信息等。

③ 报警确认功能。在报警列表时，已确认的和未确认的报警用不同的颜色进行显示。

6）趋势显示功能。DCS 的一个突出特点是计算机系统可以存储历史数据，并可以以曲线的形式进行显示。一般的趋势显示有两种：一种是跟踪趋势显示，即操作员站周期性地从数据库中取出当前值，并画出曲线。这种趋势显示又称为实时趋势。一般情况下，实时趋势曲线不太长，通常每点记录 100～300 点，这些点以一个循环存储区的形式存在内存中，并周期性的更新。另一类趋势显示为长期记录，这种长期记录通常用来保存几天或几个月的数据。这些长期记录一方面用来长期趋势显示，另一方面可以用来进行一些管理运算和报表。

7）系统状态显示。可以显示系统的组成结构和各个站点及网络干线上的节点状态信息。

用户自定义显示功能是根据不同用户所需要的显示要求，自行设定的显示功能。

DCS 通常是面向一类用户系统设计的，因为每个现场有自己的显示要求，DCS 不可能完成所有用户所需要的所有显示要求，所以，DCS 厂家提供一些设施，使用户可以自己生成自己要求的特定的与应用有关的显示功能。

① 生产流程模拟显示。可以动态地显示生产过程的设备运转状态和参数关系。但大多数对象很难一幅画面上完全显示出来，因此，有以下几种常用的显示技术。首先，分级分层显示。将一个大的流程图由粗到细形成有层次的画面结构，这样，操作员可以调出整个流程的粗框画面，然后配合提示菜单应用键盘上的相应控制键或光标选择下一层画面。其次，分块显示。将一幅大的画面分成若干幅画面进行部分显示。

② 批处理控制画面。此类画面常用于设计、监视或执行某些重复运行或时间事件驱动的顺序控制过程。

（2）打印功能。

现代 DCS 的操作站上均配有一台或数台打印机，用来打印各种记录和信息。同时，多数的 DCS 操作员站还配有一台彩色拷贝机，用来打印屏幕上的图像信息。打印机通常具有如下功能。

① 操作信息打印。随时地打印操作员操作信息，以备分析事故原因（操作事故、设备事故）。该信息含有时间、操作设备、操作类型和操作参数等。

② 系统状态信息打印。随时打印系统的状态报警信息。

③ 生产记录和统计报表打印。打印报表一般是定时激活的，操作员站允许操作员设定打印时间。

(3) 组态功能。

组态功能设计是指针对人机接口的具体功能所做的设计，通常由工艺人员草绘出来，软件设计人员再在控制程序设计同时，完成人机界面设计。人机界面通常因人机接口的类型的不同而不同。以下仅列出通常要设计的一些内容。

① 系统参数定义。

② 工艺流程图。

③ 控制系统画面。

④ 报警系统。

⑤ 记录、报告系统。

⑥ DCS 诊断。

⑦ 操作指导。

⑧ 对外接口系统。

⑨ 操作员级别的定义。

9.3.3 某厂的多晶硅人机界面系统设计

(1) 总貌显示。如图 9.20 所示。上端是报警提示栏和系统登录信息；左部是系统的子系统单键控制界面；下部是系统操作信息。

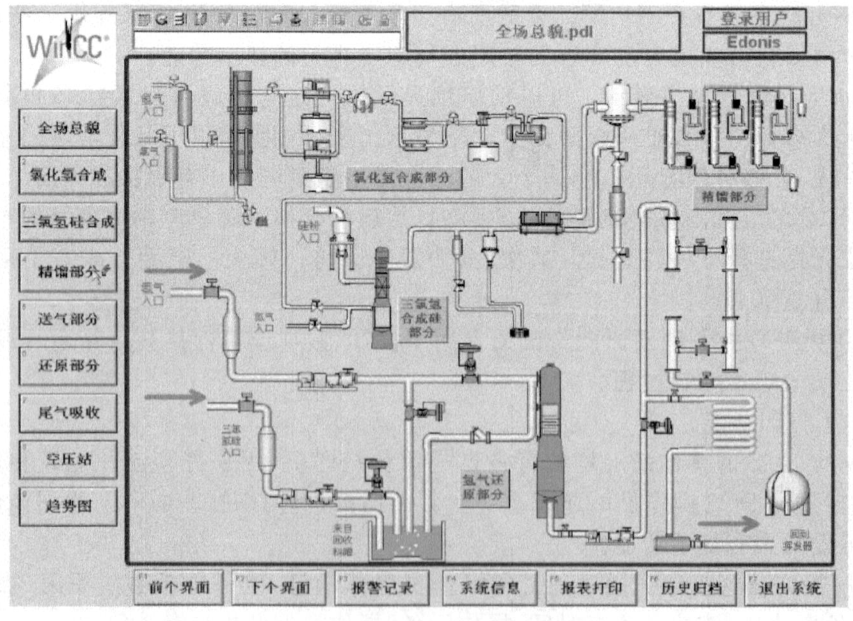

图 9.20　多晶硅系统总貌图

(2) 组显示(子流程画面)。图 9.21 所示只对送气部分进行回路调节和设备连锁控制。

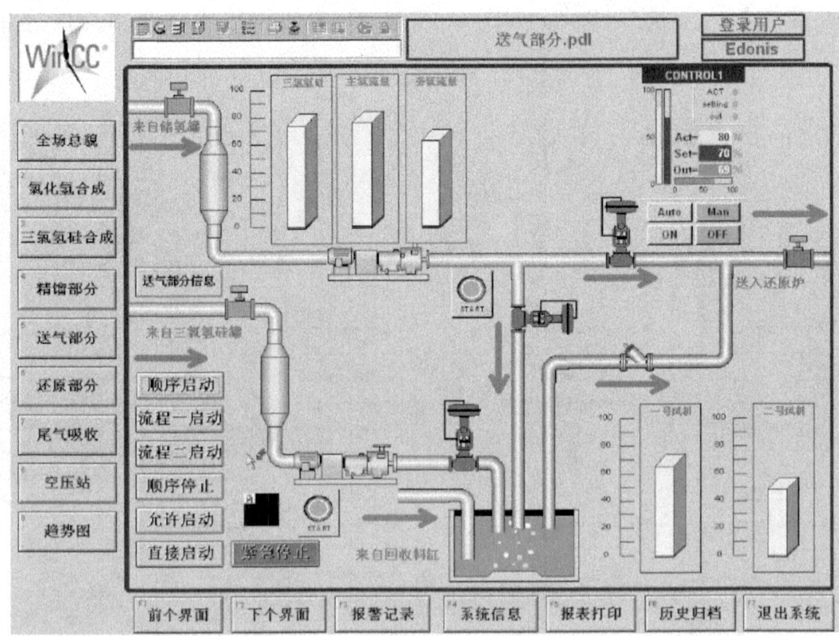

图 9.21　送气部分组显示

(3) 趋势帮助图显示。如图 9.22 所示，可以实时显示氯化氢部分各阀门趋势显示。

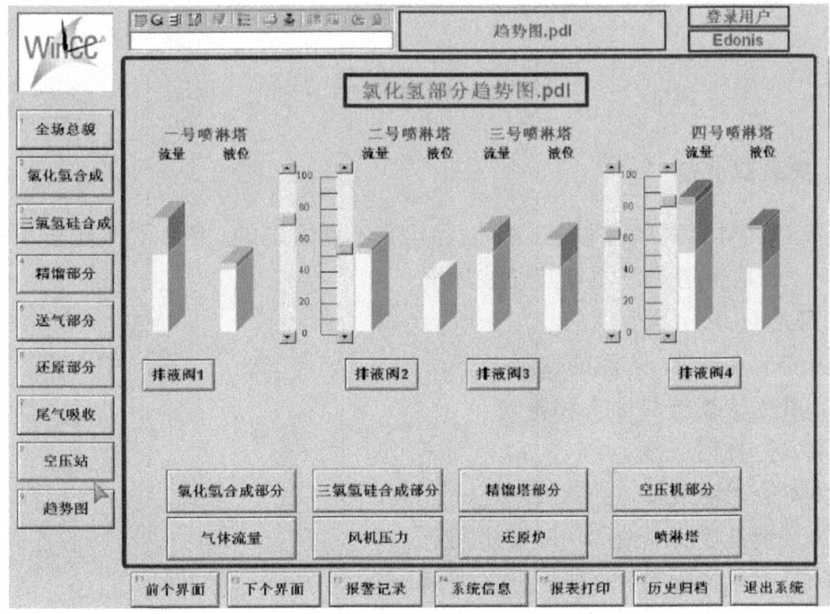

图 9.22　氯化氢部分各阀门趋势显示

(4) 系统各站点状态显示。如图 9.23 所示，提供网络中各个节点的通信状态显示。

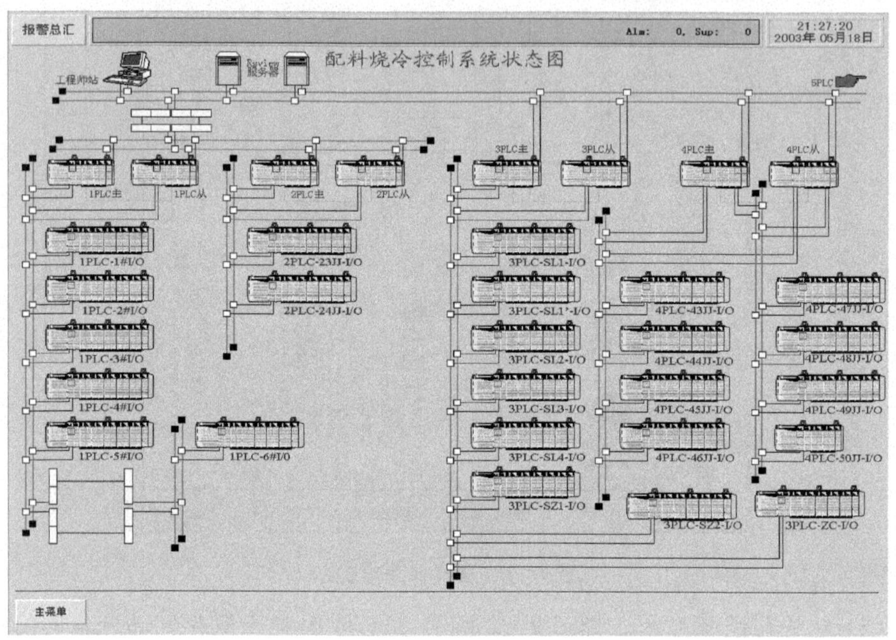

图 9.23 各个节点的通信状态显示

9.4 安装调试

9.4.1 安装前准备

DCS 产品具有高可靠性能，基本上不受环境的影响，但为了保证其更安全可靠地运行，还是要请用户注意其安装环境。

1. 环境设计

(1) 安装在防水、防震的控制板上。

(2) 避免持续施加冲击和振动。

(3) 避开直射光线。

(4) 不会因温度骤变导致结露。

(5) 环境温度保持在 0～55℃之间。

(6) 相对湿度保持在 5%～95%之间。

(7) 不要有腐蚀性气体和可燃气体。

2. 散热计算

(1) 散热设计基本要求。

将 DCS 安装在密闭电控柜中时，不仅要考虑周边器件的发热问题，还要考虑 DCS 本身的散热问题。使用通风扇进行冷却时，要充分考虑到灰尘、不良气体流入影响 DCS 的可能。在 DCS 控制柜中推荐安装过滤器，或者使用密闭型热交换器。

(2) DCS 发热量计算方法。

① 电源部分耗电计算。

MK120S 电源部分转换效率约为 65%，耗电量约占 35%，全部变为热能散失。所以，电源部分耗电量约为电源输出功率的 3.5/6.5。其计算式为

$$W_{pw} = 3.5/6.5\{(I_{5V} \times 5) + (I_{24V} \times 24)\} \quad (W)$$

式中，I_{5V}为 5V DC 回路耗电流(内部耗电)；I_{24V}为 24V DC 回路平均耗电流(同时 ON 接点相当耗电量)，当然使用外部电源时，可略去此项。

② 5V DC 回路耗电量。

电源 5V DC 部分耗电量为基本单元耗电量和扩展单元耗电量之和。

$$W_{5V} = I_{5V} \times 5 \quad (W)$$

③ 24V DC 平均耗电量(同时 ON 接点相当耗电量)。

电源 24V DC 部分耗电量为各模块的耗电量之和。

$$W_{24V} = I_{24V} \times 24 \quad (W)$$

④ 各单元、模块输出口平均耗电量(同时 ON 接点相当耗电量)。

$$W_{out} = I_{out} \times V_{drop} \times \text{输出口点数} \times \text{同时 ON 率} \quad (W)$$

式中，I_{out}为输出电流(实际电流)(A)；V_{drop}为各输出口输出电压(V)。

⑤ 各单元、模块输入口平均耗电量(同时 ON 接点相当耗电量)。

$$W_{in} = I_{in} \times E \times \text{输入口点数} \times \text{同时 ON 率} \quad (W)$$

式中，I_{in}为输入电流(交流有效值)(A)；E 为输入电压(实际电压)(V)。

⑥ 特殊模块的耗电量。

$$W_s = I_{5V} \times 5 + I_{24V} \times 24 \quad (W)$$

⑦ 以上各单元、模块的耗电量之和就是 PLC 的总耗电量。

$$W = W_{pw} + W_{5V} + W_{24V} + W_{out} + W_{in} + W_s \quad (W)$$

⑧ 根据 PLC 的总耗电量，计算电控柜内总发热及温升问题。电控柜内温升，可根据下式计算：

$$T = W/UA \quad (℃)$$

式中，W 为 DCS 系统总耗电量(如上计算值)；A 为电控柜表面积(m^2)；U 为使用风扇个数，使柜内温度保持均匀时为 6、没有均热设备时为 4。

3. 抗干扰电路设计

DCS由于具有功能强、程序设计简单、维护方便等优点，特别是高可靠性、较强的适应恶劣工业环境的能力，已被广泛应用于很多行业。但由于很多工业现场环境条件恶劣、湿度高，以及各种工业电磁、辐射干扰等，会影响系统的正常工作，因此必须重视工程的抗干扰设计。

DCS所受的干扰源主要有电源系统引入的干扰、接地系统引入的干扰和输入输出电路引入的干扰三类。如果PLC的干扰问题解决得不好，系统将无法可靠运行，将会影响到正常工作。

为防止干扰，可采用硬件和软件的抗干扰措施，其中，硬件抗干扰是最基本和最重要的抗干扰措施，一般从抗干扰和防干扰两方面入手来抑制和消除干扰源，切断干扰对系统的耦合通道，降低系统对干扰信号的敏感性。

(1) 电源系统引入的干扰。

电网的干扰、频率的波动，将直接影响到PLC系统的可靠性与稳定性，从这个意义上来说抑制电源系统的干扰是提高PLC的抗干扰性能的主要环节。

对于电源系统引入的干扰主要有两种抗干扰方法，分别介绍如下。

① 加装滤波、隔离、屏蔽、开关稳压电源系统。

设置滤波器的作用是为了抑制干扰信号从电源线传导到系统中。使用隔离变压器，必须注意的是：屏蔽层要良好接地，二次连接线要使用双绞线(减少电线间的干扰)，隔离变压器的一次绕组和二次绕组应分别加屏蔽层。为了抑制电网大容量电动机设备启停引起电网电压的波动，保持供电电压的稳压，可采用开头稳压电源。

② 分离供电系统。

DCS的控制器与I/O系统分别由各自的隔离变压器供电，并与主电源分开，这样当输入输出供电断电时，不会影响到控制器的供电。如图9.24所示。

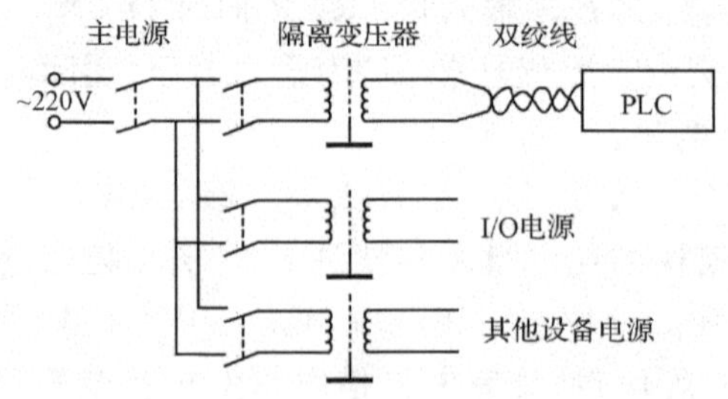

图9.24　分离供电系统图

(2) 接地系统引入的干扰。

DCS系统分为逻辑电路接地和功率电路接地，有共地、浮地及机壳共地和电路浮地等几种方式，一般采用PLC与其他设备分别接地方式最好。

接地时注意：接地线尽量粗，一般大于 $2mm^2$ 的线接地。接地点应尽量靠近控制器，接地点与控制器之间的距离不大于 50m。接地线应尽量避开强电回路和主回路的电线，不能避开时，应垂直相交，应尽量缩短平行走线的长度。

工程实践证明，接地往往是抑制噪声和防止干扰的重要手段，良好的接地方式可在很大程度上抑制内部噪声的耦合，防止外部干扰的侵入，提高系统的抗干扰能力。

(3) 输入输出电路引入的干扰。

为了实现输入输出电路上的完全隔离，近年来在控制系统中光耦合得到广泛应用，已成为防止干扰的最有效措施之一。

光耦合器具有以下特点：第一，由于是密封在一个管壳内，不会受到外界光的干扰；第二，由于靠光传送信号，切断了各部件电路之间地线的联系；第三，发光二极管动态电阻非常小，而干扰源的内阻一般很大，能够传送到光耦合器输入输出的干扰信号就变得很小；第四，光耦合器的传输比和晶体管的放大倍数相比，一般很小，远不如晶体管对干扰信号那么灵敏，而光耦合器的发光二极管只有在通过一定的电流时才能发光。因此，即使是在干扰电压幅值较高的情况下，由于没有足够的能量，仍不能使发光二极管发光，从而可以有效地抑制掉干扰信号。

由于光耦合器的线性区一般只能在某一特定的范围内，因此，应保证被传信号的变化范围始终在线性区内。为了保证线性耦合，既要严格挑选光耦合器，又要采取相应的非线性校正措施，否则将产生较大的误差。

光耦合输入电路如图 9.25 所示。图(c)接法它具有两个约束条件，对于防止干扰有明显的优越性，适用于外部干扰严重的环境，当外部设备电流较大时，其传输距离可达 100～200m。图 9.25(d)考虑到 CMOS 电路的输出驱动电流较

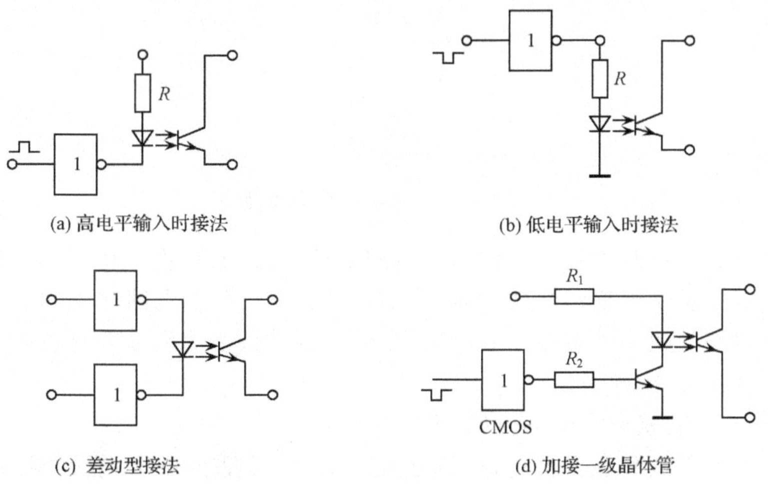

(a) 高电平输入时接法　(b) 低电平输入时接法

(c) 差动型接法　(d) 加接一级晶体管

图 9.25　光耦合输入电路

小，不能直接带动发光二极管，所以加接一级晶体管作为功率放大，需要注意的是图中发光二极管和光敏三极管应分别由两个电源供电，电阻值视电压高低选取。

光耦合输出电路如图 9.26 所示。为了得到和输入同相的信号，可以采用图 9.26(a)形式。若要求输出和输入反相，可以接成图 9.26(b)形式。当输出电路所驱动的元件较多时，可以加接一级晶体管作为驱动功率放大，其接法如图 9.26(c)所示。有时为了获得更好的输出波形，输出信号可经施密特电路整形。

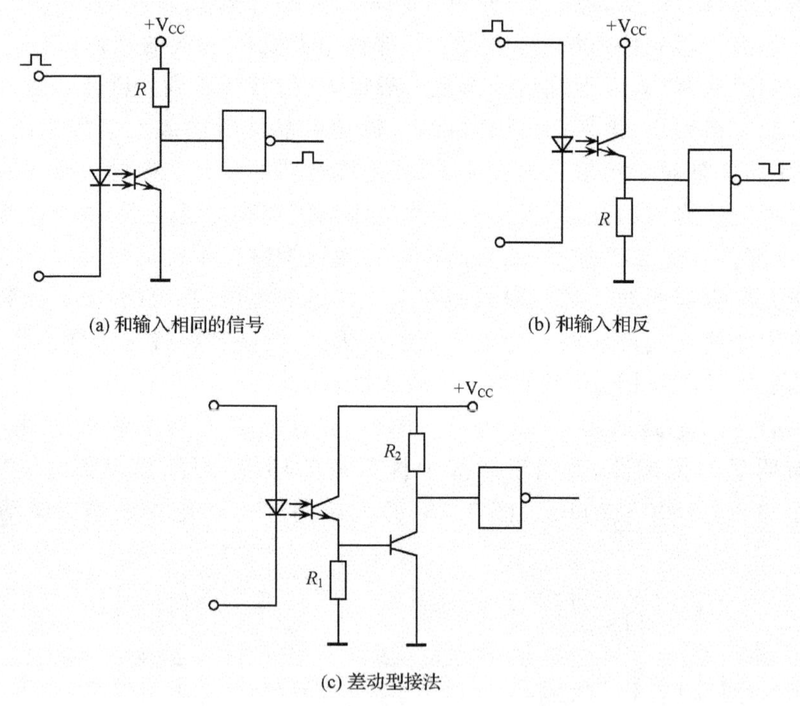

(a) 和输入相同的信号　(b) 和输入相反

(c) 差动型接法

图 9.26　光耦合输出电路

以上两点是对开关量输入输出信号的处理方法，而对模拟输入输出信号，为了消除工业现场瞬时干扰对它的影响，除加 A/D、D/A 转换电路和光耦合外，可根据需要采取软件的数字滤波技术如中值法、一阶递推数字滤波法等算法。

4. 安装前的检查工作

在 DCS 安装就位之前，先要做下列检查：

(1) DCS 室位置是否合适，空间是否充足，地面是否结实，能否承担机器设备的质量，安装固定装置与 DCS 设备是否配套，走线槽是否合理。

(2) 电源供电系统是否符合要求。

(3) 接地措施是否符合要求。

(4) 控制室环境是否符合要求。

9.4.2 安装要求

1. 施工要求

(1) 加工螺孔或为 PLC 配线时，请注意不要落进铁屑或线头等异物。

(2) 安装位置应选方便操作处。

(3) 不要同高压器件安装在同一个控制屏上。

(4) 和配线盒、外围模块等设备的距离要大于 50mm。

(5) 要选择抗扰环境良好处所可靠接地。

2. PLC 配线的要点

(1) 电源配线。

电源波动超过规定值的场合，请连接电源稳压装置，电源线尽量就近连接，而且紧密绞成麻花状以防止引进干扰，如图 9.27 所示。

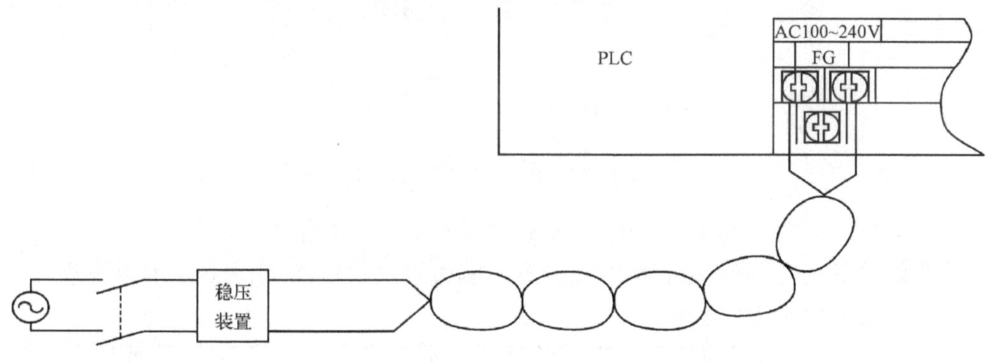

图 9.27　电源配线

PLC 的电源线路、输入输出供电电源线路和主回路动力电源线路要分开使用。110/220V AC 线路，尽量用粗导线（$2mm^2$）以减小线路压降。110/220V AC 线路、24V DC 线路不要靠近主回路（高压、大电流线路）和输入输出回路。尽量相隔 80mm 以上。

请使用浪涌吸收器以防止雷电的袭击，如图 9.28 所示。图 9.28 中，防雷浪涌吸收器的接地线（E1）和 PLC 的接地线（E2）要分开接地，并且请注意选择防雷浪涌吸收器的上限电压，使其不要低于电源电压最大值。

有干扰侵入时，请使用隔离变压器或尖脉冲过滤器。各电源配线、隔离变压器或电源滤波器配线不要采用管线方式。

(2) 输入输出设备配线。

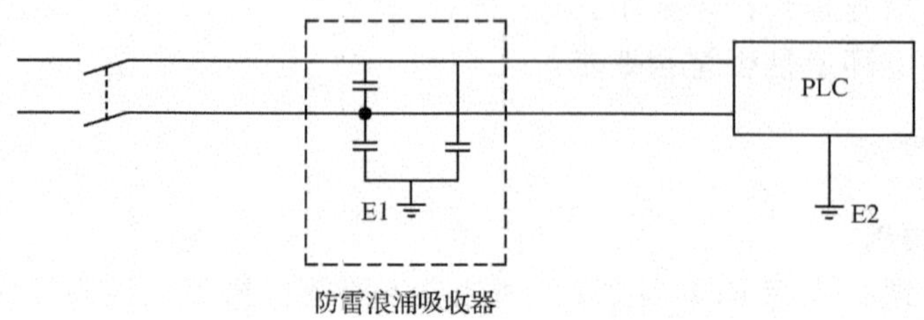

图 9.28　电源防雷接线

输入输出配线在 0.18～2mm² 范围内选用使用方便(0.5mm²)的导线。输入线路和输出线路要分开配线。需要强调的是,输入线路要和主电路、高压大电流线路相隔 80mm 以上。主电路、动力电路和输入输出线路无法分开时,请使用互套隔离电缆,并将电缆靠近 PLC 处接地处理,如图 9.29 所示。使用管路配线时,请将管路可靠接地。

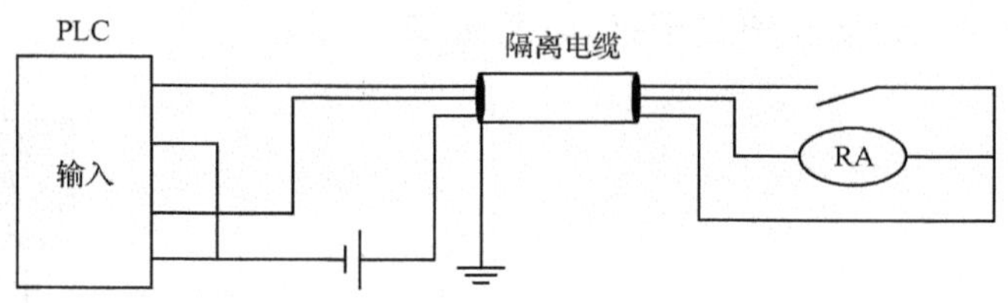

图 9.29　输入输出设备配线

24V DC 输出线路,要和 110V AC 线路、220V AC 线路分开配线。对于 200m 以上远程配线的场合,分布电容的漏电流有可能引发误动作,因此也必须加以注意。

(3) 接地保护 PE 配线。

一般 DCS 在出厂前已采取充分的抗干扰措施来防止干扰影响,因此除干扰特别严重的情况之外,不用接地足可以稳定运行。但是,为了更加令人放心一定要接地使用的话,接地体尽量使用专用接地体,接地方式要采用第三种接地(接地阻抗 80Ω 以下)规格,如图 9.30 所示。接地用导线,请使用 2mm² 以上导线,而接地点尽量选择 DCS 近处,接地线要尽量短。

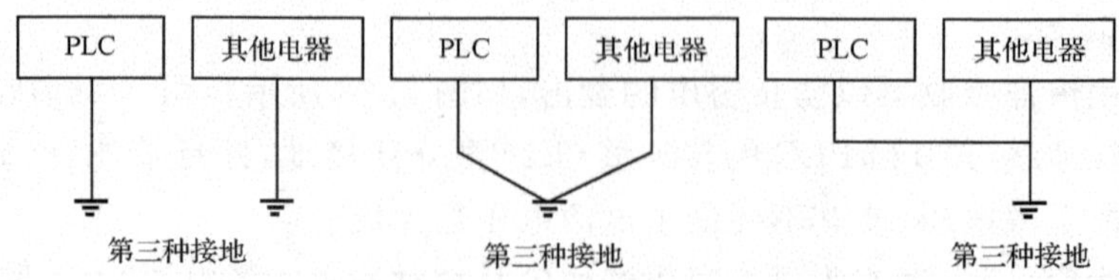

图 9.30　第三种接地

(4) 配线导线的规格。

配线用导线的规格如表 9.2 所示。

表 9.2　导线的规格

外接信号种类	导线规格(lnlll2)	
	下限	上限
开关量输入	0.18(AWG24)	1.5(AWG16)
开关量输出	0.18(AWG24)	2.0(AWG14)
模拟量输入输出	0.18(AWG24)	1.5(AWG16)
通信	0.18(AWG24)	1.5(AWG16)
主电源	1.5(AWG16)	2.5(AWG12)
保护接地	1.5(AWG16)	2.5(AWG12)

3. 系统信号电缆敷设与端子接线

(1) 现场信号电缆分类。

现场信号大致分为模拟量信号、开关量信号与数据通信信号。

① 模拟量信号包括模入信号和模出信号。此类信号应使用屏蔽双绞线电缆连接，信号电缆芯的截面应≥$1mm^2$。

② 开关量信号包括开入和开出信号。低电平的开关信号应使用屏蔽双绞线电缆连接，信号电缆截面应≥$1mm^2$；而高电平(或大电流)的开关量的输入输出信号可用一般双绞线电缆(控制电缆)连接，但应与模拟量信号、低电平开关信号分开，单独走电缆槽。

③ 数据通信信号电缆要求用专用通信电缆。

④ 设计时强弱电小能占用同一电缆。

(2) 电缆敷设要求。

1) 计算机的输入输出信号电缆应敷设在带盖的电缆槽中，电缆槽道及盖板应保证良好接地。

2) 单根信号电缆应穿在钢制电缆管中敷设，电缆管要保证良好接地。

3) 电缆屏蔽层宜选用铜网屏蔽或铝箔屏蔽。屏蔽接地的原则为一端接地，屏蔽接地有两种方式。

① 在传输模拟信号、脉冲频率信号时，若信号源没有接地，屏蔽电缆应在控制室一侧接地。

② 当信号源本身接地时，如接地热电偶、pH 计电极等，屏蔽电缆应在现场信号源一侧接地。

4) 仪表信号电缆与动力电缆交叉敷设时，宜成直角；平行敷设时，若动力电缆有屏蔽层，两者之间的距离应大于 150mm；若动力电缆无屏蔽层，两者之间的最小允许距离见表 9.3。

表 9.3　仪表电缆与动力电缆之间的平行线最小间距

动力电缆负荷	平行线最小间距/mm
125V，　10A	300
250V，　50A	450
440V，　200A	600
6300V，　800A	1200

5）电缆在电缆沟内敷设时，必须严格按一定层次敷设，自下而上分层排列的顺序是：动力电缆、控制电缆、信号电缆(屏蔽电缆)。如图 9.31 所示为电缆敷设桥架示意图。

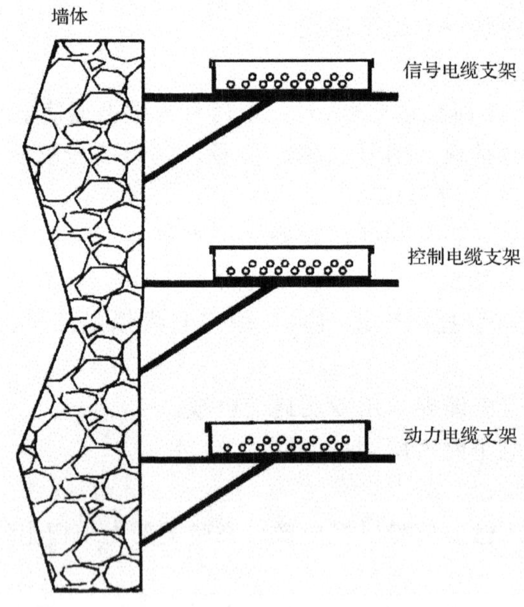

图 9.31　电缆敷设桥架示意图

6）多芯电缆或一根管内穿多根导线时，应留有备用芯线，备用芯数不得少于工作芯数的 10％～15％。

(3) 端子接线。

系统信号的端子接线工作，由现场施工方根据设计院提供的《端子接线图》进行，一套 DCS 根据其规模的大小，接线的工作量有较大的差异。对于 1000 点左右的项目，常常需要连接 1000 对以上的来自于现场的信号线，这些信号线的种类、性质有很大差别，而 DCS 的接线往往是 DCS 在现场工作的工作量最大、最麻烦、最容易出错的工作。几乎没有哪一个现场工程的接线工作是保证一次全部正确的。

1）接线方法。信号电缆通过现场控制柜底端地板下的进线孔进入现场控制柜。将信号电缆从下至上走线，分别连至相应的过程 I/O 模块的端子，要求信号电缆走线整齐美观并绑扎固定。

2）接线步骤。在真正进行接线之前，接线人员一定要仔细地阅读《系统控制采集测点清单》和《信号端子接线图》，仔细确认每一信号的类型（AI、AO、DI、DO），传感器或变送器的类型、开关量的通断及负载的性质，仔细对照各机柜及机柜内各模块/板的位置，确认各接线端子的位置，然后开始按下列步骤接线和检查：

① 确认各控制站的电源及模块/板电源已断开。

② 确认各现场信号线均处于断电状态。

③ 确认各端子上的开关均处于断开状态。

④ 按照《信号端子接线图》要求以及相关规范的要求，接好所有的现场信号线。

⑤ 仔细检查现场接线的正确性，包括以下内容。

首先，对照《信号端子接线图》和各信号线上的标签，检查信号线的正确性（包括有无错位、正负极是否正确、连接是否紧固等）；

其次，在与计算机 I/O 断开的条件下，对各现场信号的现场仪表加电，在计算机接线端子上核实所接信号的电气正确性，对于模拟信号，要测出仪表输出最小、最大时的端子测量值，对于开关量信号，要测出“关”、“开”两种状态时，端子上的电压读数。将这些值与《系统控制采集测点清单》对照，检查每一路的信号性质、量程和开关负载是否正确，做好测试记录。全部正确无误后，才算接线工作已正确完成。在接线工作中，除了一定要保证各信号的正确性之外，还要注意尽量合理的布线，防止机柜外走线、槽内走线不规则、混乱的情况，而且机柜内的走线要工整、美观，每对端子的紧固力度大小合适。

4. 安装就位

检查符合要求后，就可以开始设备的就位与安装。

将 DCS 的各设备（操作员站、工程师站、服务器、通信站及现场控制站等）分别就位，在就位过程中要仔细阅读厂家提供的《操作站、机柜平面布置图》，核实每站的编（标）号和其在图中的位置，将每个站按要求的位置就位。卸除各操作台和机柜内为运输所设置的紧固件，核实各站的各接地设施，分别按要求进行接地。

（1）操作台的安装步骤。

① 依照安装尺寸在控制室地板上安装固定好地脚螺栓。

② 将操作员站机柜底座与地脚螺栓连接机架紧固。

③ 将显示器装入操作台的保护罩内，并旋紧橡胶绝缘层保护罩后面的固定螺钉。

④ 将操作员站的主机放入操作台下方的机柜中。

⑤ 将打印机、标准键盘、轨迹球和专用操作键盘置于操作台上。

⑥ 将操作员站主机、打印机、标准键盘、轨迹球和专用操作键盘之间的线连好。

(2) 现场控制柜安装步骤。

① 按照控制室的布局将地脚螺栓安装固定在地板上。

② 将现场控制柜底座与地脚螺栓连接紧固。若各现场控制柜为密集安装,应去掉中间柜的两边侧板。

③ 核实各站的供电接线端子和电源分配盘是否正确,按要求接电源。

④ 将各操作站、工程师站、服务器及通信站等外设单元按要求接上电源线。

⑤ 检查控制站内各内部电源的开关是否均处于"关"位置,将各内部电源(如果需要接)接上。

⑥ 仔细检查上述各电源,地线是否连接正确。

9.4.3 系统上电

系统安装就位后,连接好电源和接地以及系统的网络线,就可以先进行上电检查。

1. 上电前的检查工作

(1) 由现场进入现场控制站机柜的各类信号线、信号屏蔽地线、保护地线及电源线是否连接好。

(2) 现场控制站机柜内各电源单元、主控单元及过程 I/O 模块是否安装牢固。

(3) 现场控制站机柜内各单元间的连接电缆是否连接完好。

(4) 现场控制站与服务器的通信电缆是否连接完好。

(5) 服务器与操作员站主机是否连接完好。

(6) 操作员站专用键盘与主机是否连接完好。

(7) 操作员站鼠标或轨迹球与主机是否连接完好。

(8) 操作员站主机、监视器是否连接完好。

(9) 现场控制柜内的所有开关是否断开。

(10) 现场控制柜、服务器、操作员站、工程师站、通信站主机、打印机、显示器及集线器的电源是否断开。

(11) 检查各操作站主机、CRT 及打印机等外设的电源开关是否处于"关"位置。

(12) 检查控制站内的各电源开关是否处于"关"位置。

(13) 网络工作是否正常。

(14) 软件能否正常运行。

2. 系统上电步骤

(1) 打开各站的供电总开关,然后逐个打开各设备的电源,对各个设备加电,检查是否正常。

(2) 依次接通服务器、操作员站、工程师站、通信站主机和显示器电源,打开现场控制站总电源空气开关,依次将各 I/O 站电源开关接通。

9.4.4 系统调试

系统的现场调试工作是非常复杂且涉及各专业人员较多的一项现场工作,不仅仅包括系统的所有功能调试、控制回路的调试、控制算法的整定及各种接口的调试,同时还涉及相关各方的配合与协调工作。涉及的各专业人员有:控制人员、仪表人员、工艺人员及操作人员,还有诸如电气、环境、安全等方面的人员可能参加。

在进行现场调试工作之前,各专业的人员应该与 DCS 厂人员共同仔细讨论,共同制定一个《现场调试计划》,其中列出所有要调试的内容、调试的方法和步骤以及每一步的负责人等。

1. DCS 现场调试主要内容

(1) 检查操作员站、工程师站、I/O 控制站的地址设置。

(2) 将系统设备逐一上电,确认无误。不能不确认就一起将所有电源开关合上。

(3) 检查设备运行状况,有无异常。如有不正常,要检查和分析原因,并排除。

(4) 对计算机进行设置,直到在操作员站上看见每个设备都运行正常。

(5) 静态调试,校对信号,检查算法,根据用户现场提出的要求修改算法、检查和修改流程画面及操作画面。

(6) 在静态调试的基础上,进行动态调试,发现不正确的情况进行及时修改并记录。

(7) 运行相对稳定后,对自动控制系统进行 PID 参数整定,将各回路投入自动运行,达到系统的自动控制要求。

(8) 对系统进行收尾完善工作。

2. 现场信号与数据组态正确性的调试

(1) 现场信号与数据组态正确性的调试方法和步骤。为了保证系统的各种功能,特别是控制调节功能运行正确,输入、输出关系必须确保正确无误。因此,现场调试的第一步工作应该是,确认所有的输入、输出信号的接线与实时数据的组态是否一一对应。检查线路上有无故障,特别是有无高压干扰,此阶段调试工作有两个目的:一是检查现场信号的信号源是否准确;二是检查实时库的组态(包括各种转换关系的设置、地址的分配等)是否正确,并将测试结果记录于“信号测试记录表”

中。测试方法和步骤如下。

① 将操作员站的系统信号测试画面调出，逐一对各I/O站的所有模块涉及的各种信号进行测试。操作员站测试画面显示的结果是经过了所有的硬件输入、输出，信号的滤波处理，物理量的转换之后得到的最终结果。因此，操作员站测试画面能全面地反映信号的正确性。

② 在进行模出和开出信号测试与调试时，注意同样使用操作员站测试画面，用人机会话的方式输入（或修改）输出的值，用测试仪表测试信号端子两端的值，同时，测量执行机构的动作（要在现场允许执行机构动作的前提下）。

③ 对于冗余输入/输出信号的测试，还要测量模块/板切换时，输入/输出信号是否有扰动，如果发现信号有扰动应该及时处理。

(2) 现场信号调试过程中常见问题及处理方法。在信号测试和验证之前，应该相信系统中的各I/O处理模块的精度是符合要求的，也就是说，只要现场信号接线正确，系统的接地条件符合要求，信号的组态正确，那么，测试的精度是可以保证的。这样，一般结果可能出现以下几种情况。

1) 某模块(板)上的所有信号显示均不正确或者是某几路信号不正确，而且均显示在最大(或最小、或某个位置)，改变输入信号，显示值不随着按比例变化。这时可以按以下方法进行处理。

① 用仪表测量信号输入端子两端的电压值是否正确，如不正确，可能是变送器信号不正确或接线有问题。

② 如果端子上的信号正确，检查组态数据库的信号类型、增益和转换方式设置是否正确，如不正确，改正之后则可正常。

③ 通过前面的工作之后，如果已经判断外围信号正常，而且数据库组态也正确，此时，可以将模块的外围信号线断开。如果将标准信号源加到模块端子上之后信号显示不正常，说明变送器与系统之间的匹配存在问题，或者是设置方面的问题，也可能是电信号之间的匹配问题，这需要仔细研究和询问变送器厂家关于变送器的使用方面应注意的问题。

④ 如果变送器与系统的匹配不存在问题，信号不正确显示现象依然存在，可能是模块(板)出现故障，换上同样的备用件再进行测试，如果正确，问题解决。

2) 对于模出信号的测试，在检查模出信号的精度问题时，要测一下输出线路上的负载值是否在系统的要求之内，特别是那些选择了不常规的执行机构，或者线路上串接有其他的设备(如安全栅、其他智能表等)时，可能会因为负载的超值而引起精度的变化。

3) 模块(板)上的信号基本上按信号变化的比例变化，但精度不对，而且漂移，那么检查柜内信号电缆转接上是否受到大信号干扰，检查该模块(板)上信号的各种接地(如屏蔽线接地)是否正确，测量端子上的信号是否准确稳定。

4）信号反应正确，精度满足要求，但报警不反应，检查数据库组态中报警上、下限值是否正确，报警级别和方式是否正确。

这一步信号测试工作比较费时，而且涉及的人也多，有时要去检查仪表、接线等，但此步工作非常重要，务必耐心做好。做好此步工作可以大大地减轻控制调节和整定的工作。这一步工作也是质量控制要求所必需的。在测试过程中一定要做详细测试记录。还有一点注意的是，在信号正确性与精度测试过程中，一定要有 DCS 厂家的人、用户方的 DCS 维护人员或者自控工程师在现场，这样对出现的问题可以及时得到解决。

（3）控制回路的调试与算法整定。

DCS 现场调试工作中难度最大的工作是控制回路的调试和算法的整定，是 DCS 现场实施的关键和难点，直接关系到现场的运行效果，由于各行业的系统控制要求差别很大，很难在此提出具体的调试方法，因而只是根据大部分现场调试的经验提一些参考建议。

先检查整个系统的所有控制组态（包括控制算法和各参数），检查这些控制算法和参数的设置与现场相比是否合理。特别是检查各控制算法的参数，并将这些参数设定为常规控制经验参数。利用 DCS 提供的控制调节画面，一般能显示出控制参数值和备用回路的输入、输出及反馈值，对每个回路进行调试、整定。

1）控制回路的调试与算法整定过程准备工作。

① 人员准备。在控制回路调试与参数整定过程中，自控人员、工艺人员、操作人员及仪表人员一定要在场，因为控制回路的调试涉及各方面的工作。

② 参数整定的基本原则。装置在运行时，自动回路的投入应保证各工段的平稳运行，主要参数不能出现较大的波动，其他辅助设备的压力、液位、温度等参数也不能出现影响装置正常运行的过大波动。

③ 同现场负责装置运行人员的配合工作。自动回路的投入属于自动化改造工程调试工作。自控人员负责投入自动回路，在进行此项工作时，应先向用户运行人员明确投入自动过程的工作内容，需要运行人员如何配合，有何影响及出现意外情况应如何处理。调试结束后应通知运行人员，并将调试结果记录在联系单中。自动回路首次投入前应要求运行人员将该部分工况尽量调至相对稳定状态。

2）DCS 控制回路调试过程中具体工作和需要注意事项。

① 所有自动回路的组态在出厂前都应经过严格测试。若其组态在现场有改动，在投入自动回路前应仔细检查组态的信号流向及逻辑的正确性，信号切换部分要注意切换逻辑的时序问题。组态应做到自动回路至现场的出口有可做人工干预的简单逻辑部分，万一有组态错误可以人工停止自动回路对现场的控制作用。

② 投入自动回路时可先将 PID 模块的比例带、积分时间的数值放大，将 PID 模块输出上、下限放至 PID 模块当前跟踪输出值附近的一个可允许变动范围内，

将 PID 模块输出变化率放小。投入自动回路后，观察 PID 模块的动作方向是否正确，PID 模块输入偏差的变化是否在正常范围之内，确认后再将 PID 模块的几种输出限制相继放开，恢复其正常作用，再根据调节品质调节 PID 模块各项的参数。

③ 控制回路的调试一定要保证生产过程的安全，调试要稳定地、循序渐进地进行。

④ 控制回路调试过程中，如果达不到控制的结果，例如，有时回路的自动算法给定值已达到很大，控制回路的输出值也已给到很大(有时满量程)，但反馈测量值仍离要求相差很远且变化很慢，这时也要检查控制算法是否正确，调整上、下限的设置是否合理，PID 的正、反使用是否正确，控制方式是否在正确位置，测量实际的端子输出值是否正确，检查调节阀门是否失灵，检查调节回路(如风道、管道)是否有堵塞，检查管道的管径是否足够大等。

⑤ 调节回路的顺序是先手动、后自动，最后才切换到串级及其他复杂回路。有的现场为了提高可靠性，在输出回路串入手操器功能块，在调控之前一定要先检查手操器与 DCS 是否配套，负载是否在要求范围之内。在控制调试过程中一定要做好记录，最后将最终调试结果(最后的控制组态和参数)打印出来，存档。

(4) 系统其他功能调试。

1) 画面调试。因为流程画面在出厂测试验收时已经全部测过，而软件不会因为运输和环境的改变而出问题。特别强调，流程画面一定要在系统组态时确认并组态，到达现场之后，不应再改变。在现场进行的流程画面，主要是完成以下几方面的测试工作。

① 画面显示的正确性。主要是测试 CRT 到现场后受环境的干扰影响(特别是强电磁干扰)。

② 各画面动态点的测试。测试每幅画面上的各种动态点(数值显示、棒图、曲线)是否设置正确，显示量程是否正确。此步工作可以与信号测试工作同时进行。

2) 报表打印功能的调试。报表测试由于在出厂测试及验收时已做详细的测试，应该不存在什么问题，因此，只需用打印机分时打出每张报表(包括记录报表和统计报表)，检查正确与否，存档。

3) 操作员站操作级别及口令字设置的调试。详细地检查操作员站的操作级别设置是否正确，每级操作限制是否起作用，口令字修改是否正确。如果设置不正确，改正过来。记录测试结果。

4) 操作记录正确性调试。在以上进行的各种调试操作中，特别是控制操作、打印操作和人机会话操作时，保持打印机处于开机状态，打印操作记录，检查是否正确。

5) 报警记录打印功能检查。将系统的报警记录打印出来，检查其是否正确。

6) 其他系统功能及高级功能的调试，例如智能表通信的调试。

将以上所有调试过程记录整理记入《系统现场调试报告》中。

9.5　系统验收维护

9.5.1　系统验收

现场调试工作完成之后，系统应处于正常投入运行状态，这时要进行系统的现场测试和验收工作。这一步是非常关键的，因为验收后DCS厂家就完成了向用户的交货工作。对于DCS厂家提供质保服务工作，则在现场验收合格后就是质保期的开始。现场验收的组织工作应该由用户完成，作为系统工程，现场投入运行不仅仅是DCS，同时还有很多相关的工作需要更多的单位配合完成，因此现场验收工作往往应该是现场整体项目的验收，其中一部分工作应为DCS的验收工作。在用户的组织下，相关各方积极配合，系统竣工验收工作将会很顺利。

一般地说，在现场验收阶段应该完成以下几方面的测试验收工作。

1. 检查和审阅相关的文件记录

(1) 审阅DCS的出厂测试与验收结果。

(2) 审阅DCS现场安装记录。

(3) 审阅现场调试的所有记录。

2. 现场环境条件测试

系统现场测试与验收，并不只是单单地对DCS进行测试与验收，还要系统地检验和测试DCS所处的环境，即对用户方的测试，此部分要进行以下内容的测试：机房条件的测试，包括温度、湿度、防静电及防电磁干扰等方面措施，是否符合系统产品标准提出的条件；系统电源的测试，测试DCS的供电系统的电压、频率是否符合要求；接地电阻的测试，测试用户的接地系统是否符合DCS要求。

3. 系统功能测试

在DCS正常运行的情况下，进行下列功能测试：

(1) 操作员站系统操作功能的测试。

(2) 操作流程画面的测试。

(3) 报表打印功能的测试。

(4) 控制调节的测试。

(5) 控制分组画面显示功能的测试。

(6) 报警显示、确认及打印功能的测试。

4. 系统的信号处理精度测试

从现场调试记录中的信号精度调试记录表中，抽选出若干有代表性的信号，用操作测试画面进行测试，测试方法与现场调试阶段一样，检查处理的精度是否符合要求。

5. 控制性能的测试和考核

仔细地测试每个控制回路的有效性、正确性及稳定性，对于有控制指标、有具体要求的回路(如控制温度保持在 XXX 范围以内，控制回路应该在 XX 时间内控制被控对象达到 XX 指标)，核实目标是否达到。

6. 其他功能测试

具体测试其他先进控制联网通信等功能，这部分功能的测试要非常认真、仔细，因为这些功能不是 DCS 的标准功能，而属于开发或购买的部分，难免会有些问题隐含在里边，因此这部分测试要进行得彻底。

7. DCS 资料检查验收

检查 DCS 厂家提供的随机资料是否齐全，检查在现场每一步工作中所做的记录是否齐全。

(1) 测试验收结论。

(2) 测试人员名单。

(3) 签字、盖章。

(4) 测试验收小组(包括合同所有涉及方人员)对系统逐项进行测试验证并详细记录，最后得出测试结论。

9.5.2 维护与二次开发

系统在现场投入运行并通过竣工验收之后，进入系统运行与维护阶段，此阶段的维护情况需要作出记录，记录 DCS 及相关自控设备在运行过程中所出现过的故障、原因和解决措施。

1. 系统常见故障及排除

现场常见的问题有三方面：一是从现场来的信号本身有问题；二是系统硬件故障；三是软件组态与硬件相互协调有误引起冲突。只有对症下药，才能抓住主要矛盾，达到迅速排除故障的目的。

(1) 现场信号的问题。

现场信号的问题主要有以下几个方面：

1) 测量元器件损坏。

2) 变送器故障。

3) 连线问题，包括信号线接反、松动、脱落、传输过程中接地及传输过程中受干扰影响耦合出超出 DCS 可以接受的干扰等。

4) 变频器等对模拟量 I/O 的干扰遇到这类问题应做以下工作。

① 检查变频器外壳是否已可靠接地。

② 降低变频器的载波频率至最低。

③ AO 信号线负极接地(现场端、DCS 端均试验一下),现场端接阻容串联吸收电路,电阻 200～300Ω/0.125W、电容 0.1～1μF/400V AC 串联,接到信号正负极之间。

④ 如果发现模出电流在信号接收端变大,可断定为电磁干扰所致,不是 DCS 存在问题。电流是否变大取决于接收方输入电路的形式,即使在同样的干扰条件下,电流也可能不变大。为避免此问题,应采用屏蔽双绞线。

如果干扰实在无法解决,就要建议用户给变频器加装专用滤波器,或者加装信号隔离器。

5) 打印机不打印或打印格式不对。

① 打印机是否缺纸。

② 按打印机操作指导手册检查打印机本身是否设置有误。

③ 检查打印机设置类型是否与实际一致。

④ 检查对应要打印的内容在离线组态时是否完全正确。

总之,从信号测量、发送,到 DCS 接线端子,这中间任何一个环节出错,所造成的结果都表现为数据显示有误。

(2) DCS 硬件故障。

DCS 硬件故障常常表现为以下几方面:

1) PLC 主机系统。DCS 主机系统最容易发生故障的地方一般在电源系统和通信网络系统,电源在连续工作、散热中,电压和电流的波动冲击是不可避免的。通信及网络受外部干扰的可能性大,外部环境是造成通信外部设备故障的最大因素之一。系统总线的损坏主要由于现在 DCS 多为背板插件结构,长期使用插拔模块会造成局部印刷板或底板、接插件接口等处的总线损坏。在空气温度变化、湿度变化的影响下,总线的塑料老化、印刷线路的老化、接触点的氧化等也都是系统总线损耗的原因。所以在系统设计和处理系统故障的时候要考虑到空气、尘埃、紫外线等因素对设备的破坏。目前 PLC 的主存储器大多采用可擦写 ROM,其使用寿命除了主要与制作工艺相关外,还和背板的供电、CPU 模块工艺水平有关。而 DCS 的中央处理器目前都采用高性能的处理芯片,故障率已经大大下降。对于 DCS 主机系统的故障的预防及处理主要是提高集中控制室的管理水平,加装降温措施,定期除尘,使 DCS 的外部环境符合其安装运行要求;同时在系统维修时,严格按照操作规程进行操作,谨防对主机系统造成人为的损害。

2) I/O 端口。DCS 最大的薄弱环节在 I/O 端口。在主机系统的技术水平相差无几的情况下,I/O 模块是体现 DCS 性能的关键部件,因此它也是 DCS 损坏中的突出环节。要减少 I/O 模块的故障就要减少外部各种干扰对其影响,首先要按照其使用的要求进行使用,不可随意减少其外部保护设备,其次分析主要的干扰因素,对主要干扰源要进行隔离或处理。

3）现场控制设备。在整个过程控制系统中最容易发生故障的地点在现场，其故障分类如下。

① 第一类故障点（也是故障最多的地点）在继电器、接触器。在一般生产线DCS控制系统的日常维护中，电气备件消耗量最大的为各类继电器或空气开关，主要原因除产品本身外，就是现场环境比较恶劣，接触器触点易打火或氧化，然后发热变形直至不能使用。所以减少此类故障应尽量选用高性能继电器，改善元器件使用环境，减少更换的频率，以减少其对系统运行的影响。

② 第二类故障多发点在阀门或闸板这一类的设备上，因为这类设备的关键执行部位，相对的位移一般较大，或者要经过电气转换等几个步骤才能完成阀门或闸板的位置转换，或者利用电动执行机构推拉阀门或闸板的位置转换，机械、电气、液压等各环节稍有不到位就会产生误差或故障。长期使用缺乏维护，机械、电气失灵是故障产生的主要原因，因此在系统运行时要加强对此类设备的巡检，发现问题及时处理。对此类设备要建立严格的点检制度，经常检查阀门是否变形，执行机构是否灵活可用，控制器是否有效等，很好地保证了整个控制系统的有效性。

③ 第三类故障点可能发生在开关、极限位置、安全保护和现场操作上的一些元件或设备上，其原因可能是因为长期磨损，也可能是长期不用而锈蚀老化。对于这类设备故障的处理主要体现在定期维护，使设备时刻处于完好状态。对于限位开关尤其是重型设备上的限位开关除了定期检修外，还要在设计的过程中加入多重的保护措施。

④ 第四类故障点可能发生在DCS系统中的子设备，如接线盒、线端子、螺栓螺母等处。这类故障产生的原因除了设备本身的制作工艺原因外还和安装工艺有关，如有人认为电线和螺钉连接是压的越紧越好，但在二次维修时很容易导致拆卸困难，大力拆卸时容易造成连接件及其附近部件的损害。长期的打火、锈蚀等也是造成故障的原因。根据工程经验，这类故障一般是很难发现和维修的。所以在设备的安装和维修中一定要按照安装要求的安装工艺进行，不留设备隐患。

⑤ 第五类故障点是传感器和仪表，这类故障在控制系统中一般反映在信号的不正常。这类设备安装时信号线的屏蔽层应单端可靠接地，并尽量与动力电缆分开敷设，特别是高干扰的变频器输出电缆，而且要在DCS内部进行软件滤波。这类故障的发现及处理也和日常点检有关，发现问题应及时处理。

⑥ 第六类故障主要是电源、地线和信号线的噪声（干扰），问题的解决或改善主要在于工程设计时的经验和日常维护中的观察分析。

要减小故障率，很重要的一点是要重视生产工艺和安全操作规程，在日常的工作中要遵守工艺和安全操作规程，严格执行一些相关的规定，如保持集中控制室的环境等，同时在生产中也要加强这些方面的管理。

(3) DCS 软件故障。

DCS 软件故障主要表现为以下几方面：

① 数据库点组态与对应通道连接的现场信号不匹配。

② 由于网络通信太忙引起系统管理混乱。

③ 鼠标驱动程序加在 COMl 口，造成系统在线运行时不能用鼠标操作。

④ 打印机不打印等。

(4) 供电与接地系统常见故障。

电源问题分为电源、连线问题和电源质量问题。

① 电源连线问题。没有连线(火、地、零线中，其中一线没接)；错误连线(火线与零线反接，地线与零线反接，地线与零线多点短接)。

② 电源质量问题。设备连线质量(各连接头松动)；技术指标(电压、频率等)超过规定要求。

③ 线质量问题。电源线阻抗增大和绝缘层不好。

④ 地极问题。地极电阻增大，地极同地网断开。

⑤ 环境问题。电源线特别是地线布线不合理，同产生强磁场干扰的电线和设备相隔太近。

2. 维护

(1) 系统电源。

系统电源应该有冗余，各路配电模块应该有独立的截峰二极管(过电压)、自动断路器(过电流)等保护。供电系统最好采用隔离变压器，使 DCS 接地点和动力强电系统接地点独立开来，并采用电源低通滤波器来消除电网上的高次谐波。为避免波动，DCS 供电要尽量来自负荷变化小的电网上。要严格防止强电通过端子排线路串入 24V DC 供电回路，并定期检查机柜电源系统是否正常，供电电压是否在规定范围内，系统接地是否可靠、良好，线路绝缘是否合格，停、送电是否按要求程序执行。通过以上工作，这方面的风险就可以有效地避免。

(2) 电缆。

检查强电源电压 220V 以上、电流 10A 以下的电源电缆与信号电缆之间的距离是否大于 150mm，电源电压 220V 以上、电流 10A 以上的电源电缆与信号电缆之间的距离是否大于 600mm。

(3) 信号隔离。

对于模拟量输入输出(AI/AO)回路，要经常检查从现场来的强电串入卡件以及就地设备与 DCS 不共地可能产生的电势差。重要回路应该经常检查并采取信号隔离器。

① 用于 4～20mA 输入的信号输入模块，如果输入端不隔离，当输入线路的对地电压波动时，模块的输出也会波动，应加隔离器解决。

② 脉冲量输入模块接某些无触点开关时需外接偏置电阻，以使无触点开关内部的开关电路建立工作点。电阻的选择以工作稳定和发热小为宜。

(4) 防静电和避雷措施。

在进入控制室和电子室，要穿防静电工作服，触摸模块时，必须戴静电释放腕套。检修中，从机架上拆下的卡件要放在接地良好的防静电毡上，不能随意摆放。采取综合的防雷措施，尤其是 DCS 不能和电气及防雷接地公用接地网，并且之间距离要满足要求。

3. DCS 的二次开发

在系统设计时，应考虑到系统再次开发的可能。随着工艺的改进，对原有的 DCS 要有所改变，此时，对用户来讲，一般是增加 DCS 设备，此时就要考虑新增设备和原有设备的接口问题，这也就是 DCS 的二次开发。

(1) 继续选用原品牌的设备。这种方法应该比较易于解决，虽然经过若干年的技术改进，新的 DCS 设备还是和老设备容易连接。

(2) 选用新品牌的设备。也就是选用第三方设备，因为早期 DCS“自动化孤岛”的存在，不同 DCS 之间的连接比较困难，有时甚至无法连接。此时用户应该重点考虑老设备是否具有连接新设备的接口、连接所需要的硬件和软件、连接方式等问题。现在的 DCS 大部分具有 OPC 协议和现场总线。不同品牌系统的连接已变得比较容易解决了。

随着技术的进步，DCS 的设计、改造、升级已变得越来越易于掌握，越来越容易了。

9.6 分布式矿井提升机控制系统

9.6.1 背景

矿井提升机是矿井人员、物资设备上下井的关键设备。因此，它对电气拖动和控制系统的要求很高，主要有安全性、可靠性、高效、舒适和方便的要求。我国现有的矿井提升机约 90%采用交流绕线式异步电动机转子串电阻系统；直流电动机传动的约占 10%，其中多数为发电机-电动机机组传动。其控制系统绝大多数采用继电器-接触器控制系统，存在着如下缺点：①只能进行开关量的控制，控制精度差；②工况适应性差，如工艺过程发生变化，必须重新添加设备并重新接线；③继电器本身为有触点器件，运行噪音大，使用寿命短，工作可靠性差；④控制系统体积庞大，安装维修均不方便；⑤调速性能差、运行效率低、运行状态的切换死区大及调速不平滑。剩余的矿井提升机控制系统是采用晶闸管模拟传动系统为主的模拟调速控制装置，因结构复杂、故障率高且参数极不稳定，也已基本进入技术改造期。

近年来全数字晶闸管传动系统和计算机控制技术已在矿井提升机电控系统得到应用，使提升机电控系统技术有了质的飞跃，但还存在不少问题：

(1) 信号系统和电控系统相互独立，导致系统复杂，信息传递受严重限制，使得上位机监控能力低，不利故障排除。

(2) PLC和传动系统通过I/O端口连接，导致系统信息传输可靠性差、量少。

(3) 对传动、PLC等各子系统应用功能的开发不足，系统的冗余度小，运行模式单一，不利处理各类特殊情况。

本书首次从DCS技术的角度，结合全数字传动技术应用开发，提出了完整的分布式矿井提升机电控系统概念和架构，并应用于工程实践，成功地完成了对龙口梁家煤矿副井的现代化技术改造，大幅提高矿井作业安全和生产效率。

9.6.2　分布式矿井提升机控制系统的结构和组成

分布式矿井提升机控制系统以传动系统和其他现场仪表、执行器作为底层的现场仪表层(现场执行层)；以PLC作为现场控制站，即PLC过程控制系统为装置控制层；操作员站和工程师站二者合二为一于上位机的计算机监控系统，形成最上层的系统监控管理层。

图9.32是龙口梁家矿提升机电控系统DCS结构组成图，分现场仪表层，装置控制层，监控管理层。

(1) 现场仪表层。主要由全数字传动系统、信号系统、速度测量、操作台、液压站、闸系统以及继电控制回路和其他监测、执行器件构成。

(2) 装置控制层。即现场控制站，由一台S7-300传动PLC和一台S7-300系统PLC通过Profi Bus-DP总线以主站/从站方式构成的PLC过程控制系统。

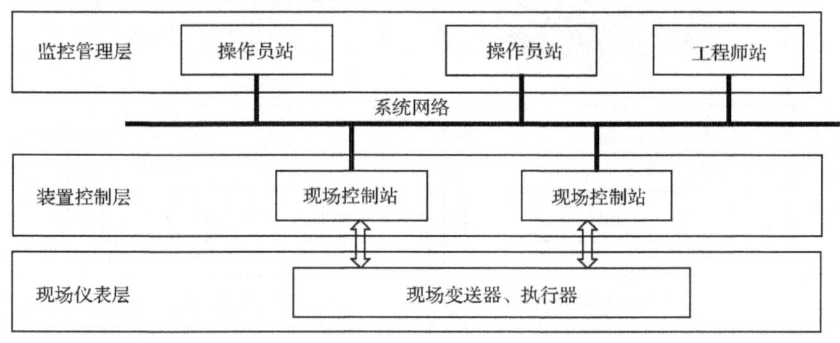

图9.32　龙口梁家矿提升机电控系统DCS结构组成图

9.6.3　操作工艺

提升机的基本操作过程如图9.33所示。首先检查高压/低压进线电压，然后选择驱动模式、提升种类、运行模式和工作模式；无论是正常工作模式或是简易模式，均可执行 12P 全桥并联、6P 桥 1/2 半载两种驱动模式；接着按下复位按钮，启

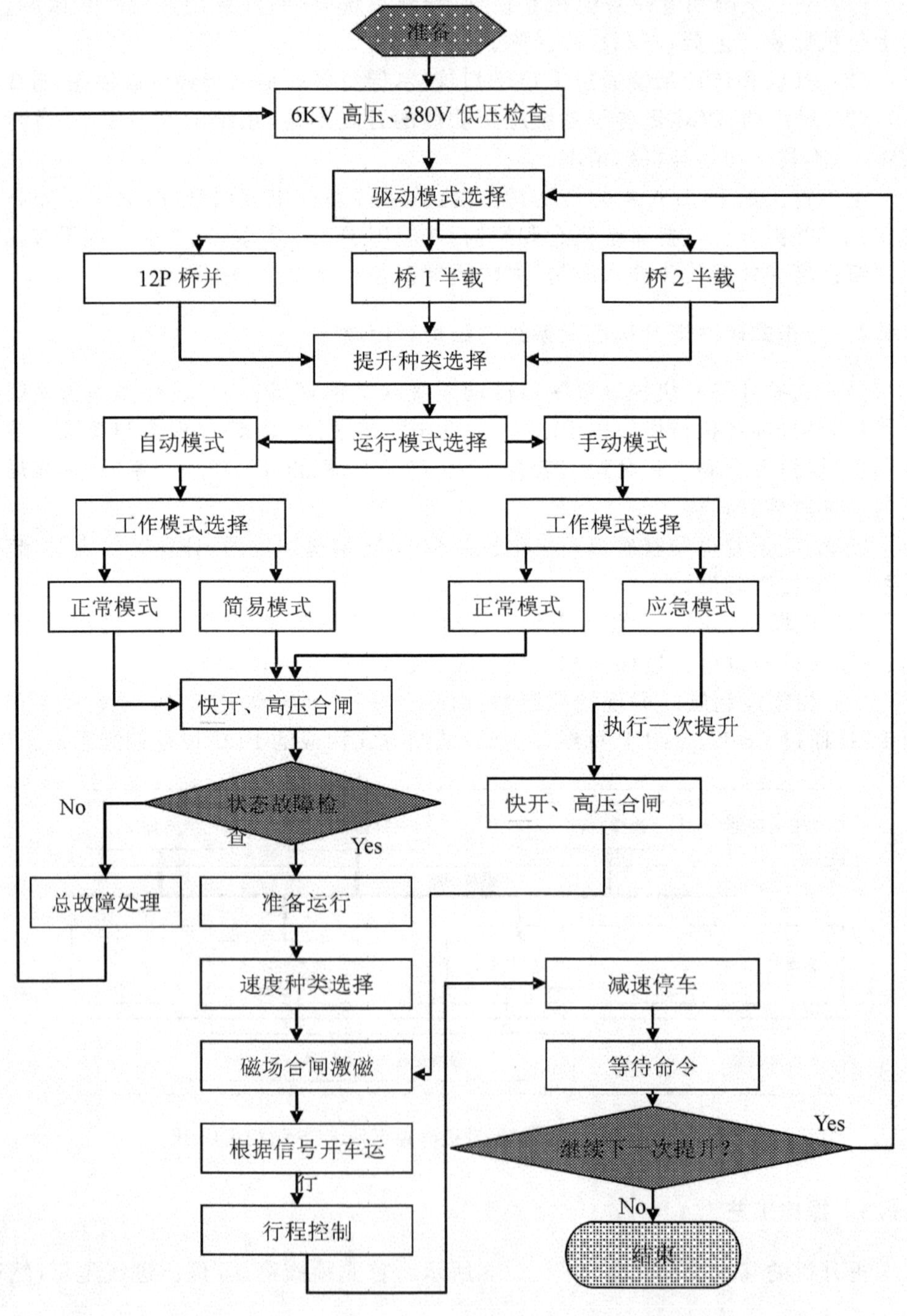

图 9.33 提升机操作工艺程序流程图

动液压油泵，若系统状态指示正常且司机操作台允许运行。在正常工作模式时由司机根据提升种类和工况进行速度档选择；当简易工作模式时，系统自动选定速度类别。然后合上磁场，当信号系统信号发出后，若系统显示一切正常，司机预先将闸手柄打开，并发出开车信号。手动运行模式时，提升机的开车、加速、减速、速度大小控制、停车及闸手柄液压制动控制完全由司机根据现场要求和经验手动控制；在自动运行模式时，提升机在运行过程中能够根据井筒行程或监视点信号、减速点信号和停车点信号进行自动限速、减速和停车。

系统运行特性根据系统的不同模式及分类，表现的提升机运行特性如下。

(1) 运行模式(自动/手动)。

自动模式：系统 PLC 和传动 PLC 与 HMI 一起工作控制 DCS-500 运行；

手动模式：手动强制控制行程和减速、停车。

(2) 工作模式(正常/简易/应急)。

正常模式：系统 PLC 和传动 PLC 都正常工作；

简易模式：仅传动 PLC 与 DCS-500 传动系统运行，完成基本运行要求；

应急模式：出现重大故障时由 DCS-500 传动系统手动执行一次提升。

(3) 驱动模式(12P 全桥并联/6P 桥 1 半载(主 M)/桥 2(从 S)半载)。

12P 全桥并联模式：电枢变流器以 1/2 主(M)一从(S)并联方式驱动运行；

6P 桥 1/2 半载：电枢变流器 1/2 单独运行在 6P 模式。

PLC 是以自动控制技术、微计算机技术和通信技术为基础，在 20 世纪 70 年代开始迅速发展起来的新一代工业控制装置[21]。目前，它已被广泛应用于各个工业领域过程控制中。

在矿井提升机电控系统中，PLC 作为过程控制系统，是实现其自动化控制的核心。它综合了全数字传动系统、上位机监控系统、信号系统、继电回路、液压制动系统及其他各种相关设备的信号和数据，通过用户编制的程序对上述信号和数据的处理，使提升机罐笼运行实现全数字行程控制和 S 型运行曲线，并从软件上对各种信号实现多重连锁和安全保护[22]，对整个提升机系统进行实时监控，既保证了整个系统可靠的安全运行，又大大提高了其工作效率。

9.6.4　过程控制系统硬件的选型及组成

为合理的选择 PLC 机型，使其既能满足系统功能要求，又具有良好的性价比，PLC 机型的选择应遵循如下基本原则[23]：

(1) 对 PLC 的输入/输出点数，应留出 15%～20%的后备点数。

(2) PLC 的存储容量，应大于系统实际所需存储容量的 50%～100%。

(3) 对有模拟量的控制系统，应考虑 I/O 的响应时间能满足系统要求。

(4) 根据负载的类型和启停频率等特点，选择不同的输出方式。

(5) 根据系统不同的通信要求，选择具有相应通信功能的 PLC。

1. I/O 点

传动 PLC 共有 32 个 DI 点、64 个 DO 点以及 8 个 AI 点、4 个 AO 点，系统 PLC 共有 96 个 DI 点和 96 个 DO 点。在正常工作模式下，系统的控制功能主要由系统 PLC 承担，传动 PLC 只接受来自系统 PLC 的控制指令执行对传动系统的控制，同时作为控制系统冗余备份；当系统 PLC 出现故障时，系统进入简易工作模式，此时由传动 PLC 独立执行简易控制功能，从而实现整个系统强大的冗余能力和极高可靠性。根据上述选型原则，结合本工程设计要求，决定选用 2 台西门子公司 S7-300 系列的 PLC 组成本工程项目的 PLC 过程控制系统。

2. 模块选择

S7-300 是模块化的中小型 PLC，能满足中等性能的控制要求。一般的，它由 CPU 模块、负载电源模块(PS)、接口模块(IM)、信号模块(SM)、功能模块(FM)以及通信处理模块(CP)组成[24]。各模块都通过背板总线连接，用户可根据系统的具体情况选择合适的模块，其简单实用的分布式结构和强大的通信联网能力，使其应用十分灵活。

本过程控制系统由一台 S7-300 传动 PLC 和一台 S7-300 系统 PLC 按主站/从站方式组成，两者通过 Profi Bus-DP 总线进行通信连接，其配置如表 9.4 所示。

表 9.4　传动 PLC 和系统硬件配置

传动 PLC				系统 PLC			
序号	模块名称	型号	数量	序号	模块名称	型号	数量
1	电源负载模块	PS307-5A	1	1	电源负载模块	PS307-5A	1
2	CPU 模块	CPU315-2DP	1	2	CPU 模块	CPU315-2DP	1
3	高速计数模块	FM 350-1	1	3	高速计数模块	FM 350-1	1
4	数字量输入模块 DI32×24V DC	SM321	1	4	数字量输入模块 DI32×24V DC	SM321	3
5	数字量输出模块 DO32×24V DC/0.5A	SM322	2	5	数字量输出模块 DO32×24V DC/0.5A	SM322	3
6	模拟量输入模块 AI8×12bit	SM331	1				
7	模拟量输出模块 AO4×12bit	SM332	1				

9.6.5　PLC 过程控制系统软件设计

根据系统的任务要求和功能特点，PLC 过程系统的程序软件由系统 PLC 程序和传动 PLC 程序两大部分组成。在设计程序前，必须先定义 PLC 的输入/输出(I/O)点。

1. PLC 的 I/O 点定义

PLC 系统的 I/O 点既要满足控制系统完成控制任务所要求输入的外部信号，也要满足控制系统对外设控制、状态指示和故障处理的要求，同时还必须留出一定的备用点。本 PLC 控制系统 I/O 分四部分：包括开关量输入(DI)、输出(DO)，模拟量输入(AI)、输出(AO)，其定义如表 9.5、表 9.6 和表 9.7 所示。

表 9.5　PLC 系统 DI 点定义一览表

传动 PLC							
I0.0	桥 1 半载	I1.0	灯测试	I2.0	磁场 A 电源合闸	I3.0	下过卷
I0.1	桥 2 半载	I1.1	简易运行	I2.1	磁场 B 电源合闸	I3.1	复位
I0.2	备用	I1.2	速度手柄上	I2.2	磁场 A 正常	I3.2	油泵运行
I0.3	备用	I1.3	速度手柄下	I2.3	磁场 A 故障	I3.3	电机风机合
I0.4	快开 1 合	I1.4	闸手柄松闸位置	I2.4	磁场 B 正常	I3.4	罐 1 监视 2M
I0.5	快开 2 合	I1.5	备用	I2.5	磁场 B 故障	I3.5	罐 2 监视 2M
I0.6	高压 1 合	I1.6	阻容吸收 1 正常	I2.6	无紧停	I3.6	停车点 1
I0.7	高压 2 合	I1.7	阻容吸收 2 正常	I2.7	上过卷	I3.7	停车点 2
系统 PLC							
I0.0	速度 1	I1.0	变流柜风压保护 1	I2.0	半自动	I3.0	备用
I0.1	速度 2	I1.1	变流柜风压保护 2	I2.1	手动	I3.1	主变 1 温度报警
I0.2	速度 3	I1.2	备用	I2.2	备用	I3.2	主变 2 温度报警
I0.3	速度 4	I1.3	备用	I2.3	事故停车	I3.3	主电机温度报警
I0.4	允许开车	I1.4	备用	I2.4	紧急停车	I3.4	主电机温度跳闸
I0.5	事故音响解除	I1.5	备用	I2.5	半自动开车	I3.5	主变 1 温度跳闸
I0.6	备用	I1.6	备用	I2.6	备用	I3.6	主变 2 温度跳闸
I0.7	备用	I1.7	备用	I2.7	备用	I3.7	过卷复位
I4.0	液压站控制电源	I5.0	盘 1 松闸	I6.0	闸瓦磨损	I7.0	备用
I4.1	安全回路电源	I5.1	盘 1 紧闸	I6.1	闸瓦变形	I7.1	备用
I4.2	快开控制电源	I5.2	盘 2 松闸	I6.2	轴承 1 超温报警	I7.2	备用
I4.3	电机温度检测电源	I5.3	盘 2 紧闸	I6.3	轴承 2 超温报警	I7.3	备用
I4.4	主变温度检测电源	I5.4	总管油压高	I6.4	开车	I7.4	备用

续表

系统 PLC							
I4.5	闸控 24V 电源	I5.5	总管油压低	I6.5	开车延时	I7.5	备用
I4.6	24V 电源正常	I5.6	油温过高	I6.6	换层	I7.6	备用
I4.7	110V 电源正常	I5.7	油温过低	I6.7	调平	I7.7	备用
I8.0	罐 1 后备过卷	I9.0	罐 2 后备过卷	I10.0	液压站 1	I11.0	变流柜 1 阻容保护
I8.1	罐 1 上过卷	I9.1	罐 2 上过卷	I10.1	液压站 2	I11.1	变流柜 2 阻容保护
I8.2	罐 1 停车点人	I9.2	罐 2 停车点人	I10.2	液压站 3	I11.2	备用
I8.3	罐 1 停车点物	I9.3	罐 2 停车点物	I10.3	液压站 4	I11.3	油泵 1 运行
I8.4	罐 1 监视点 2M	I9.4	罐 2 监视点 2M	I10.4	液压站 5	I11.4	油泵 2 运行
I8.5	罐 1 监视点 1	I9.5	罐 2 监视点 1	I10.5	磁场绝缘监视	I11.5	紧停继电器 1
I8.6	罐 1 减速点 1	I9.6	罐 2 减速点 1	I10.6	电枢绝缘监视	I11.6	紧停继电器 2
I8.7	备用	I9.7	备用	I10.7	主风机运行	I11.7	备用

表 9.6 PLC 系统 DO 点定义一览表

传动 PLC							
Q0.0	简易运行	Q1.0	松闸灯	Q2.0	X51	Q3.0	X31
Q0.1	传动 PLC 正常	Q1.1	快开 1 合灯	Q2.1	X52	Q3.1	X32
Q0.2	传动 PLC 紧停	Q1.2	快开 2 合灯	Q2.2	X53	Q3.2	X33
Q0.3	开车	Q1.3	高压 1 合灯	Q2.3	X54	Q3.3	X34
Q0.4	电枢启动	Q1.4	高压 2 合灯	Q2.4	X55	Q3.4	X21
Q0.5	紧急停车灯	Q1.5	传动故障	Q2.5	X56	Q3.5	X22
Q0.6	简易运行灯	Q1.6	上行灯	Q2.6	X57	Q3.6	X23
Q0.7	备用	Q1.7	下行灯	Q2.7	X58	Q3.7	X24
Q4.0	X11	Q5.0	变流柜 START/STOP				
Q4.1	X12	Q5.1	备用				
Q4.2	X13	Q5.2	备用				
Q4.3	X14	Q5.3	备用				
Q4.4	SF1	Q5.4	备用				
Q4.5	SF2	Q5.5	备用				
Q4.6	H1	Q5.6	备用				
Q4.7	H2	Q5.7	备用				
系统 PLC							
Q0.0	减速灯	Q1.0	手动灯	Q2.0	油泵 1 运行灯	Q3.0	手动/半自动
Q0.1	速度 1 灯	Q1.1	提人灯	Q2.1	油泵 2 运行灯	Q3.1	一级制动

续表

系统 PLC							
Q0.2	速度 2 灯	Q1.2	提物灯	Q2.2	备用	Q3.2	PLC 紧停
Q0.3	速度 3 灯	Q1.3	下长材灯	Q2.3	备用	Q3.3	电加热器
Q0.4	速度 4 灯	Q1.4	检修灯	Q2.4	桥 1 半载灯	Q3.4	备用
Q0.5	备用	Q1.5	允许运行灯	Q2.5	桥 2 半载灯	Q3.5	备用
Q0.6	半自动灯	Q1.6	主风机运行灯	Q2.6	备用	Q3.6	备用
Q0.7	备用	Q1.7	备用	Q2.7	备用	Q3.7	备用
Q4.0	L11	Q5.0	L21	Q6.0	L31	Q7.0	上过卷灯
Q4.1	L12	Q5.1	L22	Q6.1	L32	Q7.1	下过卷灯
Q4.2	L13	Q5.2	L23	Q6.2	L33	Q7.2	备用
Q4.3	L14	Q5.3	L24	Q6.3	L34	Q7.3	电枢过电流灯
Q4.4	L15	Q5.4	L25	Q6.4	L35	Q7.4	磁场过电流灯
Q4.5	L16	Q5.5	L26	Q6.5	L36	Q7.5	失磁灯
Q4.6	备用	Q5.6	L27	Q6.6	L37	Q7.6	错向灯
Q4.7	备用	Q5.7	L28	Q6.7	L38	Q7.7	备用
Q8.0	备用	Q9.0	备用	Q10.0	堵转灯	Q11.0	备用
Q8.1	事故停车灯	Q9.1	备用	Q10.1	闸系统故障灯	Q11.1	备用
Q8.2	事故报警灯	Q9.2	PLC 紧停灯	Q10.2	备用	Q11.2	备用
Q8.3	备用	Q9.3	一次提升灯	Q10.3	备用	Q11.3	备用
Q8.4	井筒开关故障灯	Q9.4	备用	Q10.4	减速音响	Q11.4	备用
Q8.5	电源故障灯	Q9.5	备用	Q10.5	紧停音响	Q11.5	备用
Q8.6	辅助系统故障灯	Q9.6	超速灯	Q10.6	下长材灯	Q11.6	备用
Q8.7	通信故障灯	Q9.7	测速机故障灯	Q10.7	备用	Q11.7	备用

表 9.7　PLC 系统 AI/AO 点定义一览表

传动 PLC		传动 PLC	
PIW0	防滑监视(0～10V)	PQW0	电枢电流
PIW1	备用	PQW1	磁场电流
PIW2	油压 1 指示(0～20mA)	PQW2	电机温度
PIW3	油压 2 指示(0～20mA)	PQW3	油压显示
PIW4	磁场电流 A(0～10V)		
PIW5	磁场电流 B(0～10V)		
PIW6	速度设定(＋10V～－10V)		
PIW7	备用		

2. 程序流程结构

S7-300 系列 PLC 采用模块化程序结构，整个程序依据功能由不同的 OB（组织块）组成。其中 OB1 是循环执行 OB，作为主程序，其他 OB 则根据不同的中断条件作为中断执行 OB。在本控制系统的 PLC 程序中，主体控制程序由 OB1 循环扫描执行，OB100 是启动 OB，用来启动 OB1 和参数初始化，组织块 OB80、OB82、OB86 和 OB87 分别是时间错误、诊断错误、机架故障和通信故障中断处理 OB，防止出现上述故障时 PLC 的 CPU 进入停机状态[25]。程序流程图如图 9.34 所示。

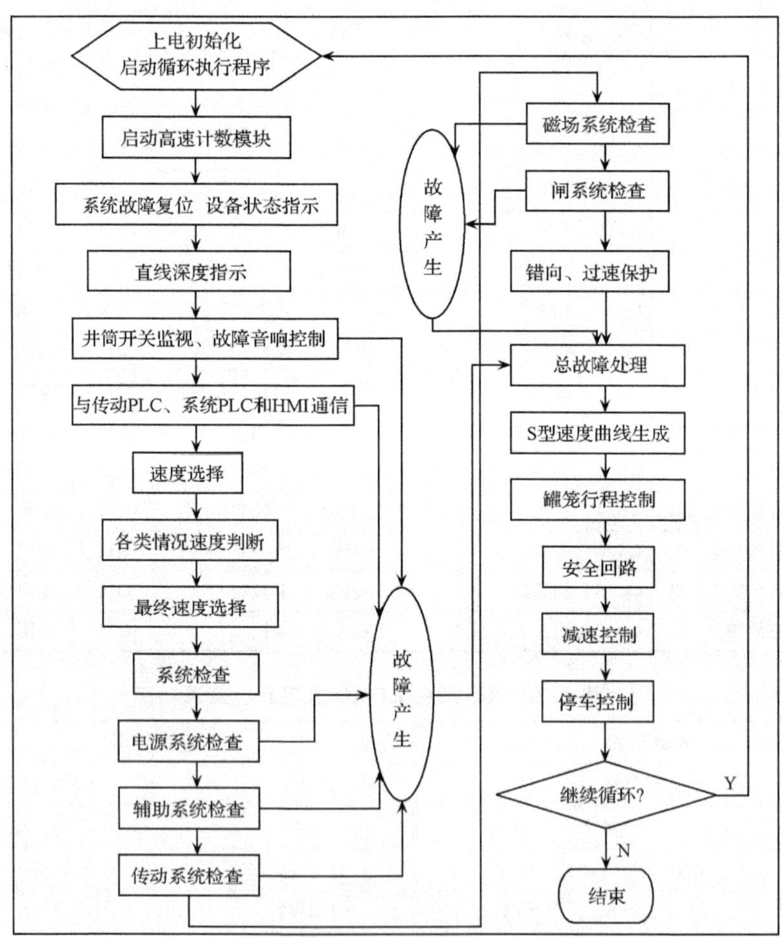

图 9.34　提升机程序流程图

9.6.6　系统安装调试

对该系统进行了现场安装调试，在各方的紧密配合下，先后对闸系统、安全回路、全数字行程控制和变流装置(DCS 500)进行试验测试和调试,结果表明:闸系统能够实施一级制动、二级制动和实现紧急情况下安全制动,安全回路可靠实施安全回路动作,可正确实施 12P/6P 运行方式的切换;系统功能完善、操作简便、运行高效、可靠,各项技术指标和性能完全达到设计要求,可以正式投入生产运行。

参考文献

蔡兵.2002.智能烧结炉温度控制系统.电脑开发与应用,15 (3):15～16

蔡自兴.2005.人工智能控制.北京:化学工业出版社

陈伯成,梁冰.2004.自组织映射神经网络(SOM)在客户分类中的一种应用.系统工程理论与实践,3:8～14

陈传波,彭炎,陆枫.2003.基于聚类的神经网络及其在预测中的应用.华中科技大学学报(自然科学版),31 (6):84～86

杜玉晓,吴敏,桂卫华.2004.面向生产目标的铅锌烧结过程智能集成建模与优化控制技术.中国有色金属学报,14 (1):142～148

范晓慧,龙红明,袁晓丽等.2004.过程控制专家系统骨架的开发与应用.烧结球团,31 (2):1～4

冯冬芹,黄文君.2005.工业通信网络与系统集成.北京:科学出版社

何友,王国宏,陆大金等.2000.多传感器信息融合及应用.北京:电子工业出版社

胡学林. 2006. 可编程控制器教程. 北京:电子工业出版社

胡跃明,晁红敏.2002.非线性仿射控制系统的高阶滑膜控制.自动化学报,28(2):284～289

李桃,崔建军.2001.烧结过程的递阶集成智能控制系统研究(II)——异常状况诊断专家系统总体规划.烧结球团,26(3):8～13

李桃,范晓慧.2002.基于热状态的烧结终点自适应预报.烧结球团,25(2):1

李桃,冯其明.2001.基于自组织映射神经网络的烧结终点自适应预报系统的开发.计算机工程与应用,6:27～129

李作泳,彭荔红.2003.BP网络学习能力与泛化能力满足的不确定关系式.中国科学,33:887～895

廖常初. 2005. S7-300/400 PLC应用技术. 北京:机械工业出版社

刘瑞国,邵诚.2003.一种可自适应调节参数的改进遗传算法.信息与控制,32(6):556～560

刘天键.2001.自适应模糊单神经元非模型控制系统的研究[硕士学位论文].福州:福州大学

权太范.2002.信息融合神经网络-模糊推理理论与应用.北京:国防工业出版社

沈宪章,刘新宇,张新征.2003.基于遗传算法的PID控制在烧结过程中的应用.郑州轻工业学院学报,18 (4):24～26

宋伯生. 2006. PLC编程理论·算法及技巧. 北京:机械工业出版社

孙文东,吴晓勇.2004.BTP模糊控制技术在武钢一烧的应用.烧结球团,29(2): 34～38

唐少先,陈建二,张泰山等.2004.烧结智能控制系统信息模型和集成方法的探讨.冶金自动化,3:5～9

唐雪梅,刘波.1997.推广的多传感器数据融合算法.系统工程与电子技术,19(10):61～66

王健,陈长林.2004.一种规则生成和参数自调整模糊控制器及其应用研究.苏州大学学报(自然科学版),20 (1):42～46

王树青,金晓明.2005.先进控制技术应用实例.北京:化学工业出版社

王亦文,桂卫华,王雅琳.2000.基于专家规则模糊分类的烧结透气性分布式神经网络模型.中南工业大学学报,10 (31):843～846

王亦文,桂卫华,王雅琳.2002.基于最优组合算法的烧结终点集成预测模型.中国有色金属学报,12 (1):191～195

魏海坤,徐嗣鑫,宋文忠.2001.神经网络的泛化理论和泛化方法.自动化学报,27(6):806～815

文绍纯,罗飞.2001.遗传算法在人工神经网络中的应用综述.计算技术与自动化,20 (12):1～5

武妍,张立明.2002.神经网络的泛化能力与结构优化算法研究.计算机应用研究,6:21～25

武妍.2002.神经网络学习算法中的初始参数对泛化性能和效率的影响研究.计算机工程与应用,23:25～31

向齐良，吴敏，侯奔等. 2005. 基于成分预测模型的矿石烧结配料专家优化方法. 山东大学学报，35 (4)：43～46

徐矩良. 2002. 我国能耗系统炼铁现状和今后节能的途径. 2002 年全国炼铁生产技术会议暨炼铁年会文集，13～16

徐丽娜. 2001. 神经网络控制. 北京：电子工业出版社

严峻. 2001. 一种改进的基于成熟前收敛判断的自适应遗传算法. 南京邮电学院学报(自然科学版)，19(1)：35～38

杨建刚. 2000. 人工神经网络实用教程. 杭州：浙江大学出版社

尹朝庆，尹皓. 2002. 人工智能与专家系统. 北京：中国水利水电出版社

于洋. 2001. 模糊控制与神经网络方法研究[硕士学位论文]. 西安：西北工业大学

袁慧梅. 2000. 具有自适应交换率和变异率的遗传算法. 首都师范大学学报(自然科学版)，21(3)：14～19

袁晓红，何花. 2006. 烧结系统终点温度与透气性算法神经网络模型. 计算机工程与设计，27 (6)：1028～1029

张苹，韩大平，郝晓静等. 2004. BP 算法的模糊神经网络及烧结终点辅助预测模型. 材料与冶金学报，6(3)：157～160

张小龙. 2005. 基于预报的烧结终点模糊控制. 计算机测量与控制，13 (10)：1059～1060

张岳. 2006. 集散控制系统及现场总线. 北京：机械工业出版社

赵德宽，王京，王海等. 2004. 基于专家系统的烧结生产质量监督和操作指导控制系统. 冶金自动化，(2)：26～29

郑耀东，范晓慧，陈许玲等. 2004. 基于数据库技术的烧结过程控制专家系统知识库的建立. 烧结球团，29 (1)：1～3

郑志军，郑守淇. 2000. 用基于实数编码的遗传算法进化神经网络. 计算机工程与应用，9：36～37

郑志军，郑守淇. 2000. 用基于实数编码的自适应遗传算法进化神经网络. 计算机工程与应用，9：36～37

周志华，陈兆乾，陈世福. 2001. 利用遗传算法改善前馈神经网络容错性. 计算机研究与发展，38(19)：1061～1065

Blanco A, Delgado M, Pegalajar M C, et al. 2001. Speech recognition using fuzzy second-order recurrent neural networks. Lecture Notes in Computer Science, 2084：285

Chen N, Chen A, Zhou L X. 2001. Fuzzy K-prototypes algorithm for clustering mixed numeric and categorical valued data. Journal of Software, 12(8)：1107～1119

Du Y X, Wu M, Gui W H. 2004. Intelligent integrated optimization control techniques for the lead-zinc sintering process. Kongzhi yu Juece/Control and Decision, 19(10)：1091～1096

Er M J, Liao J, Lin J Y. 2000. Fuzzy neural networks-based quality prediction system for sintering process. IEEE Transactions on Fuzzy Systems, 8(3)：314～324

Fan X H, Chen X L, Jiang T, et al. 2005. Real-time operation guide system for sintering process with artificial intelligence. Journal of Central South University of Technology (English Edition), 12(5)：531～535

Fan X H, Long H M, Wang Y, Chen X L, Jiang T. 2006. Application of expert system for controlling sinter chemical composition. Ironmaking and Steelmaking, 33(3)：253～255

Fan X H, Zeng C X, Jiang T, et al. 2005. Predictive model of iron ore sintering capabilities. Journal of Central South University (Science and Technology), 36(6)：949～954

Ho D W C, Zhang P A, Xu J H. 2001. Fuzzy wavelet networks for function learning. IEEE Trans on Fuzzy Systems, 9：200～211

Hong X, Harris C J. 2002. A mixture of experts network structure construction algorithm for modelling and control. Applied Intelligence, 16(1): 59～69

Kinnunen K, Laitinen P. 2005. Investigation of sinter plant production rate and RDI by neural networks. Revue de Metallurgie. Cahiers D'Informations Techniques, 102(5): 361～371

Li M H, Sun Y F. 2004. Study of the fuzzy control system for burning through point of sintering. Journal of Huazhong University of Science and Technology (Natural Science Edition), 32(4): 71～73

Liu Y, Liu X C, Xi A M. 2006. Test of control model for sintering burning-through-point. Iron and Steel, 41 (4): 15～18

Luger G F. 2003. Artificial Intelligence: Structures and Strategies for Complex Problem Solving, 4E. New York: Addison Wesley

Nath Niloy K, Mitra Kishalay. 2003. Optimization of coke rate and sinter quality by genetic algorithm for two-layer sintering of iron ore. Materials Science and Technology 2003 Meeting Modeling Control and Optimization in Ferrous and Non-Ferrous Industry, 109～124

Nazario D Ramirez-Beltran, Jaime A Montes. 2002. Neural networks to model dynamic systems with time delays. IEEE Transactions, 34 (3): 313～327

Oh S K, Peters J F, Pedrycz W, et al. 2003. Genetically optimized rule-based fuzzy polynomial neural networks: Synthesis of computational intelligence technologies. Lecture Notes in Computer Science, 2639: 437～444

Oh S K, Roh S, Kim Y K. 2005. Design of genetic fuzzy set-based polynomial neural networks with the aid of information granulation. Lecture Notes in Computer Science, 3496: 428

Peng L, Ji Z C, Tan J D. 2005. Sintering finish point intelligent control. IEEE/ASME International Conference on Advanced Intelligent Mechatronics, 2: 1385～1388

Peng L, Li Q, Li W, et al. 2004. NN adaptive pole placement method for sintering finish point control. Journal of University of Science and Technology, 11(5): 477～479

Su M C, Chou C H. 2001. A modified version of the K-means algorithm with a distance based on cluster symmetry. IEEE Transactions on Pattern Analysis and Machine Intelligence, 23(6): 674～680

Vasenin V A, Vasin R A, Kozitsyn A S, et al. 2005. The information-expert system for investigation of structural and mechanical properties of materials. Journal of Intelligent Manufacturing, 66(7): 1177～1184

Yun Y S, Gen M, Seo S L. 2003. Various hybrid methods based on genetic algorithm with fuzzy logic controller. Journal of Intelligent Manufacturing, 14(3): 401～419

Zhang C F, Long Y H, He J, et al. 2004. Intelligent temperature control of ignition furnace in sintering machine. 2004 IEEE Conference on Cybernetics and Intelligent Systems, 224～228

Zhang X G, Chen H, Zhang J. 2004. A sintering temperature detection and control method of alumina rotary kiln based on fuzzy data fusion. 48th International Conference on Control, Automation, Robotics and Vision, 2: 1416～1420